U0808426

职业技能等级认定题库试题选编

油品储运调和操作工

中国石油化工集团有限公司职业技能鉴定指导中心　编

中国石化出版社
HTTP://WWW.SINOPEC-PRESS.COM

内 容 提 要

《油品储运调和操作工》为《职业技能等级认定题库试题选编》丛书之一，由中国石油化工集团有限公司职业技能鉴定指导中心按照《国家职业标准》和《职业技能鉴定国家题库开发技术规程》组织编写。内容包括：油品储运调和工初级工、中级工、高级工和技师、高级技师的国家职业标准、鉴定要素细目表、理论知识试题和操作技能试题，是加油站操作员进行职业技能等级认定的必备学习资料。

图书在版编目（CIP）数据

油品储运调和操作工/中国石油化工集团有限公司职业技能鉴定指导中心编.
—北京：中国石化出版社，2025.6.
—（职业技能等级认定题库试题选编）.
ISBN 978-7-5114-7696-8

Ⅰ. TE8-44

中国国家版本馆CIP数据核字第2025MJ7698号

中国石化出版社出版发行

地址：北京市东城区安定门外大街58号
邮编：100011　电话：(010)57512500
发行部电话：(010)57512575
http://www.sinopec-press.com
E-mail：press@sinopec.com
胜利油田胜利报业发展有限责任公司印刷
全国各地新华书店经销

*

787毫米×1092毫米　16开本　30.25印张　580千字
2025年6月第1版　2025年6月第1次印刷
定价：128.00元

《职业技能等级认定题库试题选编》
编委会名单

主　任：罗才旺

副主任：黄志华　易善志

成　员（以姓氏笔画为序）：

丁新兴　于广祥　马跃川　王海军　石　猛　叶　媛

田晓龙　付德军　吕宗杰　朱　文　朱耀伟　伊　春

刘　畅　刘　琳　刘玉红　刘毅宏　江　勇　李　康

李　磊　李海涛　杨尊志　吴　琪　吴业巍　吴红松

何　峰　余　婷　余炼炼　邹　毓　张振纲　张培茂

陈　云　罗丹梅　孟元凯　姜艳辉　姚建国　袁华东

徐思远　徐新佳　郭　伟　郭　真　郭　鑫　黄小娟

龚志明　商　磊　程庆昭　童　娜　谭运成

前　　言

为满足技能人才参加职业技能等级认定需要，中国石油化工集团有限公司职业技能鉴定指导中心组织有关专家，依据《国家职业标准》和《职业技能鉴定国家题库开发技术规程》，开发了18个职业99个工种的题库，并于2024年正式启用。

为满足员工学习专业知识、提高操作技能的需要，我们选编了题库的部分试题，按职业（工种）出版《职业技能等级认定题库试题选编》丛书。该丛书内容包括国家职业标准、鉴定要素细目表、理论知识试题和操作技能试题等，其中理论知识试题约占该职业（工种）题库试题的30%、操作技能试题约占40%。

《油品储运调和操作工》分册由中国石化扬子石油化工有限公司唐志强主编；中国石油锦州石化公司、长庆石化公司、东北销售公司、西北销售公司、辽宁销售公司、四川销售公司、福建销售公司、江西销售公司，中国海油惠州石化有限公司等单位参编。主要执笔人：唐志强；参审人员：崔钢、李西、王发明、胡艳辉、王红伟、冯源、米才高、王海龙、黄德泽、张莹、郭旭亮；技术总监：梁波。

由于水平有限，书中难免有遗漏或欠妥之处，敬请谅解并提出宝贵意见。

中国石油化工集团有限公司职业技能鉴定指导中心

目录

第一部分 初级工

第二部分 中级工

第三部分 高级工

第四部分　技师/高级技师

第一部分

初 级 工

一 国家职业标准（初级工工作要求）

职业功能	工作内容	技能要求	相关知识
一、 安全生产	（一） 安全操作	1. 能识别安全警示标志 2. 能报火警 3. 能拨打急救电话 4. 能使用气防设施和急救器材进行急救和自救 5. 能使用消防器材扑灭初起火灾 6. 能采取防静电措施 7. 能采取防触电措施 8. 能佩戴正压式空气呼吸器 9. 能进行心肺复苏等自救互救 10. 能发现环保异常事件并汇报 11. 能使用个人劳动防护用品 12. 能使用装置冲洗保护设施 13. 能应急撤离	1. 安全警示标志图例 2. 火灾现场情况说明 3. 人员受伤类型及情况说明 4. 消气防器材的种类、适用范围及使用方法 5. 装置防静电措施 6. 配电部位防触电措施 7. 正压式空气呼吸器的型号、适用范围及佩戴方法 8. 心肺复苏等自救互救方法和操作要点 9. 环保异常处置的方法 10. 个人劳动防护用品及设施的使用方法 11. 现场应急疏散指示
	（二） 风险管控与隐患排查	1. 能辨识生产操作过程中的风险 2. 能识别作业场所风险并自我保护 3. 能识别现场硫化氢泄漏并汇报和自我保护 4. 能识别现场可燃气体泄漏并汇报和自我保护	1. 安全理念、要求和健康、安全、环境（HSE）的管理制度 2. 工艺技术和设备原理 3. 量具、设施设备安全操作的注意事项 4. 风险的辨识方法 5. 自我保护及安全逃生的方法 6. 化学品危害特性 7. 隐患排查的要点
二、 工艺操作	（一） 油品储运	1. 能按指令引入蒸汽、氮气、水和风等公用工程介质 2. 能按指令进行油罐的进油操作 3. 能按指令进行油罐的发油操作 4. 能按指令进行油品的调和操作 5. 能按指令进行油品的管输操作 6. 能按指令进行油罐的切换操作 7. 能按指令进行油罐的脱水操作 8. 能按指令进行储罐加温、管线伴热及管线卸压操作 9. 能进行消防泵日常的试泵及管网稳压操作 10. 能按指令进行罐区雨污切换操作并进行日常检查 11. 能按指令进行储罐消防喷淋操作并进行日常检查 12. 能按指令进行防冻防凝操作 13. 能按指令进行油品的倒罐操作 14. 能进行油罐人工检尺、测温、采样操作 15. 能使用试油膏、试水膏 16. 能核对提货单油品品种、牌号、数量、鹤位及质量检验合格证 17. 能引导罐车到指定鹤位 18. 能检查罐车装车条件	1. 公用工程介质的物理、化学性质 2. 伴热投用操作要点 3. 收、发油操作要点 4. 油罐切换操作的要点 5. 油罐人工脱水操作的要点 6. 油罐内存油量对调和作业的影响 7. 油品调和的方法 8. 消防泵站操作要求 9. 热传递的方式及特点 10. 管线保温的结构要求 11. 油罐加热的操作要点 12. 雨污切换操作要点 13. 自动脱水器的结构及工作原理 14. 罐车类型划分、结构、技术参数 15. 静电产生原理、危害及消除的方法 16. 罐车装、卸操作要点 17. 油码头、油船操作要求 18. 巡回检查要点

续表

职业功能	工作内容	技能要求	相关知识
二、 工艺操作	（一） 油品储运	19. 能连接防溢油及静电导除装置 20. 能按指令进行罐车的灌装作业 21. 能按指令进行罐车的卸车作业 22. 能引导油船靠岸、安全停泊 23. 能检查油船装车条件 24. 能按指令进行油船的装船、卸船作业 25. 能进行日常巡回检查 26. 能填写相关的操作记录 27. 能发现异常工况并汇报 28. 能核对现场压力、温度、液位、阀位等 29. 能按指令停用伴热线 30. 能按指令进行单体设备密闭吹扫	19. 交接班的内容和要求 20. 工艺流程图 21. 油罐倒罐操作的要点 22. 油罐计量操作要点 23. 试油膏、试水膏的原理及使用方法 24. 工艺控制指标 25. 管线伴热线操作要点 26. 单体设备密闭吹扫操作要点
三、 设备使用 与维护	（一） 使用设备	1. 能进行机泵开启、停止作业 2. 能按指令进行机泵切换操作 3. 能按指令调节阀门开度 4. 能识读设备铭牌 5. 能识读现场仪表的数据 6. 能操作装车鹤管 7. 能操作栈台活动梯 8. 能操作装船输油臂 9. 能投用蒸汽疏水器	1. 泵的型号、结构、用途、工作原理、操作要点 2. 阀门的型号规格 3. 电动机、压缩机的型号、规格 4. 现场仪表的型号、工作原理及用途 5. 装车鹤管型号、结构、用途及工作原理 6. 装车鹤管型号、结构、用途及工作原理 7. 装船输油臂型号、结构、用途、工作原理、操作要点 8. 疏水器类型、结构、原理、性能
	（二） 维护设备	1. 能进行机泵的盘车 2. 能添加和更换阀门、机泵的润滑油(脂) 3. 能按指令进行法兰紧固、阀门密封填料更换等维修工作 4. 能进行装车鹤管维护的监护工作 5. 能进行栈台活动梯维护的监护工作 6. 能进行装船输油臂维护的监护工作 7. 能确认阀门开关状态 8. 能进行设备、管道保温完好状态检查	1. 机泵盘车要求 2. 润滑油（脂）的规格、品种及使用注意事项 3. 常用维修工具型号、规格 4. 阀门密封的形式和装填要求 5. 装车鹤管型号、结构、用途、工作原理和维护要点 6. 栈台活动梯结构、维护要点 7. 装船输油臂型号、结构、用途、工作原理和维护要点 8. 设备、管道保温完好要求
四、 事故判断 与处理	（一） 判断事故	1. 能判断机泵机封着火的原因 2. 能判断机泵机封抱轴的原因 3. 能判断现场温度、压力、液位、流量等工艺参数异常 4. 能发现运行设备超电流、振动大等异常现象 5. 能判断罐车泄漏原因 6. 能判断装船输油臂泄漏原因	1. 判断机泵着火、抱轴方法 2. 工艺参数控制指标 3. 罐车的结构、安全装置 4. 装船输油臂的结构、工作原理

续表

职业功能	工作内容	技能要求	相关知识
四、事故判断与处理	（二）处理事故	1. 能按指令处理停水、电、工业风、氮气、蒸汽等突发事故 2. 能按指令处理机泵的抽空、泄漏事故 3. 能按指令处理跑、冒、滴、漏事故 4. 能按指令进行应急处置 5. 能按指令处理罐车泄漏事故 6. 能按指令应急处理装船输油臂泄漏事故 7. 能按指令处理油船油舱充装超量事故	1. 停水、电、工业风、氮气、蒸汽等事故处理要点 2. 机泵抽空、泄漏故障判断和排除方法 3. 跑、冒、滴、漏事故处理方法 4. 罐车的结构、安全装置 5. 油船油舱的结构、安全装置 6. 装船输油臂的结构
五、绘图与计算	（一）绘图	1. 能识读工艺流程图和装置原则流程图 2. 能识读设备简图	绘图方法
	（二）计算	1. 能进行压力、流量等单位的换算 2. 能计算油品添加剂的加入量	1. 压力、流量等单位换算方法 2. 油品添加剂加入量的计算方法

二 理论知识鉴定要素细目表

行业通用理论知识鉴定要素细目表

鉴定范围			鉴定点	
一级	二级	三级	名称	重要程度
基本要求	基础知识	记录填写基础知识	运行记录的种类	X
			运行记录的填写要求	X
		识图基础知识	工艺流程图管线的表示方法	X
			工艺流程图管件的表示方法	X
			工艺流程图阀门的表示方法	X
			工艺流程图仪表电气控制点的表示方法	X
		安全环保基础知识	石化行业生产的不安全因素	X
			国家安全生产的方针	X
			三级安全教育的内涵	X
			头部的防护方法	X
			眼睛和面部的防护方法	X
			脚部的防护方法	X
			手部的防护方法	X
			耳部的防护方法	X
			口鼻的防护方法	X
			皮肤的防护方法	X

续表

鉴定范围			鉴定点	
一级	二级	三级	名　称	重要程度
基本要求	基础知识	安全环保基础知识	机械设备对人体伤害的防护方法	X
			厂内交通安全知识	X
			石化行业防火防爆十大禁令的内容	X
			尘毒物质的分类	X
			职业中毒的种类	X
			急性中毒的现场抢救方法	X
			高处作业的防护措施	X
			石化行业污染的来源	X
			石化行业污染的途径	X
			石化行业污染的特点	X
			清洁生产的定义	X
			清洁生产的内容	X
			燃烧的三要素	X
			干粉灭火器的适用范围	X
			泡沫灭火器的适用范围	X
			气体灭火器的适用范围	X
			ISO14000系列标准的含义	X
			HSE管理体系的概念	X
			建立HSE管理体系的意义	X
			石化行业事故处理的原则	X
			职业健康监护的基本知识	X
			劳动防护安全用品知识	X
			尘毒噪声对人体的危害	X
			易燃易爆危险物品的消防管理制度	X
			用火作业安全知识	X
			放射作业安全知识	X
			高处作业安全知识	X
			临时用电安全知识	X
			起重作业安全知识	X
			进入受限空间作业安全知识	X
			“四不”伤害原则	X
			火场逃生知识	X

续表

鉴定范围			鉴定点	
一级	二级	三级	名 称	重要程度
基本要求	基础知识	质量基础知识	标准化的概念	X
			标准等级划分的类别	X
			标准的使用范围	X
			ISO9000族标准的特点	X
			产品的概念	X
			合格的概念	X
		计算机基础知识	计算机硬件的组成	X
			计算机的安全防护方法	X
			Word文档的录入与排版	X
			计算机浏览器的使用	X
			电子邮件的收发方法	X
		法律常识	《劳动法》关于劳动者权益的规定	X
			劳动合同包含的主要条款	X
			劳动争议解决的途径	X
			《劳动法》关于劳动者工作时间的规定	X
			《劳动法》关于劳动安全卫生的规定	X
			《产品质量法》关于生产者的产品质量责任	X
			《产品质量法》关于生产者的产品质量义务	X
			《安全生产法》对从业人员的规定	X
			《消防法》关于对公民责任的规定	X
			签订劳动合同的目的	X
			劳动合同订立的原则	X
			劳动合同的类型	X
			解除劳动合同的情形	X
			劳动者的休息休假制度	X
			《环境保护法》关于环境保护管理的规定	X
			《职业病防治法》关于职业病预防的规定	X
相关知识	培训与指导	鉴定与考评	职业技能鉴定的定义	X
			职业技能鉴定的目的	X
			职业资格等级的划分	X
			职业资格证书的用途	X
			职业、岗位与工种的关系	X

工种理论知识鉴定要素细目表

鉴定范围			鉴定点	
一级	二级	三级	名称	重要程度
基本要求	基础知识	石油及油品基础知识	石油的元素组成	X
			石油的烃类组成	X
			烷烃的物理性质	X
			环烷烃的物理性质	X
			芳香烃的物理性质	X
			烯烃的物理性质	X
			石油的非烃类组成	X
			原油的分类	X
			石油产品的分类	X
			燃料油的分类	X
			重质燃料油的分类	Y
			润滑油的分类	X
			润滑脂的分类	Y
			沥青的分类	Y
			石蜡的分类	Y
			燃料油添加剂的分类	Z
			燃料油的规格	X
			润滑油的规格	X
			润滑脂的规格	X
		计量基础知识	长度、面积、体积的单位及换算	X
			力、压力、黏度的单位及换算	X
			质量、密度的单位及换算	X
			时间、流量、流速、温度的单位及换算	X
			电压、电流、功、功率的单位及换算	X
		储运机械与设备基础知识	油罐的分类	Y
			油罐的结构	X
			阀门的分类	X
			阀门的结构	X
			常用阀门的用途	X
			阀门型号的表示方法	X
			阀门的代号	Y
			阀门标志的含义	X

续表

鉴定范围			鉴定点	
一级	二级	三级	名称	重要程度
基本要求	基础知识	储运机械与设备基础知识	阀门类型的选择	Y
			阀门通径的选择计算	Y
			闸板阀的结构特点	X
			截止阀的结构特点	X
			单向阀的结构特点	X
			疏水器的作用	X
			疏水器的种类	X
			疏水器的结构特点	X
			电磁阀的结构特点	Y
			电磁阀的工作原理	X
			管道的分类	X
			管材的规格计算	X
			管径的选择计算	Y
			管道的热膨胀伸长量计算	X
			管道流量、流速、管径的关系	X
			油罐内液面高度的估算	X
			管道的铺设方式	Y
			管道铺设的特点	Y
			管道支架的形式	Y
			管道支架的作用	X
			管道的保温层结构	Z
			法兰的种类	X
			螺栓的规格、型号	X
			过滤器的结构	X
			过滤器的作用	X
			泵的分类	X
			泵的用途	X
			离心泵的分类	X
			离心泵的结构	X
			离心泵型号的识别	Y
			离心泵的工作原理	X
			离心泵的操作参数	Y
			自吸泵的结构特征	X
			往复泵的分类	X
			往复泵的工作原理	X
			齿轮泵的特征	X

续表

鉴定范围			鉴定点	
一级	二级	三级	名称	重要程度
基本要求	基础知识	储运机械与设备基础知识	螺杆泵的工作原理	X
			量油尺的规格	X
			温度计的规格	X
			密度计的规格	X
			容器用计量器具的用途	X
			加热和通汽的区别	X
			工艺管线（设备）刷漆的规定	Z
			雷达液位计的工作原理	X
			液位报警仪的工作原理	X
			液位报警仪的用途	X
		流体力学基础知识	流体的概念	X
			流体流量的概念	X
			流体压强的概念	X
			流体流动类型的分类	X
			流体阻力的特性	X
相关知识	工艺操作	正常操作	管线试压的注意事项	Y
			管线吹洗的注意事项	Y
			标准状态下气体物质的共同特性	Z
			油罐操作的注意事项	X
			油罐投用前的准备工作	X
			油罐收油前的准备工作	X
			油罐收发油量的估算	X
			理想溶剂应具备的性质	Z
			油品对添加剂的要求	Y
			收油过程切换罐操作的注意事项	X
			输送油过程切换罐操作的注意事项	X
			油罐收发油的流速要求	X
			油罐收发油的液面高度要求	X
			确定油罐安全高度的方法	Y
			油罐加温操作的注意事项	X
			管道伴热操作的注意事项	X
			油罐人工脱水的注意事项	X
			管道卸压的注意事项	X
			油罐自动切水器脱水的注意事项	X
			油罐倒罐的要求	X
			油品储存温度的注意事项	X
			油罐人工检尺的方法	X
			油罐人工测温的方法	X
			立式油罐容积表的组成	Y

续表

鉴定范围			鉴定点	
一级	二级	三级	名 称	重要程度
相关知识	工艺操作	正常操作	立式油罐容积表的使用方法	X
			罐顶作业的注意事项	X
			罐区巡检的规定	X
			油罐检尺口的规定	Y
			蒸汽管线操作的注意事项	X
			油罐人工脱水的操作方法	X
			油罐加温的操作方法	X
			电伴热使用过程中检查内容	X
			长输管线安全运行的管理要求	Y
			油罐人工测密的操作方法	X
			人员上罐顶作业的注意事项	X
			人工检尺前容器内油品稳定时间要求	X
	设备使用与维护	设备使用	离心泵启动前的准备工作	X
			离心泵的开停方法	X
			离心泵的切换方法	X
			往复泵启动前的准备工作	X
			往复泵的开停泵方法	X
			往复泵的切换方法	X
			压缩机启动前的准备工作	X
			压缩机的开停机方法	X
			设备管线伴热的作用	Y
			热传递的方式	Z
			热传递的特点	Y
			管线（设备）保温的结构要求	Z
			设备防雷的措施	X
			设备防雷的要求	X
			设备防静电的措施	X
			设备防静电的要求	X
			设备管理的主要指标	Y
			设备管理主要指标的计算方法	X
			仪表管理和维护的要求	X
			流量计的分类	X
			流量计的安装要求	Y
			电动机的结构	X
			电动机的使用规定	X
			静密封泄漏的检查方法	X
			静密封点的计算方法	Y
			设备润滑的要求	Y
			机械密封使用的注意事项	X

续表

鉴定范围			鉴定点	
一级	二级	三级	名 称	重要程度
相关知识	设备使用与维护	设备使用	压力表使用中的注意事项	X
			设备使用的“四懂三会”要求	X
			十字作业法：调整、紧固、润滑、防腐、清洁	X
			闸阀的使用方法	X
			温度补偿器的原理	X
			机泵运行时的检查内容	X
			外浮顶罐中央排水阀操作要求	X
		设备维护	机泵的盘车方法	X
			选用润滑油的原则	Y
			润滑油（脂）的作用	X
			设备润滑的要求	X
			设备润滑加油的标准	X
			设备润滑换油的要求	Y
			机泵密封的作用	X
			机泵密封的形式	Y
			机泵密封泄漏的标准	X
			机泵冷却的作用	X
			机泵冷却的要求	X
			设备完好的标准	Y
			罐区（泵房）完好的标准	Z
			静密封无泄漏的标准	X
			紧固法兰的方法	X
			拆卸法兰的方法	X
			阀门填料紧固、更换的方法	X
			润滑“五定”“三级过滤”的内容	X
			设备维护五字诀：听、闻、摸、比、看	X
			输油管道巡线的规定	X
			输油管道维护要点	X
	事故判断与处理	事故判断	静电产生的原因	X
			静电的危害	X
			静电放电引燃的条件	Y
			雷电的分类	Z
			雷电的危害	X
			润滑油箱带水的原因	X
			油品储运过程人体中毒的途径	X
			往复泵压力不稳的原因	X
			机泵润滑油温度过高的原因	X
			计量造成事故的原因	X
			工业毒物的分类	Y

续表

鉴定范围			鉴定点	
一级	二级	三级	名称	重要程度
相关知识	事故判断与处理	事故判断	工业毒物的分级	Y
			储运系统常见的毒物种类	Y
			储运系统常见的毒物的特征	X
			油罐泄漏的原因	X
			管线（法兰）泄漏的原因	X
			阀门泄漏的原因	X
			油罐加热器泄漏的判断方法	X
			雷达液位计失灵的原因	X
			罐内液面异常状况的判断	X
			电气基础知识	X
			离心泵抽空的原因	X
			离心泵振动过大的原因	X
			离心泵润滑油油箱丢油的原因	X
			离心泵盘不动车的原因	X
			离心泵开泵后不上量的原因	X
			离心泵抱轴的原因	Y
		事故处理	工艺控制静电产生的方法	Z
			防止雷电危害的方法	Y
			润滑油箱带水的处理方法	X
			往复泵压力不稳的处理方法	X
			润滑油温度过高的处理方法	X
			机泵冷却水系统故障的处理方法	X
			安全阀故障的处理方法	Y
			防毒口罩的适用要求	X
			防毒面具的适用要求	X
			油罐泄漏的处理方法	X
			管线（法兰）泄漏的处理方法	X
			阀门泄漏的处理方法	X
			灭火的基本方法	X
			干粉灭火器的使用方法	Y
			二氧化碳灭火器的使用方法	Y
			空气呼吸器的使用方法	X
			中毒紧急救护的方法	X
			离心泵抽空的处理方法	X
			离心泵振动过大的处理方法	X
			离心泵润滑油油箱丢油的处理方法	X
			发生事故初期应急处置程序	Y
			发生事故后应急报警程序	X
			离心泵盘不动车的处理方法	X
			离心泵开泵后不上量的处理方法	X

罐区（模块）理论知识鉴定要素细目表

鉴定范围			鉴定点	
一级	二级	三级	名称	重要程度
相关知识	工艺操作	罐区管理	轻油罐收油结束后的注意事项	X
			轻油罐发油结束后的注意事项	X
			重油罐收油结束后的注意事项	Y
			原料油罐全用带用罐操作的注意事项	Y
			燃料油调和的注意事项	X
			试水膏的使用原理	Z
			试水膏的使用方法	X
			装置退油时的注意事项	Y
			空气呼吸器使用的注意事项	X
			试油膏的使用原理	Z
			试油膏的使用方法	X
			油罐区雨污分流切换操作的注意事项	X
			油罐区雨污分流系统日常检查内容	X
			储罐消防喷淋应急操作要点	X
			储罐消防喷淋日常检查注意事项	X
	设备使用与维护	设备使用	硫化氢报警仪的作用	X
			硫化氢报警仪的使用方法	X
			可燃气体报警仪的作用	X
			可燃气体报警仪的使用方法	X
			消防泵日常试运的方法	X
			空气呼吸器的适用要求	Y
			浮顶油罐的使用要求	Y
		设备维护	空气呼吸器的检查内容	X
			拱顶油罐定期检查的内容	X
			外浮顶油罐定期检查的内容	X
	事故判断与处理	事故判断	油罐突沸的原因	X
			液压安全阀跑油的原因	X
			重质油罐含水升高的原因分析	X
		事故处理	油罐突沸的处理方法	X
			液压安全阀跑油的处理方法	X
			重质油罐含水升高的处理方法	X

公路(模块)理论知识鉴定要素细目表

鉴定范围			鉴定点	
一级	二级	三级	名称	重要程度
相关知识	工艺操作	公路装卸	汽车罐车进入装卸台前的检查内容	X
			汽车罐车装车前的检查内容	X
			常压汽车罐车装车前的准备工作	X
			常压汽车罐车装车的准备工作内容	X
			常压汽车罐车装车过程的检查内容	X
			常压汽车罐车装车结束后的工作内容	X
			常压汽车罐车卸车前的检查内容	X
	设备使用与维护	设备使用	汽车装车鹤管型号种类	X
			汽车装车鹤管结构	Y
			汽车装车鹤管的工作原理	X
			防溢油装置的使用	Y
		设备维护	常压汽车罐车装车鹤管的维护保养方法	X
	事故判断与处理	事故判断	汽车装车管线跑油的原因	X
			汽车装车管线窜油的原因	Y
			汽车装车过程产生静电的原因	X
		事故处理	汽车装车管线跑油的处理方法	X
			汽车装车管线窜油的处理方法	X
			汽车装车过程静电的消除方法	X

铁路(模块)理论知识鉴定要素细目表

鉴定范围			鉴定点	
一级	二级	三级	名称	重要程度
相关知识	工艺操作	铁路装卸	铁路罐车洗刷的注意事项	X
			铁路罐车洗刷的标准	X
			铁路槽车特洗的作业内容	X
			铁路槽车普洗的作业内容	X
			铁路槽车质量检查的内容	X
			免洗铁路槽车的装车规定	Y
			铁路槽车充装量的规定	X
			铁路槽车充装高度的规定	X
			装卸油鹤管使用的注意事项	X
			轻油类铁路槽车的装车方法	X
			轻油类铁路槽车的卸车方法	X
			黏油类铁路槽车的卸车方法	X
			铁路槽车扫舱的方法	Y
			铁路槽车充装流速的控制要求	X

续表

鉴定范围			鉴定点	
一级	二级	三级	名称	重要程度
相关知识	设备使用与维护	设备使用	铁路槽车的类型划分	Z
			铁路槽车类型的识别	X
			铁路槽车的主要技术参数	Z
			铁路槽车检修铭牌的识别	Y
			轻油铁路槽车罐体附件的组成	X
			铁路槽车车台渡梯的管理规定	Y
			铁路槽车气体分析仪的规格	X
		设备维护	铁路槽车罐体配件补缺装车的规定	X
			真空抽油过滤网的使用规定	X
			气动轻油装车鹤管的结构组成	X
	事故判断与处理	事故判断	喷射泵真空度降低的原因	X
			铁路槽车充装超量的原因	X
		事故处理	喷射泵真空度降低的处理	X
			常压铁路槽车充装超量的处理方法	X
			槽车检查不达标需返工的处理方法	Y
			铁路槽车检查证超期装车的处理方法	Y
			装车过程槽车卸油口漏油的处理方法	X

水路(模块)理论知识鉴定要素细目表

鉴定范围			鉴定点	
一级	二级	三级	名称	重要程度
相关知识	工艺操作	水路装卸	码头靠船的准备工作	X
			码头靠船的注意事项	X
			系缆绳的要求	X
			油船离泊前的注意事项	Y
			船舶应变信号的分类	Z
			码头巡回检查的内容	X
			油船装卸油前的注意事项	X
			油船装卸油过程的注意事项	X
			油船装卸油结束阶段的注意事项	X
	设备使用与维护	设备使用	码头装卸臂的作用	X
			输油臂与油船对接的操作方法	X
			输油臂对接的注意事项	X
			输油臂输油过程的注意事项	X

续表

鉴定范围			鉴定点	
一级	二级	三级	名称	重要程度
相关知识	设备使用与维护	设备使用	输油臂与油船分离的操作方法	X
			输油臂收回的注意事项	X
			输油臂的使用要求	X
		设备维护	船用输油臂的结构组成	Y
			输油臂旋转接头换油的注意事项	X
			输油臂液压阀中双单向节流阀的作用	Y
	事故判断与处理	事故判断	液压泵用电机不能启动的原因	X
			装卸油码头易发生事故的部位	X
			输油臂动作缓慢的原因	Y
			输油臂动作过快的原因	Y
		事故处理	发生人员落水时采用的应急措施	X
			火场上疏散物质的注意事项	X

三 理论知识试题

——行业通用理论知识试题——

判断题

1. 运行记录可以用铅笔填写。（×）

正确答案： 运行记录不能用铅笔填写。

2. 工艺流程图中，主要物料（介质）的流程线用细实线表示。（×）

正确答案： 工艺流程图中，主要物料（介质）的流程线用粗实线表示。

3. 盛装易燃易爆物品的容器倒空后，可以动火。（×）

正确答案： 盛装易燃易爆物品的容器倒空后，必须经安全处理后才可以动火。

4. 人耳开始感到疼痛的声音叫作痛阈。（√）

5. 起重机司机无法联系起重作业指挥人，应停止所有操作。（√）

6. 交通安全标志在任何工厂内均适用。（×）

正确答案： 部分交通安全标志在工厂适用。

7. 石化生产存在许多不安全因素，其中有毒、有异味的物质较多是主要的不安全因素之一。（×）

正确答案： 石化生产存在许多不安全因素，其中易燃、易爆、高温、高压、有毒、有害是主要的不安全因素。

8. 从事高处作业应制订应急预案，现场人员没必要知道应急预案的内容。（ × ）

正确答案：从事高处作业应制订应急预案，现场人员应熟知应急预案的内容。

9. 二氧化碳灭火器不适用于扑救B类火灾，如煤油、柴油、原油、甲醇、乙醇、沥青、石蜡等火灾。（ × ）

正确答案：二氧化碳灭火器适用于扑救B类火灾，如煤油、柴油、原油、甲醇、乙醇、沥青、石蜡等火灾。

10. 在α、β、γ三种射线中，贯穿能力最强的是γ射线。（ √ ）

11. 职业健康检查是法律赋予接毒接害人员的一项权利。（ √ ）

12. 泡沫灭火器可用于扑灭电气火灾。（ × ）

正确答案：泡沫灭火器不能用于扑灭电气火灾，可以用二氧化碳等扑灭。

13. 防护罩、安全阀等不属于安全防护设施。（ × ）

正确答案：防护罩、安全阀等属于安全防护设施。

14. 女工在从事转动设备作业时必须将长发或发辫盘卷在工作帽内。（ √ ）

15. CO_2无毒，所以不会造成污染。（ × ）

正确答案：CO_2可以造成污染。

16. 燃点是指可燃物质在空气充足条件下，达到某一温度时与火源接触即行着火，并在移去火源后继续燃烧的最低温度。（ √ ）

17. 一般情况下，应将转动、传动部位用防护罩保护起来。（ √ ）

18. 休克病人应平卧位，头部稍高。昏迷病人应保持呼吸道畅通，防止咽下呕吐物。（ × ）

正确答案：休克病人应平卧位，头部稍低。昏迷病人应保持呼吸道畅通，防止咽下呕吐物。

19. 一般事故由事故调查组提出处理建议，直属企业批准处理即可。（ × ）

正确答案：一般事故由事故调查组提出处理建议和防范措施，由主管部门处理。

20. 口鼻的防护即口腔和鼻腔的防护。（ × ）

正确答案：口鼻的防护即呼吸系统的防护。

21. ISO14000系列环境管理标准共101个标准号。（ × ）

正确答案：ISO14000系列环境管理标准共100个标准号。

22. 清洁生产的核心是源头治理。（ √ ）

23. “四不伤害”原则，体现了安全第一的安全生产方针。（ √ ）

24. 有刺激性不属于石化行业污染特点。 （ × ）

正确答案： 有刺激性属于石化行业污染特点。

25. 密闭空间作业时可能发生的危害是缺氧、窒息、中毒、火灾、爆炸。 （ √ ）

26. 建立HSE管理体系不能控制HSE风险和环境影响。 （ × ）

正确答案： 建立HSE管理体系可有效控制HSE风险和环境影响。

27. 临时用电涉及的工程竣工后，电气施工人员必须立即拆除临时用电设施。 （ √ ）

28. 液化石油气站的危险特点是易燃、易爆炸。 （ √ ）

29. 专业从事机动车驾驶人员需戴黑色变色镜，保护眼睛。 （ × ）

正确答案： 专业从事机动车驾驶人员需戴有色变色镜，保护眼睛。

30. 石化行业污染的主要来源是化学反应中的副产品。 （ × ）

正确答案： 石化行业污染的主要来源是化学反应不完全。

31. 软件由信息组成，通常是无形产品并以方法、论文或程序的形式存在。 （ √ ）

32. 标准化的主要效益在于为了产品、过程或服务的预期目的改进它们的适用性，促进贸易、交流以及技术合作。 （ √ ）

33. 合格就是满足产品标准的要求。 （ × ）

正确答案： 合格就是满足要求。

34. 中国大陆地区的顶级域名是“cn”。 （ √ ）

35. 劳动者因违反服务期约定，而解除劳动合同的，不用向用人单位支付违约金。 （ × ）

正确答案： 劳动者因违反服务期约定，而解除劳动合同的，应当按照约定向用人单位支付违约金。

36. 企业确因生产经营需要加班加点的，用人单位有权决定加班加点，不需要与工会和劳动者商量。 （ × ）

正确答案： 用人单位应当严格执行劳动定额标准，不得强迫或者变相强迫劳动者加班。

37. 订立劳动合同法的目的是明确劳动合同双方当事人的权利和义务，保护劳动者的合法权益，构建和发展和谐稳定的劳动关系。 （ √ ）

38. 《安全生产法》中明确规定：从业人员在发现直接危及人身安全的紧急情况时，有权停止作业或者在采取可能的应急措施后撤离作业场所。 （ √ ）

39. 用人单位招用劳动者时，为了保证劳动者不违反劳动合同，可以扣押劳动者的居民身份证和其他证件。 （ × ）

正确答案： 用人单位招用劳动者时，为了保证劳动者不违反劳动合同，不得扣押劳动者的居民身份证和其他证件。

40. 职业资格证书分一级、二级、三级、四级、五级五个级别。（ √ ）

单选题

1. 在商业活动中，（ A ）不符合待人热情要求。

A. 严肃待客，表情冷漠　　B. 主动服务，细致周到

C. 微笑大方，不厌其烦　　D. 亲切友好，宾至如归

2. 下列记录中属于运行记录的是（ C ）记录。

A. 交接班　　B. 值班　　C. 设备点检　　D. 安全活动

3. 现场操作原始记录由（ A ）填写。

A. 操作者　　B. 单位指定专人　　C. 值班长　　D. 技术人员

4. 下列记录中不属于运行记录的是（ A ）记录。

A. 交接班　　B. 设备点检　　C. 工艺数据统计　　D. DCS操作

5. 引起慢性中毒的毒物绝大部分具有（ A ）。

A. 蓄积作用　　B. 强毒性　　C. 弱毒性　　D. 中强毒性

6. 从事易燃、易爆岗位的作业人员应穿（ C ）工作服。

A. 腈纶　　B. 涤纶　　C. 防静电　　D. 防渗透

7. 身处高层建筑，下方发生火灾，不正确的做法是（ A ）。

A. 乘坐电梯逃离　　B. 远离着火点

C. 用纺织物弄湿捂住口鼻　　D. 报警

8. 从事酸碱作业时，作业人员需戴（ C ）手套。

A. 布　　B. 耐酸碱各种橡胶

C. 皮　　D. 塑料

9. 不属于有毒气体的是（ C ）。

A. 氯气　　B. 二氧化碳　　C. 硫化氢　　D. 一氧化碳

10. MF4型手提式干粉灭火器的灭火参考面积是（ B ）m^2。

A. 1.5　　B. 1.8　　C. 2.0　　D. 2.5

11. 从事有（ B ）、热水、热地作业时应穿相应胶鞋。

A. 硬地　　B. 腐蚀性　　C. 检修作业　　D. 机床作业

12. 清洁生产的内容包括清洁的能源、清洁的生产过程、清洁的产品、（ C ）。

A. 清洁的原材料　　B. 清洁的服务

C. 清洁的资源　　　　　　　　　　D. 清洁的工艺

13. 不能用于擦洗设备的是（ D ）。

A. 肥皂　　　　B. 洗衣粉　　　　C. 洗洁精　　　　D. 汽油

14. （ B ）不属于防坠落护具。

A. 安全带　　　　B. 安全网　　　　C. 安全帽　　　　D. 安全绳

15. HSE 管理体系是指实施安全、环境与（ C ）管理的组织机构、职责、做法、程序、过程和资源等构成的整体。

A. 生命　　　　B. 过程　　　　C. 健康　　　　D. 资源

16. 厂级安全教育对象不包括（ B ）。

A. 新调入人员　　　　B. 临时工　　　　C. 厂内调动人员　　　　D. 外用工

17. 不是石化行业污染主要途径的是（ C ）。

A. 工艺过程的排放　　　　　　　　B. 成品运输

C. 设备和管线的滴漏　　　　　　　D. 催化剂、助剂等的弃用

18. ISO9001：2015《质量管理体系 要求》标准适用于（ D ）。

A. 小企业

B. 大中型企业

C. 制造业

D. 各种类型、不同规模和提供不同产品和服务的组织

19. 根据《中华人民共和国标准化法》的规定，我国的标准分为（ C ）四级。

A. 国际标准、国家标准、地方标准和企业标准

B. 国家标准、地方标准、行业标准和企业标准

C. 国家标准、行业标准、地方标准和企业标准

D. 国际标准、国家标准、行业标准和地方标准

20. 下列ISO9000族标准中，属于不可引用标准的是（ C ）。

A. ISO9001　　　　B. ISO8402　　　　C. ISO9002　　　　D. ISO9003

21. 在计算机应用软件Word中的编辑状态，进行字体设置操作后，按新设置的字体显示的文字是（ D ）。

A. 插入点所在段落中的文字　　　　B. 插入点所在行中的文字

C. 文档的全部文字　　　　　　　　D. 文档中被选择的文字

22. 为预防计算机被计算机病毒感染，下列做法不合理的是（ D ）。

A. 经常使用最新杀病毒软件检查　　B. 不使用来历不明的光盘、软盘

C. 不轻易打开陌生人的电子邮件　　D. 不上网

23. 键盘是计算机的一种（ D ）设备。

A. 控制　　B. 存储　　C. 输出　　D. 输入

24. 建设项目中防止污染的设施，必须与主体工程（ C ）。

A. 同时设计、同时预算

B. 分开设计、分别施工

C. 同时设计、同时施工、同时投产使用

D. 同时设计、分步施工

25. 我国劳动法律规定的最低就业年龄是（ C ）周岁。

A. 18　　B. 17　　C. 16　　D. 15

26. 《劳动法》规定，劳动者连续工作（ A ）年以上的，享受带薪年休假。

A. 一　　B. 二　　C. 三　　D. 四

27. 依据《劳动法》的规定，发生劳动争议时，提出仲裁要求的一方应当自劳动争议发生之日起（ D ）日内向劳动争议仲裁委员会提出书面申请。

A. 三十　　B. 四十　　C. 十五　　D. 六十

28. 职业病危害严重的建设项目的防护设施设计，应当经（ B ）进行卫生审查，符合国家职业卫生标准和卫生要求的，方可施工。

A. 环境保护部门　　B. 医疗行政部门

C. 卫生行政部门　　D. 劳动部门

29. 《产品质量法》规定，承担产品质量责任的主体包括（ B ）。

A. 消费者　　B. 生产者和销售者

C. 工程建设者　　D. 仓储运输者

30. 劳动安全卫生工作“三同时”是指：（ D ）的劳动安全卫生设施必须与主体工程同时设计、同时施工、同时投入生产和使用。

A. 新建工程　　B. 改建工程

C. 扩建工程　　D. 新建、改建或扩建工程

31. 依据《劳动合同法》规定，劳动合同可以约定试用期。试用期最长不超过（ C ）个月。

A. 12　　B. 10　　C. 6　　D. 3

32. 违反《消防法》的规定，有下列行为之一的，处警告、罚款或者十日以下拘留，以下说法不正确的是（ D ）。

A. 违法使用明火作业或者在具有火灾、爆炸危险的场所违反禁令，吸烟、使用明火的

B. 阻拦报火警或者谎报火警的

C. 故意阻碍消防车、消防艇赶赴火灾现场或者扰乱火灾现场秩序

D. 火灾扑灭后，为隐瞒、掩饰起火原因、推卸责任，故意破坏现场或者伪造现场，尚不构成犯罪的

33. 下列各项不属于生产产品质量消极义务的是（ A ）。

A. 限期使用的产品，应当在显著位置清晰地标明生产日期和安全使用期或者失效日期

B. 生产者不得伪造产地，不得伪造或者冒用他人的厂名、厂址

C. 生产者生产产品，不得掺杂、掺假，不得以假充真、以次充好，不得以不合格产品冒充合格产品

D. 生产者不得生产国家明令淘汰的产品

34. 劳动合同期限三个月以上不满一年的，试用期不得超过（ C ）。

A. 三个月　　B. 两个月　　C. 一个月　　D. 15天

35. 《劳动法》规定，所有劳动者的合法权益一律平等地受我国劳动法的保护，不应有任何歧视或差异。这体现了对劳动者权益（ B ）的保护。

A. 最基本　　B. 平等　　C. 侧重　　D. 全面

36. 职业资格证书中级封面颜色是（ D ）。

A. 黄色　　B. 紫色　　C. 绿色　　D. 蓝色

37. 职业技能鉴定考试的主要目的是（ A ）。

A. 为劳动者持证上岗和用人单位就业准入资格提供依据

B. 为劳动者提供就业证书

C. 检验劳动者的技能水平

D. 测量劳动者职业技能的等级

38. 以机动车驾驶技能为例，个人日常生活中驾驶是属于（ C ）。

A. 职业技能　　B. 操作技能　　C. 生活技能　　D. 肢体技能

39. 工种是根据劳动管理的需要，按照生产劳动的性质、工艺技术的特征或者服务活动的特点而划分的（ D ）。

A. 工作位置　　B. 工作性质　　C. 工作类别　　D. 工作种类

一 工种理论知识试题

判断题

1. 石油主要是由碳、氢、氮、氧、硫及其他微量元素等元素组成的。（√）

2. 石油是以各种烃类为主的包括少量非烃类所组成的复杂的混合物。（√）

3. 在柴油中掺入不饱和烃以降低其凝点，是利用不饱和烃化学稳定性差这一特性。（×）

正确答案：在柴油中掺入不饱和烃以降低其凝点，是利用不饱和烃凝点较低的特性。

4. 按原油中烷烃、环烷烃、芳香烃等主要烃类的组成不同，可大致分为石蜡基原油、中间基原油、环烷基原油。（√）

5. 燃料油要具备很好的燃烧性、蒸发性、流动性、防腐性、稳定性，其中反映燃油的流动性的指标是沸点。（×）

正确答案：燃料油要具备很好的燃烧性、蒸发性、流动性、防腐性、稳定性，其中反映燃油的流动性的指标是黏度。

6. 润滑油是用在各种类型汽车、机械设备上以减少摩擦、保护机械及加工件的液体或半固体润滑剂，主要是润滑、冷却、防锈、清洁、密封和缓冲等作用。（√）

7. 为提高汽油抗爆性，目前掺入一定量的醚类化合物，这种醚类化合物通常是甲基叔丁基醚，简称MTBE。（√）

8. 用来表示汽油抗爆性的其中一项指标为十六烷值。（×）

正确答案：用来表示汽油抗爆性的其中一项指标为研究法辛烷值。

9. 油罐罐壁每层圈板上的竖直焊缝均采用对接焊接，拱顶罐圈板与圈板间的环向焊缝可以采用对接焊接，亦可采用搭接焊接。（√）

10. 当电磁控制器接到开启信号时，常开电磁阀关闭，常闭电磁阀打开，活塞内压力减小，活塞两侧压力差大于弹簧压力，从而使主阀开启。（√）

11. 无缝钢管的特点主要有品种规格多、强度高、耐压高、韧性强、管段长和易加工焊接等。（√）

12. 焊接钢管分为对缝焊接钢管和螺旋焊接钢管两种，前者一般应用在小直径低压管道上，后者一般应用在低压大直径管道上。（√）

13. 管道的连接形式有法兰连接、焊接连接、螺纹连接、承插连接等四种。（√）

14. 大小头又称变径管，有同心和偏心两种型式。（√）

15. 管道的主要技术参数有公称直径、公称压力、试验压力和工作压力。（√）

16. 串联管道的特点为：各管段的流量相等，满足连续性方程。管道中的总水头损失等于各分段管路水头损失之和，满足能量守恒原理。（√）

17. 管道热应力产生的条件一是管路受到约束，二是温度发生变化。（√）

18. 管路越长，使用温度越高，则其产生的热伸缩量越大，所需补偿量越高。（√）

19. L形和Z形补偿器属于自然补偿器，波纹管补偿器属人工补偿器。（√）

20. 管道的直径越大，长度越长，则其产生的热应力也越大。（×）

正确答案：管道的温度越高，长度越长，则其产生的热应力也越大。

21. 管沟管道主要分为非通行管沟和通行管沟两种。（×）

正确答案：管沟管道主要分为非通行管沟、半通行管沟和通行管沟三种。

22. 在固定管架处，管线与管架之间可以发生相对位移。（×）

正确答案：在固定管架处，管线与管架之间不可以发生相对位移。在活动管架处，管线与管架之间可以发生相对位移。

23. 活动管架允许管道沿平面内任意方向变形或移动，是支架中最简单且使用数量最多的一种。（√）

24. 管道支架的作用是支撑管道，对管道起到加固、保护作用。（√）

25. 石油中的微量元素含量不高，对石油加工过程及其产品质量不产生影响。（×）

正确答案：石油中的微量元素含量不高，但对石油加工过程及其产品质量会产生影响。

26. 管线保温是根据介质温度来选材料及厚度的，也可使用预制保温块。（√）

27. 法兰盖工作中须承受较大压力，选用时应注意选择合适的厚度，防止泄漏。（√）

28. 篮式过滤器分为直通式、高低接管式和重叠式三种。（√）

29. 油库常用容积式泵包括往复泵、齿轮泵、螺杆泵和水环式真空泵。（√）

30. 往复泵适用于输送黏度大、流量小、扬程高的液体。（√）

31. 多级泵不但能提高扬程，还能增加流量。（×）

正确答案：多级泵主要是提高扬程，并不能增加流量。

32. 按液体吸入方式分，离心泵可分为单吸和双吸两种。（√）

33. 容积式泵流量调节常用的方法是旁路调节。（√）

34. 离心泵开泵前灌泵的目的是排气。（√）

35. 离心泵内的液体通过排出室即蜗壳后端的扩散管或导管的截面逐渐扩大，使速度能转换为动能。（×）

正确答案：离心泵内的液体通过排出室即蜗壳后端的扩散管或导管的截面逐渐扩大，使速度能转化为压力能。

36. 泵出现振动和噪声，可能是泵发生了汽蚀。（√）

37. 自吸泵结构上最大的特征是泵壳上的吸入管的中心高于叶轮轴的中心，排出口在泵壳的上方。（√）

38. 往复泵不能在关闭出口阀的情况下启动，而离心泵则可以。（√）

39. 泵的性能是指泵运转时的扬程、流量、轴功率、效率之间的关系。（√）

40. 往复泵与离心泵一样，启动前必须灌泵。（×）

正确答案：往复泵与离心泵不一样，启动前不用灌泵。

41. 往复泵的流量是脉动的、不均匀的。（√）

42. 齿轮泵由两个齿轮相互啮合在一起而构成的机泵，它是依靠齿轮的轮齿啮空间的容积变化来输送液体的，它属于回转泵。（√）

43. 当螺杆泵的主动螺杆旋转时，吸入端密封线连续不断地向排出端做轴向移动，使吸入腔容积增大，压力升高。（×）

正确答案：当螺杆泵的主动螺杆旋转时，吸入端密封线连续不断地向排出端做轴向移动，使吸入腔容积增大，压力下降。

44. 量油尺的最小分度值是0.1mm。（×）

正确答案：量油尺的最小分度值是1mm。

45. 油罐液位报警仪的主要作用是测量油罐内油品液位的变化。（×）

正确答案：油罐液位报警仪的主要作用是对油罐内油品液位的超限报警。

46. 液位报警仪的工作原理是，当容器液面达到一定高度，浮子触碰到伸进容器内的探杆，探杆自动发出警报。（√）

47. 油罐只须进行高液位报警，无须进行低液位报警。（×）

正确答案：油罐须进行高液位报警，也须进行低液位报警。

48. 当液位报警仪发出报警信号时，当班人员必须对相关油罐的作业情况及储罐实际状况进行检查、确认。（√）

49. 流体流动时存在能量损耗，故油品输送时机泵的扬程的选择是机泵选型的重要因素。（√）

50. 流体流量指的是单位时间流过的流体体积或质量。（√）

51. 真空压力又称真空度，是指绝对压力小于当地大气压的数值。（√）

52. 流体的压强，指流体流动时推动流体向前的单位面积上的压力。（√）

53. 液体的流态可以用液体的流态系数，即雷诺数来表示。（√）

54. 管路液体流动状态可分为层流、过渡区和紊流。（ √ ）

55. 管路试压的目的是检验管路安装的强度和严密性。（ √ ）

56. 汽油、石脑油、柴油等轻油管线处理时，应先用氮气吹净管线内的存油。（ × ）

正确答案：汽油、石脑油、柴油等轻油管线处理时，应先用水顶净管线内的存油，再用氮气吹扫。

57. 管线吹扫开始时要开大蒸汽，这样可以将管线的杂物吹扫干净。（ × ）

正确答案：管线吹扫开始时要缓开蒸汽，防止管线产生液击，而损坏管道。

58. 管线气压试验完毕，应在管线高点放压排空。（ √ ）

59. 管线吹扫时，一般通过时间的长短判断管线吹扫是否正常，发现问题应及时联系处理。（ × ）

正确答案：管线吹扫时，一般通过压力的变化判断管线吹扫是否正常，发现问题应及时联系处理。

60. 膨胀管阀门在油罐输油作业时应关闭，不作业时应打开。（ √ ）

61. 油罐投用前须检查泡沫发生器网罩和刻痕玻璃是否完好。（ √ ）

62. 油罐加热器须经试压无泄漏后，方可投入使用。（ √ ）

63. 收油前要及时与调度联系，明确油品的品种、数量、卸入罐号与车号。（ √ ）

64. 油罐进油前，应关闭收油罐和相关油罐的胀油管或旁通管线上的阀门，以免收油时造成窜油事故。（ √ ）

65. 添加剂的加入量是根据使用要求、性能、基础油的性质和对添加剂的感受性而决定的。（ √ ）

66. 油品添加剂温度过低在输送过程中，添加剂不会因沉降在管线及设备上而影响添加剂的加入量。（ × ）

正确答案：油品添加剂温度过低在输送过程中，添加剂会因沉降在管线及设备上而影响添加剂的加入量。

67. 进油切换时，应两人操作，一人开大待进油罐的进油阀，同时另一人关闭原进油罐的进口阀。（ × ）

正确答案：进油切换时，开大待进油罐的进油阀后，关闭原进油罐的进油阀。

68. 切换罐后，要及时与装置联系切换情况，防止切换不好造成装置进料抽空。（ √ ）

69. 内浮顶罐在浮舱起浮前，要控制进油速度不大于3m/s。（ × ）

正确答案：内浮顶罐在浮舱起浮前，要控制进油速度不大于1m/s。

70. 对油罐汽车进行灌装作业时，发油鹤管应插入距罐车底部不大于200mm处，并注

意控制流速。起始流速控制在1m/s内，浸没后最高不得超过4.5m/s，以防静电和溢油事故发生。（√）

71. 浮顶油罐运行中，为提高油罐的使用率，其液面应低于浮顶的起浮高度。（×）

正确答案：浮顶油罐运行中，原则上液面应不低于浮顶的起浮高度。

72. 安全高度是根据油品性质、油罐结构及罐壁上部的附件决定的。（√）

73. 重质油品在95℃以上收油时，要随时预防突沸。（√）

74. 管道伴热和被伴热管应固定紧贴在一起，外包保温层、铁皮或铝皮。（√）

75. 油罐进满油后，只要有一定的沉降时间就可脱水，而脱水前无须进行检尺。（×）

正确答案：油罐进满油后，要有一定的沉降时间，脱水前、后要检尺计量。

76. 在油罐切水作业时，操作工应站在脱水井的下风向的位置。（×）

正确答案：在油罐切水作业时，操作工应站在脱水井的上风向的位置。

77. 油罐切水量较大时，要注意下水井的排水适当控制，防止外溢。（√）

78. 轻质油品管道泄压时，要将油品泄进同品种油品的油罐。（√）

79. 静止管道在温度变化小时，要及时打开卸压阀泄压，防止胀坏设备。（×）

正确答案：静止管道在温度变化大时，要及时打开卸压阀泄压，防止胀坏设备。

80. 每班要检查自动脱水器连接法兰是否泄漏，过滤器是否堵塞，排水是否正常。（√）

81. 油罐原则上禁止边进油边倒油，以确保产品质量。（√）

82. 油罐倒完油后，要及时关闭相关的阀门，并及时进行检尺、计量。（×）

正确答案：油倒完后，要及时关闭相关的阀门，油罐要进行检尺、测温、计量。

83. 油品的储存温度越低越好，以减少油品的蒸发损失。（×）

正确答案：油品的储存温度过低，会使油品流动性变差，因此油品储存温度不能过低。

84. 油品的储存温度过高会消耗大量热能，还会增大油品的蒸发损失。（√）

85. 油品储存温度控制，既要考虑到物料输送的方便、安全，也要考虑到能源的消耗成本。（√）

86. 检空尺的计算公式是：检尺高=空尺+油尺。（√）

87. 重质油品检空尺，两次读数差大于1cm，要取两次读数的平均数。（×）

正确答案：重质油品检空尺，两次读数差大于1mm，应进行重检。

88. 测温盒提出后应立即读数，先读大数，后读小数，并做好记录。（×）

正确答案：测温盒提出后应立即读数，先读小数，后读大数，并做好记录。

89. 原油、重质油品测温停留时间不少于5分钟。（×）

正确答案：原油、重质油品测温停留时间不少于15分钟。

90. 油品交接计量应选择最小分度值为0.2℃的玻璃棒全浸水银温度计。（√）

91. 石油密度计是以20℃为标准温度的。（√）

92. 存油量不得超过容积表上允许的最高温度时的容积。（×）

正确答案：存油量不得超过油罐的安全容量。

93. 检尺操作时应在量油孔尺槽部位下尺，以减少测量误差。（√）

94. 对动态油罐进行及时检查，可随时观测储油罐液位变化，以掌握进出油罐情况。（√）

95. 巡回检查时要注意检查罐区边沟、管沟存油情况是否有异常，但无须检查明沟是否有油。（×）

正确答案：巡回检查时要注意检查罐区边沟、管沟存油情况是否有异常，同时还需检查明沟是否有油。

96. 油罐的量油孔应安装在油罐顶部与扶梯相近的地方。（√）

97. 油罐的量油孔盖大多是用铅材料或铝合金材料做的。（×）

正确答案：油罐的量油孔内衬大多是用铅材料或铝合金材料做的。

98. 接到管网停汽通知，应在蒸汽停送前将油罐加热器入口阀关闭，防止油品窜入加热器。（×）

正确答案：接到管网停汽通知，应在蒸汽停送前将油罐加热器入口阀关闭，出口阀打开，及时发现油品窜入加热器。

99. 离心泵启动前要先打开放空阀，把管线内空气排净。（×）

正确答案：离心泵启动前要先打开放空阀，把泵体内空气排净。

100. 离心泵启动前应首先关闭出口阀，目的是降低启动电流，防止电机损坏。（√）

101. 确定备用泵启动正常时，慢慢打开泵的出口阀，调整泵的流量。（√）

102. 离心泵切换时要控制好在用泵进口阀，防止抽空。（×）

正确答案：离心泵切换时要控制好在用泵进口阀，防止出口压力和流量出现波动。

103. 切换备用泵前要先打开备用泵的进口阀灌泵，把管线内的空气排净。（×）

正确答案：切换备用泵前要先打开备用泵的进口阀灌泵，把泵体内的空气排净。

104. 停蒸汽往复泵，应先关闭泵的进口阀，然后慢慢关闭蒸汽进口阀。（√）

105. 启动蒸汽往复泵时，慢慢打开泵的进汽阀。（×）

正确答案：启动蒸汽往复泵时，先打开排汽阀，再慢慢打开泵的进汽阀启动。

106. 当备用蒸汽往复泵运转正常后，关闭被切换泵的进汽阀，停下被切换泵。 （√）

107. 离心式压缩机启动前，应检查油压表、压力表、水压表、电流表是否指零。 （√）

108. 启动压缩机后，应迅速打开出口阀，再关闭放空阀。 （×）

正确答案：启动压缩机后，应慢慢打开出口阀，再关闭放空阀。

109. 原油管线使用伴热可以提高油品在管线中的灵活性，提高油品的输送能力。 （×）

正确答案：原油管线使用伴热可以提高油品在管线中的流动性，提高油品的输送能力。

110. 对流传热的方式可以由强制对流引起，亦可以由自然对流引起。 （√）

111. 流体与不同温度的固体表面接触会发生导热。 （√）

112. 辐射是电磁波传递能量的主要方式。 （√）

113. 管线保温层的厚度仅由管线的大小确定。 （×）

正确答案：管道保温的厚度与管道直径、管道介质温度和所要达到的保温效果有关系。

114. 石油库电气继电保护装置按用途可分为漏电保护、电气联锁和过电压（流）装置三类。 （√）

115. 储存可燃油品的钢油罐，不应装设避雷针（线），也不须做防雷接地。 （×）

正确答案：储存可燃油品的钢油罐，应装设避雷针（线），做防雷接地。

116. 与油罐相连接的防雷接地引下线以及各种引下线、接地体连接线应无腐蚀，折损。 （√）

117. 浮顶油罐浮盘未浮起之前，要限制进油速度不大于1m/s。 （√）

118. 采取接地、加入静电添加剂等均不属于加速静电泄漏的方法。 （×）

正确答案：采取接地、加入静电添加剂等均属于加速静电泄漏的方法。

119. 使用移动泵回收轻柴油罐内少量油品时可以不对泵机进行静电接地连接。 （×）

正确答案：使用移动泵回收轻柴油罐内少量油品时需要对泵机进行静电接地连接。

120. 某油库使用压缩空气清扫甲、乙类油品管线和油罐是允许的。 （×）

正确答案：油库使用压缩空气清扫甲、乙类油品管线和油罐是不允许的。

121. 关键机组在规定周期内的故障率等于关键机组故障停机时间与关键机组开动时间之比再乘以100%。 （×）

正确答案：关键机组在规定周期内的故障率等于单机设备故障停机时间与单机设备开动时间之比再乘以100%。

122. 刮板流量计按构造不同，可分为凸轮式和凹线式两种。 （√）

123. 影响流量计计量精度的因素有黏度、温度、压力、流态等。（√）

124. 腰轮流量计又称罗茨流量计，可以用来计量液体或气体的流量。（√）

125. 涡轮流量计又称透平流量计，主要由涡轮流量变送器和流量积算仪两部分组成，可实现瞬时流量和累计流量的计量。（√）

126. 按油库常见流量测量方法，流量计一般可以分为容积式流量计、速度式流量计、差压式流量计、质量流量计四大类。（√）

127. 速度式流量计是通过置于管线中的测量系统输出一个与流速成正比的信号。（√）

128. 流态对速度式流量计的测量精度影响不大。（×）

正确答案：流态对速度式流量计的测量精度影响很大，在流速较高时，液体的流动呈紊流状态；在流速较低时，流体的流动呈层流状态。

129. 直接式质量流量计直接检测出质量信号从而得到质量流量值。（×）

正确答案：直接式质量流量计直接检测反映质量流量大小的信号，从而得到质量流量值。

130. 由检测元件直接检测出反映质量流量大小的信号，从而得到质量流量值的流量计称为推导式质量流量计。（×）

正确答案：由检测元件直接检测出反映质量流量大小的信号，从而得到质量流量值的流量计称为直接式质量流量计。

131. 安装流量计时，要避免管线受流动的影响，位置应便于读数。（×）

正确答案：安装流量计时，要避免受外力后产生变形和振动，位置应便于读数。

132. 电动机在使用过程中，进风口必须通畅，保证进风量，接线端应保持清洁及接触良好。（√）

133. 电动机启动时，应先合操作开关、再合控制开关。（×）

正确答案：电动机启动时，应先合控制开关、再合操作开关。

134. 离心泵与电动机采用弹性联轴器，可以使泵轴有膨胀伸缩可能性。（√）

135. 机泵具有弹性的密封圈置于静环与压盖之间的螺栓松动，会产生泄漏。（√）

136. 动环和静环间的O形或V形密封圈损坏，会产生泄漏。（×）

正确答案：动环和轴之间的O形或V形密封圈损坏，会产生泄漏。

137. 直径小于150mm的一对法兰，算一个密封点，直径大于或等于150mm的一对法兰算两个密封点。（×）

正确答案：一对法兰，算一个密封点。

138. 汽缸油要求黏度小，保证有较高的附着力，以免被蒸汽和冷凝水冲刷掉。（×）

正确答案：汽缸油要求黏度大，保证有较高的附着力，以免被蒸汽和冷凝水冲刷掉。

139. 机泵密封装入前应检查密封件、轴、密封腔、压盖是否清洗干净。（√）

140. 对机泵加冷却水冷却，可降低填料函的温度，改善泵体的工作条件，延长其使用寿命。（×）

正确答案：对机泵加冷却水冷却，可降低填料函的温度，改善机械密封的工作条件，延长其使用寿命。

141. 离心泵启动前，应保持密封腔内充满液体，以防止突然启动造成软环碎裂。（×）

正确答案：离心泵启动前，应保持密封腔内充满液体。输送可能凝固的介质时，应用蒸汽将密封腔加热至介质熔化。启动前必须盘车，以防止突然启动而造成软环碎裂。

142. 弹簧管压力表的两个关键部件是弹簧管和齿轮传动机构。（√）

143. 离心泵叶轮反转或装反会造成压力表和真空表读数都低于正常值。（√）

144. 油品温度高、黏度大会引起压力表读数高于正常值，真空表读数也高于正常值。（×）

正确答案：油品温度低、黏度大会引起压力表读数高于正常值，真空表读数也高于正常值。

145. 如压力表指针不能回零，只须调整指针即可。（×）

正确答案：如压力表指针不能回零，必须更换新的压力表。

146. “四懂三会”的内容是懂原理、构造、用途、性能，会操作、维护、排除故障。（√）

147. 通过维护可改善机泵在运行过程中存在的渗漏和部件不良。（√）

148. 一级保养是对油泵进行检查和清洁事宜。（×）

正确答案：一级保养是对油泵进行普遍的清洁、紧固、润滑和调整事宜。

149. 防雷击的方法是将雷电流或雷感应电流导入大地。（√）

150. 保养“十字”作业法中的“调整”指有关间隙、油压、安全装置调整合理。（√）

151. 根据规范，不同阀体材料要求阀体用不同颜色加以区别。（√）

152. 凹凸式密封面能保护垫片不被挤入管中，因而密封性能好。（×）

正确答案：凹凸式密封面能保护垫片不被挤入管中，因而耐压性能好。

153. 波纹补偿器由多个压制的波纹组成，每个波纹的伸缩能力为5～8mm，它结构简单体积小，适用于场地受到限制的地方。（√）

154. 补偿器有自然补偿器和人工补偿器两大类。（√）

155. 油罐即将抽空时，要按先关后开的原则操作。 （ × ）

正确答案： 油罐即将抽空时，要按先开后关的原则进行切换操作。

156. 机泵盘车时应按顺时针方向盘车，检查泵轴是否灵活，壳内有无杂音。 （ × ）

正确答案： 机泵盘车时应按泵的运行方向盘车，并检查泵轴是否转动灵活，壳内有无杂音。

157. 润滑油的分子能牢固地吸附在金属表面，形成保护膜，能防止金属腐蚀。 （ √ ）

158. 工业润滑油要求有合适的黏度，无腐蚀性，机械杂质要少。 （ √ ）

159. 齿轮油要求具有良好的润滑性和抗摩擦性能，以及高凝固点。 （ × ）

正确答案： 齿轮油要求具有良好的润滑性和抗摩擦性能，以及低凝固点。

160. 机泵润滑油每周要更换润滑油一次。 （ × ）

正确答案： 机泵润滑油进水乳化变质或结块时应更换润滑油。

161. 离心泵密封的作用是防止液体泄漏，保证泵正常运转。 （ √ ）

162. 离心泵密封可以控制泵出口外缘之间的间隙，减少液体泄漏量。 （ × ）

正确答案： 离心泵密封可以控制泵叶轮入口外缘之间的间隙，减少液体泄漏量。

163. 离心泵机械密封的动环与轴向滑移面之间必须有密封圈。 （ √ ）

164. 对机泵加冷却水冷却，可把摩擦热带走，防止杂质的沉积。 （ √ ）

165. 对机泵加冷却水冷却，可降低填料函的温度，改善泵体的工作条件，延长其使用寿命。 （ × ）

正确答案： 对机泵加冷却水冷却，可降低填料函的温度，改善机械密封的工作条件，延长其使用寿命。

166. 当介质温度高于200℃时，除在冷却水套中及静环背部通冷却水冷却外，还应采取强制冷却。 （ √ ）

167. 机泵由于冷却水的引入，往往在轴上形成水垢，容易破坏轴承滚珠，应选用软水冷却。 （ × ）

正确答案： 机泵由于冷却水的引入，往往在轴上形成水垢，容易破坏密封，应选用软水冷却。

168. 油泵完好要求其壳体完好，无裂纹及渗漏，外观清洁无油污。 （ √ ）

169. 设有放空系统的设施包括放空罐、放空管线。 （ √ ）

170. 油船扫线介质主要有压缩空气、蒸汽、氮气和海水等，但轻油不准用压缩空气扫线。 （ √ ）

171. 鹤管与集油管的连接方式有专用单鹤管式、两用（多用）单鹤管式、双鹤管式三种。 （ √ ）

172. 集油管是直接与所有装卸同种油品的鹤管相连的一根直径较大的总管，也称为汇

油管。功能是卸油时收集油品，装油作业时分流油品。（√）

173. 设有真空系统的设施包括扫舱短管、扫舱总管、真空管线、真空罐、真空泵和气水分离器等。（√）

174. 在考虑工艺流程的布置上要正确处理好业务要求、作业管理和基建投资三者之间的关系，切忌片面追求“万能流程”。（√）

175. 不冒烟是指用眼睛观察设备及管路静密封不冒烟。（√）

176. 紧固法兰螺丝时应穿入一个紧一个。（×）

正确答案：紧固法兰螺丝时要对角紧固，用力要均匀。

177. 拆卸法兰螺栓前，最好先给螺栓喷些松动剂，便于拆卸。（√）

178. 安装阀门填料时，要避免划伤内腔和阀杆表面。（√）

179. 各润滑部件按规定每天加油、添油和清洗换油。（×）

正确答案：各润滑部件按规定的周期加油、添油和清洗换油。

180. 润滑“三级过滤”是指：润滑油在进入油库时要经过过滤，放入润滑容器时要经过过滤，加入设备时也要经过过滤。（√）

181. 设备润滑管理五定是：定点、定时、 定质、定量、定期。（√）

182. 巡线中，当管线处于工作状态时，应沿管线检查该管线各连接部位、焊缝及焊接点、阀门井等处有无渗漏。（√）

183. 巡线中，应定期检查地上管线的拐弯处、穿越处、支撑处等部位，有无发生扭曲变形甚至破裂，同时应检查管线支撑是否牢固，防腐层、保温层是否完好，并及时清除管线沿线的枯草杂物。（√）

184. 对于不使用的管线段，应及时从管系中拆除。暂时不能拆除的，要与其他管线断开。（√）

185. 长输重质油品管线在输油状态下，可停止伴热，对伴热系统进行检修。（√）

186. 油品在管线内的流速越快产生的静电荷越少。（×）

正确答案：油品在管线内的流速越快产生的静电荷越多。

187. 电阻率越大，静电积聚能力越强，越易引起静电放电，产生事故。（√）

188. 静电产生的火花易引起燃烧爆炸。（√）

189. 雷云与大地之间放电，呈现枝杈形（线状）的电弧。（√）

190. 雷击可产生很大的放电流，通过物体时，将转换成巨大的电能。（×）

正确答案：雷击可产生很大的放电流，通过物体时，将转换成巨大的热量。

191. 避雷针由接闪器、引下线、接地装置三部分组成。（√）

192. 机泵润滑油乳化的主要原因是润滑油箱进水。 （√）

193. 油品储运过程中有毒物质能很快地被人体吸收，并经过血管进入血液循环系统。 （√）

194. 油品储运中，毒物主要是经呼吸道进入人体的。 （√）

195. 缸套及活塞胀圈磨损或活塞损坏会造成往复泵压力不稳。 （√）

196. 管道堵塞，冷却液供应不足，会造成润滑油温度升高。 （√）

197. 使用润滑油牌号不符合要求，或润滑油变质而未及时更换，会使润滑油温度升高。 （√）

198. 毒物按其化学结构可划分为有机毒物和无机毒物两种。 （√）

199. 毒物进入人体产生中毒分为急性中毒、亚急性中毒和慢性中毒。 （√）

200. 原油会使人产生麻醉性反应。 （√）

201. 工业毒物在人体产生麻醉性反应，会使人发生急性中毒。 （×）

正确答案：工业毒物在人体产生麻醉性反应，会引起人的皮肤和皮肤角质增生。

202. 油罐人孔螺丝未上紧，连接的管线法兰垫片老化或损坏，会引起泄漏。 （√）

203. 加热管施工质量不合格，腐蚀穿孔，会造成加热管泄漏。 （√）

204. 冬季油罐内油品加热温度过高使加热器被胀裂，造成管线油品泄漏。 （×）

正确答案：冬季油罐内温度低，加热器被冻裂，造成管线油品泄漏。

205. 若发现油罐液位异常，应对油罐进行复测计量，检查尺铊是否落在罐内杂物上，油高是否记错、读错。 （√）

206. 若发现油罐液位异常，应检查核对流量表发油过程，有没有多付或少付的情况。 （√）

207. 保护接地就是用电设备不带电的金属部分与大地之间做良好的金属连接，以保证人身安全。 （√）

208. 防爆电气外壳能承受内部爆炸性气体混合物的爆炸压力，并可阻止火花向外部传播的电器设备是隔爆型电气设备。 （√）

209. 保护接零就是把电气设备在正常情况下不带电的金属壳体部分与供电系统的零线作电气连接。 （√）

210. 防爆电气设备必须配有明显的 EX 防爆标志。 （√）

211. 爆炸危险区域内的坑、沟，爆炸危险区域等级划分为0区。 （×）

正确答案：爆炸危险区域内连续出现或长期出现爆炸性气体混合物的区域称为0区。

212. 通入油库的铁轨，必须在进入油库铁路大门以前的钢轨接缝处安装绝缘轨，以防

止外面的杂散电流进入油库。（√）

213. 油罐的作业容量即为该罐的储存容量。（×）

正确答案：油罐的作业容量=储存容量-死藏容量

214. 石油库爆炸危险场所使用的电气设备带电体与设备外壳间的绝缘电阻不应小于1MΩ，并应定期检测该数值。（√）

215. 敷设电气线路的电缆或钢管，所穿过的不同区域的孔洞，应采用油毡严密堵塞。（×）

正确答案：敷设电气线路的电缆或钢管，所穿过的不同区域的孔洞，应采用非燃性材料严密堵塞。

216. 石油库同一供电系统中可以对部分电气设备采取保护接零、部分电气设备采取保护接地的混合接地措施。（×）

正确答案：同一供电系统中不允许保护接地与保护接零混合使用。

217. 储运设备都要安装有效的静电接地线。（√）

218. 钢质油罐的防雷接地装置可以兼作防静电接地装置。（√）

219. 一般情况下，接地装置应每半年定期检查一次，防雷接地装置在每年雷雨季节前应检测一次。（√）

220. 引下线是引导雷电的导体，有足够的时间让雷电通过，不能产生火花。（×）

正确答案：引下线是引导雷电的导体，有足够的时间让雷电通过，保证雷击电流顺利流入大地。

221. 往复泵的部分吸入、排出阀关不严或弹簧力不均匀时，要更换阀门和弹簧。（×）

正确答案：往复泵的部分吸入、排出阀关不严或弹簧力不均匀时，要研磨阀的端面或更换弹簧。

222. 油位过高或过低是机泵润滑油油温过高的原因之一。（√）

223. 冷却水管结垢，只要开大进水阀门的开度即可，不会影响其继续使用。（×）

正确答案：冷却水管结垢，要清除结垢后再用，不然会影响其使用效果。

224. 机泵冷却水流量过小会导致冷却不足，在冬季当机泵冷却水流量过小或静水时还会导致水夹套结冰而损坏机泵。（√）

225. 根据结构特点，安全阀可分为封闭式和非封闭式两大类。（√）

226. 若介质温度较低，则应选择散热片式安全阀。（×）

正确答案：若介质温度较高，则应选择散热片式安全阀。

227. 防毒面具可以保护呼吸器官、眼睛、脸部免受各种有毒物质的伤害。（ √ ）

228. 隔绝式面具主要在高浓度染毒空气（体积浓度大于 1%时）中，或在缺氧的高空、水下或密闭舱室等特殊场合下使用。（ √ ）

229. 油罐泄漏时，可用泵将漏油罐的油品转进其他油罐。（ × ）

正确答案：油罐发生微量的渗油，可用泵将漏油罐的油品转进其他油罐。

230. 油品管道使用中遭受穿孔破坏时，应根据被穿孔的大小，首先考虑选用补焊法进行堵漏。（ × ）

正确答案：油品管道使用中遭受穿孔破坏时，应根据被穿孔的大小，首先考虑选用打卡子方法进行堵漏。

231. 法兰与阀门处发生泄漏时，首先应考虑采用注胶法堵漏。（ × ）

正确答案：法兰与阀门处发生泄漏时，首先应考虑泄压，采用拧紧法兰螺栓进行消漏。

232. 从控制燃烧的条件入手，灭火的基本方法有窒息法、冷却法、隔离法和抑制法四种。（ √ ）

233. 使用窒息法扑救油品火灾时，要注意判断油品的火灾为初期（燃烧时间短，火势小），燃烧区域小，容易被密闭。（ √ ）

234. 采用冷却法灭火时，应注意将灭火剂向火焰的周围喷洒。（ × ）

正确答案：采用冷却法灭火时，应将灭火剂直接喷洒在燃烧着的物体上。

235. 采用隔离法灭火时，同着火油罐相连的管道阀门关闭必须严密。（ √ ）

236. 使用手提式干粉灭火器前，先将干粉灭火器颠倒数次，使用效果更好。（ √ ）

237. 使用手轮式二氧化碳灭火器，应先打开安全阀，手压下压把将干粉喷出。（ × ）

正确答案：使用手轮式二氧化碳灭火器，应先打开安全阀，转动手轮控制开关。

238. 发生中毒时，尽快把中毒者移到空气新鲜处后，松解衣扣和腰带，再采取心脏胸外挤压术和人工呼吸的方法抢救。（ √ ）

239. 若中毒者心跳或呼吸停止时，可采取心脏胸外挤压术的方法进行抢救。（ × ）

正确答案：若中毒者心跳或呼吸停止时，应立即将中毒者移到空气新鲜处后，松解衣扣和腰带，再采取心脏胸外挤压术和人工呼吸的方法抢救。

240. 中毒分为急性中毒、慢性中毒、亚急性中毒。（ √ ）

241. 工艺原则流程图是用来表述物料从原料到成品或半成品的工艺过程，及所使用的设备和机器。用于设计开始时的工艺方案的讨论，也可作为施工流程图的设计基础。（ √ ）

242. 流体加压后体积变化很明显，一般情况下认为是可以压缩的。（ × ）

正确答案：流体加压后体积变化很不明显，一般情况下认为是不可压缩的。

243. 液体在管道内流动时，任一截面上的各点流速都是相同的。（ × ）

正确答案：液体在管道内流动时，任一截面上的各点流速是不同的。

244. 油品在管道中的总摩擦阻力损失是沿程摩擦阻力损失和局部摩擦阻力损失之积。（ × ）

正确答案：油品在管道中的总摩擦阻力损失是沿程摩擦阻力损失和局部摩擦阻力损失之和。

245. 清罐作业、收发油作业只要佩戴好防毒手套即可。（ × ）

正确答案：清罐作业、收发油作业要按规定穿戴好防护用品。

单选题

1. 石油基本上由碳、氢、（ B ）等五种元素组成。

A. 硫、钠、氧　B. 硫、氮、氧　C. 硫、氮、镁　D. 氮、氧、钾

2. 石油产品是（ D ）。

A. 纯净物　B. 单质物　C. 无机化合物　D. 有机化合物

3. 在下面的烃类中，化学稳定性最好的是（ C ）。

A. 烷烃　B. 环烷烃　C. 芳香烃　D. 不饱和烃

4. 对于柴油来说，正构烷烃含量越多，其安定性和（ B ）越好。

A. 清洁性能　B. 燃烧性能

C. 安全性能　D. 低温流动性能

5. 对于汽油来说，环烷烃含量越多，其抗爆性能比正构烷烃和（ B ）越好。

A. 环烷烃　B. 烯烃　C. 芳香烃　D. 异构烷烃

6. 环烷烃的物化性质，不包括（ D ）。

A. 可溶于大部分有机溶剂　B. 稳定性较同碳分子数的芳烃差

C. 低毒或微毒物　D. 常温常压条件下都是气体

7. 芳香烃多的液体燃料，其特点是密度大、生碳性大、（ B ）。

A. 吸湿性大、储存安定性差　B. 吸湿性大、储存安定性好

C. 吸湿性小、储存安定性差　D. 吸湿性小、储存安定性好

8. 对于汽油来说，芳香烃含量越多，其抗爆性能越强，但（ B ）性能越差。

A. 清洁　B. 环保　C. 流动性　D. 安全

9. 对于油品来说，（ B ）含量越多，油品在销售过程中，越容易变质。

A. 正构烷烃　B. 烯烃

C. C_{17}以上的正构烷烃　D. 芳香烃

10. 烯烃是重要的化工原料，有关其物化性质的描述，不正确的是（ D ）。

A. 常温状态下是气体、易燃易爆　　B. 带有甜香味、几乎不溶于水

C. 微毒、具有麻醉作用　　D. 化学稳定性好

11. 大部分含硫、含氧、含氮化合物以及胶质和沥青质都集中在石油（ A ）中。

A. 渣油　　B. 润滑油　　C. 汽油　　D. 柴油

12. 石油的非烃类组成，主要是含（ A ）的化合物。

A. 硫、氮、氧　　B. 硫、氮、氯　　C. 硫、氮、溴　　D.氮、氧、铁

13. 原油按硫含量分为（ B ）。

A. 石蜡基原油、中间基原油、环烷基原油

B. 低硫原油、含硫原油、高硫原油

C. 高馏原油

D. 多蜡原油

14. 我国现将石油产品分为石油燃料、石油溶剂与（ D ）、润滑剂、石油蜡、石油沥青和石油焦六大类。

A. 车辆用油　　B. 轮船用油　　C. 喷气燃料　　D.化工原料

15. 对于油品来说，炼油工艺不同，产品的质量也各异，其中（ C ）的安定性能最好，不容易变质。

A. 催化裂化汽油　　B. 催化重整汽油

C. 直馏柴油　　D. 裂化柴油

16. 石油产品，主要有燃料油、润滑剂及相关产品、蜡、沥青、石油焦炭，此外还包括（ A ）。

A. 溶剂与化工原料　　B. 煤炭

C. 灰分　　D. 贵重金属

17. （ D ）不属于燃料油类石油产品。

A. 汽油　　B. 航空煤油　　C. 灯用煤油　　D.石脑油

18. 燃料油要具备很好的燃烧性、蒸发性、流动性、防腐性、稳定性，其中反映燃油的流动性的指标是（ D ）。

A. 闪点　　B. 自燃点　　C. 沸点　　D. 黏度

19. 轻质、重质燃料油，其分类基本标准是（ A ）。

A. 黏度　　B. 自燃点　　C. 沸点　　D. 闪点

20. 润滑油主要有基础油分类法、黏度分类法及用途分类法三种分类方法，其中按黏度

分类法来分，有单式黏度机油和（ B ）。

A. 单式黏度机油　　B. 复式黏度机油
C. 汽油发动机机油　　D. 柴油发动机机油

21. 不能在与潮湿空气或水接触条件下使用的润滑脂是（ A ）。

A. 钠基润滑脂　B. 钙基润滑脂　C. 锂基润滑脂　D. 石墨基润滑脂

22. 润滑脂按使用性能可分为减摩润滑脂、增摩润滑脂、密封润滑脂和（ D ）四类。

A. 通用润滑脂　B. 高温润滑脂　C. 专用润滑脂　D. 防护润滑脂

23. 按加工方法的不同，沥青可分为蒸馏沥青、裂化沥青、氧化沥青和（ A ）四种。

A. 直馏沥青　B. 乳化沥青　C. 催化沥青　D. 重整沥青

24. 我国的石油沥青产品是按（ D ）进行分类的。

A. 凝固点　B. 黏度　C. 熔点　D. 针入度

25. 柴油牌号的选用是按照（ A ）来确定的。

A. 各地风险率10%的最低气温　　B. 凝点
C. 压缩比　　D. 转速

26. 按其40℃的运动黏度来划分牌号的润滑油有（ C ）。

A. 汽油机油　B. 柴油机油　C. 汽轮机油　D. 船用机油

27. 钙基润滑脂的号数越大（ A ）俗称黄油。

A. 锥入度数值越小、润滑脂越硬　　B. 锥入度数值越大、润滑脂越硬
C. 锥入度数值越小、润滑脂越软　　D. 锥入度数值越大、润滑脂越软

28. 有关润滑脂的规格标准的叙述不正确的是（ D ）。

A. 国家标准　B. 石化行业标准　C. 石化企业标准　D. 地方政府标准

29. 某俗称4英寸钢管，其通称直径为（ D ）mm。

A. 4　B. 12　C. 80　D. 100

30. 一条管线长1000m，内径为100mm，则管线存油（ A ）m^3。

A. 7.85　B. 7.79　C. 8.43　D. 9.29

31. 某管线规格为$\phi 217 \times 8$，其管线内横截面积S为（ A ）m^2。

A. 0.032　B. 0.034　C. 0.037　D. 0.040

32. 计量按其目的可分为交接计量、（ C ）、中间计量三种。

A. 发油计量　B. 收油计量　C. 盘点计量　D. 仲裁计量

33. 若绝对压力为3.9MPa，大气压为1.033MPa，则表压是（ B ）MPa。

A. 1.033　B. 2.867　C. 3.9　D. 4.933

34. 表压等于（ C ）减去大气压。

A. 真空度　　B. 相对压力　　C. 绝对压力　　D. 2atm

35. 油品计量工作中的计量单位有：长度单位为米（m）；体积单位为立方米（m^3）、立方分米（dm^3）、升（L）；密度单位为千克/立方米（kg/m^3）；温度单位为摄氏度（℃）；流量单位为千克/分（kg/min）、立方米/小时（m^3/h）和（ D ）。

A. 压力单位为帕斯卡（Pa）　　B. 重量单位为公斤（kg）

C. 时间单位为秒（s）　　D. 质量单位为千克（kg）

36. 下列相关描述正确的是（ A ）。

A. 单位体积的某种物质，其质量随密度增大而增大

B. 单位体积的某种物质，其质量随黏度增大而增大

C. 单位体积的某种物质，其质量多少与密度无直接关系

D. 密度越大，物质的质量越大

37. 某罐收油的流量是10L/s，换算为国际单位制后是（ D ）。

A. $1.8m^3/h$　　B. $3.6m^3/h$　　C. $18m^3/h$　　D.$36m^3/h$

38. 滴状罐是属于（ D ）。

A. 固定顶罐　　B. 活动顶罐　　C. 浮顶罐　　D. 特形罐

39. 储罐，按形状分，有圆筒形储罐、球形储罐、非平底立式罐和（ A ）。

A. 卧式储罐　　B. 内浮顶储罐　　C. 外浮顶储罐　　D. 拱顶储罐

40. 油罐应设置护栏、人孔和人孔盖及上、下油罐的梯子。人孔直径不得（ A ），人孔盖上应设观察口及阻火器呼吸阀。

A. 小于500mm　　B. 大于500mm　　C. 等于500mm　　D. 小于400mm

41. 储罐的结构，罐底、罐顶、浮盘、人孔、呼吸阀、排污口等，压力储罐还必须设置（ B ）。

A. 检尺口　　B. 安全阀　　C. 膨胀线　　D. 泄压人孔

42. 球阀的类型代号是（ C ）。

A. J　　B. E　　C. Q　　D. H

43. 阀体上铸有流向标志的阀门是（ C ）。

A. 闸阀　　B. 球阀　　C. 止回阀　　D. 安全阀

44. （ B ）是连接关闭件与传动装置的一种零件。

A. 手轮　　B. 阀杆　　C. 紧固件　　D. 壳体

45. 阀门的驱动部分包括阀杆和（ A ）。

A. 手轮　　B. 壳体　　C. 阀座　　D. 阀体

46. （ B ）具有阻力小、零件少、重量轻等特点。

A. 逆止阀　B. 球阀　C. 截止阀　D. 闸阀

47. 因调节性能差，（ D ）一般不作调节流量用。

A. 节流阀　B. 减压阀　C. 截止阀　D. 闸阀

48. 有关常用阀门用途的描述，下列表述不正确的是（ D ）。

A. 闸阀、截止阀、蝶阀、球阀，截断或接通介质流

B. 单向阀、止回阀，阻止介质倒流

C. 调节阀，用于压力或流量调节

D. 安全阀，用于压力调节

49. 型号为Z42H–40的阀门中，“2”表示（ A ）。

A. 结构形式　B. 连接方式　C. 传动方式　D. 类型代号

50. 型号为Z41H–16的阀门中，“Z”表示（ C ）。

A. 结构方式　B. 传动方式　C. 阀门类型　D. 密封材料

51. 型号为A44H–25的阀门中，“25”表示（ A ）。

A. 公称压力数值　B. 公称直径数值

C. 结构形式　D. 连接方式

52. 在阀门型号编制中，传动方式代号可以省略的情况是用手驱动的阀、安全阀、单向阀和（ C ）。

A. 截止阀　B. 球阀

C. 减压阀等自动阀　D. 蝶阀

53. 若阀体材料为碳素钢的阀门，其识别涂漆颜色是（ B ）。

A. 黑色　B. 银灰色　C. 蓝色　D. 浅天蓝色

54. 阀体上标注有“PN100”，标示着该阀门的（ A ）。

A. 公称压力　B. 工作压力　C. 公称直径　D. 介质流向

55. 油罐区的输油管线，一般情况下不宜使用（ C ）。

A. 节流阀　B. 球阀　C. 截止阀　D. 闸阀

56. 蒸汽管道和供热设备上应设置的阀门类型是（ C ）。

A. 节流阀　B. 旋塞阀　C. 疏水阀　D. 减压阀

57. 要精确地调节小流量时，应选用（ A ）。

A. 节流阀　B. 减压阀　C. 球阀　D. 蝶阀

58. 与其他截断阀相比，蝶阀具有的特性是结构简单、启闭迅速且具有调节能力、（ B ）。

A. 单向流向　　B. 体积小、重量轻、流阻小

C. 密封不好　　D. 体积大、重量重、流阻大

59. 要求快速启闭的管道（如公路发油台）首选的阀门类型是（ C ）。

A. 闸阀　　B. 单向阀　　C. 球阀　　D. 截止阀

60. 有关阀门通径的相关叙述，下列表述正确的是（ C ）。

A. 阀门通径就是管道内径

B. 阀门通径就是管道外径

C. 阀门通径由流体通过阀门时的阻力降大小来定

D. 流体的流量与阀门的通径无任何关系

61. 与截止阀比，闸阀具有的特性是双流向性和（ B ）。

A. 紧急切断性　　B. 流体流过阻力小

C. 启闭时间短　　D. 易损坏

62. （ B ）的特点是高温时密封性能好，不易卡住，适于开关频繁的部位，但不适于结焦介质。

A. 楔式单闸板闸阀　　B. 弹性闸板闸阀

C. 双闸板闸阀　　D. 平行式闸阀

63. （ C ）的阻力损失大，一般流动阻力较同规格闸阀大5～25倍。

A. 安全阀　　B. 球阀　　C. 截止阀　　D. 止回阀

64. （ A ）只允许介质单向流动，不宜用于黏度较大、易结焦、易沉淀的介质。

A. 截止阀　　B. 止回阀　　C. 球阀　　D. 闸阀

65. 升降式止回阀密封性较好，宜安装在（ B ）管线上。

A. 水平　　B. 水平或垂直　　C. 倾斜　　D. 任意

66. 为防止油品反向灌泵，在泵的出口应加装的阀门类型是（ A ）。

A. 止回阀　　B. 安全阀　　C. 闸阀　　D. 疏水阀

67. 疏水器的作用是（ A ）。

A. 自动排除蒸汽管线或设备的冷凝水，阻止蒸汽泄漏

B. 自动排除储罐里的水，防止水位超高

C. 自动排除物料管道里的水，防止油含水量超标

D. 自动排除氮气管道里的水，防止氮气露点超标

68. 热动力型疏水器工作原理是（ B ）。

A. 根据蒸汽与冷凝水温度不同来启闭疏水器

B. 根据蒸汽与冷凝水流速不同来启闭疏水器

C. 根据蒸汽与冷凝水压力不同来启闭疏水器

D. 根据蒸汽与冷凝水密度不同来启闭疏水器

69. 热静力型疏水器工作原理是（ A ）。

A. 根据蒸汽与冷凝水温度不同来启闭疏水器

B. 根据蒸汽与冷凝水流速不同来启闭疏水器

C. 根据蒸汽与冷凝水压力不同来启闭疏水器

D. 根据蒸汽与冷凝水密度不同来启闭疏水器

70. 应用蒸汽与凝结水温度差的原理工作的疏水器是（ B ）疏水器。

A. 机械型　　B. 恒温型　　C. 脉冲型　　D. 热动力式

71. （ A ）疏水器是应用蒸汽与凝结水比重差的原理工作的。

A. 机械型　　B. 恒温型　　C. 脉冲型　　D. 热动力式

72. （ C ）疏水器的特点是结构简单，排水量大，维修方便，动作灵敏可靠，适用于中高压管道上。

A. 浮桶式　　B. 吊桶式　　C. 热动力式　　D. 脉冲式

73. 有关电磁阀的叙述，下列表述不正确的是（ C ）。

A. 适用于清洁度很高的设备管路

B. 广泛纯净空气、食品、冶金及对泄漏要求较高的场所

C. 电磁阀的端面通量相对于其他阀门，都比较大

D. 电磁阀阀芯为不锈钢活塞式；活塞环用特殊耐温、耐磨材料制作，活塞和金属阀腔不产生直接摩擦，寿命是同类产品十倍

74. 当电磁控制器未接到开启信号时，（ A ），主阀活塞两侧介质压力平衡，在弹簧的作用下，主阀关闭。

A. 常闭电磁阀保持常闭状态，常开电磁阀保持常开状态

B. 常闭电磁阀在常开状态，常开电磁阀在常闭状态

C. 常闭电磁阀保持常闭状态，常开电磁阀在常闭状态

D. 常闭电磁阀在常开状态，常开电磁阀保持常开状态

75. 电磁阀的工作原理是电磁作用原理，通电时阀门打开、断电时阀门关闭。如果依据持续工作时间长短来选择：常闭、常开或可持续通电。对此相关叙述不正确的是（ D ）。

A. 当电磁阀需要长时间开启，并且持续的时间多于关闭的时间应选用常开型

B. 要是开启的时间短或开和关的时间不多时，则选常闭型

C. 用于安全保护的工况，如炉、窑火焰监测，则不能选常开的，应选可长期通电型

D. 当电磁阀需要长时间开启，并且持续的时间多于关闭的时间应选用常关型

76. 石油化工管道，按压力分级，可分为（ C ）管道。

A. 低压、中压、高压及真空

B. 低压、中压、高压及超高压

C. 低压、中压、高压、超高压及真空

D. 超低压、低压、中压、高压及超高压

77. 对 $\phi219\times7$ 的无缝钢管，下列选项正确的是（ B ）。

A. 219表示钢管内径为219mm，7表示钢管壁厚为7mm

B. 219表示钢管外径为219mm，7表示钢管壁厚为7mm

C. 219表示钢管的公称直径为219mm，7表示钢管公称压力为0.7MPa

D. 219表示钢管的公称压力为2.19MPa，7表示钢管壁厚为7mm

78. 某油罐新安装一条进油线，要求进油速度为3m/s，每小时最大进油量为1000m^3，则选用的管线的通径最小应为（ C ）mm。

A. 250　　B. 300　　C. 350　　D. 400

79. 已知油品在规格为 $\phi257\times8$ 的管内流过时，其流速为6m/s，当该油品流经规格为 $\phi325\times8$ 的管道时，其流速为（ A ）m/s。

A. 3.65　　B. 3.75　　C. 4.68　　D.4.74

80. 一输油管道规格标称为 $\phi108\times4$，则该管的过流断面积为（ A ）mm^2。

A. 7850.00　　B. 9156.24　　C. 8490.56　　D. 12.56

81. 已知某油品流经内径为250mm的管道进入油罐，进罐前流速为5.5m/s，要求油品进罐流速不得大于3m/s，则罐内扩散管至少为（ C ）mm。

A. 250　　B. 300　　C. 350　　D. 400

82. 甲油罐的直径为15m，安全高度为14m，罐内油品液面高度为10m；乙油罐的直径为20m，安全高度为18m，罐内油品液面高度为5m。若两油罐基础相同，则压油平衡后，两油罐内的液面高度为（ B ）m。

A. 6.2　　B. 6.8　　C. 7.5　　D. 7.8

83. 已知某油罐收装置油35m^3/h，该油罐安全高度是10.3m，每米容积为110m^3，且收油前罐内已有油品6.5m，则（ A ）h所收油品将达到安全高度。

A. 11.9　　B. 16.8　　C. 20.4　　D. 32.4

84. （ C ）建设费用低，维护和检查修理方便。

A. 半通行管沟　　B. 通行管沟　　C. 地上管道　　D. 地下管道

85. 当管线沿地面敷设，一般采用（ C ）形式作支架。

A. T形　　B. 门形　　C. 管墩　　D. 墙架

86. 高架管是指高度在（ A ）m以上，用于跨越公路、铁路地带。

A. 4.5　　B. 3　　C. 2　　D. 1.5

87. 低管架的高度在（ D ）m以下，一般用于不通行的地带。

A. 4.5　　B. 3　　C. 2　　D. 1.5

88. 用于地上架空敷设管道支撑的一种结构件，根据管道运转性能和布置要求，管架分为固定和活动两种。活动支架分为滑动支架、导向支架和（ A ）。

A. 滚动支架　　B. 钢结构支架

C. 砖木结构支架　　D. 钢结构支架

89. 管线保温的次序是（ B ）。

A. 管线防腐层→防潮层→保温层　　B. 管线防腐层→保温层→防潮层

C. 保温层→管线防腐层→防潮层　　D. 保温层→防潮层→管线防腐层

90. 有关管道保温层由内到外的结构，下列叙述正确的是（ A ）。

A. 隔热层、防潮层、保护层　　B. 保护层、隔热层、防潮层

C. 防潮层、保护层、隔热层　　D. 绝缘层、保护层、隔热层

91. 在$PN \leqslant 1.6$MPa，$T \leqslant 250$℃的情况下，一般选用（ A ）法兰。

A. 平焊　　B. 对焊　　C. 螺纹　　D. 法兰盲板

92. 当法兰密封面选用光滑式时，其适用的压力等级为（ B ）MPa以下的阀门及管路。

A. 1.6　　B. 2.5　　C. 4.0　　D. 6.4

93. 一螺栓型号为M16×90，其中“M”表示（ C ）。

A. 细螺纹　　B. 中螺纹　　C. 粗螺纹　　D. 双头螺栓

94. 螺栓M10×60，具体含义是（ A ）。

A. 螺栓的直径10mm，螺栓的长度为60mm

B. 螺栓的直径10mm，螺栓的耐压为60MPa

C. 螺栓的直径10mm，螺栓的耐压为6MPa

D. 螺栓的直径60mm，螺栓的耐压为10MPa

95. 过滤器的作用是滤净输送油品中的机械杂质，在油库中常置于泵和（ B ）的前面。

A. 压力表　　B. 流量计　　C. 电磁阀　　D. 真空表

96. 过滤器的作业不包括（ C ）。

A. 过滤油品中的水分　　B. 过滤油品中锈渣

C. 过滤分离油品中微量元素　　D. 过滤油品中不溶性大分子杂质

97. 按（ C ）分，泵可分为叶片式泵、容积式泵、其他形式泵。

A. 用途　　B. 驱动方式　　C. 作用原理　　D. 吸入方式

98. 按泵轴的位置，可分为（ A ）泵。

A. 立式和卧式　　B. 开式和闭式　　C. 平衡和悬臂　　D. 轴向和径向

99. 油品储运系统中，泵的作用就是给管路中的油品提供（ C ）。

A. 热能　　B. 势能　　C. 机械能　　D. 电能

100. （ B ）泵多用于输送黏度较大的重质油品和润滑油。

A. 往复　　B. 齿轮　　C. 真空　　D. 射流

101. （ A ）泵适用于输送黏度小、流量大、扬程不太高的液体。

A. 离心　　B. 往复　　C. 齿轮　　D. 螺杆

102. 一般冷油泵只能输送温度在（ B ）℃以下的油品。

A. 100　　B. 200　　C. 300　　D. 400

103. 叶轮、叶轮螺帽和轴套组成离心泵的（ A ）。

A. 转子　　B. 轴承　　C. 泵体　　D. 泵盖

104. 后向型叶片是指叶轮的叶片角（ B ）。

A. 大于90°　　B. 小于90°　　C. 小于180°　　D. 大于180°

105. （ B ）具有填料函并设有冷却水，能使泵盖紧固螺钉和轴封不致温度过高。

A. 泵体　　B. 泵盖　　C. 轴套　　D. 转子

106. IS型泵是指（ C ）。

A. 多级单吸离心清水泵　　B. 单级双吸离心清水泵

C. 单级单吸离心清水泵　　D. 多级双吸离心清水泵

107. Y型泵是指（ B ）。

A. 离心式清水泵　　B. 卧式离心油泵

C. 管道泵　　D. 立式油泵

108. 100YⅡ-150 2A型离心泵中，数字100代表（ A ）。

A. 吸入口直径　　B. 泵用材料代号

C. 设计单级扬程　　D. 级数

109. 型号为100YⅡ-60A的离心泵，型号的第一个数字60表示（ D ）。

A. 排出口直径　　B. 吸入口直径

C. 流量　　D. 扬程

110. 多级泵常采用的平衡装置是（ A ）。

A. 平衡盘　　B. 平衡孔　　C. 平衡管　　D. 双吸式叶轮

111. 离心泵靠（ B ）高速旋转使液体获得动能。

A. 诱导轮　　B. 叶轮　　C. 泵轴　　D. 轴承

112. 螺杆泵与离心泵相比具有（ C ）的特点。

A.流量小　　B.转速低　　C.扬程高　　D.效率低

113. 离心泵靠扩散管或导叶将（ A ）变为压力。

A. 动能　　B. 势能　　C. 电能　　D. 离心力

114. 泵的流量是指单位时间内泵所输送的液体量，以符号（ A ）表示。

A. Q　　B. η　　C. N　　D.H

115. 一般离心油泵采用电动机驱动，最常见的额定转数是（ D ）转/min。

A. 730　　B. 960　　C. 1460　　D. 2950

116. 离心泵常见的性能参数中，（ B ）代表扬程。

A. Q　　B. H　　C. Hs　　D. η

117. 有关自吸泵的叙述，不正确的是（ A ）。

A. 启泵前需要排气　　B. 启泵前无须排气

C. 自吸泵属于离心泵　　D. 自吸泵适合输送黏稠物料

118. 往复泵属于（ D ）的一种。

A. 轴流泵　　B. 叶片泵　　C. 真空泵　　D. 容积泵

119. 某往复泵型号为2DS—50/10，其中“50”表示该泵（ C ）。

A. 入口法兰通径为50mm　　B. 出口法兰通径为50mm

C. 最大流量为50m³/h　　D. 最高工作压力为5.0MPa

120. 某往复泵型号为2Q—5/10，其中“10”表示该泵（ D ）。

A. 入口法兰通径为10mm　　B. 出口法兰通径为10mm

C. 最大流量为10m³/h　　D. 最高工作压力为1.0MPa

121. 往复泵由于活塞的移动，泵缸排出阀关闭，吸入阀打开，泵缸（ A ）。

A. 工作容积逐渐增大，压力降低　　B. 工作容积逐渐减小，压力降低

C. 工作容积逐渐增大，压力升高　　D. 工作容积逐渐减小，压力升高

122. 往复泵是利用活塞在泵缸内作往复运动而改变泵缸（ C ）来吸入和排出液体的。

A. 压力　　B. 真空度　　C. 工作容积　　D. 温度

123. 齿轮泵的结构，包括吸入室、主动齿轮、月形件、从动齿轮和（ A ）。

A. 排出室　　B. 叶轮　　C. 转子　　D. 从子

124. 有关螺杆泵的特点，下列表述不正确的是（ C ）。

A. 能量损失小，经济性能好　　B. 压力高而均匀，流量均匀

C. 专用于输送黏稠液体　　D. 螺杆泵属于容积式泵

125. 螺杆泵工作时，在吸入口处，齿穴所形成的空腔由（ A ）变（ A ），吸进油料。在排出口处，空腔体积逐渐变（ A ），将油料排出。

A. 小、大、小　B. 大、小、小　C. 大、小、大　D. 小、大、大

126. 立式金属罐的量油尺有5种规格，一般立式金属罐不适用的规格是（ D ）。

A. 20m　B. 15m　C. 10m　D. 5m

127. 量油尺的尺锤长有3种规格，选出错误的一种（ A ）。

A. 100mm　B. 150mm　C. 200mm　D. 250mm

128. 量油尺的规格有3、5、10、15、20、25、30、50m量程，一般选用何种规格，由（ C ）决定。

A. 油品的温度　　B. 油品的物化特性

C. 油罐总高或槽罐总高　　D. 油品组成

129. 测量油温的温度计最小分度值为（ B ）。

A. 0.1℃　B. 0.2℃　C. 0.5℃　D. 0.3℃

130. 温度计有量程，一般选用何种规格，主要由（ A ）决定。

A. 测量物质的温度范围　　B. 测量物质的化学性质

C. 测量物质的传热特性　　D. 测量人员的操作水平

131. 石油密度计的最小分度值为（ C ）。

A. 0.1 kg/m^3　B. 0.2 kg/m^3　C. 0.5 kg/m^3　D.0.3 kg/m^3

132. 石油密度计用于测量油品的（ B ）。

A. 标准密度　B. 视密度　C. 25℃的密度　D. 密度差

133. 检空尺的作用是（ C ）。

A. 防止油品冒罐　　B. 估计进油量

C. 获得油品的液面高度　　D. 估计容器剩余的进油时间

134. 量水尺用于测量容器中油品（ C ）。

A. 含水量　　B. 水的容积

C. 底水的液面高度　　D. 游离水分的液面高度

135. 通汽的作用是（ D ）。

A. 处理不合格油品　　B. 提高油品调和温度

C. 提高油品移动温度　　D. 防止加热管冻凝

136. 有关加热和通汽的说法，下列表述不正确的是（ D ）。

A. 加热是发生在冷、热介质之间的物理过程

B. 通汽不涉及物料介质之间热量交换

C. 通汽是指管线、设备通入蒸汽的操作过程

D. 加热与通汽是互不关联的两个操作过程

137. 在石油化工企业，（ C ）管线的外表面一般刷成深绿色。

A. 重油　　B. 轻油　　C. 新鲜水　　D. 瓦斯

138. 对于工艺管线/设备漆膜着色的相关规定的描述，错误的有（ D ）。

A. 搪瓷、不锈钢、塑料等材质的不隔热设备、管道表面不刷色，宜按产品出厂颜色或材料本色

B. 消防管道刷色为红色、污水管道刷色为黑色

C. 无保温储罐表面为银灰色、保温设备/管线表面为保温层本色

D. 管线/设备刷色无严格特殊要求，各单位可自行规定

139. 油罐液位报警仪是依据事先人为设定的报警参数与（ C ）液位进行比较来发出报警信号的。

A. 液位报警仪预测到的　　B. 计算机监测到的

C. 液位仪表监测到的　　D. 油罐的实际

140. 油罐的高、低液位报警参数是（ D ）的。

A. 液位报警仪预测到　　B. 计算机监测到

C. 液位仪表监测到　　D. 事先人为设定

141. （ D ）不属于油罐液位报警仪的功能。

A. 监测油罐进油高度是否超高　　B. 监测油罐输油液位是否超低

C. 对越限液位进行报警　　D. 监测油罐内气体浓度

142. 储罐的高、低液位报警和联锁已得到广泛应用，下列说法正确的是（ A ）。

A. 高液位报警防止冒罐，高报联锁进料气缸阀

B. 低液位报警防止冒罐，低报联锁进料气缸阀

C. 高液位报警防止抽空，高报联锁进泵气缸阀

D. 高液位报警防止冒罐，低液位报警防止抽空，高报联锁进泵气缸阀，低报联锁进料气缸阀

143. 液位报警仪的用途，不包括（ C ）。

A. 提醒收、付料进行程度

B. 预防油罐超液位收、付

C. 提醒岗位人员进行例行巡检

D. 提醒相关人员对静态罐液位异常状况的检查、确认

144. 油品之所以能用管道来输送，是因它具有（ B ）特性。

A. 重力　　B. 流动性　　C. 惯性　　D. 黏滞性

145. 在压力不变的条件下，流体温度升高时其体积相应（ D ）的性质，称为流体的膨胀性。

A. 减少　　B. 不变　　C. 变化无规律　　D. 增大

146. 关于流体的相关特性，下列描述不正确的有（ C ）。

A. 规定条件下，流体指能够流动的物质

B. 流体具有一定的黏度

C. 流体的凝点都在0℃以下

D. 流体没有固定的外形特征

147. 根据管道的截面积和流体的（ D ）可以计算出流量。

A. 压力　　B. 黏度　　C. 密度　　D.流速

148. 流体流量就是（ A ）内液体通过流道任一截面的数量。

A. 单位时间　　B. 任意时间　　C. 规定时间　　D. 工作时间

149. 流体流量与管道的截面积呈（ C ）关系。

A. 反比　　B. 不成比例　　C. 正比　　D. 平方比

150. 相对压力又称表压力，是指以（ A ）为起点计量的压力，其实质是指某点绝对压力超过大气压的数值。

A. 当地大气压力　　B. 标准大气压力

C. 绝对大气压力　　D. 压力表压力

151. 单位液柱产生的压强，与其（ C ）无关。

A. 液柱高度　　B. 液体密度

C. 液体的重量　　D. 当时的重力加速度

152. 雷诺数小于等于2000的液体，其流态可以认为是（ A ）。

A. 层流　　B. 过渡区　　C. 紊流　　D. 不稳定流

153. 雷诺数大于3000的液体，其流态可以认为是（ C ）。

A. 层流　　B. 过渡区　　C. 紊流　　D. 不稳定流

154. 油品流过直管段所产生的摩擦阻力损失称为（ C ）。

A. 黏滞阻力损失　　B. 摩擦阻力损失

C. 沿程阻力损失　　D. 局部阻力损失

155. 当油品进行收发作业时，输油泵提供的扬程主要是为了克服油品的（ B ）。

A. 黏滞阻力损失　　B. 摩擦阻力损失

C. 沿程阻力损失　　D. 局部阻力损失

156. 油品流过管件或阀门时所产生的摩擦阻力损失称为（ D ）。

A. 黏滞阻力损失　　B. 摩擦阻力损失

C. 沿程阻力损失　　D. 局部阻力损失

157. 有关流体在管道中流动时产生阻力的说法，下列表述不正确的是（ C ）。

A. 油品温度越低，产生的阻力越大

B. 流体流速越大，产生的阻力越大

C. 流体管道直径越大，产生的阻力越大

D. 管道内壁越粗糙，产生的阻力越大

158. 管线强度试验压力为工作压力的（ C ）倍。

A. 0.5　　B. 1　　C. 1.5　　D.2

159. 有关管线试压的注意事项，下列表述不正确的是（ B ）。

A. 试压管线与在用系统做好隔离措施

B. 试验压力应为工作压力的1.5倍

C. 试压的控制不可过低

D. 试压使用的介质可选取清洁水或惰性气体

160. 管线吹扫时，要检查扫线（ B ）是否在规定的范围内。

A. 温度　　B. 压力　　C. 介质　　D. 排污

161. 三苯、重芳烃、溶剂油等管线处理时，应先用（ C ）吹净管线存油。

A. 新鲜水　　B. 蒸汽　　C. 氮气　　D. 氧气

162. 通汽扫线时，应尽量向压力较小的一方进行，以减少（ A ）。

A. 阻力　　B. 动力　　C. 流量　　D. 流速

163. 关于标准状态下气体，下列表述不正确的是（ B ）。

A. 标准状态下，物质的量一定的气体其体积随物质的量增大而增大

B. 标准状态下，物质的体积随其物质的量增大而减小

C. 标准状态下，气体物质的共同特性是气体的压力、体积的乘积与温度（开氏温度）之比值为定值常量

D. 标准状态下，气体的物质的量随其物质的量增大而增大

164. 下列做法正确的是（ B ）。

A. 油品灌桶时，为提高其利用系数，应将它灌满

B. 作业完毕，输送同一种油品的管道不必放空，但需将胀油管阀门打开

C. 作业完毕，输送同一种油品的管道不必放空，但需将胀油管阀门关闭

D. 为提高油罐车的运输利用率，装油时应将它装满

165. 胀油管阀门在管线作业时及作业完成后所处的状态是（ B ）。

A. 作业时开，作业完成后关　　B. 作业时关，作业完成后开

C. 作业时及作业完成后都开　　D. 作业时及作业完成后都关

166. 在正常情况下，当油罐内油品（ C ）时，不准用加热器加热。

A. 温度较低　　B. 温度较高　　C. 凝固　　D. 液位较高

167. 拱顶油罐液压安全阀一般应选用（ C ）做密封液。

A. 一般油料　　B. 一般润滑油　　C. 低凝点润滑油　D. 高凝点润滑油

168. 油罐投用前需检查进出口阀门、人孔、清扫孔等处的（ C ）是否牢靠。

A. 静电　　B. 盲板　　C. 紧固件　　D. 密封件

169. 接到收油通知时，要详细了解收油（ A ），做好记录。

A. 品种、罐号、油量、时间和使用管线

B. 品种、罐号、时间

C. 品种、罐号、管线

D. 品种、罐号、时间、管线

170. 油罐收油前应填好操作记录票，挂好流程图牌和执行严格的（ B ）复核制度。

A. 操作工　　B. 当班班长　　C. 大班长　　D. 工艺员

171. 油罐收发油量的估算，多采取体积质量法进行估算，对此下列说法正确的是（ A ）。

A. 测量油罐液面高度及油品温度，取样测定油品密度，通过计算求出标准条件下的体积和质量

B. 所有油罐的油温都使用油液位中部的测量温度

C. 油品密度，即是油品液位一半高度时的油品密度

D. 收发油量的估算采用体积质量法的方法，只适用于立式油罐

172. 对常用的化工溶剂的叙述，正确的有（ C ）。

A. 大部分是极性有机物，小部分是非极性有机物

B. 都是极性有机物

C. 都是非极性有机物

D. 水是特殊的溶剂，可以作为任何物质的溶剂

173. 在收油过程中，需要转换油罐收油时，必须严格执行（ B ）的操作原则。

A. 先关后开　B. 先开后关　C. 同时开关　D. 停止收油

174. 油罐付油时，液面接近浮顶起浮高度，即进行切换，严禁油罐的（ A ）降至起浮高度。

A. 液面　B. 温度　C. 压力　D. 浮力

175. 供装置的原油罐在切换时要与对方联系，加强监测，可避免原油局部（ A ）对装置造成冲击。

A. 含水量过大　B. 压力过大　C. 温度过高　D. 温度过低

176. 重质油品的输送速度要控制不大于（ A ）m/s。

A. 2　B. 3　C. 4　D. 5

177. 轻质油品的输送速度要控制不大于（ C ）m/s。

A. 2.5　B. 3.5　C. 4.5　D. 5.5

178. 油罐检尺前，罐内液面的稳定时间不少于（ C ）min。

A. 10　B. 15　C. 30　D. 60

179. 拱顶油罐的安全高度是根据（ C ）高度及油品膨胀量，并留有一定的消防泡沫层覆盖厚度确定的。

A. 检尺口　B. 罐壁

C. 泡沫消防装置　D. 罐顶

180. 浮顶油罐的安全高度是根据（ B ）高度及油品膨胀量，并留有一定的消防泡沫层覆盖厚度确定的。

A. 浮船　B. 浮舱　C. 罐体　D. 检尺口

181. 对罐内油品进行加温，必须在油品液面高于加热器（ C ）mm时才允许开启加热器。

A. 300　B. 400　C. 500　D. 600

182. 长期停用的伴热线，要在低点处拆（ C ）放水，保证管线无存水。

A. 盲板　B. 阀门　C. 法兰　D. 疏水器

183. 在油罐切水作业时，操作人员（ C ）。

A. 只可对该罐检尺　B. 若罐内水量大时，可以离开现场

C. 严禁离开现场去做任何工作　D. 离开现场不准超过10分钟

184. 为确保自动脱水器的正常使用，要定期清理（ A ）。

A. 过滤器　B. 脱水阀浮球

C. 出水口　D. 浮球

185. 日常维护及操作油罐自动切水器脱水的注意事项，不正确的是（ D ）。

A. 定期检查、清除脱水器和过滤器内的沉淀物

B. 运行时，注意排气，防止气阻影响脱水效果

C. 脱水器无法进行正常运行时，可启动旁路，进行手动脱水

D. 油罐自动脱水器脱水时，无须人员实时监控

186. 油品的储存温度过高会增加油品的（ A ）。

A. 蒸发损耗　B. 流动性　C. 能耗　D. 费用

187. 有关油品储存温度的注意事项，下列表述不正确的是（ D ）。

A. 储存温度过低时，油品黏度过大 ，油品分层影响油品质量指标

B. 储存温度过高，油品蒸发气过多，对环境、人体造成伤害

C. 储存温度过低时，影响输送设备安全运行

D. 储存温度过高，油品黏度小，输送耗能较多

188. 罐顶作业注意事项不包括（ A ）。

A. 所有罐顶作业，必须办理登高作业票

B. 使用铜质工具、做好防坠落措施

C. 作业人员，上罐之前，必须消除人体静电

D. 检尺等相关作业，人站上风口

189. 蒸汽管线产生水击的现象是管线内存有大量的（ A ）。

A. 冷凝水　B. 热水　C. 蒸汽　D. 油

190. 机泵运转时应检查机泵（ A ）油部位是否有油，有无进水或乳化变质。

A. 润滑　B. 变压　C. 汽缸　D. 溶剂

191. 离心泵进出口阀门的开关顺序是（ B ）。

A. 先打开进口阀，再启动离心泵

B. 先打开入口阀，启动泵待压力表读数稳定后，再开出口阀

C. 先关出口阀，再关入口阀，再停泵

D. 先关入口阀，再停泵，再关出口阀

192. 离心泵切换过程中，要注意（ C ）和压力的平稳。

A. 转速　B. 流速　C. 流量　D. 原料

193. 蒸汽往复泵开泵前应打开汽缸（ A ），排净缸内的冷凝水。

A. 冷凝水放空阀　B. 蒸汽阀

C. 排气　D. 脱水阀

194. 压缩机停机时要先打开（ D ），再关闭出口阀。

A. 冷却水　　B. 消压阀　　C. 蒸汽阀　　D. 放空阀

195. 热辐射与热传导和对流传热的最大区别就是在于它可以在（ A ），而无须任何介质。

A. 完全真空的地方传递　　B. 都不能传递

C. 温度低时不能传递　　D. 温度高时才能传递

196. 预防直接雷击的措施是设置防雷装置，主动引发（ C ）放电，消除雷云中的电荷，保护设备免遭雷击。

A. 地线　　B. 风云　　C. 雷云　　D. 避雷针

197. 金属油罐要做防雷接地，接地点应不少于（ B ）处。

A. 1　　B. 2　　C. 3　　D. 4

198. 控制油品在管线中的流速是减少（ A ）产生的一种有效措施。

A. 静电　　B. 放电　　C. 摩擦　　D. 危害

199. 设备的完好率是指（ A ）。

A. 完好设备台数除以设备的总台数的百分数

B. 完好台数除以总设备台数与不完好设备台数之差的百分数

C. 不完好设备台数除以完好设备台数的百分数

D. 完好设备台数除以不完好设备台数的百分数

200. 流量计正常使用和停止运行时开、关阀门的顺序应分别是（ A ）。

A. 先开流量计上游阀门，再开流量计下游阀门，先关流量计下游阀门再关流量计上游阀门

B. 先开流量计下游阀门，再开流量计上游阀门，先关流量计上游阀门再关流量计下游阀门

C. 先开流量计上游阀门，再开流量计下游阀门，先关流量计上游阀门再关流量计下游阀门

D. 先开流量计下游阀门，再开流量计上游阀门，先关流量计下游阀门再关流量计上游阀门

201. 流量计要求安装在干燥通风、腐蚀性气体少、无强（ B ）干扰、无剧烈振动及预防措施良好的场所。

A. 电流　　B. 电磁场　　C. 电压　　D. 信号

202. 齿轮油要求有良好的润滑性和（ B ），低凝点。

A. 稳定性　　B. 抗磨性　　C. 乳化　　D. 保温

203. 冷冻机油要求低温性能好，其凝点应不高于（ D ）℃。

A. –10　B. –20　C. –30　D. –40

204. 操作人员对所使用的设备必须做到“四懂”“三会”，其中“三会”不包括（ A ）内容。

A. 会维修　B. 会使用　C. 会维护保养　D. 会排除故障

205. 人工补偿装置通常包括Ⅱ型补偿器、填料式补偿器、金属软管及（ A ）等。

A. 波纹补偿器　B. 管道支架

C. 套管　D. 管道自身

206. 机泵润滑油能形成（ B ），防止输送介质泄漏，提高效率。

A. 气封　B. 液封　C. 密封　D. 封闭

207. 润滑油的使用寿命是以油品的（ B ）表示。

A. 润滑性　B. 氧化安定性

C. 防护性　D. 流动性

208. 离心泵润滑油箱内油位应在油镜（ C ）的位置内。

A. 1/4 ~ 2/4　B. 1/4 ~ 3/4　C. 1/2 ~ 2/3　D. 1/3 ~ 2/3

209. 机泵加冷却水冷却，可以防止机件因（ D ）过高而产生变形或烧毁。

A. 黏度　B. 超压　C. 电流　D. 温度

210. 冷却水质不好，含有大量杂质，易使冷却水管堵塞或腐蚀泵轴，应（ C ）。

A. 增大冷却水压　B. 增大冷却水量

C. 更换水源　D. 降低冷却水压

211. 油泵安装要求基础和泵座要牢固，地脚螺丝紧固齐全，（ D ）水平偏差符合规定。

A. 机泵　B. 轴承　C. 密封　D. 机座

212. 石油库油泵房电气设备、线路、电气附件的设计、选型、安装、维修等应达到（ D ）要求。

A. 电气设备防爆　B. 线路防爆

C. 电气附件防爆　D. 以上都要

213. 拆卸螺丝应按先（ A ），先远后近的顺序松开，待绑固定后，方可拆除。

A. 下面后上面　B. 上面后下面

C. 中间　D. 两边

214. 关于阀门填料紧固，下列说法不正确的是（ D ）。

A. 先将无压缩量旧填料掏出

B. 填料放入填料函应计算好每圈周长，做好 120° 的坡口

C. 填料函中每层填料应将开口错开 120°

D. 新换填料的填料函压盖应对称紧固，螺栓越紧越好

215. 用（ D ）清洗设备油污会造成摩擦起电。

A. 棉布　B. 棉毛巾　C. 棉纱布　D. 化纤碎布

216. 放电引起爆炸的条件是放电必须在爆炸性（ D ）物的爆炸浓度范围内发生。

A. 有机　B. 无机　C. 物体　D. 混合

217. 按照雷电产生和危害特点不同，主要分为直接雷击、感应雷击和（ D ）几种。

A. 雷云雷击　B. 放电雷击　C. 反击雷击　D. 雷电波侵入

218. 雷电放电具有（ A ） 的特点。

A. 电流大、电压高　B. 电流小、电压高

C. 电流大、电压低　D. 电流小、电压低

219. 机泵润滑油箱进水的原因之一是（ D ）。

A. 泵轴转速高　B. 轴承温度高

C. 平衡管堵塞　D. 冷却水开得太大

220. 毒物是通过毛囊空间到达（ A ）及腺体细胞被吸收后，进入人体的。

A. 皮脂腺　B. 腮腺　C. 淋巴腺　D. 肺部

221. 往复泵，缸套磨损或（ C ）时，会造成泵的排出压力不稳。

A. 气缸漏油　B. 阀门磨损　C. 间隙太大　D. 盘根损坏

222. 毒物按其致毒作用可划分为刺激性、麻醉性、窒息性及（ D ）等毒物。

A. 心脏病　B. 肝炎　C. 胃病　D. 致癌性

223. 硫化氢在空气中的允许浓度为（ B ）mg/m^3。

A. 5　B. 10　C. 20　D. 100

224. 急性中毒会使人昏迷痉挛，失去（ A ）。

A. 知觉　B. 味觉　C. 体力　D. 智力

225. 硫化氢为无色气体，具有（ D ）。

A. 无味　B. 臭味　C. 恶臭味　D. 臭蛋味

226. 浮顶集水坑或浮顶钢板、（ B ）等泄漏，介质会自排水装置流出浮顶。

A. 阀门　B. 排水管　C. 排水阀　D.加热器

227. 造成低温管线法兰泄漏的主要原因有（ B ）。

A. 操作压力波动大　B. 操作温度变化大

C. 管线振动大　D. 法兰材质选用不当

228. 填料选用不当，装填不合要求，没有被压紧、（ C ）老化是密封泄漏的重要原因。

A. 原料　B. 垫片　C. 填料　D. 断裂

229. 加热前没有将（ C ）排净，产生水击，易造成加热器破裂漏油。

A. 热水　　B. 空气　　C. 冷凝水　　D. 蒸汽

230. 油罐加热器存在（ D ）现象可以判断加热器泄漏。

A. 排水　　B. 排汽

C. 排放口没有排出　　D. 冷凝水中夹带油品

231. 空油罐进油时，（ A ）过快，冲击力太大，损坏浮子式液位计的浮子，造成读数盘数字误差。

A. 流速　　B. 流量　　C. 速度　　D. 压力

232. 轻质油品严禁用压缩（ A ）扫线和搅拌。

A. 空气　　B. 氧气　　C. 氮气　　D. 氢气

233. 油品流经过滤器时，要有足够的（ D ）时间。

A. 流动　　B. 停电　　C. 静电　　D. 放电

234. 离心泵在运行中冷却水中断会引起（ B ）。

A. 电机温度升高　　B.润滑油温度升高

C. 泵出口压力升高　　D. 泵输送介质温度升高

235. 防毒口罩的褐色滤毒盒防护对象是（ B ）。

A. 无机气体　　B. 有机气体　　C. 氨、硫化氢　　D. 酸性气体

236. 过滤式防毒面具适用于有毒环境中氧气占总体（ C ）%以上的环境。

A. 14　　B. 16　　C. 19　　D. 26

237. 下列表述的灭火方法，属于冷却法的是（ B ）。

A. 阻止空气进入燃烧区，或用不燃烧物质冲淡空气，使燃烧物质断绝氧气的助燃而熄灭

B. 将灭火剂直接喷洒在燃烧着的物体上吸收热量，使可燃物的温度降低到燃点以下，终止燃烧

C. 将燃烧物体与附近的可燃物隔离或疏散开，使燃烧停止

D. 让灭火剂参加到燃烧反应过程中去，使燃烧过程中产生的自由基消失，形成稳定的或低活性的游离基，从而终止燃烧

238. 下列表述的灭火方法，属于窒息法的是（ A ）。

A. 阻止空气进入燃烧区，或用不燃烧物质冲淡空气，使燃烧物质断绝氧气的助燃而熄灭

B. 将灭火剂直接喷洒在燃烧着的物体上吸收热量，使可燃物的温度降低到燃点以下，终止燃烧

C. 将燃烧物体与附近的可燃物隔离或疏散开，使燃烧停止

D. 让灭火剂参加到燃烧反应过程中去，使燃烧过程中产生的自由基消失，形成稳定的或低活性的游离基，从而终止燃烧

239. 属于隔离法灭火方法的是（ A ）。

A. 用水形成水墙，防止火势蔓延

B. 用水喷洒在燃烧着的建（构）筑物上

C. 用水喷洒在着火油罐的罐壁上

D. 用干粉灭火剂喷洒在燃烧的油面上

240. 化工设备图标题栏包括的内容有（ B ）。

A. 设备的工艺特性　　B. 设备的主要规格

C. 设备零部件数量　　D. 技术要求

241. 化工设备图的技术特性表是用表格形式列出设备的主要工艺特性及其他特性等，以下内容不在技术特性表列出的是（ D ）。

A. 工作压力　　B. 物料名称

C. 容器类别　　D. 各管口有关数据和用途

242. DCS仪表符号中TC×××代表（ D ）

A. 温度显示　　B. 压力控制　　C. 流量控制　　D. 温度控制

243. DCS仪表符号中PT×××代表（ B ）。

A. 温度显示　　B. 压力显示　　C. 流量控制　　D. 压力控制

244. DCS仪表中液位控制是用（ A ）表示的。

A. LC　　B. LD　　C. LPC　　D. LPD

罐区（模块）理论知识试题

判断题

1. 汽油调和质量，只需关注研究法辛烷值是否满足汽油牌号要求即可。（ × ）

正确答案：汽油调和质量，不仅要关注研究法辛烷值，还需关注抗爆指数、硫含量、芳烃含量、蒸气压等多项指标是否满足要求。

2. 使用试水膏时，只要将它涂在尺面上即可。（ × ）

正确答案：使用试水膏时，要将它均匀涂在尺面，不要过多。

3. 使用试水膏后，通过观察尺面上试剂颜色变化的位置，可确定容器内水位的高度。（ √ ）

4. 使用空气呼吸器进入有毒区域作业时，必须两人以上，禁止单独作业，当呼吸器警笛报警时，必须及时撤出有毒区域。（√）

5. 试油膏是检测重质油品的专用试剂。（×）

正确答案：试油膏是检测轻质油品的专用试剂。

6. 试油膏是检测储罐内有无油品的有效试剂，遇油后会变色。（√）

7. 使用试油膏时，只要将它涂在尺面的一侧上即可。（×）

正确答案：使用试油膏时，要将它均匀涂在尺面的两侧。

8. 通过观察尺面上试油膏颜色变化的位置，可确定容器内储存油品的高度。（√）

9. 轻油罐收油结束，应立即检尺、测温、算量、对量，并填写相关记录。（×）

正确答案：轻油罐收油结束应稳油时间不少于120min，再进行检尺计量。

10. 硫化氢报警仪用于间歇检测空气中的硫化氢气体浓度。（×）

正确答案：硫化氢报警仪用于连续检测空气中的硫化氢气体浓度。

11. 当空气中的硫化氢浓度达到预定的预报警值和报警值时，硫化氢报警仪会发出声、光报警信号，提醒人们采取措施避免中毒事故的发生。（√）

12. 便携式硫化氢报警仪在接通电源后，可立即投入使用。（×）

正确答案：便携式硫化氢报警仪在接通电源后，应显示正常才能投入使用。

13. 可燃气体报警仪用于检测空气中各种可燃性气体或蒸气在爆炸下限以上的含量。（×）

正确答案：可燃气体报警仪用于检测空气中各种可燃性气体或蒸气在爆炸下限以内的含量。

14. 便携式可燃气体报警仪使用过程中，如果需要更换电池可随时更换。（×）

正确答案：便携式可燃气体报警仪使用过程中，如果需要更换电池应离开检测区域到安全地带进行更换。

15. 使用可燃气体报警仪测试可燃气体时，应在清新空气中调零。（√）

16. 消防泵试运时，要检查循环流程的管线、法兰、阀门有无渗漏，罐液面计、压力表、电流表是否符合指标，消防栓接头、空气泡沫比例混合器等是否正常好用。（√）

17. 消防泵日常试运前，要检查放空阀、回流阀、消防栓接头等，特别注意各罐的消防泡沫管进口阀是否打开，泡沫泵的进口水阀是否关闭。（×）

正确答案：消防泵日常试运前，要检查放空阀、回流阀、消防栓接头等，特别注意各罐的消防泡沫管进口阀是否关闭，泡沫泵的进口水阀是否关闭。

18. 消防泵试运的目的是确保消防水泵完好备用。（√）

19. 空气呼吸器可在缺氧、尘毒严重污染、情况不明的有生命危险的作业场所使用，但一般受环境条件的限制。（ × ）

正确答案：空气呼吸器可在缺氧、尘毒严重污染、情况不明的有生命危险的作业场所使用，但一般不受环境条件的限制。

20. 内浮顶油罐的通气孔是为了保证发油时油罐不瘪罐。（ × ）

正确答案：内浮顶油罐的通气孔是为了保证油罐内外压力平衡。

21. 在全面罩气密性检查时，吸净气管内的气体，会马上感觉呼吸困难，面罩内为负压，罩体向人面部移动。这是气密性好的表现。（ √ ）

22. 浮顶罐检查中，当发现密封胶袋破损时，必须检查内填料是否吸油，并进行处理。（ √ ）

23. 对外浮顶油罐单盘式只检查单盘板上表面有无渗漏。（ × ）

正确答案：对外浮顶油罐单盘式除检查单盘板上表面有无渗漏外，还应检查密封、立柱等浮盘附件有无渗漏。

24. 浮顶罐检查中，当发现密封胶袋破损时，必须检查内填料是否吸油，并进行处理。（ √ ）

25. 扫线进罐的冷凝水接触到罐内的高温热油，会引起汽化突沸。（ √ ）

26. 储罐内高温油品可从底部扫线。（ × ）

正确答案：高温油品不能用蒸汽扫线，严禁从底部扫线。

27. 油罐阻火器失灵是造成液压安全阀跑油的原因。（ × ）

正确答案：液压安全阀失灵是造成液压安全阀跑油的原因。

28. 油罐发生突沸，应立即停止加热，但可收付油。（ × ）

正确答案：油罐发生突沸，应立即停止加热，停止收付油作业。

29. 油罐发生突沸时，可向罐内打冷油进行降温。（ √ ）

单选题

1. 试水膏在检测中，要求的停留时间是（ A ）s。

A. 10 ~ 20　　B. 20 ~ 30　　C. 30 ~ 40　　D. 40 ~ 50

2. 装置退油时，设备的污水应（ B ）。

A. 排向清净下水系统　　B. 排向含油污水系统

C. 排向含油雨水系统　　D. 直排地面

3. 进入毒区作业时不能摘下空气呼吸器的（ D ），警报器发出响声时，要马上离开毒区。

A. 空气瓶　　B. 减压器　　C. 压力表　　D. 面罩

4. 试油膏的机理是（ C ）。

A. 溶于水溶于油　　B. 溶于水不溶于油

C. 不溶于水溶于油　　D. 不溶于水不溶于油

5. 试油膏在检测中，要求停留的时间是（ B ）s。

A. 5 ~ 10　　B. 10 ~ 30　　C. 30 ~ 50　　D. 50 ~ 60

6. 对于使用试油膏的注意事项，下列说法不正确的是（ A ）。

A. 不需要对量油尺进行擦拭干净

B. 试油膏只要涂很薄的一层，不要过多

C. 试油膏在使用时需要维持足够长的时间

D. 注意观察颜色变化情况

7. 立式轻油罐收油结束进行检尺计量时，稳油时间应不少于（ A ）min。

A. 15　　B. 30　　C. 60　　D. 120

8. 轻油罐收油结束后，应（ A ）。

A. 先检尺，后测温　　B. 先测温，后检尺

C. 测温、检尺可不分先后　　D. 检尺、测温必须同时进行

9. 油罐检尺应检（ C ）次，并且相差不得超过（ C ）mm。

A. 3，2　　B. 2，2　　C. 2，1　　D. 3，1

10. 便携式硫化氢报警仪只能作（ D ）检测。

A. 定质　　B. 定量　　C. 定点　　D. 定性

11. 便携式硫化氢报警仪的回复时间由（ B ）来决定。

A. 仪器精度　　B. 气体浓度　　C. 电源强弱　　D. 空气

12. 当空气中可燃性气体含量达到或超过爆炸下限的（ C ）时，可燃气体报警仪发出一级声光报警信号。

A. 10% ~ 15%　　B. 15% ~ 20%　　C. 20% ~ 25%　　D. 25% ~ 30%

13. 使用可燃气体报警仪测试可燃气体时，要在（ B ）中调零。

A. 测试现场　　B. 清新空气　　C. 标准气体　　D. 可燃气体

14. 消防泵试运前一定要检查（ B ）是否打开。

A. 泵出口阀　　B. 管路回流阀

C. 泡沫罐出口阀　　D. 比例混合器调节阀

15. 消防泵试运的目的是（ D ）。

A. 确保油罐不发生火灾　　B. 确保消防泡沫有效

C. 确保比例混合器完好　　D. 确保消防泵完好

16. 浮盘浮起之前，罐内流速应控制在（ A ）m/s以下。

A. 1　　B. 2　　C. 3　　D. 3.6

17. 空气呼吸器的外观检查，是看气管是否破裂，（ B ）、供给阀、面罩镜是否完好。

A. 减压器　　B. 气压表　　C. 气瓶　　D. 警报器

18. 定期检查外浮顶油罐船舱时应打开（ D ）人孔盖，检查有无渗漏。

A. 随机1个　　B. 随机2个　　C. 随机2个以上　　D. 每个

19. 外浮顶油罐消防配件至少应每（ C ）定期检查一次。

A. 1个月　　B. 3个月　　C. 半年　　D. 年

20. 为防止油罐突沸，应严格控制油品的储存温度，一般不能超过（ C ）℃。

A. 80　　B. 85　　C. 90　　D.100

21. 罐内油品所含的水，当受热汽化时，体积迅速增加至原来的（ A ）多倍并急剧上浮到油面，继而发生突沸。

A. 1000　　B. 1500　　C. 2000　　D. 3000

22. 下列说法中，属于液压安全阀跑油原因之一的是（ B ）。

A. 密封液挥发性差　　B. 密封液挥发性大

C. 油品调和泵流量大　　D. 油品调和油位高

23. 油罐突沸后，不正确的处理方法是（ D ）。

A. 停止收付油　　B. 停止加热　　C. 将罐区周围堵好　　D. 切换空罐

24. 为避免液压安全阀跑密封液，宜采用（ C ）的柴油或润滑油作为密封液。

A. 沸点低、凝点低、挥发性好　　B. 沸点高、凝点低、挥发性好

C. 沸点高、凝点低、挥发性差　　D. 沸点低、凝点高、挥发性好

公路（模块）理论知识试题

判断题

1. 汽车罐车进入装卸作业场所前发动机排气管要安装防火罩。（ √ ）

2. 汽车罐车进入装卸台，除司机和发油员外，必须全部远离装卸台。（ √ ）

3. 液化烃公路罐车装车前，检查罐车内剩余压力不得低于0.05MPa。（ √ ）

4. 在汽车罐车装油前应先接好静电接地线，并经常检查接地线的完好情况和电阻值是否符合防静电标准。（ √ ）

5. 汽车鹤管插入罐车的中部即可开阀发油。（ × ）

正确答案：汽车鹤管应插入罐车的底部方可开阀发油。

6. 汽车罐车在装卸作业时，司机不应离开现场，以备紧急情况时能迅速驶离现场。 （ √ ）

7. 卸车时，连接汽车罐车的静电接地应在打开人孔之后进行，并且维持到装油完毕，关闭人孔盖。 （ × ）

正确答案：卸车时，连接汽车罐车的静电接地应在打开人孔之前进行，并且维持到装油完毕，关闭人孔盖。

8. 汽车罐车在装车前已检查排气管戴有防火罩，卸油作业前，不需要再检查排气管是否戴有防火罩。 （ × ）

正确答案：汽车罐车在装车前已检查排气管戴有防火罩，卸油作业前，需要再检查排气管是否戴有防火罩。

9. 汽车罐车底部应设置性能良好的导静电拖地线。 （ √ ）

10. 防溢油保护装置系统处于供电状态时，电源灯、液位灯、接地灯亮，蜂鸣器有声音，可判断为电源故障。 （ × ）

正确答案：防溢油保护装置系统处于供电状态时，电源灯、液位灯、接地灯不亮，蜂鸣器没有声音，可判断为电源故障。

11. 把静电接地夹从静电接地端子取下后，使静电接地端子处于打开状态，蜂鸣器未报警，说明蜂鸣器处于正常工作状态。 （ × ）

正确答案：把静电接地夹从静电接地端子取下后，使静电接地端子处于打开状态，蜂鸣器报警，说明蜂鸣器处于正常工作状态。

12. 常压汽车罐车装车鹤管的转动部分要定期检查更换润滑脂。 （ √ ）

13. 装车鹤管为了防止碰撞产生火花，大部分采用铝、铜等有色金属合金，因此，装车过程中不必轻拿轻放鹤管。 （ × ）

正确答案：因为鹤管经常摩擦铁质槽车、栏杆，上面附着不少铁锈，当附有铁锈的鹤管碰撞黑色金属时，也会产生火花。因此，装车过程中必须轻拿轻放鹤管。

14. 管线跑油应立即关闭跑油阀门，如阀门关不严，可加堵盲板。 （ √ ）

15. 油罐或汽车罐车窜油，应立即查明原因，关闭窜油阀门，待取样后进行处理。 （ × ）

正确答案：油罐或汽车罐车窜油，应立即关闭窜油阀门，查明原因，待取样分析后再进行处理。

单选题

1. 汽车罐车进入装车台前，司机及陪同人员禁止携带手机等（ C ）通信工具，随车消防器材及消静电拖带齐备有效。

A. 防爆　　B. 不安全　　C. 非防爆　　D. 安全

2. 汽车罐车进入装车台前，装车台通信、照明、（ B ）等防护器材齐全，并处于备用状态。

A. 对讲机　　B. 消防设施　　C. 防火罩　　D. 阻火器

3. 装车前，装车工要对汽车罐车进行认真检查，下列情况可以装车的是（ D ）。

A. 车体不完整，如缺盖、缺封车螺栓等

B. 待装车内有水等杂物

C. 车体静电接地线缺少或不完好，无阻火器

D. 罐车及附件齐全完好

4. 接到发货单后，仔细核对车号、装车量、（ A ）与鹤位所对车是否相符，空车是否已过衡。

A. 油品名称　　B. 准装证　　C. 准运证　　D. 危险品运输证

5. 液化烃公路罐车装车前，检查罐车内剩余压力不得低于（ B ）MPa。

A. 0.5　　B. 0.05　　C. 0.1　　D. 0.15

6. 汽车罐车灌装作业时，若不将鹤管插到距油罐底部200mm处，会造成（ C ）。

A. 初速度过大，引起静电

B. 底阀不严，油品泄漏

C. 易产生大量的静电，增加油品的损耗，污染大气

D. 影响油品清洁度

7. 以下选项中，不属于装车过程检查的内容有（ C ）。

A. 罐车底阀有无漏油

B. 按工艺控制指标和提货量控制罐车充装量

C. 车体是否完好

D. 鹤管、阀门、管线连接等有无泄漏

8. 装油时必须严格控制油品流速，灌装初速应控制在（ B ）m/s以下，直至出油口浸没，再逐步加大流速，但最高流速不得超过（ B ）m/s。

A. 1，3.5　　B. 1，4.5　　C. 1，5.5　　D. 2，4.5

9. 公路运输危化品必须配备（ B ），并随时处于其监管之下。

A. 驾驶员　　B. 押运员　　C. 安全监督员　　D. 提货员

10. 卸油前，汽车罐车应稳油（ D ）min方可卸油。

A. 2　　B. 5　　C. 10　　D. 15

11. 汽车罐车卸车有（ C ）方式。

A. 泵送　　B. 自流

C. 抽（压）送和自流　　D. 加压送

12. 汽车油罐内应设置（ A ）防波挡板，必要时可设置纵向或水平的防波挡板。

A. 横向　　B. 纵向　　C. 平行　　D. 垂直

13. 以下属于防溢油保护装置常见的故障有（ B ）。

A. 液位灯闪烁，同时蜂鸣器报警　　B. 液位报警，液位灯亮而不闪

C. 接地报警，接地灯亮而闪　　D. 蜂鸣器运行正常

14. 汽车罐车跑冒油的原因有（ B ）。

A. 装车速度慢

B. 装车时监护人离开现场，未能及时发现并处理设备故障

C. 多台汽车罐车同时装车

D. 油罐液位高

15. 油品管线在静止时泄压的目的是（ A ）。

A. 防止管线物料超压跑油　　B. 防止管线物料窜料

C. 防止管线内的物料变质　　D. 防止管线腐蚀

16. 汽车装车管线发生跑油时，本组鹤管停止装油，但其他组鹤管（ B ）。

A. 可正常装油

B. 正在装油的罐车可继续装满，但不得启动车

C. 正在装油的罐车应停止装车

D. 在外等候的罐车可驶入装车

17. 汽车装车管线窜油后错误的处理方法为（ B ）。

A. 吹扫至不合格品罐　　B. 吹扫至合格品罐

C. 管线内油品按不合格品处理　　D. 关闭窜油阀门

铁路（模块）理论知识试题

判断题

1. 对铁路槽车进行清洗作业前，应将栈台铁路信号灯切换成绿色信号。（ × ）

正确答案： 对铁路槽车进行清洗作业前，应将栈台铁路信号灯切换成红色信号。

2. 铁路罐车普洗的作业内容为：抽吸车内残液、清洗机自动清洗、鼓风通风、车内清扫、鼓风干燥。（ √ ）

3. 铁路槽车清洗作业前，抽吸残油时，可使用普通胶管。（ × ）

正确答案： 铁路槽车清洗作业前，抽吸残油时，为了防止静电危害，应采用缠金属丝的

导电胶管，而不能使用普通胶管。

4. 铁路槽车质量检查的内容包括：内壁应完好、清洁、干燥，无可见杂质、无浮锈、无残液、无油泥，无非目标产品的残留组分，无异味。 （ √ ）

5. 铁路槽车应根据有效容积、槽车载重、油品密度、温度和容积表计算出相应的液位高度，取两者的最小值。 （ √ ）

6. 装卸油鹤管（流体装卸臂）使用过程中操作外臂时，不要用力过猛，应均匀用力，装卸鹤管的接口未与罐车接好时，不允许将工艺管线的阀门打开。 （ √ ）

7. 轻油类铁路槽车卸油快结束时，关闭泵出口阀门，以防止吸入空气。 （ × ）

正确答案：轻油类铁路槽车卸油快结束时，关闭卸油鹤管阀门，以防止吸入空气。

8. 黏油类铁路槽车卸车泵一般采用离心泵。 （ × ）

正确答案：黏油类铁路槽车卸车泵一般采用容积泵。

9. 铁路槽车洗刷前，必须先了解清楚装油品种，判明车底残油性质，以便按刷洗标准确定刷洗方法和步骤。 （ √ ）

10. 装车过程中发现鹤管接头喷溅，要适当开大阀门，避免跑油。 （ × ）

正确答案：装车过程中发现鹤管接头喷溅，应立刻停止装卸作业进行处理，避免跑油。

11. 按运载油品类别区分，铁路槽车可分为轻油槽车、黏油槽车和液化气体槽车。 （ √ ）

12. 铁路槽车G11型为轻油罐车。 （ × ）

正确答案：铁路槽车G11型为酸碱罐车。

13. 黏油类铁路槽车卸油加热时，两端排汽口及加温套底部的排水管不冒汽及滴水，应开大蒸汽阀门。 （ × ）

正确答案：黏油类铁路槽车卸油加热时，两端排汽口及加温套底部的排水管不冒汽及滴水，应停止通汽。

14. 常用铁路槽车主要技术参数有：罐车型号、载重、自重、总容积、有效容积、罐体工作压力、罐体内径、车辆长度、车辆最大宽度、车辆最大高度，构造高度和通过最小曲线半径等。 （ √ ）

15. 厂修、段修标记涂刷在一处，其上部为厂修标记，下部为段修标记。 （ × ）

正确答案：厂修、段修标记涂刷在一处，其上部为段修标记，下部为厂修标记。

16. 铁路槽车应涂刷各类检修标记，注明检修单位、检修日期及到期日期等。 （ √ ）

17. 铁路轻油罐车不需设置呼吸阀。 （ × ）

正确答案：铁路轻油罐车密封运输，顶部必须设置呼吸阀。

18. 铁路槽车对好位后，机车未摘掉挂钩离开油台，可放下渡梯登车。 （ × ）

正确答案：铁路槽车对好位后，机车未摘掉挂钩离开油台，不准放下渡梯登车。

19. 铁路装车台的梯子要保持完整无缺，无锈蚀，每次使用前应检查确认其完好，使用后立即收回并固定。 （ √ ）

20. 铁路槽车气体分析仪可测量气体有O_2、H_2S、可燃性气体和CO四种。 （ √ ）

21. 装车前，检查铁路槽车人孔盖和内胶圈是否紧固、完好，否则不装车。 （ √ ）

22. 黏油槽车排油管两端接头盖和其配件齐全就能装油。 （ × ）

正确答案：黏油槽车排油管两端接头盖必须坚固、密封才能装油。

23. 气动轻油装车鹤管是由气缸活塞杆推动活动臂围绕旋转轴转动，从而带动鹤管到指定位置。 （ √ ）

24. 喷射泵喷嘴出口和扩散管入口之间的距离过大会使吸入室真空度波动。 （ √ ）

25. 气动轻油装车鹤管溢油保护装置，具有自动联锁关闭控制阀停止装车功能。 （ √ ）

26. 鹤管的升降机构和回转机构均采用蜗轮、蜗杆传动，能自锁、定位牢靠、对位准确。 （ √ ）

27. 喷射泵真空度降低的原因可能是管道密封不严，有漏气的地方；密封填料磨损。 （ √ ）

28. 定量自动装铁路槽车不会造成超量或冒顶。 （ × ）

正确答案：定量自动装铁路槽车，在仪表失灵时会造成超量或冒顶。

29. 喷射泵利用流体流动时的速度转变来达到输送流体目的。 （ × ）

正确答案：喷射泵利用流体流动时造成的压差来达到输送流体目的。

30. 喷射泵抽子真空度降低应降低蒸汽压力。 （ × ）

正确答案：喷射泵抽子真空度降低应提高蒸汽压力。

31. 铁路槽车装车发现冒顶时，要立即通知生产调度同意后停泵，关闭鹤管阀门。 （ × ）

正确答案：铁路槽车装车发现冒顶时，要立即关闭鹤管阀门、通知付油岗位停泵，汇报生产调度。

32. 蒸汽喷射泵的作用原理是蒸汽经节流嘴节流后，速度升高压力降低，在喷嘴处形成低压区，产生吸力带动介质流动。 （ √ ）

33. 铁路槽车超过合格证有效期需装车不需重新检查。 （ × ）

正确答案：铁路槽车超过合格证有效期需装车必须重新检查。

34. 经过洗刷检查合格的槽车，有效期为24小时。 （ × ）

正确答案：经过洗刷检查合格的槽车，有效期为48小时。

35. 在铁路槽车的底部装设一个下卸器与输油管路连接成一个密闭式管路卸油系统的方式，目前主要用于轻油的接卸。 （ √ ）

单选题

1. 凡进入铁路槽车进行清洗作业前，应确认罐车内（ D ）。

A. 残留介质的密度　　B. 残留介质的重量

C. 残留介质的体积　　D. 残留介质的性质

2. 进槽车作业人员必须佩戴防毒面具，并呼吸（ B ）min，确认作用良好，方准入罐。

A. 1～2　　B. 2～3　　C. 3～4　　D. 4～5

3. 铁路槽车残存油为轻油普洗时，先用真空抽管回收罐内污油，然后清除罐内（ A ）。

A. 水、油泥、杂物　B. 纤维、水　　C. 铁锈、纤维　　D. 铁锈、油泥

4.铁路槽车特别刷洗的标准要求达到无杂质、水及油垢和（ A ），并无明显铁锈。

A. 纤维　　B. 气味　　C. 颜色　　D. 划痕

5. 用蒸汽清洗铁路槽车的目的是使槽车内壁的（ A ）脱落。

A. 污油　　B. 水滴　　C. 杂物　　D. 纤维

6. 特洗车用鼓风机吹风的目的是使槽车内壁（ B ）。

A. 无灰尘　　B. 无水　　C. 异味　　D. 纤维

7. 若铁路槽车内残存油需回收，抽吸真空胶管放入槽车的（ D ）。

A. 底部两端　　B. 底部中段　　C. 底部任意位置　D. 聚油窝

8. 铁路槽车质量检查不包括（ D ）。

A. 内壁应完好、清洁、干燥　　B. 无可见杂质、无浮锈

C. 无残液、无油泥　　D. 外观干净、整洁

9. 铁路油罐车充装量除符合装车体积不超过有效容积外，还不能超过（ B ）。

A. 罐车自重　　B. 罐车载重　　C. 50t　　D. 60t

10. 铁路油罐车体积充装量不能超过罐车的（ C ）。

A. 总容积　　B. 全容积　　C. 有效容积　　D. 空容积

11. 提鹤管时，要等鹤管内的油滴完后才能提出，避免（ A ）。

A. 污染环境　　B. 产生静电　　C. 影响下次装车质量　　D. 抽空

12. 装车前，操作工要对槽车（ C ）进行检查，看是否符合装车条件。

A. 内部　　B. 外部　　C. 内外部　　D. 制动部

13. 石油产品装车，装车岗位执行“三对、一看”即：对车号、对（ A ）、对品种鹤位，看槽车是否干净。

A. 槽车合格证　　B. 产品合格证

C. 罐号　　D. 管线号

14. 最后几节槽车即将到达装车油高时，应及时联系（ D ），做好停泵准备。

A. 调度员　　B. 计量员　　C. 采样员　　D. 送油岗位

15. 装车鹤管口应放到距槽车底部不大于（ A ）mm处。

A. 200　　B. 250　　C. 300　　D. 400

16. 轻油类铁路槽车上部卸油时，必须（ B ）。

A. 打开卸油泵放空管灌泵　　B. 启动真空泵灌泵

C. 可用高液位油罐倒流压油灌泵　　D. 可不灌泵

17. 轻油类铁路槽车上部卸油，当卸车泵运转正常后，需打开真空罐（ A ）及真空罐下部物料回卸车泵阀，将真空罐内物料抽净，以备下次抽真空使用。

A. 卸压阀　　B. 抽真空入口阀

C. 抽真空出口阀　　D. 排污阀

18. 轻油类铁路槽车卸油快结束时，关闭（ C ）阀门，以防止吸入空气。

A. 泵进口　　B. 泵出口　　C. 卸油鹤管　　D. 抽吸油胶管

19. 黏油类铁路槽车采用（ B ）卸车方法。

A. 上装式　　B. 下卸式　　C. 上卸式　　D. 下装式

20. 不能用于铁路轻油槽车扫舱的设备是（ C ）。

A. 真空泵　　B. 滑片泵　　C. 齿轮泵　　D. 转子泵

21. 铁路槽车抽真空扫舱由扫舱线、真空管路、（ A ）、真空罐等组成。

A. 真空泵　　B. 转子泵　　C. 自吸泵　　D. 滑片泵

22. 对铁路油罐车罐体型号的区分与判断的依据是（ D ）。

A. 厂修标记　　B. 车号　　C. 罐车容积　　D. 罐车结构

23. 轻油类铁路槽车段检修周期为（ A ）年。

A. 1　　B. 2　　C. 3　　D.5

24. 油品类铁路罐车厂检修周期为（ D ）年。

A. 2　　B. 3　　C. 4　　D.5

25. 关于铁路轻油罐车，下列说法不正确的是（ D ）。

A. 油罐车由罐体、油罐附件、底架和走行部分组成

B. 油罐车罐体外表面一般涂成银白色

C. 油罐车罐底略有坡度，坡向集油窝

D. 集油窝是为了排污设置的

26. 铁路槽车气体分析仪O_2浓度报警点是（ A ）%。

A. 19.5　　B. 20　　C. 20.5　　D. 21

27. 铁路槽车气体分析仪H_2S浓度报警点是（ B ）ppm。

A. 5　　B. 10　　C. 15　　D. 20

28. 装车前，检查铁路槽车罐盖（ D ）是否完好密封，否则更换或不装车。

A. 铅封口　　B. 罐盖拉手　　C. 螺栓插销　　D. 胶圈

29. 真空抽油过滤网有沥青堵塞时应先用（ C ）洗涤和清理。

A. 洗衣粉　　B. 汽油　　C. 煤油　　D. 润滑油

30. 喷射泵喷嘴与扩散管之间的同心度差值大会使真空度（ D ）。

A. 减小　　B. 增大　　C. 不变化　　D. 不稳定

31. 铁路槽车充装超量仪表故障原因不包括以下哪种情况（ D ）。

A. 流量计失灵　　B. 发油机故障

C. 溢油保护失灵　　D. 静电接地未连接

32. 喷射泵蒸汽抽管有蒸汽倒喷的原因是（ D ）。

A. 工作水蒸气入口堵塞　　B. 喷嘴堵塞

C. 阀门堵塞　　D. 扩散管堵塞

33. 开泵后喷射泵蒸汽抽管不吸气的原因是（ C ）。

A. 胶管泄漏　　B. 蒸汽抽子泄漏

C. 阀门闸板脱落　　D. 扩散管泄漏

34. 发生铁路槽车装车冒顶后，要严禁车辆通过，（ B ）用火作业。

A. 停止厂区　　B. 停止装车台附近

C. 停止所有　　D. 不需要停止

35. 铁路槽车装车冒顶时要迅速关闭（ B ），防止油品从排水沟流出。

A. 含油污水阀　　B. 排水沟阀门　　C. 进口阀　　D. 出口阀

36. 常压铁路槽车充装超量后正确的处理方法为（ C ）。

A. 直接封车运走　　B. 排入污水系统

C. 移至同品种空槽车内　　D. 隐瞒不报

37. 铁路槽车下部卸油时，（ D ）密封胶圈损坏或变形易造成漏油。

A. 连接　　B. 阀门　　C. 安全阀　　D. 快速接头

水路（模块）理论知识试题

判断题

1. 同一缆桩需系两条或两条以上缆绳时，应按穿插要求系缆。 （√）

2. 油轮装卸完油品后，离泊前操作工要将输油臂排空，防止其失重掉落伤人。 （√）

3. 船舶救火的应变信号是以乱钟或汽笛连续放短声1min。 （√）

4. 船舶解除警报的应变信号用一短汽笛表示。 （×）

正确答案： 船舶解除警报的应变信号用汽笛一长声表示，持续4~6s。

5. 油轮装卸油过程中天气变化需密切注意船只漂移量，漂移量不得大于1.2m。 （√）

6. 油轮装卸油结束阶段，需密切注意管线压力、油品密度变化情况。 （×）

正确答案： 油轮装卸油结束阶段，需密切注意管线压力、油品温度变化情况。

7. 油轮装卸油结束阶段，需密切注意涨落潮时船舶的偏移情况、缆绳的松紧情况以及静电线是否脱落。 （√）

8. 装卸臂按满载平衡设计，在装卸臂工作时，装卸臂自重与管内物料产生的载荷一起作用在槽船上。 （×）

正确答案： 装卸臂按空载平衡设计，在装卸臂工作时，仅有物料产生的载荷作用在槽船法兰上。

9. 输油臂是船舶用来装、卸油和接卸压舱水及泄压用的专用设备。 （√）

10. 当输油臂与油轮连接时，机械联锁装置一定要在闭锁位置。 （×）

正确答案： 当输油臂与油轮连接时，机械联锁装置一定要在开锁位置。

11. 输油臂在未与油轮对接时，内外臂在所有位置上均应处于失稳状态。 （×）

正确答案： 输油臂在未与油轮对接时，内外臂在所有位置上均应处于平稳状态。

12. 危险品的货船卸完货后，应关闭封船，及时离开码头，不得在码头内进行敞开式洗舱作业。 （√）

13. 输油完毕，操作三维接头，将输油臂与油轮集管法兰松开。 （×）

正确答案： 输油完毕，操作手动快速接头，将输油臂与油轮集管法兰松开。

14. 输油臂旋转接头的内外圈之间每2年更换一次润滑脂。 （√）

15. 一台完整的输油臂上合理地组合了6个回转接头，共12个旋转部分，使设备能顺利地跟随船舶动作。 （×）

正确答案： 一台完整的输油臂上合理地组合了3个回转接头，共6个旋转部分，使设备能顺利地跟随船舶动作。

16. 输油臂旋转接头换油时，应先将钢球从旋转接头中挤出。（ √ ）

17. 双向顺序阀主要是油缸工作时，将油缸一侧由于动作产生的突高压滑至另一侧。（ √ ）

18. 双单向节流阀的作用就是可以两个方向起节流作用，A进油和B回油节流，而单向节流阀只有一个进油作用，无进油节流或回油节流作用。（ √ ）

19. 液压泵用电机不能启动的原因之一是臂中有液体。（ × ）

正确答案：输油臂旋转接头换油时，不能将钢球从旋转接头中挤出。

20. 在操作装卸油臂过程中，遇到液压油路出现故障，应使油泵电机停止工作，排除故障。（ √ ）

21. 油码头在风大浪大的情况下作业，易发生事故的部位包括流量计。（ × ）

正确答案：油码头在风大浪大的情况下作业，易发生事故的部位不包括流量计。

22. 输油臂的动作缓慢原因是液压系统进气或泄漏。（ √ ）

23. 输油臂的动作过快原因之一是油箱中的油位低。（ × ）

正确答案：输油臂的动作过快原因之一是臂失去平衡或平行性。

24. 落水人员拿到救生圈后，应将救生圈置于双腿之间，以便坐在救生圈上。（ × ）

正确答案：落水人员拿到救生圈后，应用力下压，让救生圈立起来，以便头部和双手顺势进入救生圈内。

25. 发现有人落水后应鸣放警铃和汽笛三长声，连放一分钟警报信号。（ √ ）

单选题

1. 船靠码头时码头操作工要做好核实油轮的吨位、（ D ）、待靠泊位等准备工作。

A. 油品质量　　B. 输油臂排空　　C. 开泵台数　　D. 装卸油品品种

2. 船靠码头前，码头操作工应做好检查有关管线、阀门、仪表、（ A ）是否完好等准备工作。

A. 静电接地线及输油设备　　B. 装船泵

C. 量油尺　　D. 油盘

3. 船靠码头时码头操作工要戴好（ D ）、穿好救生衣等安全劳保用品。

A. 防毒面具　　B. 安全带　　C. 空气呼吸器　　D. 安全帽

4. 为了安全起见，油轮应使用（ D ）缆绳。

A. 钢丝　　B. 化纤　　C. 牛筋　　D. 棕麻

5. 为避免船舶发生移动，系缆不得少于（ C ）根，并按规定方法，所有缆绳都应随时调节松紧。

A. 2　　B. 4　　C. 6　　D. 8

6. 油轮离泊前，按次序解除各部缆绳，解缆时要注意（ D ），防止碰触人员落水。

A. 缆绳缠手　　B. 输油臂掉落

C. 地面管线　　D. 缆绳惯性

7. 船舶人员落水的应变信号用（ C ）表示。

A. 六短一长汽笛　　B. 二长一短汽笛

C. 三长汽笛　　D. 乱钟或汽笛连续放短声 1min

8. 码头巡回检查时要注意（ B ）、阀门、法兰是否泄漏。

A. 泡沫罐　　B. 装卸臂　　C. 污油池　　D. 机泵

9. 操作输油臂前，由船方确认的内容是（ B ）。

A. 输油臂各部件有无损坏或异常情况

B. 油轮歧管接头位置

C. 检查输油臂导淋有无残液

D. 输油臂接口大小

10. 油品卸船结束后，如用氮气扫线应考虑（ B ）。

A. 氮气温度　　B. 氮气压力　　C. 舱容　　D. 管线大小

11. 三维接头船法兰的轴线设计为装卸臂处于（ D ）状态总是保持水平。

A. 水平旋转　　B. 收回　　C. 起落　　D. 任何运动

12. 输油臂与油轮对接时应注意将（ A ）对准船上法兰，并将管接头的所有凸轮与法兰紧密连接。

A. 手动快速接头　　B. 三维接头

C. 岸端接口　　D. 可卸弯头

13. 有关全平衡人力型输油臂的操作方式，下列说法正确的是（ A ）。

A. 只能手动操作

B. 只能电动液压操作

C. 只能手动液压操作

D. 可以采用手动、电动液压、手动液压等操作方式中的一种或多种组合

14. 输油臂对接操作中，操作者应始终拉紧操纵绳，防止（ C ）动作失控伤人。

A. 内臂　　B. 外臂　　C. 内、外臂　　D. 可卸弯头

15. 输油臂输送轻质油品过程中，应重点巡检（ A ）。

A. 油轮的漂移、管线压力、泄漏情况

B. 管线压力、管线温度、油轮的漂移

C. 管线压力、管线温度、泄漏情况

D. 管线温度、油轮的漂移、静电接地

16. 输油臂收回时，操作人员应避开（ A ）垂直下落的位置，防止发生意外。

A. 内、外臂　　B. 内臂　　C. 外臂　　D. 手动快速接头

17. 输油臂归位前拆除法兰时，首要确认内容是（ C ）。

A. 油轮歧管接头位置　　B. 输油臂接口大小

C. 内、外臂管线内的油料已排空　　D. 平衡块

18. 输油臂主要由立柱、内臂、外臂、（ B ）、快速接头等部件构成。

A. 静电线　　B. 平衡配重　　C. 安全梯　　D. 遥控柜

19. 装卸臂液压阀组中的双单向节流阀用于（ A ）。

A. 控制臂动作时运动速度

B. 防止油缸向一侧高速下滑

C. 在一定范围内吸收槽船的三维位移

D. 应急操作

20. 油码头在风大浪大的情况下作业，易发生事故的部位包括（ C ）。

A. 操作室　　B. 流量计　　C. 输油臂　　D. 输油管线

21. 输油臂的动作缓慢原因之一是（ B ）。

A. 机械平衡不好　　B. 液压泵入口滤油器堵塞

C. 初始液压系统压力太高　　D. 内外臂输油管道中有液体

22. 输油臂的动作过快原因之一是（ B ）。

A. 滤油器污染　　B. 臂失去平衡或平行性

C. 转子之间间隙调节不当　　D. 油箱中的油位低

23. 发生人落水时，应采取（ B ）的应急措施。

A. 人工呼吸抢救落水者　　B. 扔下救生圈等漂浮物

C. 送落水者到医院抢救　　D. 保护现场，事故调查

24. 发现有人落水后应鸣放（ D ）警报信号。

A. 警铃和汽笛二长一短声，连放一分钟

B. 警铃和汽笛短声，连放一分钟

C. 警铃和汽笛一长声，连放一分钟

D. 警铃和汽笛三长声，连放一分钟

25. 船舶机舱发生火灾时，船长发出的警报信号是（ C ）。

A. 警铃和汽笛短声，连放一分钟后，鸣二短声

B. 警铃和汽笛短声，连放一分钟后，鸣三短声

C. 警铃和汽笛短声，连放一分钟后，鸣四短声

D. 警铃和汽笛短声，连放一分钟后，鸣一短声

26. 火场上正确疏散物资的方法是（ B ）

A. 疏散已被点燃的物资　　B. 抢先疏散未燃烧的物资

C. 灭火后再疏散物资　　D. 不用疏散火源附近可燃物资

四　操作技能鉴定要素细目表

鉴定范围			鉴定点
一级	二级	三级	名　称
通用操作技能	工艺操作	罐区操作	油罐检实尺操作
			油罐检空尺操作
			油罐检水高操作
			油罐取样操作
			油罐测温操作
			油罐付油操作
			油罐收油操作
			油罐收油切换操作
			油罐付油切换操作
			油罐内油品加温操作
			油罐人工脱水操作
			油管线蒸汽管伴热操作
			油管线顶水操作
			油管线蒸汽吹扫操作
			油品泵循环调和操作
			管道泄压操作
	设备使用与维护	设备使用	离心泵开泵操作
			离心泵停泵操作

续表

鉴定范围			鉴定点
一级	二级	三级	名　称
通用操作技能	设备使用与维护	设备使用	蒸汽往复泵开泵操作
			蒸汽往复泵停泵操作
			压缩机开机操作
			压缩机停机操作
			离心泵灌泵操作
			运转离心泵检查
			运转蒸汽往复泵检查
			鹤管接装操作
		设备维护	离心泵盘车操作
			离心泵润滑油更换操作
			阀门盘根更换操作
			压力表更换操作
			真空表更换操作
			温度计更换操作
	事故判断与处理	事故判断	离心泵抽空现象判断
			油罐发生窜油事故判断
			压力表失效判断
		事故处理	离心泵抽空处理
			干粉灭火器灭火操作
			油罐区火灾报警
			泡沫灭火器灭火操作
			CO_2灭火器灭火操作
			灭火毯灭火操作
	绘图与计算	绘图	油库工艺流程图识读
罐区模块操作技能	工艺操作	罐区操作	轻油罐收油操作
			轻油罐发油操作
			重油罐收油操作
			重油罐发油操作
			原料油罐全用带用罐操作
			消防泵日常试运操作
			试油膏使用操作
			试水膏使用操作

续表

鉴定范围			鉴定点
一级	二级	三级	名称
罐区模块操作技能	设备使用与维护	设备使用	空气呼吸器佩戴
			硫化氢报警仪操作
			可燃气体报警仪操作
		设备维护	空气呼吸器检查
			浮顶油罐定期检查
			内浮顶油罐定期检查
	事故判断与处理	事故判断	硫化氢报警仪报警判断
			可燃气体报警仪报警判断
			液位报警仪报警判断
		事故处理	硫化氢报警仪报警处理
			可燃气体报警仪报警处理
			硫化氢中毒现场急救
			液位报警仪报警处理
水路装卸模块操作技能	工艺操作	水路装卸操作	油轮装油操作
			油轮卸油操作
	设备使用与维护	设备使用	手动输油臂操作
			输油臂与油船对接操作
			输油臂与油船分离操作
		设备维护	输油臂旋转接头换油操作
			码头消防炮灭火操作
	事故判断与处理	事故判断	输油臂动作失灵原因分析
			液压输油臂不动作原因分析
		事故处理	输油臂动作失灵处理
			液压输油臂不动作处理
铁路装卸模块操作技能	工艺操作	铁路装卸操作	铁路槽车质量检查
			铁路槽车合格证填写
			铁路槽车接车
			普洗槽车洗车操作
			特洗槽车洗车操作
			铁路槽车扫舱操作
			轻油类铁路槽车装车操作
			润滑油类铁路槽车装车操作
			铁路槽车卸车操作

续表

鉴定范围			鉴定点
一级	二级	三级	名称
铁路装卸模块操作技能	工艺操作	铁路装卸操作	铁路槽车检实尺操作
			铁路槽车测温操作
			铁路槽车采样操作
	设备使用与维护	设备使用	真空泵使用操作
			潜油泵使用操作
		设备维护	闸阀填料更换
			钢板过滤器清洗
公路装卸模块操作技能	工艺操作	公路装卸操作	汽车罐车进入装卸台前检查
			汽车罐车装车前检查
			常压汽车罐车装车准备
			常压汽车罐车装车过程检查
			常压汽车罐车用泵卸车操作
			常压汽车罐车自流卸车操作
	设备使用与维护	设备使用	管道泵使用操作
		设备维护	管道泵维护
	事故判断与处理	事故判断	汽车装车管线跑油原因分析
			汽车装车管线窜油原因分析
		事故处理	汽车装车管线跑油处理
			汽车装车管线窜油处理

五 操作技能试题

试题1:油罐检空尺操作

考核时间：15min

序号	考核内容	考核要点	配分	评分标准	检测结果	扣分	得分	备注
1	准备工作	穿戴劳保用品	3	未穿戴整齐扣3分				
2	操作程序	选择和检查量油尺是否符合技术要求	5	未正确选择和检查量油尺扣5分（未检查尺带是否有折痕、尺锤是否磨损、连接是否牢固，刻度是否清晰、油尺长度及尺砣是否符合要求、是否有合格的检定证书）				

续表

序号	考核内容	考核要点	配分	评分标准	检测结果	扣分	得分	备注
3	操作程序	准备辅助器具	2	未带抹布、现场操作记录表、笔、挎包各扣0.5分				
4		查看油罐标牌，确认油品品种，核实罐参照高度；确认油罐进出口阀是否关闭	3	未唱读油罐标牌和确认油品品种扣1分； 未核实罐参照高度扣1分； 未口述油罐进出口阀开关状态扣1分				
5		上罐前按规定进行人体静电释放，按规范上罐	2	未直接用手触摸人体静电释放装置扣0.8分； 人体静电释放时间小于3s扣0.4分； 未扶栏杆上罐扣0.4分； 上罐过程中跑跳磕跌扣0.4分				
6	油罐第一次检空尺	正确站位和打开计量口盖	4	未站在上风口打开计量口盖扣2分； 开启计量口盖有碰撞扣2分				
7		正确下尺	7	未始终与检尺槽保持接触下尺扣3分； 下尺过程不连续平稳扣2分； 下尺过程中发生尺带滑出尺槽与计量口壁左右滑擦扣282 分				
8		正确检实尺	9	检空尺时尺砣进入油面后未停顿3～5s的扣3分； 未缓慢降落到最近的一个厘米或分米刻度与参照点正确地处在一条水平线上扣3分； 未核实报告油罐高度扣3分				
9		按规定收尺	4	未以摇尺方式提尺扣2分； 尺带未始终保持与检尺槽接触扣2分				
10		正确读数并记录	9	读数不准确扣3分； 读数顺序不正确扣3分； 未正确记录读数扣3分				
11	油罐第二次检空尺	正确下尺	7	未始终与检尺槽保持接触下尺扣3分； 下尺过程不连续平稳扣2分； 下尺过程中发生尺带滑出尺槽与计量口壁左右滑擦扣2分				
12		正确检实尺	9	检空尺时尺砣进入油面后未停顿3～5s的扣3分； 未缓慢降落到最近的一个厘米或分米刻度与参照点正确地处在一条水平线上扣3分； 未核实报告油罐高度扣3分				

续表

序号	考核内容	考核要点	配分	评分标准	检测结果	扣分	得分	备注
13	油罐第二次检空尺	按规定收尺	4	未以摇尺方式提尺扣2分； 尺带未始终保持与检尺槽接触扣2分				
14		正确读数并记录	9	读数不准确扣3分； 读数顺序不正确扣3分； 未正确记录读数扣3分				
15		及时擦拭滴洒油	2	对滴洒油未及时擦拭扣2分				
16		连续两次的测量值大于2mm时，应重新测量	8	检第三次油尺扣3分； 检第四次油尺再扣5分				
17	现场清理	按规定整理计量器具	3	计量后计量器具未清理擦拭干净就放回工具箱每支扣3分				
18		清理现场	10	计量完毕未盖严计量口盖扣3分； 操作完毕未清理现场、擦拭油渍，扣3分； 棉纱等废弃物未放在指定地点扣2分； 工具包未背回扣2分				
合计			100					

试题2:油罐检水高操作

考核时间：15min

序号	考核内容	考核要点	配分	评分标准	检测结果	扣分	得分	备注
1	准备工作	穿戴劳保用品	3	未穿戴整齐扣3分				
2	操作程序	选择和检查量水尺是否符合技术要求	5	未正确选择和检查量水尺扣5分 （未检查量水尺是否磨损、连接是否牢固，刻度是否清晰、油水尺是否符合要求、是否有合格的检定证书）				
3		准备辅助器具	5	未带试水膏、抹布、现场操作记录表、笔、挎包各扣1分				
4		查看油罐标牌，确认油品品种，核实罐参照高度；确认油罐进出口阀是否关闭	6	未唱读油罐标牌和确认油品品种扣2分； 未核实罐参照高度扣2分； 未口述油罐进出口阀开关状态扣2分				

续表

序号	考核内容	考核要点	配分	评分标准	检测结果	扣分	得分	备注
5	操作程序	上罐前按规定进行人体静电释放，按规范上罐	6	未直接用手触摸人体静电释放装置扣2分； 人体静电释放时间小于3s扣1分； 未扶栏杆上罐扣2分； 上罐过程中跑跳磕跌扣1分				
6	油罐检水高	正确站位和打开计量口盖	6	未站在上风口打开计量口盖扣3分； 开启计量口盖有碰撞扣3分				
7		正确下尺	10	未始终与检尺槽保持接触下尺扣4分； 下尺过程不连续平稳扣3分； 下尺过程中发生尺带滑出尺槽与计量口壁左右滑擦扣3分				
8		正确检水高	12	试水膏涂抹无法准确读数扣4分； 尺锤触底过重扣4分； 检水尺时停留时间3~5s，停留时间不符合要求扣4分				
9		按规定收尺	6	收尺无条理扣3分； 尺带未始终保持与检尺槽接触扣3分				
10		正确读数并记录	12	读数不准确扣4分； 读数顺序不正确扣4分； 未正确记录读数扣4分				
11		及时擦拭滴洒油	3	对滴洒油未及时擦拭扣3分				
12		检尺次数考核	8	检第二次水尺扣3分； 检第三次水尺再扣5分				
13	现场清理	按规定整理计量器具	4	计量后计量器具未清理擦拭干净就放回工具箱每支扣4分				
14		清理现场	14	计量完毕未盖严计量口盖扣4分； 操作完毕未清理现场、擦拭油渍，扣4分； 棉纱等废弃物未放在指定地点扣3分； 工具包未背回扣3分				
合计			100					

试题3:油罐测温操作

考核时间：15min

序号	考核内容	考核要点	配分	评分标准	检测结果	扣分	得分	备注
1	准备工作	穿戴劳保用品	3	未穿戴整齐扣3分				
2	操作程序	选择和检查杯盒温度计是否符合技术要求	5	未正确选择和检查杯盒温度计扣5分				
3		选择长度适宜的天然纤维绳子拴在测温盒上	4	未选择天然纤维绳子扣2分； 未拴牢扣2分				
4		查看油罐标牌，确认油品品种，核实罐参照高度；确认油罐进出口阀是否关闭	7	未唱读油罐标牌和确认油品品种扣1分； 未核实罐参照高度扣5分； 未口述油罐进出口阀开关状态扣1分				
5		确定测温方案	5	未按测温原则规定的方案测温扣5分				
6		上罐前按规定进行人体静电释放,按规范上罐	6	未直接用手触摸人体静电释放装置扣3分； 人体静电释放时间小于3s扣1分； 未扶栏杆上罐扣1分； 上罐过程中跑跳磕跌扣1分				
7	油罐测温	正确站位和打开计量口盖	4	未站在上风口打开计量口盖扣2分； 开启计量口盖有碰撞扣2分				
8		根据油高确定测温点和每点的高度	6	确定测温点数错误扣3分； 每点高度计算错误扣3分				
9		正确放置测温盒，根据油品性质达到浸没时间	18	未正确报告测温点位置扣8分； 未始终保持取样绳子与计量口接触扣5分； 没有告知正确时间，轻油5min，原油15min，重油30min，浸没时间不足扣5分				
10		正确提取测温盒	6	滴洒油量较多扣1分； 读数时视线与温度计感温液柱不垂直扣2分； 读数时手触测温盒杯扣1分； 测温盒离开检尺口扣2分				

续表

序号	考核内容	考核要点	配分	评分标准	检测结果	扣分	得分	备注
11	油罐测温	正确掌握读数时机及处理测温盒内油品	14	读数不准扣4分； 从开始提保温盒到读出测量值时间不超过30s，读数超时：1～10s扣2分、11～20s扣4分、21～30s扣8分； 测温盒油品回倒罐内扣2分				
12		测量各点温度后累加计算平均值，确定有效温度值	5	没有对温度计读数进行检定修正扣2分； 计算错误扣3分				
13	现场清理	按规定卫生清理	3	收绳未清理擦拭干净扣3分				
14		清理现场	14	未盖严计量口盖扣5分； 操作完毕未清理现场、擦拭油渍扣3分； 棉纱等废弃物未放在指定地点扣3分； 工具包未背回扣3分				
		合 计	100					

试题4:油罐付油操作

考核时间：15min

序号	考核内容	考核要点	配分	评分标准	检测结果	扣分	得分	备注
1	准备工作	穿戴劳保用品	3	未穿戴整齐扣3分				
2		工具、用具准备	2	工具选择不正确扣2分				
3	操作程序	接到指令，现场对油罐是否具备付油操作条件进行确认	10	未核实付油操作条件扣10分				
4		检查确认该系统所有阀门的开关情况	10	未检查阀门开关情况扣10分				
5		对油罐的液位计、压力表、温度表进行确认，并记录	9	不检查罐内的压力扣3分； 不检查罐内液位扣3分； 不检查罐内温度扣3分				
6		核实付料泄压阀关闭，打通油罐的付料流程，核对、调整流程	15	未核对流程扣10分； 操作次序有误扣5分				

续表

序号	考核内容	考核要点	配分	评分标准	检测结果	扣分	得分	备注
7	操作程序	核对流程无误后，通知中控开气动阀，油罐可以付料	10	未核实流程扣5分； 未通知中控开气动阀扣5分				
8		开泵付料操作	20	机泵操作有误扣10分； 超指标扣10分				
9		检查油罐的液位、压力、温度的变化情况，异常情形及时处理	11	未检查油罐的液位、压力、温度扣6分； 异常情形不会处理扣5分				
10		回电中控，油罐的付料液位下降正常，压力、温度正常	5	未回电中控扣5分				
11	使用工具	使用工具	2	工具使用不正确扣2分				
12		维护工具	3	工具乱摆乱放扣3分				
合 计			100					

试题5：油罐收油操作

考核时间：15min

序号	考核内容	考核要点	配分	评分标准	检测结果	扣分	得分	备注
1	准备工作	穿戴劳保用品	3	未穿戴整齐扣3分				
2		工具、用具准备	2	工具选择不正确扣2分				
3	操作程序	接到指令，现场对油罐是否具备收油操作条件进行确认	10	未核实收油操作条件扣10分				
4		检查确认该系统所有阀门的开关情况	10	未检查阀门开关情况扣10分				
5		对油罐的液位计、压力表、温度表进行确认，并记录	15	不检查罐内的压力扣5分； 不检查罐内液位扣5分； 不检查罐内温度扣5分				
6		核实收料泄压阀关闭，打通油罐的收料流程，核对、调整流程	15	未核对流程扣10分； 操作次序有误扣5分				
7		核对流程无误后，通知中控开气动阀，油罐可以进料	15	未核实流程扣10分； 漏此项操作扣5分				
8		检查油罐的液位、压力、温度的变化情况，异常情形及时处理	20	未检查罐的液位、压力、温度扣10分； 异常情形不会处理扣10分				
9		回电中控，油罐的收料液位上升正常，压力、温度正常	5	未回电中控扣5分				

续表

序号	考核内容	考核要点	配分	评分标准	检测结果	扣分	得分	备注
10	使用工具	使用工具	2	工具使用不正确扣2分				
11		维护工具	3	工具乱摆乱放扣3分				
合 计			100					

试题6:油罐付油切换操作

考核时间：15min

序号	考核内容	考核要点	配分	评分标准	检测结果	扣分	得分	备注
1	准备工作	穿戴劳保用品	3	未穿戴整齐扣3分				
2		工具、用具准备	2	工具选择不正确扣2分				
3	操作程序	接到指令，现场对油罐是否具备切换付油操作条件进行确认	10	未核实切换付油操作条件扣10分				
4		检查确认该系统所有阀门的开关情况	10	未检查阀门开关情况扣10分				
5		对待切换付油罐的液位计、压力表、温度表进行确认，并记录	5	不检查罐内的液位、压力、温度扣5分				
6		核实付料泄压阀关闭，打通待切换付油罐的付料流程，核对、调整流程	10	未核对流程扣5分； 操作次序有误扣5分				
7		核对流程无误后，通知中控开气动阀，油罐可以切换付料	5	未核实流程扣5分				
8		检查切换罐后机泵运行情况	20	未检查机泵运行情况是否正常扣10分； 超指标扣10分				
9		检查油罐的液位、压力、温度的变化情况，异常情形及时处理	10	未检查油罐的液位、压力、温度扣5分； 异常情形不会处理扣5分				
10		回电中控，切换罐后机泵运行情况正常，油罐的付料液位下降正常，压力、温度正常，通知关闭已切出罐气动阀	10	未检查罐内的液位、压力、温度扣5分； 未回电中控扣5分				
11		关闭已切出付油罐的付料流程，记录油罐的液位计、压力表、温度表数值进行确认	10	未核对流程扣5分； 未记录数值扣5分				
12	使用工具	使用工具	2	工具使用不正确扣2分				
13		维护工具	3	工具乱摆乱放扣3分				
合 计			100					

试题7:油罐内油品加温操作

考核时间：15min

序号	考核内容	考核要点	配分	评分标准	检测结果	扣分	得分	备注
1	准备工作	穿戴劳保用品	3	未穿戴整齐扣3分				
2		工具、用具准备	2	工具选择不正确扣2分				
3	确认苯罐温度	确认油罐温度下降至接近温度控制下限	10	未确认扣10分				
4	作业票	开作业票	10	未开票扣10分				
5	开疏水阀旁路	开疏水阀旁路	20	未开扣20分				
6	微开进汽阀	缓慢打开，无水击	15	未按要求做扣15分				
7	疏水阀旁路见汽后从疏水阀疏水	关闭旁路	15	未做扣15分				
8	停止加热	油罐温度上升至接近温度控制上限时，关闭或关小进汽阀	10	未做扣10分				
9	正常供汽	开大界区阀	10	未做扣10分				
10	使用工具	使用工具	2	工具使用不正确扣2分				
11		维护工具	3	工具乱摆乱放扣3分				
		合 计	100					

试题8:油罐人工脱水操作

考核时间：15min

序号	考核内容	考核要点	配分	评分标准	检测结果	扣分	得分	备注
1	准备工作	穿戴劳保用品	3	未穿戴整齐扣3分				
2		工具、用具准备	2	工具选择不正确扣2分				
3	开作业票	开切水作业票	15	不清楚扣10分				
4	检水尺、油尺	估算水量	20	不清楚扣20分				
5	切水	开观察阀	10	不清楚扣10分				
6	切水阀操作	开切水阀按“小、大、小”控制	15	不清楚扣15分				

续表

序号	考核内容	考核要点	配分	评分标准	检测结果	扣分	得分	备注
7	停止切水	观察阀见油，关闭切水阀	15	不清楚扣15分				
8	检水尺、油尺	核减水量	15	不清楚扣15分				
9	使用工具	使用工具	2	工具使用不正确扣2分				
10		维护工具	3	工具乱摆乱放扣3分				
合 计			100					

试题9:油管线蒸汽管伴热操作

考核时间：15min

序号	考核内容	考核要点	配分	评分标准	检测结果	扣分	得分	备注
1	准备工作	穿戴劳保用品	3	未穿戴整齐扣3分				
2		工具、用具准备	2	工具选择不正确扣2分				
3	了解气温条件	气温在15℃以下	5	未做扣5分				
4	了解管线状态	动态或静态	10	未做扣10分				
5	开蒸汽伴热	先开疏水阀，有旁路的先开旁路阀排水，见汽后关闭旁路阀开疏水阀并调节	15	未按程序操作扣15分				
6	蒸汽控制阀操作	缓慢开供汽阀，根据气温条件控制供汽阀开度和蒸汽压力	15	未做扣15分				
7	开电伴热	有电伴热的开电伴热，控制电流	5	未做扣5分				
8	保温检查	检查保温情况	5	未做扣5分				
9	伴热静态线泄压	静态管线开启泄压阀	10	未做扣10分				
10	检查	检查管线上引压管、压力表保温伴热情况。判断是否冻凝	10	未检查扣10分				
11	巡检	做好巡检发现问题	10	未做扣10分				
12	记录	做好管线温度、压力记录	5	未做扣5分				
13	使用工具	使用工具	2	工具使用不正确扣2分				
14		维护工具	3	工具乱摆乱放扣3分				
合 计			100					

试题10：油管线顶水操作

考核时间：15min

序号	考核内容	考核要点	配分	评分标准	检测结果	扣分	得分	备注
1	准备工作	穿戴劳保用品	3	未穿戴整齐扣3分				
2		工具、用具准备	2	工具选择不正确扣2分				
3	开作业票	开一般作业票	5	未做扣10分				
4	确定顶水罐	选择顶水罐，了解油位、水位、质量	5	未做每项扣5分				
5	确定顶水流程	选择顶水路径	10	未做扣10分				
6	接临时水管	用硬连接	5	未说明扣5分				
7	计算压差	了解水压、物料管线压力，计算压差、顶水量，设定量报警	10	未做扣10分				
8	使用钢管将水线与油管线进行连接	临时水管试压	5	未做扣5分				
9		打通物料侧阀，泄压阀关闭，控制阀暂关	5	未做扣5分				
10		缓慢开水阀，开控制阀顶水	10	未做扣10分				
11		观察罐液位变化和水压变化	5	未做扣5分				
12	停止顶水	关闭罐根部控制阀	5	未做扣5分				
13	排水	从低点导淋接临时管线向污水进排水	5	未做扣5分				
14		排水时从接水口接氮气，微增压	5	未做扣5分				
15		管线内存水可通过自循环回罐	5	未做扣5分				
16	检尺	罐检油尺、水尺	5	未做扣5分				
17	罐切水	切水，管线循环后再脱水	5	未做扣5分				
18	使用工具	使用工具	2	工具使用不正确扣2分				
19		维护工具	3	工具乱摆乱放扣3分				
	合 计		100					

试题11：管道泄压操作

考核时间：15min

序号	考核内容	考核要点	配分	评分标准	检测结果	扣分	得分	备注
1	准备工作	穿戴劳保用品	3	未穿戴整齐扣3分				
2		工具、用具准备	2	工具选择不正确扣2分				
3	泄压阀开启操作	收料结束关闭流程后	10	未说明扣10分				
4		付料结束关闭流程后	10	未说明扣10分				
5		倒料/压料结束关闭流程后	10	未说明扣10分				
6	泄压阀类型	手动开关阀	5	未说明扣5分				
7		先导式安全泄压阀	5	不清楚扣5分				
8		平衡式安全阀	5	不清楚扣5分				
9	泄压方向	罐液相	10	不清楚扣10分				
10		管气相	10	不清楚扣10分				
11		火炬放空系统	10	不清楚扣10分				
12	记录	在报表和操作记录上登记	15	不做扣15分				
13	使用工具	使用工具	2	工具使用不正确扣2分				
14		维护工具	3	工具乱摆乱放扣3分				
		合 计	100					

试题12：离心泵开泵操作

考核时间：15min

序号	考核内容	考核要点	配分	评分标准	检测结果	扣分	得分	备注
1	准备工作	穿戴劳保用品	3	未穿戴整齐扣3分				
2		工具、用具准备	2	工具选择不正确扣2分				
3	操作程序	检查确认	5	不检查泵的油位或润滑脂情况扣5分				
			5	不检查泵出口阀是否关闭扣5分				
4		盘车3～5圈	10	未进行盘车扣10分				
5		打开泵入口阀	20	未开泵入口阀扣20分				

续表

序号	考核内容	考核要点	配分	评分标准	检测结果	扣分	得分	备注
6	操作程序	观察电机电流是否超指标	10	未观察电机电流扣10分				
7		观察泵出口是否有压力	10	未观察泵出口压力扣10分				
8		打开泵出口阀	20	未开泵出口阀扣20分				
9		检查泵出口压力是否在指标范围内	10	未检查泵出口压力在指标范围内扣10分				
10	使用工具	使用工具	2	工具使用不正确扣2分				
11		维护工具	3	工具乱摆乱放扣3分				
合计			100					

试题13：压缩机开机操作

考核时间：15min

序号	考核内容	考核要点	配分	评分标准	检测结果	扣分	得分	备注
1	准备工作	穿戴劳保用品	3	未穿戴整齐扣3分				
2		工具、用具准备	2	工具选择不正确扣2分				
3	操作程序	开冷却水进出口阀，调节冷却水流量	15	此项不做扣15分				
4		打开出口放空阀，关闭压缩机出口控制阀	10	此项不做扣10分				
5		按操作规程启动机组，无负荷运行1小时，检查各部件有无异常现象	10	此项不会做或遗漏关键步骤扣10分				
6		空负荷试车正常后逐步关闭放空阀，打开出口阀，使压缩机进入负荷状态运行	10	此项不会做扣10分				
7		检查各密封部位有没有泄漏	10	此项不做扣10分				
8		检查压缩机曲轴轴承、连杆轴承等各部位温度	10	此项不做扣10分				
9		检测机体及电机振动情况	10	未检测机体及电机振动情况扣10分				
10		检查各级气缸进出口的气体温度及冷却水回水温度	5	此项不做扣5分				

续表

序号	考核内容	考核要点	配分	评分标准	检测结果	扣分	得分	备注
11	操作程序	检查各级出入口压力	5	此项不做扣5分				
12		做好相关记录	5	此项不做扣5分				
13	使用工具	使用工具	2	工具使用不正确扣2分				
14		维护工具	3	工具乱摆乱放扣3分				
合 计			100					

试题14:压缩机停机操作

考核时间：15min

序号	考核内容	考核要点	配分	评分标准	检测结果	扣分	得分	备注
1	准备工作	穿戴劳保用品	3	未穿戴整齐扣3分				
2		工具、用具准备	2	工具选择不正确扣2分				
3	停车步骤	手动缓慢打开压缩机的防喘振阀并全开防喘振阀旁路	10	开启过快扣10分				
4		关闭雾沫分离器出口阀	5	未关闭扣5分				
5		手动操作液力耦合器执行器，平稳降速	20	降速过快扣20分				
6		压缩机转速接近4723rpm时，要快速越过临界转速	25	未快速越过，扣25分				
7		液力耦合器勺管降至零位，按下停车按钮停车	15	过早按下停车按钮扣15分				
8		关闭压缩机入口阀	5	未关闭扣5分				
9		切除压缩机缸体凝液	10	未切液扣10分				
10	使用工具	使用工具	2	工具使用不正确扣2分				
11		维护工具	3	工具乱摆乱放扣3分				
合 计			100					

试题15：油库工艺流程图识读

考核时间：15min

序号	考核内容	考核要点	配分	评分标准	检测结果	扣分	得分	备注
1	准备工作	穿戴劳保用品	3	未穿戴整齐扣3分				
2		工具、用具准备	2	工具选择不正确扣2分				
3	识读出罐/泵/控制阀	识读出包括罐/泵/阀完整图形	20	未读出扣20分				
4		图形表述正确	10	未识读正确扣10分				
5	调节控制点	识读出调节阀/控制器	5	每少一项扣5分				
6		识读出质量流量计	5					
7		识读出压力表、液位计	5					
8	说明控制原理	识读负反馈控制	15	未识读扣15分				
9	说明控制参数	说明控制参数值	10	未说明扣10分				
10	识读泄压阀	识读出先导式泄压阀	10	未识读扣10分				
11	说明注意点	说明控制参数值	10	未说明扣10分				
12	使用工具	使用工具	2	工具使用不正确扣2分				
13		维护工具	3	工具乱摆乱放扣3分				
合计			100					

试题16：CO_2灭火器灭火操作

考核时间：15min

序号	考核内容	考核要点	配分	评分标准	检测结果	扣分	得分	备注
1	准备工作	穿戴劳保用品	5	未穿戴整齐扣5分				
2	操作程序	站在上风口	15	未站在上风口扣15分				
3		拔掉安全销	15	未拔掉销子扣15分				
4		握住喷管	15	手拿金属部分扣15分				
5		对准火源	15	未对准火源扣15分				

续表

序号	考核内容	考核要点	配分	评分标准	检测结果	扣分	得分	备注
6	操作程序	压下手柄	15	未压下手柄扣15分				
7		平扫	15	未进行平扫扣15分				
8	使用工具	使用工具	2	工具使用不正确扣2分				
9		维护工具	3	工具乱摆乱放扣3分				
合 计			100					

试题17:泡沫灭火器灭火操作

考核时间：15min

序号	考核内容	考核要点	配分	评分标准	检测结果	扣分	得分	备注
1	准备工作	穿戴劳保用品	5	未穿戴整齐扣5分				
2	操作程序	右手托着压把，左手托着灭火器底部，轻轻取下灭火器	15	右手未托着压把扣5分； 左手未托着灭火器底部扣5分； 未轻轻取下灭火器扣5分				
3		右手提着灭火器到现场	15	未使用右手提着灭火器到现场扣15分				
4		右手捂住喷嘴，左手执筒底边缘	15	右手未捂住喷嘴扣7分； 左手未执筒底边缘扣8分				
5		把灭火器颠倒过来呈垂直状态，用劲上下晃动几下，然后放开喷嘴	15	未将灭火器颠倒过来呈垂直状态扣5分； 未用劲上下晃动几下扣5分； 未放开喷嘴扣5分				
6		右手抓筒耳，左手抓筒底边缘，把喷嘴朝向燃烧区，站在离火源八米的地方喷射，并不断前进，围着火焰喷射，直至把火扑灭	15	未压下压把扣15分				
7		灭火后，把灭火器卧放在地上，喷嘴朝下	15	灭火后未将灭火器放到地上扣5分； 喷嘴未朝下扣5分				
8	使用工具	使用工具	2	工具使用不正确扣2分				
9		维护工具	3	工具乱摆乱放扣3分				
合 计			100					

试题18：干粉灭火器灭火操作

考核时间：15min

序号	考核内容	考核要点	配分	评分标准	检测结果	扣分	得分	备注
1	准备工作	穿戴劳保用品	5	未穿戴整齐扣5分				
2	操作程序	站在上风口	10	未站在上风口扣10分				
3		拔掉销子	10	未拔掉销子扣10分				
4		握住喷管	15	未握住喷管扣15分				
5		对准火源	15	未对准火源扣15分				
6		压下压把	10	未压下压把扣10分				
7		反复扫射	15	未进行反复扫射扣15分				
8		防止复燃	15	火焰产生复燃扣15分				
9	使用工具	使用工具	2	工具使用不正确扣2分				
10		维护工具	3	工具乱摆乱放扣3分				
合 计			100					

试题19：油罐区火灾报警

考核时间：15min

序号	考核内容	考核要点	配分	评分标准	检测结果	扣分	得分	备注
1	准备工作	穿戴劳保用品	5	未穿戴整齐扣5分				
2	操作程序	向公司消防中心、厂应急响应中心、车间领导报警	20	缺少一方扣7分，三方都没有报警扣20分				
3		报警内容包含：装置名称	10	报警内容未包含装置名称扣10分				
4		报警内容包含：着火单位	15	报警内容未包含着火单位扣15分				
5		报警内容包含：着火介质	15	报警内容未包含着火介质扣15分				

续表

序号	考核内容	考核要点	配分	评分标准	检测结果	扣分	得分	备注
6	操作程序	报警内容包含：着火部位	15	报警内容未包含着火部位扣15分				
7		报警内容包含：有无人员被困或伤亡情况	15	报警内容未包含有无人员被困或伤亡情况扣15分				
8	使用工具	使用工具	2	工具使用不正确扣2分				
9		维护工具	3	工具乱摆乱放扣3分				
		合计	100					

试题20：离心泵抽空现象判断

考核时间：15min

序号	考核内容	考核要点	配分	评分标准	检测结果	扣分	得分	备注
1	准备工作	穿戴劳保用品	3	未穿戴整齐扣3分				
2		工具、用具准备	2	工具选择不正确扣2分				
3	看流量	不上量	15	未看扣15分				
4	看压力	出口压力低	20	未看扣20分				
5	看电流	电流偏小	20	未看扣20分				
6	听声音	异常	20	未分析扣20分				
7	测泵体温度	偏高	15	未测扣15分				
8	使用工具	使用工具	2	工具使用不正确扣2分				
9		维护工具	3	工具乱摆乱放扣3分				
		合计	100					

试题21：油罐发生窜油事故判断

考核时间：15min

序号	考核内容	考核要点	配分	评分标准	检测结果	扣分	得分	备注
1	准备工作	穿戴劳保用品	3	未穿戴整齐扣3分				
2		工具、用具准备	2	工具选择不正确扣2分				
3	看流量	收付料时罐量流量计不符合	20	未看扣20分				
4	比对液位	静态罐液位变化异常	20	未看扣20分				
5	看现场	流程设定有误	20	未看扣20分				

续表

序号	考核内容	考核要点	配分	评分标准	检测结果	扣分	得分	备注
6	查历史记录	历史曲线有异常波峰波谷或报警记录	20	未分析扣20分				
7	问操作人员	有操作错误动作	10	未测扣10分				
8	使用工具	使用工具	2	工具使用不正确扣2分				
9		维护工具	3	工具乱摆乱放扣3分				
合 计			100					

试题22：离心泵润滑油更换操作

考核时间：15min

序号	考核内容	考核要点	配分	评分标准	检测结果	扣分	得分	备注
1	准备工作	穿戴劳保用品	3	未穿戴整齐扣3分				
2		工具、用具准备	2	工具选择不正确扣2分				
3	操作程序	现场对运行机泵进行确认，确认该泵已经停运	5	未确认扣5分				
4		办理工作票	10	未办理扣10分				
5		清洁离心泵表面	10	未清洁扣10分				
6		打开离心泵注油口	5	无此项扣5分				
7		放油、接油	20	无此项扣20分				
8		清洗	20	无此项扣20分				
9		注入正确牌号、数量的润滑油	10	无此项扣10分				
10		现场清理	10	无此项扣10分				
11	使用工具	使用工具	2	工具使用不正确扣2分				
12		维护工具	3	工具乱摆乱放扣3分				
合 计			100					

试题23：阀门盘根更换操作

考核时间：15min

序号	考核内容	考核要点	配分	评分标准	检测结果	扣分	得分	备注
1	准备工作	穿戴劳保用品	3	未穿戴整齐扣3分				
2		工具、用具准备	2	工具选择不正确扣2分				

续表

序号	考核内容	考核要点	配分	评分标准	检测结果	扣分	得分	备注
3	操作程序	现场对需要更换填料的阀门进行确认	5	未确认扣5分				
4		关闭阀门、泄压	15	无此项扣15分				
5		压盖或压套取出	5	无此项扣5分				
6		选择盘根规格	10	无此项扣10分				
7		清除已损坏或腐烂的坏盘根	15	无此项扣15分				
8		盘根逐圈放进填料函、逐圈压紧	15	无此项扣15分				
9		上好压盖并均匀压紧	10	无此项扣10分				
10		根据阀门开关情况，调整压盖螺丝	10	无此项扣10分				
11		现场清理	5	无此项扣5分				
12	使用工具	使用工具	2	工具使用不正确扣2分				
13		维护工具	3	工具乱摆乱放扣3分				
		合 计	100					

试题24：离心泵盘车操作

考核时间：15min

序号	考核内容	考核要点	配分	评分标准	检测结果	扣分	得分	备注
1	准备工作	穿戴劳保用品	3	未穿戴整齐扣3分				
2		工具、用具准备	2	工具选择不正确扣2分				
3	操作程序	现场机泵进行确认	5	未确认扣5分				
4		自动泵打到手动状态	25	无此项扣25分				
5		确认现场泵的转向	10	无此项扣10分				
6		打开机泵联轴节保护罩	15	无此项扣15分				
7		顺着转向进行盘车360°	15	无此项扣15分				
8		盘车结束，自动泵恢复自动状态	20	无此项扣20分				
9	使用工具	使用工具	2	工具使用不正确扣2分				
10		维护工具	3	工具乱摆乱放扣3分				
		合 计	100					

罐区(模块)操作技能试题

试题1:重油罐收油操作

考核时间：15min

序号	考核内容	考核要点	配分	评分标准	检测结果	扣分	得分	备注
1	准备工作	穿戴劳保用品	3	未穿戴整齐扣3分				
2		工具、用具准备	2	工具选择不正确扣2分				
3	操作程序	接到指令后，核实储罐、管线温度是否适合收油；必要时启动系统加热并做好相关记录	15	无此项扣15分				
4		测量储罐油高、水高、油温，并做好相关记录		未测量储罐油高、水高、油温扣5分； 未记录储罐油高、水高、温度和加热开关状态扣5分				
5		检查确认该系统所有阀门的开关情况	10	未检查阀门开关情况扣10分				
6		关闭该系统进料泄压阀，通知中控打通待收料罐的进料气缸阀	10	无此项扣10分； 不关闭泄压阀扣5分； 泄压不调整扣5分				
7		核对收料流程无误后，通知中控储罐可以进料	10	收料流程未核实扣5分； 未通知中控扣5分				
8		检查收料储罐的液位、温度的变化情况	10	无此项扣10分； 不检查温度扣5分； 不检查液位扣5分				
9		确认该系统的同种物料其他罐的液位有无异常情况，发现异常情形及时处理、汇报	10	漏此项操作扣10分； 异常情形未及时处理、汇报，扣5分				
10		回电中控，收料罐液位上升正常、温度正常	5	未检查扣5分； 回答不全扣2分				
11		收料过程中，加强巡检工作，严禁系统超指标（液位、温度、压力、流量）运行；收油过程中严格控制液位，必要时切罐收油；收油结束后及时调整流程，并做好系统的泄压工作	15	无此项扣15分； 收料完毕，未做好泄压工作扣5分； 收料结束未检尺、测温扣5分； 回答不全扣3分				
12		收料结束后，测量储罐油高、水高、油温，并做好相关记录，必要时做好储罐切水准备	5	无此项扣5分； 回答不全扣2分				

续表

序号	考核内容	考核要点	配分	评分标准	检测结果	扣分	得分	备注
13	使用工具	使用工具	2	工具使用不正确扣2分				
14		维护工具	3	工具乱摆乱放扣3分				
合 计			100					

试题2：重油罐发油操作

考核时间：15min

序号	考核内容	考核要点	配分	评分标准	检测结果	扣分	得分	备注
1	准备工作	穿戴劳保用品	3	未穿戴整齐扣3分				
2		工具、用具准备	2	工具选择不正确扣2分				
3	操作程序	接到指令，核实储罐具备付料条件；测量储罐油高、水高、油温，并做好相关记录；必要时开储罐/管线伴热	10	无此项扣10分； 未核实付油具备条件扣5分； 未测量储罐油高、水高、油温和记录扣5分				
4		检查确认该系统所有阀门的开关情况	10	未检查阀门开关情况扣10分				
5		关闭该系统付料泄压阀，通知中控打通待付料罐的付料气缸阀	15	不检查罐内液位，扣5分； 不检查罐内温度，扣5分； 泄压不调整，扣5分				
6		核对付料流程无误后，通知中控储罐可以付料	15	无此项操作扣15分				
7		检查付料储罐的液位、压力、温度的变化情况	10	无此项扣10分				
8		确认该系统的同种物料罐的液位有无异常情况，发现异常情形及时处理、汇报	10	漏此项操作扣10分； 异常情形未及时处理、汇报扣5分				
9		回电中控，付料罐液位下降正常，付料管线压力、温度正常	10	无此项扣10分； 未检查罐的液位、温度扣5分； 未检查付料线压力扣5分				
10		付料过程中，加强巡检工作，严禁超液位付料、严禁机泵超指标运行；付料结束后及时调整流程，并做好系统的泄压工作	5	无此项扣5分； 未检查机泵运行指标扣3分； 未调整泄压扣2分				
11		付料结束后，测量储罐油高、水高、油温	5	无此项扣5分				

续表

序号	考核内容	考核要点	配分	评分标准	检测结果	扣分	得分	备注
12	使用工具	使用工具	2	工具使用不正确扣2分				
13		维护工具	3	工具乱摆乱放扣3分				
		合 计	100					

试题3：消防泵日常试运操作

考核时间：15min

序号	考核内容	考核要点	配分	评分标准	检测结果	扣分	得分	备注
1	准备工作	穿戴劳保用品	3	未穿戴整齐扣3分				
2		工具、用具准备	2	工具选择不正确扣2分				
3	操作程序	接到指令，核实机泵具备启机/停机条件，核实管网压力级机泵备用/运行情况	10	无此项扣10分； 未核实投用条件扣5分； 未核实管网压力扣5分				
4		检查现场操作面板操作开关设置情况并调整开关挡位	10	无此项扣10分； 未检查现场操作面板操作模式设置情况扣5分； 未调整操作开关挡位扣5分				
5		检查确认该系统所有阀门的开关情况	10	未检查阀门开关情况扣10分				
6		盘泵、启机，开泵出口方调整回流阀开度，确保管网压力维持在0.7~1.2MPa	15	无此项扣15分； 未盘泵扣3分； 未检查油杯油位，扣3分； 未开出口阀，扣5分； 回流阀不调整，扣4分				
7		停机操作：核实管网压力在正常范围内、关闭泵出口阀同步调整回流阀开度	15	无此项扣15分； 不关出口阀停机，扣5分； 停机时不同步调整回流阀开度扣10分				
8		停机后确认机组操作模式设置在“自动”状态，汇报中控现场机组控制模式已设置在“自动”挡位	15	漏此项操作扣15分； 停机后机组操作模式不在“自动”挡位扣10分； 未汇报中控现场启机开关设置情况扣5分				
9		检查消防水系统稳压水系统正常	10	无此项扣10分； 未检查消防水系统稳压水系统正常扣10分				
10		做好相关记录工作	5	无此项扣5分				
11	使用工具	使用工具	2	工具使用不正确扣2分				
12		维护工具	3	工具乱摆乱放扣3分				
		合 计	100					

试题4:试油膏使用操作

考核时间：15min

序号	考核内容	考核要点	配分	评分标准	检测结果	扣分	得分	备注
1	准备工作	穿戴劳保用品	3	未穿戴整齐扣3分				
2		工具、用具准备	2	工具选择不正确扣2分				
3	操作程序	接到指令，核实储罐液面静止时间足够	10	无此项扣10分； 未核实投用条件扣5分； 未核实管网压力扣5分				
4		确定检实尺或检空尺	10	无此项扣10分				
5		根据现场液位计示值来估算检尺范围	10	未根据现场液位计示值来估算检尺范围扣10分				
6		检实尺时，在油尺钢带示值为液位计示值上下5cm范围涂抹试油膏（均匀、薄层涂抹）；下尺匀速，接近罐底时减速保证尺锤轻轻触底、静置2~3秒钟；迅速收尺，正确读数；检尺两次，差值小于1mm，取两次平均值	15	无此项扣15分； 未涂抹油膏扣5分； 油膏涂抹不均匀扣3分； 静置时间过长扣5分； 读尺不正确扣2分				
7		检空尺时，根据液位计显示油高及储罐检尺总高确定空尺（即：空尺=检尺总高-液位计示值），在尺锤表面均匀涂抹试油膏；沿检尺口下尺部位匀速下尺，接近空尺高时减速，直至在空尺示值处停止下尺	15	无此项扣15分； 未涂抹油膏扣5分； 油膏涂抹不均匀扣3分； 静置时间过长扣5分； 读尺不正确扣2分				
8		静置2~3秒钟后迅速收尺，读数在尺锤上涂抹油膏部位寻找“色差”分界线，分界线处钢带示值即为“尺锤浸油高度”						
9		检尺后，工具整理（检尺工具清洁及整理）	10	漏此项操作扣10分； 整理不符合规范扣5分				
10		计算储罐油尺高度：（检空尺时油面高度=检尺总高-空尺高度+尺锤浸油高度；检实尺时油面高度为实际检尺油尺）	15	无此项扣15分； 未进行空尺估算扣10分； 油高计算不正确扣5分；				
11		做好相关记录工作	5	无此项扣5分				
12	使用工具	使用工具	2	工具使用不正确扣2分				
13		维护工具	3	工具乱摆乱放扣3分				
合计			100					

试题5:试水膏使用操作

考核时间：15min

序号	考核内容	考核要点	配分	评分标准	检测结果	扣分	得分	备注
1	准备工作	穿戴劳保用品	3	未穿戴整齐扣3分				
2		工具、用具准备	2	工具选择不正确扣2分				
3	操作程序	接到指令，核实储罐液面静止时间足够	10	无此项扣10分； 未核实投用条件扣5分； 未核实管网压力扣5分				
4		确定检实尺或检空尺	10	无此项扣10分； 实尺、空尺混淆扣10分				
5		根据现场液位计示值来估算检尺范围	10	未根据现场液位计示值来估算检尺范围扣10分				
6		选择合适的量油尺，沿尺锤刻度方向在尺锤表面均匀涂抹试水膏	15	无此项扣15分； 试水膏涂抹不均匀或使用失效试水膏扣5分； 试水膏、试油膏分不清扣10分				
7		沿储罐检尺口检尺下尺部位匀速下尺，检实尺时临近罐底时放慢下尺速度，确保尺锤轻触罐底；检空尺时，临近空尺高度（空尺高度=检尺总高-液位计示值）时放慢下尺速度，使得下尺高度稍大于油面实际空高以确保尺锤能够浸油即可；静置2~3秒钟即可收尺	15	无此项扣15分； 触底过重扣5分； 静置时间过长扣5分； 漏检空尺情况扣5分				
8		读数，尺锤表面沿尺锤刻度方向的红色色带长度即为储罐水尺高度。检尺两次，差值小于1mm，取两次平均值	10	漏此项操作扣10分； 读尺不准扣5分； 未检两次扣5分				
9		如果整个尺锤部位全部显示红色，说明水尺高度已超出尺锤长度，即需要重新检水尺（重新涂抹试水膏，增加涂抹试水膏的长度；检空尺时，则需增加量油尺的浸油高度，即在量油尺钢带上亦要涂抹试水膏）	15	无此项扣15分； 检空尺时浸油高度过多扣5分； 不会计算水尺高度扣10分				
10		做好相关记录工作，检尺后进行工具整理（检尺工具清洁及整理）	5	无此项扣5分； 叙述不全扣2分				
11	使用工具	使用工具	2	工具使用不正确扣2分				
12		维护工具	3	工具乱摆乱放扣3分				
		合 计	100					

试题6：空气呼吸器佩戴

考核时间：15min

序号	考核内容	考核要点	配分	评分标准	检测结果	扣分	得分	备注
1	准备工作	穿戴劳保用品	3	未穿戴整齐扣3分				
2		工具、用具准备	2	工具选择不正确扣2分				
3	操作程序	使用之前进行检查，检查正常，方可使用；打开阀门，检查压力，压力大于24MPa方可使用；将面罩扣在脸上，检查面罩密封性能；关供气阀，打开泄压阀，压力低于5MPa，检查是否报警	20	无此项扣20分； 未检查空气呼吸器气瓶压力扣10分； 未做气密检查扣5分； 未检查低压是否报警扣5分				
4		佩戴前关泄压阀，开供气阀	15	无此项扣15分； 开供气阀前未关泄压阀扣5分； 未开供气阀扣10分				
5		背好呼吸器，调节肩带、腰带至合适位置	10	空气呼吸器方向背错，不得分； 腰带调整情况不好扣5分				
6		将安全帽套在脖子上	15	无此项扣15分				
7		戴面罩、戴安全帽	10	无此项扣10分； 未戴安全帽扣10分				
8		调整面罩，深呼吸确认面罩与脸部贴合紧密	15	无此项扣15分； 未调整面罩扣5分； 未确认面罩与面部贴合情况扣10分				
9		操作过程严格监控空气瓶的压力	5	无此项扣5分				
10	使用工具	使用工具	2	工具使用不正确扣2分				
11		维护工具	3	工具乱摆乱放扣3分				
合计			100					

试题7：空气呼吸器检查

考核时间：15min

序号	考核内容	考核要点	配分	评分标准	检测结果	扣分	得分	备注
1	准备工作	穿戴劳保用品	3	未穿戴整齐扣3分				
2		工具、用具准备	2	工具选择不正确扣2分				

续表

序号	考核内容	考核要点	配分	评分标准	检测结果	扣分	得分	备注
3	操作程序	外观检查：检查空气呼吸器外表清洁与否，附件有无破损	15	无此项扣15分； 未检查外观扣5分； 未检查空气呼吸器附件扣10分				
4		开供气阀检查压缩空气压力是否符合标准（$P>24$MPa）	15	无此项扣15分； 未开供气阀就进行压力检查扣15分				
5		关闭供气阀门，泄放余压，检查低压（$P<5$MPa）是否报警	20	无此项扣20分； 未关供气阀就进行测试低压报警扣10分； 不熟悉低压报警指标扣10分				
6		整理空气呼吸器，定置摆放（放置于气防柜内）	15	无此项扣15分； 整理不熟练扣10分； 未按规定定置摆放扣5分				
7		检查登记：填写空气呼吸器检查情况（检查日期、空气呼吸器内压缩空气压力等）	15	无此项扣15分				
8		气防柜上锁挂签	15	无此项扣15分				
合计			100					

试题8:硫化氢报警仪操作

考核时间：15min

序号	考核内容	考核要点	配分	评分标准	检测结果	扣分	得分	备注
1	准备工作	穿戴劳保用品	3	未穿戴整齐扣3分				
2		工具、用具准备	2	工具选择不正确扣2分				
3	操作程序	使用之前进行检查硫化氢报警仪无损坏情况	10	无此项扣10分				
4		在空气清新、通风状况良好的环境中开机自检，确认硫化氢浓度为零；在硫化氢报警仪自检过程中确定电力充沛、报警铃声正常	20	无此项扣20分； 未自检扣10分； 未确定电力情况及报警铃声扣10分				
5		现场确认过程中，作业人员佩戴合格的空气呼吸器，确认空气呼吸器供气正常后方可进入检测现场进行检测工作	15	无此项扣15分； 空气呼吸器佩戴不正确扣10分； 未确认空气呼吸器供气情况扣5分				

续表

序号	考核内容	考核要点	配分	评分标准	检测结果	扣分	得分	备注
6	操作程序	现场硫化氢检测执行双人同行，一人监护、监督检测；一人操作检测	15	无此项扣15分				
7		读数：检测数据超过10mg/m³时立即启动应急处置措施	15	无此项扣15分； 读数错误扣5分； 读数超10mg/m³未采取应急处置扣10分				
8		检测完毕，到达安全区域后方可关闭硫化氢报警仪，停止使用空气呼吸器	10	无此项扣10分； 未到达安全区域后关闭硫化氢报警仪，停止使用硫化氢报警仪扣5分； 未到达安全区域停止使用空气呼吸器扣5分				
9		操作过程严格监控空气瓶的压力，停止使用后泄压	5	无此项扣5分				
10	使用工具	使用工具	2	工具使用不正确扣2分				
11		维护工具	3	工具乱摆乱放扣3分				
	合 计		100					

试题9：硫化氢报警仪报警处理

考核时间：15min

序号	考核内容	考核要点	配分	评分标准	检测结果	扣分	得分	备注
1	准备工作	穿戴劳保用品	3	未穿戴整齐扣3分				
2		工具、用具准备	2	工具选择不正确扣2分				
3	操作程序	使用之前进行检查硫化氢报警仪无损坏情况	10	无此项扣10分				
4		在空气清新、通风状况良好的环境中开机自检，确认硫化氢浓度为零；在硫化氢报警仪自检过程中确定电力充沛、报警铃声正常	20	无此项扣20分； 未自检扣10分； 未确定电力情况及报警铃声扣10分				
5		现场确认过程中，作业人员佩戴合格的空气呼吸器，确认空气呼吸器供气正常后方可进入检测现场进行检测工作	15	无此项扣15分； 空气呼吸器佩戴不正确扣10分； 未确认空气呼吸器供气情况扣5分				

续表

序号	考核内容	考核要点	配分	评分标准	检测结果	扣分	得分	备注
6	操作程序	现场硫化氢检测执行双人同行，一人监护、监督检测；一人操作检测；检测过程中如现场确实出现轻微泄漏，则要进行力所能及的消漏处理	15	无此项扣15分； 未对轻微泄漏进行必要的处理扣5分				
7		检测数据超过10mg/m³时立即采取应急处置措施	15	无此项扣15分； 读数错误扣5分； 读数超10mg/m³未采取应急处置措施扣10分				
8		检测完毕，到达安全区域后方可关闭硫化氢报警仪，停止使用空气呼吸器	10	无此项扣10分； 未到达安全区域关闭硫化氢报警仪，停止使用硫化氢测报警扣5分； 未到达安全区域停止使用空气呼吸器扣5分				
9		使用空气呼吸器必须遵照相关要求使用	5	无此项扣5分				
10	使用工具	使用工具	2	工具使用不正确扣2分				
11		维护工具	3	工具乱摆乱放扣3分				
合 计			100					

试题10:浮顶油罐定期检查

考核时间：15min

序号	考核内容	考核要点	配分	评分标准	检测结果	扣分	得分	备注
1	准备工作	穿戴劳保用品	3	未穿戴整齐扣3分				
2		工具、用具准备	2	工具选择不正确扣2分				
3	操作程序	经储罐扶梯上罐:上罐前消除人体静电、检查旋梯的完好情况	10	无此项扣10分； 未消除人体静电扣5分； 未检尺扣5分				
4		氮封罐检查:氮封阀及罐顶泄压阀完好情况	10	无此项扣10分； 有遗漏扣5分				
5		检查储罐进、出料阀门及相关物料管线的完好情况	15	未检查此项内容扣15分； 检查有遗漏扣5分				
6		检查储罐收、付作业时浮盘运行情况、液位计运行情况、中央排水是否存在泄漏	15	无此项操作扣15分； 有遗漏扣5分				

续表

序号	考核内容	考核要点	配分	评分标准	检测结果	扣分	得分	备注
7	操作程序	检查付料储罐的液位、压力、温度的变化情况	10	无此项扣10分				
8		检查储罐外表保温及储罐伴热系统好坏情况	10	漏此项操作扣10分；储罐伴热操作不规范，扣5分				
9		检查储罐消防设施：泡沫发生器完好情况、储罐消防喷淋设施完好情况	10	无此项扣10分；漏项扣5分				
10		检查储罐切水设施完好情况、静电接地情况	5	无此项扣5分；未检查切水设施情况，扣2分；未进行静电接地检查，扣3分				
11		做好检查记录工作	5	无此项扣5分				
12	使用工具	使用工具	2	工具使用不正确扣2分				
13		维护工具	3	工具乱摆乱放扣3分				
		合 计	100					

试题11：内浮顶油罐定期检查

考核时间：15min

序号	考核内容	考核要点	配分	评分标准	检测结果	扣分	得分	备注
1	准备工作	穿戴劳保用品	3	未穿戴整齐扣3分				
2		工具、用具准备	2	工具选择不正确扣2分				
3	操作程序	经储罐扶梯上罐:上罐前消除人体静电	10	无此项扣10分；未消除人体静电扣5分；未检尺扣5分				
4		检查浮盘密封情况（浮盘上方有无集油）	10	未检查浮盘密封情况扣10分				
5		检查储罐进、出料阀门完好情况	15	未检查此项内容扣15分；检查有遗漏扣10分				
6		检查储罐收、付作业时浮盘运行情况	15	无此项操作扣15分				
7		检查付料储罐的液位、压力、温度的变化情况	10	无此项扣10分				

续表

序号	考核内容	考核要点	配分	评分标准	检测结果	扣分	得分	备注
8	操作程序	检查储罐外表保温及储罐伴热系统好坏情况	10	漏此项操作扣10分； 储罐伴热操作不规范，扣5分				
9		检查储罐消防设施：泡沫发生器完好情况、储罐消防喷淋设施完好情况	10	无此项扣10分； 漏项扣5分				
10		检查储罐切水设施完好情况、静电接地情况	5	无此项扣5分； 未检查切水设施情况扣2分； 未进行静电接地检查扣3分				
11		做好检查记录工作	5	无此项扣5分				
12	使用工具	使用工具	2	工具使用不正确扣2分				
13		维护工具	3	工具乱摆乱放扣3分				
合 计			100					

试题12：可燃气体报警仪报警判断

考核时间：15min

序号	考核内容	考核要点	配分	评分标准	检测结果	扣分	得分	备注
1	准备工作	穿戴劳保用品	3	未穿戴整齐扣3分				
2		工具、用具准备	2	工具选择不正确扣2分				
3	操作程序	相关人员在接到现场可燃气测报仪报警后立即进行系统排查、判断	10	无此项扣10分				
4		检查报警区域有无切水作业。如有切水作业则停止切水，之后若测报仪报警示值无变化，则确定为误报	15	无此项扣15分； 现场作业未做调整扣10分				
5		检查报警现场有无工艺处理、设备检修作业，若无相关作业则初步判断为误报	15	无此项扣15分				
6		检查相关报警区域管线、储罐压力有无异常情况（超温、超压）。如存在管线超压、超温情况，则可判断为现场泄漏导致测报仪报警	15	无此项扣15分； 异常情况，不做调整扣5分； 未及时汇报处理扣5分				

续表

序号	考核内容	考核要点	配分	评分标准	检测结果	扣分	得分	备注
7	操作程序	检查报警现场相关储罐液位有无异常情况，如无异常，则初步判断测报仪报警为误报、液位有异常则可判断报警为真实报警	15	无此项扣15分； 未排查油遗漏扣5分				
8		若现场存在相关工艺处理或超温超压情况，在停止工艺处理或管道、储罐降压后仍不见测报仪报警值下降，则判断为误报；若系统做了相关调整后，出现报警示值下降情况，则判断为真实报警	15	无此项扣15分				
9		如果检查结果为仪表误报，则要通知电仪人员进行维护作业	5	无此项扣5分				
10	使用工具	使用工具	2	工具使用不正确扣2分				
11		维护工具	3	工具乱摆乱放扣3分				
		合 计	100					

试题13:液位报警仪报警判断

考核时间：15min

序号	考核内容	考核要点	配分	评分标准	检测结果	扣分	得分	备注
1	准备工作	穿戴劳保用品	3	未穿戴整齐扣3分				
2		工具、用具准备	2	工具选择不正确扣2分				
3	操作程序	相关人员在接到现场储罐液位计液位异常报警后，立即对储罐进行运行情况的检查	15	无此项扣15分				
4		检查储罐液位趋势图，如趋势图平稳则视为误报	15	无此项扣15分				
5		检查储罐收、付料流程正确情况，如相关作业流程设置正确，则判断报警为误报	15	无此项扣15分； 检查有遗漏项扣5分				
6		检查储罐泄压流程正确情况，如泄压流程处于正确状态，则判断报警为误报。泄压流程不正确，可判断为真实报警	15	无此项扣15分； 排查有遗漏项扣5分				

续表

序号	考核内容	考核要点	配分	评分标准	检测结果	扣分	得分	备注
7	操作程序	氮封罐检查储罐氮封阀及泄压阀工作情况，若相关阀门处于正常状态，则判断为误报	15	无此项扣15分				
8		检查相关系统储罐液位趋势图有无异常变化，若出现同种物料系统储罐液位异常，则可判断报警为真实报警；否则视为误报	10	无此项扣10分； 未对同种物料罐液位检查，扣10分； 未对液位趋势图检查，扣5分				
9		如果检查结果为仪表误报，则要通知电仪人员进行维护作业；如果是真实报警则要彻查报警原因	5	无此项扣5分				
10	使用工具	使用工具	2	工具使用不正确扣2分				
11		维护工具	3	工具乱摆乱放扣3分				
合 计			100					

试题14：硫化氢中毒现场急救

考核时间：15min

序号	考核内容	考核要点	配分	评分标准	检测结果	扣分	得分	备注
1	准备工作	穿戴劳保用品	3	未穿戴整齐扣3分				
2		工具、用具准备	2	工具选择不正确扣2分				
3	操作程序	接到作业现场出现人员硫化氢中毒报告，两名岗位人员立即佩戴合格的空气呼吸器赴现场进行救人	15	无此项扣15分				
4		首先，将中毒者运送至空气清净处，视情况进行人工急救（如心肺复苏）	15	无此项扣15分				
5		边抢救边进行气防急救报警	15	无此项扣15分				
6		抢救时，将中毒人员口腔清理干净，如中毒人员戴有假牙，则务必将其假牙取出	15	无此项扣15分				

续表

序号	考核内容	考核要点	配分	评分标准	检测结果	扣分	得分	备注
7	操作程序	按压通气比率，30：2（按压30次，吹气2次）；每分钟至少按压100次	15	无此项扣15分				
8		抢救工作必须坚持到专业人员到场，再交给专业人员进行抢救	10	无此项扣10分				
9		硫化氢泄漏现场必须拉设警戒，严禁无关人员进出	5	无此项扣5分				
10	使用工具	使用工具	2	工具使用不正确扣2分				
11		维护工具	3	工具乱摆乱放扣3分				
合 计			100					

试题15:螺杆泵开车操作

考核时间：15min

序号	考核内容	考核要点	配分	评分标准	检测结果	扣分	得分	备注
1	准备工作	穿戴劳保用品	3	未穿戴整齐扣3分				
2		工具、用具准备	2	工具选择不正确扣2分				
3	操作程序	打开泵进出口阀门	8	少开一个即为操作错误扣8分				
4		沿转动方向盘车	10	未盘车扣5分； 盘车方向错误扣5分				
5		打开回流阀（进出口连通阀）	10	操作错误扣10分				
6		检查接地是否可靠，地脚螺栓是否松动，压力表是否正常，检查机泵润滑油液面是否正常	16	未检查泵接地扣4分； 未检查地脚螺栓扣4分； 未检查压力表扣4分； 未检查机泵润滑油液面扣4分				
7		按电钮启动电机开车	12	操作错误扣12分				
8		逐渐关闭回流阀	29	关阀过快扣7分； 出口压力超过额定压力扣7分； 泵出口阀关闭的情况下开泵不得分				
9		规范填写各种记录	5	记录填写不规范扣5分				
10	使用工具	使用工具	2	工具使用不正确扣2分				
11		维护工具	3	工具乱摆乱放扣3分				
合 计			100					

试题16:温度显示仪表故障判断

考核时间：15min

序号	考核内容	考核要点	配分	评分标准	检测结果	扣分	得分	备注
1	准备工作	穿戴劳保用品	3	未穿戴整齐扣3分				
2		工具、用具准备	2	工具选择不正确扣2分				
3	操作程序	温度显示仪表没有显示	15	未判断出不得分				
4		温度显示仪表没有插好电源	15	未判断出不得分				
5		温度显示仪表示值偏高	15	未判断正确扣15分				
6		温度显示仪表示值偏低	15	未判断正确扣15分				
7		温度显示仪表变化缓慢	15	未判断正确扣15分				
8		温度显示仪表没有变化	15	未判断正确扣15分				
9	使用工具	使用工具	2	工具使用不正确扣2分				
10		维护工具	3	工具乱摆乱放扣3分				
合 计			100					

公路装卸(模块)操作技能试题

试题1:汽车罐车进入装卸台前检查

考核时间：15min

序号	考核内容	考核要点	配分	评分标准	检测结果	扣分	得分	备注
1	准备工作	穿戴劳保用品	3	未穿戴整齐扣3分				
2		工具、用具准备	2	工具选择不正确扣2分				
3	操作程序	检查确认	5	未核对提货单、车号、装车量、物料名称扣5分				
			15	未核对汽槽允许载重量扣15分				
			15	未检查汽槽是否持有危化品准装证、驾驶证和押运证扣15分				
			10	未检查汽槽消防器材、阻火器完好情况扣10分				
			5	未检查汽槽静电接地完好情况扣5分				
			10	未检查汽槽防滑措施扣10分				

续表

序号	考核内容	考核要点	配分	评分标准	检测结果	扣分	得分	备注
3	操作程序	检查确认	5	未确认汽槽已熄火扣5分				
			10	未检查车体及附件完好情况扣10分				
			10	未检查汽槽有无氧含量分析合格单扣10分				
			5	未检查槽车内有无压力扣5分				
4	使用工具	使用工具	2	工具使用不正确扣2分				
5		维护工具	3	工具乱摆乱放扣3分				
		合 计	100					

试题2:常压汽车罐车装车准备

考核时间：15min

序号	考核内容	考核要点	配分	评分标准	检测结果	扣分	得分	备注
1	准备工作	穿戴劳保用品	3	未穿戴整齐扣3分				
2		工具、用具准备	2	工具选择不正确扣2分				
3	操作程序	罐车的检查确认	15	未检查核对危化品“三证”扣15分				
			5	未检查核对罐车车号扣5分				
			5	未检查确认罐车载重扣5分				
			10	未核对提货量扣10分				
			10	未检查罐车车况和阀门情况扣10分				
			10	未检查罐车静电接地、消防器材等扣10分				
			10	未检查罐车防滑措施扣10分				
4		装车站台的检查确认	10	未检查发油机等仪表完好情况扣10分				
			5	未检查仪表风压力情况扣5分				
			10	未检查管线伴热扣10分（在气温低于控制温度下限时需伴热管线）				

续表

序号	考核内容	考核要点	配分	评分标准	检测结果	扣分	得分	备注
5	使用工具	使用工具	2	工具使用不正确扣2分				
6		维护工具	3	工具乱摆乱放扣3分				
合 计			100					

试题3：常压汽车罐车装车过程检查

考核时间：15min

序号	考核内容	考核要点	配分	评分标准	检测结果	扣分	得分	备注
1	准备工作	穿戴劳保用品	3	未穿戴整齐扣3分				
2		工具、用具准备	2	工具选择不正确扣2分				
3	操作程序	装车前的准备	10	槽车未接静电接地线扣10分				
			10	装车臂未按规定连接扣10分				
			5	未确定装车量或液位高度扣5分				
4		正确开通流程	5	未与对方协调扣5分				
			5	未正确打通装车流程扣5分				
5		动态检查监控	5	未检查系统有无泄漏扣5分				
			10	未监控罐车液位动态情况扣10分				
			5	装车结束未及时通知停泵扣5分				
6		收尾工作	5	未确认装车阀关闭扣5分				
			5	装车结束后未测量槽车液位和压力扣5分				
			5	装车臂未按规定收好扣5分				
			5	未确认罐车封车情况扣5分				
			5	吊梯、静电接地线未收扣5分				
			10	未确认罐车称重情况扣10分				
7	使用工具	使用工具	2	工具使用不正确扣2分				
8		维护工具	3	工具乱摆乱放扣3分				
合 计			100					

试题4:常压汽车罐车用泵卸车操作

考核时间：15min

序号	考核内容	考核要点	配分	评分标准	检测结果	扣分	得分	备注
1	准备工作	穿戴劳保用品	3	未穿戴整齐扣3分				
2		工具、用具准备	2	工具选择不正确扣2分				
3	操作程序	卸车前的准备	5	未检查电机接地线是否完好扣5分				
			5	未进行盘泵扣5分				
			5	未打开泵进出口压力表阀扣5分				
			5	未打开泵上下冷却水阀门扣5分				
			5	未检查润滑油情况扣5分（对需加润滑油的机泵）				
4		自吸泵的启动	5	未微开出口阀扣5分				
			5	未启动电机扣5分				
			10	未缓缓打开泵入口阀门；并调节泵出口阀门使电机电流和泵出口压力在规定范围内扣10分				
5		运行检查监控	5	未检查机泵电流、压力变化扣5分				
			5	未监控机泵振动和杂音情况扣5分				
			5	未检查机泵泄漏情况扣5分				
			5	未检查机泵温度变化扣5分				
6		停泵	10	未先关闭泵入口阀门扣10分				
			5	未先停电机电源，后关闭泵出口阀门扣5分				
			5	未关闭机泵冷却水阀门（冬季应为常流水）扣5分				
			5	未关闭泵进、出口压力表阀门扣5分				
7	使用工具	使用工具	2	工具使用不正确扣2分				
8		维护工具	3	工具乱摆乱放扣3分				
		合 计	100					

试题5:管道泵使用操作

考核时间：15min

序号	考核内容	考核要点	配分	评分标准	检测结果	扣分	得分	备注
1	准备工作	穿戴劳保用品	3	未穿戴整齐扣3分				
2		工具、用具准备	2	工具选择不正确扣2分				
3	操作程序	启泵前的准备	5	未检查电机接地线是否完好扣5分				
			5	未进行盘泵扣5分				
			5	未打开泵进出口压力表阀门扣5分				
			5	未打开泵上下冷却水阀门扣5分				
			5	未检查润滑油情况扣5分（对需加润滑油的机泵）				
4		泵的启动	5	未微开出口阀扣10分				
			5	未启动电机扣5分				
			10	未缓缓打开泵入口阀门；并调节泵出口阀门使电机电流和泵出口压力在规定范围内扣10分				
5		运行检查监控	5	未检查机泵电流、压力变化扣5分				
			5	未监控机泵振动和杂音情况扣5分				
			5	未检查机泵泄漏情况扣5分				
			5	未检查机泵温度变化扣5分				
6		停泵	10	未先关闭泵入口阀门扣10分				
			5	未先停电机电源，后关闭泵出口阀门扣5分				
			5	未关闭机泵冷却水阀门（冬季应为常流水）扣5分				
			5	未关闭泵进、出口压力表阀门扣5分				
7	使用工具	使用工具	2	工具使用不正确扣2分				
8		维护工具	3	工具乱摆乱放扣3分				
		合 计	100					

试题6:汽车装车管线跑油处理

考核时间：15min

序号	考核内容	考核要点	配分	评分标准	检测结果	扣分	得分	备注
1	准备工作	穿戴劳保用品	3	未穿戴整齐扣3分				
2		工具、用具准备	2	工具选择不正确扣2分				
3	操作程序	停止装车作业，关闭泄漏管线进出阀门	10	未佩戴空气呼吸器扣5分，未停止作业关闭装车阀扣5分				
			10	未说出不得发动汽车扣4分，未采取围堵措施扣4分，未关闭雨排阀扣2分				
			10	未说出关闭泄漏管线进出阀门扣10分				
4		报警	10	未说出管线泄漏地点扣4分，未说出泄漏介质扣4分，未说出泄漏程度扣2分				
5		警戒并疏散的要求	10	未设置警戒区扣4分，未阻止无关人员、车辆进入扣4分，未进行人员紧急疏散扣2分				
6		物料的回收	10	未说出回收工具要防爆扣5分，未组织回收扣5分				
7		消漏	10	未组织人员进行消漏扣5分，消漏工具不防爆扣5分				
8		防爆工器具的使用	10	使用非防爆工器具扣5分，在危险区开停电器设备扣5分				
9		中毒预案进行	10	若发生中毒未说出按中毒预案进行扣10分				
10	使用工具	使用工具	2	工具使用不正确扣2分				
11		维护工具	3	工具乱摆乱放扣3分				
合 计			100					

铁路装卸(模块)操作技能试题

试题1:铁路槽车接车

考核时间:15min

序号	考核内容	考核要点	配分	评分标准	检测结果	扣分	得分	备注
1	准备工作	穿戴劳保用品	3	未穿戴整齐扣3分				
2		工具、用具准备	2	工具选择不正确扣2分				
3	操作程序	对位前检查	15	未检查确认铁路线无障碍物扣15分				
			10	未检查确认栈台鹤管已收好扣10分				
			10	未检查确认吊梯、静电接地线已收好扣10分				
			5	未检查确认本栈台无其他装卸作业扣5分				
			10	未检查确认阀门、法兰等无泄漏扣10分				
			5	未检查确认栈台信号灯已关闭扣5分				
4		罐车对位	10	未配合调车人员进行对位扣10分				
5		对位后检查	5	未检查确认所对鹤位正确扣5分				
			15	未核对槽车车号、数量扣15分				
6		签字确认	5	未进行签字确认扣5分				
7	使用工具	使用工具	2	工具使用不正确扣2分				
8		维护工具	3	工具乱摆乱放扣3分				
合 计			100					

试题2:普洗槽车洗车操作

考核时间:15min

序号	考核内容	考核要点	配分	评分标准	检测结果	扣分	得分	备注
1	准备工作	穿戴劳保用品	3	未穿戴整齐扣3分				
2		工具、用具准备	2	工具选择不正确扣2分				
3	操作程序	装车前的操作	5	未接静电接地线扣5分				
			5	装车臂未按规定操作扣5分				

续表

序号	考核内容	考核要点	配分	评分标准	检测结果	扣分	得分	备注
3	操作程序	装车前的操作	5	未检查各胶管、梯子、鹤管等设施是否收好扣5分				
			5	未放下栈台梯子，检查车内残液、水分和铁锈等情况扣5分				
4		对槽车进行加水蒸煮	5	未向车内加水8～10t扣5分				
			10	未盖上车盖，缓慢打开蒸汽阀门扣10分				
5		通知泵房操作工抽吸槽车内的污水	5	未与泵房操作工联系扣5分				
			10	发现有污水流过时，未立即打开污水管线上的排放污水阀门，同时立即关闭鹤管阀门，使污水利用虹吸原理排至污水管网中扣10分				
			5	污水抽吸完毕，未关闭污水阀门，收起抽吸污水软管扣5分				
6		进入槽车洗车	20	未办理进入受限空间作业证扣10分				
				未将槽车底的余水及槽车壁上的水用拖把擦干净扣5分				
				未用鼓风吹干槽车扣5分				
7		启动鼓风机对槽车进行强制通风	5	未确认装车阀关闭扣5分				
			5	吊梯、静电接地线未收扣5分				
			5	栈台信号灯未关闭扣5分				
8	使用工具	使用工具	2	工具使用不正确扣2分				
9		维护工具	3	工具乱摆乱放扣3分				
合计			100					

试题3:特洗槽车洗车操作

考核时间：15min

序号	考核内容	考核要点	配分	评分标准	检测结果	扣分	得分	备注
1	准备工作	穿戴劳保用品	3	未穿戴整齐扣3分				
2		工具、用具准备	2	工具选择不正确扣2分				
3	操作程序	装车前的操作	5	未接静电接地线扣5分				
			5	装车臂未按规定操作扣5分				
			5	未检查各胶管、梯子、鹤管等设施是否收好扣5分				
			5	未放下栈台梯子，检查车内残液、水分和铁锈等情况扣5分				
4		对槽车进行加水蒸煮	5	未向车内加水8～10t扣5分				
			10	未盖上车盖，缓慢打开蒸汽阀门扣10分				
5		通知泵房操作工抽吸槽车内的污水	5	未与泵房操作工联系扣5分				
			10	发现有污水流过时，未立即打开污水管线上的排放污水阀门，同时立即关闭鹤管阀门，使污水利用虹吸原理排至污水管网中扣10分				
6		通知泵房操作工抽吸槽车内的污水	5	污水抽吸完毕，未关闭污水阀门，收起抽吸污水软管扣5分				
7		进入槽车洗车	20	未办理进入受限空间作业证扣10分； 未用绸布把罐内壁擦拭干净扣5分； 未用鼓风机吹干槽车扣5分				
8		启动鼓风机对槽车进行强制通风	5	未确认装车阀关闭扣5分				
			5	吊梯、静电接地线未收扣5分				
			5	栈台信号灯未关闭扣5分				
9	使用工具	使用工具	2	工具使用不正确扣2分				
10		维护工具	3	工具乱摆乱放扣3分				
合计			100					

试题4:轻油类铁路槽车装车操作

考核时间：15min

序号	考核内容	考核要点	配分	评分标准	检测结果	扣分	得分	备注
1	准备工作	穿戴劳保用品	3	未穿戴整齐扣3分				
2		工具、用具准备	2	工具选择不正确扣2分				
3	操作程序	装车前的操作	5	未接静电接地线扣5分				
			5	装车臂未按规定操作扣5分				
			5	发油机参数未正确设定扣5分				
4		开启流程	5	未与对方协调扣5分				
			10	未打通装车流程扣10分				
5		动态检查监控	5	未检查系统有无泄漏扣5分				
			10	未监控发油系统参数变化扣10分				
			10	接近尾声未通知打循环扣10分				
6		核量	10	装车结束后未检尺、测温扣10分				
7		收尾工作	5	未确认装车阀关闭扣5分				
			5	装卸臂未按规定收好扣5分				
			5	罐车未封扣5分				
			5	吊梯、静电接地线未收扣5分				
			5	栈台信号灯未关闭扣5分				
8	使用工具	使用工具	2	工具使用不正确扣2分				
9		维护工具	3	工具乱摆乱放扣3分				
合 计			100					

试题5:润滑油类铁路槽车装车操作

考核时间：15min

序号	考核内容	考核要点	配分	评分标准	检测结果	扣分	得分	备注
1	准备工作	穿戴劳保用品	3	未穿戴整齐扣3分				
2		工具、用具准备	2	工具选择不正确扣2分				
3	操作程序	装车前的操作	5	未接静电接地线扣5分				
			5	装车臂未按规定操作扣5分				
			5	发油机参数未正确设定扣5分				

续表

序号	考核内容	考核要点	配分	评分标准	检测结果	扣分	得分	备注
4	操作程序	开启流程	5	未与对方协调扣5分				
			10	未打通装车流程扣10分				
5		动态检查监控	5	未检查系统有无泄漏扣5分				
			10	未监控发油系统参数变化扣10分				
			10	接近尾声未通知打循环扣10分				
6		核量	10	装车结束后未检尺、测温扣10分				
7		收尾工作	5	未确认装车阀关闭扣5分				
			5	装卸臂未按规定收好扣5分				
			5	罐车未封扣5分				
			5	吊梯、静电接地线未收扣5分				
			5	栈台信号灯未关闭扣5分				
8	使用工具	使用工具	2	工具使用不正确扣2分				
9		维护工具	3	工具乱摆乱放扣3分				
合 计			100					

试题6：铁路槽车卸车操作

考核时间：15min

序号	考核内容	考核要点	配分	评分标准	检测结果	扣分	得分	备注
1	准备工作	穿戴劳保用品	3	未穿戴整齐扣3分				
2		工具、用具准备	2	工具选择不正确扣2分				
3	操作程序	卸车前的准备	3	未打开栈台信号灯扣3分				
			10	未核对罐车车号扣10分				
			2	未检查罐车手刹到位扣2分				
			5	未对槽车进行检尺、测温扣5分				
			5	未接静电接地线扣5分				
3		卸车前的准备	5	装车臂未按规定操作扣5分				
			5	未对管线充填扣5分				
4		流程设置	5	未与对方协调扣5分				
			5	未打通卸车流程扣5分				
5		动态检查监控	5	未检查系统有无泄漏扣5分				
			10	未监控车内液位变化情况扣10分				
			10	罐车卸尽未及时关阀扣10分				

续表

序号	考核内容	考核要点	配分	评分标准	检测结果	扣分	得分	备注
6	操作程序	收尾工作	5	未确认卸车阀关闭扣5分				
			5	装卸臂未按规定收好扣5分				
			3	罐车盖未按规定盖好扣3分				
			5	吊梯、静电接地线未收扣5分				
			2	栈台信号灯未关闭扣2分				
7	使用工具	使用工具	2	工具使用不正确扣2分				
8		维护工具	3	工具乱摆乱放扣3分				
合 计			100					

试题7:铁路槽车检实尺操作

考核时间：15min

序号	考核内容	考核要点	配分	评分标准	检测结果	扣分	得分	备注
1	准备工作	穿戴劳保用品	3	未穿戴整齐扣3分				
2		工具、用具准备	2	工具选择不正确扣2分				
3	操作程序	系统检查确认	30	未核对罐车车号扣10分；量油尺合格证、弯曲情况检查，未说明扣20分				
4		下尺	10	是否在检尺槽处，错误扣10分				
5		试油膏使用	20	油膏涂抹是否均匀，位置是否正确，不到位扣20分				
6		收尺	10	收尺快捷，动作不熟练扣10分				
7		读数	20	读数次序错扣10分，数据读错扣10分				
8	使用工具	使用工具	2	工具使用不正确扣2分				
9		维护工具	3	工具乱摆乱放扣3分				
合 计			100					

试题8:铁路槽车测温操作

考核时间：15min

序号	考核内容	考核要点	配分	评分标准	检测结果	扣分	得分	备注
1	准备工作	穿戴劳保用品	3	未穿戴整齐扣3分				
2		工具、用具准备	2	工具选择不正确扣2分				

续表

序号	考核内容	考核要点	配分	评分标准	检测结果	扣分	得分	备注
3	操作程序	系统检查确认	30	未核对罐车车号扣10分； 决定测温位置，未说明扣10分； 查看测温桶、温度计是否完好，未说明扣10分				
4		放测温桶	20	放置位置是否正确，不正确扣20分				
5		时间是否达到5min	20	未提及扣20分				
6		将测温桶取出，读数	20	数据读错扣10分，读数缓慢扣10分				
7	使用工具	使用工具	2	工具使用不正确扣2分				
8		维护工具	3	工具乱摆乱放扣3分				
合计			100					

试题9:铁路槽车采样操作

考核时间：15min

序号	考核内容	考核要点	配分	评分标准	检测结果	扣分	得分	备注
1	准备工作	穿戴劳保用品	3	未穿戴整齐扣3分				
2		工具、用具准备	2	工具选择不正确扣2分				
3	操作程序	系统检查确认	30	未核对罐车车号扣10分； 决定取样位置，未说明扣10分； 查看取样桶是否完好，未说明扣10分				
4		放取样桶	20	放置位置是否正确，不正确扣20分				
5		打开取样桶盖	20	不能打开扣20分				
6		将样提出，放在取样瓶中	20	未将上中下样按1:1进行配比的扣20分				
7	使用工具	使用工具	2	工具使用不正确扣2分				
8		维护工具	3	工具乱摆乱放扣3分				
合计			100					

试题10:真空泵使用操作

考核时间：15min

序号	考核内容	考核要点	配分	评分标准	检测结果	扣分	得分	备注
1	准备工作	穿戴劳保用品	3	未穿戴整齐扣3分				
2		工具、用具准备	2	工具选择不正确扣2分				

续表

序号	考核内容	考核要点	配分	评分标准	检测结果	扣分	得分	备注
3	操作程序	真空泵启动前的检查	30	未检查地脚扣10分； 未检查润滑、接地扣10分； 未盘车扣10分				
4		真空泵启动及运行中的检查	40	未能正确调节管路阀门扣10分； 未能正确调节供水阀门扣10分； 未能正确调节填料水阀门扣10分； 不检查机泵振动、温升、排空扣10分				
5		停泵操作	20	停车顺序不正确扣20分				
6	使用工具	使用工具	2	工具使用不正确扣2分				
7		维护工具	3	工具乱摆乱放扣3分				
		合 计	100					

水路装卸(模块)操作技能试题

试题1:油轮装油操作

考核时间：15min

序号	考核内容	考核要点	配分	评分标准	检测结果	扣分	得分	备注
1	准备工作	穿戴劳保用品	3	未穿戴整齐扣3分				
2		工具、用具准备	2	工具选择不正确扣2分				
3	操作程序	接到指令后，通知物流公司港务分公司调度要求水手班到场监护船只靠泊以及进行带缆，对准备装船储罐进行检尺及质量确认，水尺超标及质量分析不合格的严禁装船	9	未通知水手班扣3分； 未进行储罐检尺扣3分； 未进行质量确认扣3分				
4		船只靠泊后，由物流公司水手班完成船只带缆。带缆完成后，岗位人员在待用输油臂来船侧处插红旗一面，标明接管位置。作业船只靠泊后，查验危险品准运证，核对船名、船号、油种、吨位数量	10	未插红旗扣3分； 未检查准运证扣3分； 未核对船名、船号、油种、数量，每项扣1分				
5		外操副班长、岗位人员及船方人员共同按要求认真核查并签字确认《船岸安全检查表》；《水路船舶装卸作业安全检查确认表》的签字确认则根据现场作业进行情况，完成一项确认一项	5	未填表检查确认最多可扣5分				

续表

序号	考核内容	考核要点	配分	评分标准	检测结果	扣分	得分	备注
6	操作程序	按要求连接好船岸静电跨接线	2	未按要求连接好船岸静电跨接线的扣2分				
7		打开输油臂导淋,检查是否有残液；若有残液，则打开内外臂导淋，将残液回收后，接好输油臂	3	未检查扣3分				
8		进行装船前的系统气密操作，气密压力0.3～0.6MPa	5	未做气密操作扣5分				
9		确认船岸双方装船准备流程畅通后，将码头装卸船作业状态告知牌调整为“允许作业”状态	10	未通知船方流程畅通扣5分； 未调整告知牌扣5分				
10		岗位人员汇报中控，明确告知码头及船方装船准备工作完成，具备正式装船条件。中控联系装船泵所在岗位打通流程并启动装船泵，同时启动定量装船系统开始装船；对于不使用定量装船系统的装船作业，中控手动远程打开阀室气缸阀	5	未在现场确认的扣5分				
11		装船开始后，内操副班长、内操应实时做好流量、密度、储罐液位、压力等关键参数的监控，岗位人员做好管线压力、输油臂运行情况、现场流程的监控，督促船方甲板留人值班	8	未确认运行情况扣5分； 未督促船方甲板留人扣3分				
12		装船结束15min前，中控室通知岗位人员到现场，通知船方做好停止装船准备	3	未按要求通知船方扣3分				
13		定量装船到量后，阀室气缸阀自动关闭，发油岗位停止装船泵，装船作业结束（非定量装船中控人工控量，到量后远程关闭阀室气缸阀）。岗位人员将装卸船作业状态告知牌调整为“停止作业”状态	10	未在现场确认的扣5分； 未调整告知牌扣5分				
14		待船方调整好扫线流程后，将扫线段管线内的物料扫入船舱。正常情况下，常压物料装船使用氮气扫长线，带压物料装船使用氮气扫短线。吹扫结束后关闭输油臂根部阀	5	未扫线的扣5分				

续表

序号	考核内容	考核要点	配分	评分标准	检测结果	扣分	得分	备注
15	操作程序	船岸双方完成计量交接工作	5	未计量交接扣5分				
16		计量交接完成后，拆下输油臂，加上盲盖，收回输油臂插上定位销，固定绳索。船岸双方人员现场确认无误后，由水手班解缆后船舶离泊	5	未按要求收回输油臂的最多扣5分				
17		船只离泊后，中控汇报调度，操作人员做好现场检查和整理工作，并做好相关记录	5	未按要求做好检查、整理、记录的最多扣5分				
18	使用工具	使用工具	2	工具使用不正确扣2分				
19		维护工具	3	工具乱摆乱放扣3分				
		合 计	100					

试题2：手动输油臂操作

考核时间：15min

序号	考核内容	考核要点	配分	评分标准	检测结果	扣分	得分	备注
1	准备工作	穿戴劳保用品	3	未穿戴整齐扣3分				
2		工具、用具准备	2	工具选择不正确扣2分				
3	操作程序	接到指令，现场对手动输油臂是否具备投用条件进行确认	5	未核实投用条件扣5分				
4		检查确认该系统所有阀门的开关情况；打开输油臂限位报警开关	10	未检查阀门开关情况扣10分				
5		对输油臂的压力、温度的变化情况，异常情形及时处理；对压力表、温度表进行确认，并记录	10	不检查输油臂的压力、温度扣5分； 不比对输油臂的压力、温度变化情况和记录扣5分				
6		打开输油臂导淋,检查是否有残液。解开输油臂外臂软绳，人站在偏离输油臂正对面处，试拉一下输油臂外臂	10	无此项操作扣10分				
7		联结输油臂接口、并气密检查	5	未使用专用扳手及防爆工具，无此项操作扣5分				
8		连接静电接地报警器的导线、打开开关	3	无此项操作扣3分				
9		装卸完成：关闭流程阀门，吹扫、拆卸输油臂接口	5	未使用专用扳手及防爆工具，无此项操作扣5分				

续表

序号	考核内容	考核要点	配分	评分标准	检测结果	扣分	得分	备注
10	操作程序	输油臂复位:1.利用牵引绳拉输油臂；2.输油臂锁紧机构要锁紧；3.将牵引绳用“8”字捆扎法系紧。	5	无此项操作扣5分				
11		关闭输油臂限位报警开关	2	无此项操作扣2分				
12		核对指令，打通输油臂的装或卸流程（开或关输油臂根部阀门）	15	未核实扣5分； 操作次序有误扣10分				
13		核对流程无误后，通知中控开气动阀，输油臂可以进行装卸作业	5	漏此项操作扣5分				
14		检查输油臂的漂移情况，压力、温度的变化情况,异常情形及时处理	10	未检查输油臂的压力、温度扣5分； 异常情形不会处理扣5分				
15		回电中控，输油臂的漂移正常情况，压力、温度正常，使用正常	5	未回电中控，扣5分				
16	使用工具	使用工具	2	工具使用不正确扣2分				
17		维护工具	3	工具乱摆乱放扣3分				
合 计			100					

试题3:输油臂与油船对接操作

考核时间：15min

序号	考核内容	考核要点	配分	评分标准	检测结果	扣分	得分	备注
1	准备工作	穿戴劳保用品	3	未穿戴整齐扣3分				
2		工具、用具准备	2	工具选择不正确扣2分				
3	操作程序	接到指令，现场对输油臂是否具备投用条件进行确认	4	未核实投用条件扣4分				
4		检查确认该系统所有阀门的开关情况；打开输油臂限位报警开关	8	未检查阀门开关情况扣8分				
5		检查输油臂的根部阀门是否关闭、检查油船是否在输油臂的包络线范围内	10	输油臂根部阀门未关闭情况扣5分； 未检查油船位置扣5分				
6		打开输油臂导淋，检查是否有残液。解开输油臂外臂软绳，人站在偏离输油臂正对面处，利用牵引绳试拉一下输油臂外臂	10	未开导淋阀检查操作扣3分； 人站在偏离输油臂正对面处扣2分； 未用牵引绳试拉外臂检查扣5分				

续表

序号	考核内容	考核要点	配分	评分标准	检测结果	扣分	得分	备注
7	操作程序	核对接船信息；操作复位锁紧机构至打开状态；联结输油臂接口、并气密检查	10	未核对接船信息扣5分；未打开锁紧机构扣2分；未使用专用扳手、气密查漏扣3分				
8		连接静电接地报警器的导线、打开静电接地报警器的开关	3	未使用静电接地报警器扣3分				
9		操作可调支腿，调整输油臂支撑	5	未使用可调支腿扣5分				
10		用N_2气密检查输油臂接口等有无漏点	5	无此项操作扣5分				
11		核对指令，打通输油臂的装船或卸船流程	10	未核实指令要求扣5分；操作次序有误扣5分				
12		核对船方流程无误后，通知中控开阀室气动阀，输油臂可以进行装卸船作业	10	未核对船方流程扣5分；未验证阀室气缸阀开关状态扣5分				
13		检查船只、输油臂的漂移情况；检查输油臂等管线接口有无漏点、异常情形及时处理	10	未检查船只、输油臂漂移情况扣5分；未查输油臂等管线接口扣5分；异常情形不会处理扣5分				
14		回电中控，输油臂与油船对接操作信息	5	未回电中控，扣5分				
15	使用工具	使用工具	2	工具使用不正确扣2分				
16		维护工具	3	工具乱摆乱放扣3分				
		合 计	100					

试题4:输油臂旋转接头换油操作

考核时间：15min

序号	考核内容	考核要点	配分	评分标准	检测结果	扣分	得分	备注
1	准备工作	穿戴劳保用品	3	未穿戴整齐扣3分				
2		工具、用具准备	2	工具选择不正确扣2分				
3	操作程序	接到指令，现场对输油臂旋转接头是否具备换油条件进行确认	10	未核实投用条件扣10分				
4		检查确认该输油臂所有阀门的开关情况，关闭输油臂根部阀门，确保阀门开关准确无误	10	未检查阀门开关情况扣10分				

续表

序号	考核内容	考核要点	配分	评分标准	检测结果	扣分	得分	备注
5	操作程序	打开输油臂导淋阀，检查确认输油臂内是否存油	10	未打开导淋阀检查输油臂内是否存油扣10分				
6		拧松输油臂快速接头闷盖弧爪，检查输油臂内是否有油	10	不拧松输油臂快速接头闷盖弧爪检查是否有油扣10分				
7		拆开快速接头上2处80#旋转接头的润滑孔螺塞	10	未拆开润滑孔螺塞扣10分				
8		用压力油枪注入稀油，转动旋转接头，再用黄油枪注入新润滑脂，不断转动旋转接头，直到新润滑脂从另一处润滑孔处溢出为止，再将2处润滑孔螺塞拧紧	10	未置换旋转接头内润滑脂扣10分				
9		其他40#旋转接头的换油操作及50#旋转接头的换油操作同80#旋转接头的换油操作	10	未更换40#/50#旋转接头润滑脂扣10分				
10		检查输油臂的平衡、转动润滑的变化情况,异常情形及时处理	15	未检查输油臂的平衡、转动润滑情况扣15分				
11		回电中控，输油臂旋转接头换油操作结束	5	未回电中控扣5分				
12	使用工具	使用工具	2	工具使用不正确扣2分				
13		维护工具	3	工具乱摆乱放扣3分				
合 计			100					

试题5:液压输油臂不动作原因分析

考核时间：15min

序号	考核内容	考核要点	配分	评分标准	检测结果	扣分	得分	备注
1	准备工作	穿戴劳保用品	3	未穿戴整齐扣3分				
2		工具、用具准备	2	工具选择不正确扣2分				
3	操作程序	接到指令，现场对液压输油臂是否具备投用条件进行确认	5	未核实投用条件扣5分				
4		检查确认该液压输油臂所有阀门的开关情况，关闭液压输油臂根部阀门	10	未检查阀门开关情况，扣5分； 未关闭输油臂根部阀门，扣5分				

续表

序号	考核内容	考核要点	配分	评分标准	检测结果	扣分	得分	备注
5	操作程序	检查是否因液压泵不出油引起的不动作	10	不检查电机旋转方向扣4分； 不检查吸油管是否漏气扣3分； 不检查液压泵是否卡住扣3分				
6		检查是否液压系统压力、流量不足引起的不动作	10	不检查液压泵状态扣4分； 不检查溢流阀状态扣3分； 不检查零部件是否漏油多扣3分				
7		检查是否油缸运动不正常引起的不动作	10	未检查油缸运动状态扣5分； 未检查油缸内部零件磨损状态扣5分				
8		检查是否电磁换向阀不换向引起的不动作	10	不检查电磁换向阀是否有电扣4分； 不检查电磁铁是否好坏扣3分； 不检查电磁换向阀中有污垢，卡死阀芯扣3分				
9		电控箱工作正常，输油臂无动作	15	选臂开关未选择到要操作的臂扣4分； 控制动作的手动球阀未开启扣4分； 未检查驱动与浮动阀是否接反扣3分； 未检查电磁阀是否卡死扣4分				
10		遥控器不能正常工作	5	未选在遥控器位置扣2分； 未检查发射器电池是否有电扣3分				
11		蓄能器不能保压	10	蓄能器底座排泄阀没有关闭扣5分； 未检查ERC管线有无泄漏扣5分				
12		回电中控启泵信息	5	未回电中控扣5分				
13	使用工具	使用工具	2	工具使用不正确扣2分				
14		维护工具	3	工具乱摆乱放扣3分				
合 计			100					

试题6:输油臂动作失灵处理

考核时间：15min

序号	考核内容	考核要点	配分	评分标准	检测结果	扣分	得分	备注
1	准备工作	穿戴劳保用品	3	未穿戴整齐扣3分				
2		工具、用具准备	2	工具选择不正确扣2分				
3	操作程序	接到指令，现场对手动输油臂是否具备投用条件进行确认	10	未核实投用条件扣10分				
4		检查确认该手动输油臂根部阀门开关情况，确保输油臂根部阀门处于关闭状态	15	未检查输油臂根部阀门开关情况扣5分				
5		检查输油臂是否有失重现象	15	未检查输油臂状态，扣8分； 不会处理输油臂失重，扣7分				
6		检查输油臂接口是否有油污漏油现象	15	未检查输油臂接口密封情况，扣10分； 不会处理输油臂接口漏油，扣5分				
7		检查输油臂快速接头是否有不灵活现象	15	未检查输油臂快速接头卡涩情况，扣8分； 不会处理输油臂快速接头卡涩问题，扣7分				
8		检查输油臂旋转接头是否有漏油现象	15	未检查输油臂旋转接头漏油情况，扣8分； 不会处理输油臂旋转接头漏油，扣7分				
9		回电中控输油臂动作失灵处理信息	5	未回电中控，扣5分				
10	使用工具	使用工具	2	工具使用不正确扣2分				
11		维护工具	3	工具乱摆乱放扣3分				
合 计			100					

第二部分

中　级　工

一 国家职业标准(中级工工作要求)

职业功能	工作内容	技能要求	相关知识
一、 安全生产	(一) 安全操作	1. 能处置流血、烫伤等外伤 2. 能救治中暑、中毒人员 3. 能使用消防水灭火 4. 能按指令处理环保异常 5. 能制止他人违章 6. 能使用安全带	1. 外伤的类型及包扎方法 2. 中暑、中毒的救治方法 3. 消防水和蒸汽使用操作方法 4. 设备缺陷判断的方法 5. 安全带的规格、使用方法及注意事项
	(二) 风险管控与隐患排查	1. 能识别危险化学品的特性 2. 能处理现场可燃气体泄漏事件 3. 能处理现场硫化氢泄漏事件 4. 能分析机械伤害典型案例 5. 能分析触电典型案例 6. 能分析火灾爆炸典型案例 7. 能分析硫化氢中毒典型案例 8. 能检查地下含油污水工况 9. 能检查挥发性有机物(VOC)治理设施工况 10. 能针对风险采取防控措施 11. 能发现隐患	1. 火灾爆炸的定义、分类及产生原因 2. 中毒的定义、分类及产生原因 3. 事件、事故的分类分级 4. 典型事件、事故案例 5. 机械伤害的定义、分类及产生原因 6. 触电的定义、分类及产生原因 7. 地下含油污水系统操作方法 8. 挥发性有机物(VOC)治理设施操作要点 9. 风险源的防控措施 10. 危险化学品安全技术说明书(SDS) 11. 隐患排查的内容和方法
二、 工艺操作	(一) 油品储运	1. 能引入蒸汽、氮气、水和风等公用工程介质 2. 能进行油罐的进油操作 3. 能进行油罐的发油操作 4. 能进行油罐的调和操作 5. 能进行油品添加剂操作 6. 能进行油品的管输操作 7. 能进行油罐的切换操作 8. 能进行储罐加温、管线伴热及管线卸压的操作 9. 能使用蒸汽加热罐车内的油品 10. 能控制装、卸油品安全流速，并能估算装、卸时间 11. 能进行罐车装、卸油操作 12. 能进行罐车人工检尺、测温、采样操作 13. 能进行罐车封车作业 14. 能使用汽车衡进行称重 15. 能进行油船装、卸油操作 16. 能进行油船人工检尺、测温、采样操作 17. 能进行单体设备密闭吹扫 18. 能操作环保设施	1. 公用工程介质的物理、化学性质 2. 工艺流程图 3. 油品加添加剂操作要点 4. 管输安全运行操作要点 5. 收、发油操作要点 6. 油罐切换操作的要点 7. 油罐内存油量对调和作业的影响 8. 油品调和的方法 9. 油品的加热方法 10. 罐车装、卸作业操作要点 11. 灌装的流速要求 12. 油码头装、卸船操作要点 13. 罐车计量操作方法 14. 汽车衡进行称重操作方法 15. 油船的结构、计量方法 16. 单体设备密闭吹扫操作要点 17. 环保设施操作要点

续表

职业功能	工作内容	技能要求	相关知识
三、设备使用与维护	(一)使用设备	1. 能判断计量器具的有效性 2. 能操作搅拌器等设备 3. 能进行机泵切换操作 4. 能使用量油尺、温度计、密度计、量筒等计量器具 5. 能使用测温仪、测振仪对运行机泵进行检查检测 6. 能操作定量发油设备 7. 能操作地中衡计量设施 8. 能操作输油臂液压站 9. 能操作船岸对接安全设施	1. 计量器具周检及使用规定 2. 搅拌器操作要点 3. 机泵切换操作要点 4. 计量器具规格、用途、操作要点 5. 测温、测振等仪器使用方法 6. 定量发油设备的工作原理 7. 地中衡的结构、工作原理 8. 输油臂液压站结构、工作原理 9. 船岸对接安全设施的型号、结构、用途及工作原理
	(二)维护设备	1. 能检查油罐安全附件 2. 能进行法兰紧固、更换阀门密封填料等维修工作 3. 能进行机泵、阀门等维护保养 4. 能更换压力表、真空表、温度计等 5. 能检查设备、管道防冻防凝措施 6. 能维护装车鹤管 7. 能维护栈台活动梯 8. 能维护地中衡计量设施 9. 能维护输油臂的液压站	1. 油罐安全附件种类、结构及检查要求 2. 管道、阀门、法兰、管件及垫片的规格类型、材质 3. 机泵、阀门维护要点 4. 防冻防凝管理要求 5. 输油管道检查维护要点 6. 装车鹤管型号、结构、用途、工作原理和维护要点 7. 栈台活动梯维护要点 8. 地中衡结构、工作原理和维护要点 9. 输油臂液压站结构、工作原理和维护要点
四、事故判断与处理	(一)判断事故	1. 能判断浮顶罐沉盘事故 2. 能判断阀门故障 3. 能判断窜油、超温、超压等事故 4. 能判断浮顶罐中央排水管泄漏事故 5. 能判断储罐升温器泄漏事故 6. 能判断装船输油臂位移报警故障 7. 能判断装船输油臂失重事故	1. 浮顶罐沉盘的判断方法 2. 阀门故障的判断方法 3. 窜油、超温、超压判断方法 4. 浮顶罐中央排水管结构、泄漏原因 5. 储罐升温器的结构、泄漏原因、判断方法 6. 船输油臂产生位移报警的处理方法 7. 装船输油臂失重的判断方法
	(二)处理事故	1. 能处理停水、电、风、氮气、蒸汽等突发事故 2. 能处理窜油、超温、超压等事故 3. 能处理机泵的抽空、泄漏事故 4. 能处理装车鹤管泄漏事故 5. 能处理装船输油臂位移报警故障 6. 能处理装船输油臂失重事故	1. 停水、电、工业风、氮气、蒸汽等事故处理要点 2. 窜油、超温、超压事故处理方法 3. 装车鹤管型号、结构、用途及工作原理 4. 装船输油臂的结构、工作原理 5. 装船输油臂位移报警处理方法 6. 装船输油臂失重的处理方法
五、绘图与计算	(一)绘图	1. 能绘制工艺流程图 2. 能识读设备结构简图	1. 绘图方法 2. 设备简图知识
	(二)计算	1. 能计算管道物料流速、流量等 2. 能进行储罐罐量计算	1. 流速、流量的基本概念、计算方法 2. 储罐罐量计算方法

二 理论知识鉴定要素细目表

——行业通用理论知识鉴定要素细目表——

鉴定范围			鉴定点	
一级	二级	三级	名称	重要程度
基本要求	基础知识	记录填写基础知识	岗位交接班记录的填写要求	X
			关键设备巡检记录的填写要求	X
		识图基础知识	正投影的特点	X
			三视图的特点	X
			三视图的作图方法	X
			零件图的作用	X
		安全环保基础知识	石化行业安全检查的内容	X
			尘毒物质危害人体的主要因素	X
			化工污染的控制方法	X
			清洁生产的理论基础	X
			清洁生产审核的目的	X
			灭火的机理和方法	X
			ISO14001标准的特点	X
			ISO14001环境因素识别的状态、时态和类型	X
			ISO14001环境因素识别的步骤	X
			ISO14001识别环境因素的方法	X
			HSE审核的概念	X
			HSE审核的目的	X
			HSE危害的概念	X
			废水治理的常识	X
			废气治理的常识	X
			废渣处理的常识	X
			防冻防凝的知识	X
			夏季四防的知识	X
			职业病的概念	X
			职业病的种类	X
			石化行业事故的分类	X
			石化行业事故分级的规定	X
			HSE不符合的概念	X

续表

鉴定范围			鉴定点	
一级	二级	三级	名称	重要程度
基本要求	基础知识	安全环保基础知识	HSE事故的定义	X
			职业病危害因素	X
			放射性防护的知识	X
			高毒物品的防护方法	Y
			尘毒噪声的防护方法	Y
			进入受限空间的作业程序	Y
			高处作业的安全程序	Y
			施工作业的安全程序	Y
			用火作业的安全程序	Z
			临时用电的安全程序	X
			起重作业的安全程序	X
			安全色的含义及用途	X
			常见现场伤害的急救要点	X
		质量基础知识	标准化的意义	X
			质量认证的概念	X
			全面质量管理的特点	X
			ISO9000质量管理体系基础的内容	X
			质量管理PDCA动态循环的意义	X
			ISO9000族标准的核心标准	X
			ISO9000族标准“质量”的意义	X
			ISO9001标准的八项管理原则	X
		计算机基础知识	Word文字处理软件的基础知识	Y
			Word表格处理知识	Y
			Excel工作表的建立方法	Y
			Excel的排版方法	Y
		法律常识	合同的形式	Y
			合同法关于无效合同的规定	Z
			劳动合同的订立	X
			劳动合同的内容	X
			劳动合同的履行与变更规定	X
			劳动合同的终止条件	X

工种理论知识鉴定要素细目表

鉴定范围			鉴定点	
一级	二级	三级	名称	重要程度
基本要求	基础知识	石油及油品基础知识	物质的密度与相对密度	X
			油品的馏程	X
			汽油的辛烷值	X
			柴油的十六烷值	X
			油品的闪点	X
			油品的凝点	X
			油品的倾点	X
			柴油的冷滤点	X
			油品的浊点	X
			灯油的燃灯试验	Y
			灯油的烟点	Y
			油品的实际胶质	X
			汽油的诱导期	X
			油品的饱和蒸气压	X
			油品中的水分	X
			油品中的机械杂质	X
			油品中的水溶性酸碱	X
			油品的酸度与酸值	X
			油品的腐蚀试验	Y
			油品的残炭值	X
			油品的灰分	X
			油品的硫含量	X
			油品的黏度	X
			油品的黏度指数	Y
			油品的氧化安定性	X
			固体或半固体石油产品（润滑脂）的滴点	Z
			固体或半固体石油产品的锥入度和针入度	Z
			石油产品的溶解度	Y
			润滑油的主要质量指标	Y
		安全基础知识	油品的易燃性知识	X
			油品的易爆性知识	X
			油品的易挥发、易扩散、易流淌性知识	X

续表

鉴定范围			鉴定点	
一级	二级	三级	名称	重要程度
基本要求	基础知识	安全基础知识	油品的易产生静电性知识	X
			油品的毒害性知识	X
			油品的易受热膨胀性知识	X
			油品的易沸溢性知识	X
			安全色与安全标志的识别	X
			安技装备的使用方法	X
		计量基础知识	量油尺的使用规定	X
			量水尺的技术要求	X
			测温盒的技术要求	X
			温度计的原理	Y
			温度计的分类	Y
			玻璃棒式温度计的使用规定	X
			石油密度计的原理	Y
			石油密度计的使用规定	X
			常用计量器具的检定周期	X
相关知识	工艺操作	正常操作	机泵投用前的准备工作	X
			蒸汽管线投用前的验收、准备工作	Z
			管道输油过程中的检查内容	X
			罐区排水阀的管理规定	X
			油品的储存损耗分类	Y
			油罐定期检尺的规定	X
			油罐净油量的计算	X
			油罐收发油速度的计算	X
			不同状态下物质密度的计算	X
			油品密度测量值的修正计算	X
			油品温度测量值的修正计算	X
			流量计计量的计算	X
			油品标准体积的计算	X
			油品加热的目的	Y
			油品在管道中的阻力降计算	X
			固定式空气泡沫系统的检查内容	X
			冬季对油罐操作的规定	X
			疏水器排汽大的原因	Y
			影响流量计精度的因素	Y
			检修的管道（设备）与生产系统隔绝的方法	X
			油罐区动火管理的规定	X

续表

鉴定范围			鉴定点	
一级	二级	三级	名称	重要程度
相关知识	工艺操作	正常操作	油品运输的方式	Z
			油品不同运输方式的特点	Y
			油品计量方法的分类	X
			石油计量表的使用	X
			油罐清扫的注意事项	X
	设备使用与维护	设备使用	确定离心泵工作点的方法	Z
			影响离心泵工作点的原因	Y
			离心泵的串并联运行的特点	X
			离心泵流量的调节方法	X
			电动往复泵流量的调节方法	X
			离心泵选用的范围	Y
			往复泵选用的范围	Y
			螺杆泵选用的范围	Y
			压力表使用的规定	X
			压力表量程选用的方法	X
			离心泵改变转数后各参数的变化	X
			介质对离心泵性能的影响	X
			施工改造管线阀门操作的注意事项	X
			离心泵用材的表示方法	X
			离心泵能量的损失原因	X
			离心泵比转数对泵运行参数的影响	X
			离心泵性能曲线的用途	X
			离心泵吸上高度的影响因素	X
			离心泵轴向力的产生原因	X
			离心泵轴向力的危害	X
			消除离心泵轴向力的方法	X
			机械式自动脱水器的原理	Y
			润滑油（脂）质量对轴承的影响	X
			离心泵小修的内容	X
			离心泵大修的内容	X
			设备检查的意义	X
			油罐的选用原则	Z
			设备器材上保证油品质量的方法	Y
			过滤机/器的使用要求	X
			液位报警装置参数的设置	X
		设备维护	储罐安全附件的种类	X
			储罐安全附件的用途	X
			储罐安全附件的维护方法	X
			储罐安全附件日常检查的注意事项	X

续表

鉴定范围			鉴定点	
一级	二级	三级	名 称	重要程度
相关知识	设备使用与维护	设备维护	机泵维护保养的方法	X
			阀门维护保养的方法	X
			油罐消防泡沫系统的维护方法	X
			阀门常见的故障	X
			疏水器常见的故障	X
			管道壁厚的计算	X
			油罐底受力的计算	X
			罐区能耗的计算	X
			流体的连续性方程	X
			润滑油良好的条件	Y
			人工清扫油罐的操作方法	X
			设备诊断技术的基本功能	Y
			过滤器/机的维护方法	X
			设备润滑良好的条件	Y
			输油管道保护的法规条例	Y
			输油管道抢修的要求	X
	事故判断与处理	事故判断	法兰、盘根处泄漏的原因	X
			油罐窜油的原因	X
			油罐跑油的原因	X
			油罐着火的原因	X
			油品混油的原因	X
			油罐漏油的原因	X
			管线漏油的原因	X
			疏水器不排冷凝水的原因	Y
			油品产生静电的原因	Y
			引起计量误差的因素	X
			收付油量误差大的原因	X
			加热器泄漏的原因	X
			机泵着火的原因	X
			电机冒烟的原因	X
			垫片撕裂的原因	X
			蒸汽（水）管线窜油的原因	X
			影响静电产生的原因	Z
			流量计指针转动不稳定的原因	X
			流量计运转有噪声的原因	X
			油品质量管理工作的注意事项	Y
			油品在储存中造成质量变化的因素	Y
			油罐检尺口采用铝合金制造的原因	Y
			HSE危害识别的过程	X
			HSE危害的评估	X
			外浮顶罐中央排水管泄漏的原因	X

续表

鉴定范围			鉴定点	
一级	二级	三级	名称	重要程度
相关知识	事故判断与处理	事故处理	油罐窜油的处理方法	X
			油罐跑油的处理方法	X
			油罐初期火灾的处理方法	X
			油罐漏油的处理方法	X
			管线漏油的处理方法	X
			疏水器不排冷凝水的处理方法	Y
			钢带表失灵的处理方法	X
			收付油量误差大的处理方法	Y
			油罐发生火灾后的处理方法	X
			设备故障为“零”的基本措施	Z
			加热器泄漏的处理方法	X
			泵着火的处理方法	X
			电机冒烟的处理方法	X
			垫片撕裂的处理方法	X
			蒸汽（水）管窜油的处理方法	X
			运行中机泵停电的处理方法	X
			罐内油品凝固的处理方法	Y
			带电灭火的注意事项	X
			外浮顶罐中央排水管泄漏的处理方法	X

罐区(模块)理论知识鉴定要素细目表

鉴定范围			鉴定点	
一级	二级	三级	名称	重要程度
相关知识	工艺操作	罐区操作	燃料油对添加剂的要求	Y
			添加剂对燃料油的作用	Z
			重质油品管道收油前的注意事项	X
			硫化氢报警仪的工作参数	X
			可燃气体报警仪的工作参数	X
			调和油品闪点的计算	X
			调和油品辛烷值的计算	X
			油罐退油的注意事项	X
			液化气罐脱水的注意事项	X

续表

鉴定范围			鉴定点	
一级	二级	三级	名称	重要程度
相关知识	工艺操作	罐区操作	倒空罐底油的注意事项	X
			临时用电的规定	X
			罐区动火的规定	X
			罐区防火的要求	X
	设备使用与维护	设备使用	硫化氢报警仪的工作原理	Y
			可燃气体报警仪的工作原理	Y
			消防泵启用前的注意事项	X
			油罐机械呼吸阀的结构	X
			油罐机械呼吸阀的原理	X
			液压安全阀的结构	X
			油罐液压安全阀的工作原理	X
			油罐阻火器的结构	X
			阻火器的工作原理	X
		设备维护	油罐固定消防泡沫系统的检查内容	X
			油罐机械呼吸阀的检查方法	X
			油罐液压安全阀的检查方法	X
			油罐液压安全阀的加油规定	X
			油罐阻火器的检查方法	X
	事故判断与处理	事故判断	浮盘穿孔的原因	X
			内浮顶罐浮盘沉没的原因	X
			液化气罐脱水造成人员中毒、火灾爆炸的原因	X
			硫化铁渣自燃的原因	Y
			外浮顶罐浮盘沉没的原因	X
		事故处理	浮盘沉没的处理方法	Y
			浮盘穿孔的处理方法	Y

公路（模块）理论知识鉴定要素细目表

鉴定范围			鉴定点	
一级	二级	三级	名称	重要程度
相关知识	工艺操作	公路装卸管理	带压汽车罐车装车前的准备工作	X
			带压汽车罐车装车的准备工作内容	X
			带压汽车罐车装车过程的检查内容	X
			带压汽车罐车装车结束后的工作内容	X
			带压汽车罐车卸车前的检查内容	X

续表

鉴定范围			鉴定点	
一级	二级	三级	名称	重要程度
相关知识	工艺操作	公路装卸管理	带压汽车罐车卸车的方法	X
			带压汽车罐车卸车结束后的工作内容	X
			汽车罐车装卸车流速标准	X
	设备使用与维护	设备使用	带压汽车罐车的结构	X
			带压汽车罐车的附件组成	X
			电液阀常见的故障	X
			定量发油系统的组成	X
	事故判断与处理	事故判断	汽车装卸系统管线法兰垫片损坏的原因	X
			汽车罐车底阀跑油的原因	X
		事故处理	汽车装卸系统管线法兰垫片损坏的处理方法	X
			汽车罐车底阀跑油的处理方法	X

铁路(模块)理论知识鉴定要素细目表

鉴定范围			鉴定点	
一级	二级	三级	名称	重要程度
相关知识	工艺操作	铁路装卸管理	液化气体铁路槽车的清洗方法	X
			液化气体铁路槽车出厂前的检查交接规定	X
			液化气体铁路槽车的装车规定	X
			液化气体铁路槽车装车的注意事项	X
			液化气体铁路槽车卸车的注意事项	X
			铁路黏油槽车的加热方法	Y
			铁路槽车计量表号的识别	Y
			铁路槽车容积表的组成	X
			铁路槽车容积表的查表方法	X
			铁路槽车充装量的计算	X
	设备使用与维护	设备使用	铁路槽车常用洗车工具的分类	Y
			装卸设备完好的标准	X
			喷射真空泵的工作原理	Y
			喷射真空泵的开泵方法	X
			喷射真空泵的停泵方法	X
			转子泵的工作原理	Y

续表

鉴定范围			鉴定点	
一级	二级	三级	名　称	重要程度
相关知识	设备使用与维护	设备使用	转子泵的开泵方法	X
			转子泵的停泵方法	X
			滑片泵的工作原理	Y
			滑片泵的开泵方法	X
			滑片泵的停泵方法	X
		设备维护	液化气铁路罐车的结构	Y
			液化气铁路罐车附件的组成	X
			喷射真空泵的主要结构	Z
			转子的主要结构	Y
			滑片泵的主要结构	X
	事故判断与处理	事故判断	铁路槽车冒车的原因	X
			铁路槽车着火的原因	X
			影响槽车油品质量的因素	Y
			液化气槽车安全阀失灵的原因	X
			液化气槽车紧急阀打不开的原因	X
		事故处理	液化气槽车充装超量的处理方法	X
			液化气槽车安全阀失灵的处理方法	X
			液化气槽车紧急阀打不开的处理方法	X
			装卸作业现场油气浓度超标的处理方法	X
			铁路槽车冒车的处理方法	X
			铁路槽车着火的处理方法	X

水路(模块)理论知识鉴定要素细目表

鉴定范围			鉴定点	
一级	二级	三级	名　称	重要程度
相关知识	工艺操作	水路装卸管理	码头流量计投用前的准备工作	Y
			危险品在码头停留的要求	Y
			油品装船前的准备工作	X
			接卸船上污水的方法	X
			油船卸油时产生静电的原因	X
			油品卸船前的准备工作	X
			油船装油时产生静电的原因	X
	设备使用与维护	设备使用	液压输油臂的操作方法	Z
			输油臂配重方式的分类	Y

续表

鉴定范围			鉴定点	
一级	二级	三级	名 称	重要程度
相关知识	设备使用与维护	设备维护	输油臂接口泄漏的原因	X
			码头不得用水直接扑救的火灾范围	X
			输油臂动作失灵的原因	X
			输油臂旋转接头密封圈的更换方法	X
	事故判断与处理	事故判断	物料泄漏易引发码头事故的部位	X
			油轮冒舱的原因	X
			辨别油船火灾部位的方法	X
		事故处理	码头溢油事故的处理方法	X
			油轮冒舱事故的处理方法	X

三 理论知识试题

行业通用理论知识试题

判断题

1. 设备停机后不需要巡检。 （×）

正确答案：设备停机后也需要巡检。

2. 在三视图中，能够反映物体上下、左右位置关系的视图为俯视图。 （×）

正确答案：在三视图中，能够反映物体上下、左右位置关系的视图为主视图。

3. 零件图是直接指导制造零件和检验零件。 （√）

4. 投影线都相互平行的投影称为平行投影。 （√）

5. 零件图的作用是指导读零件的结构。 （×）

正确答案：零件图的作用是直接指导制造零件和检验零件。

6. 强调相关方的观点是ISO14001标准的主要特点之一。 （√）

7. 爱岗敬业的具体要求是：树立职业理想、强化职业责任、提高职业技能。 （√）

8. 在生产工艺、劳动过程、作业环境中存在的危害从业人员健康的因素，称为职业病危害因素。 （√）

9. 强酸、强碱的烧伤一般要立即用大量清水长时间冲洗强酸、强碱沾染部位。 （√）

10. 临时用电许可证的有效期限可以使用多个班次。 （×）

正确答案：在非易燃易爆区进行临时用电作业临时用电许可证的有效期限为一个作业周

期；在易燃易爆区有效期限与用火作业许可证有效期限相同。

11. 第二方审核是直属企业作为受审方，由取得相应资格的单位进行HSE体系审核。（ × ）

正确答案：第三方审核是直属企业作为受审方，由取得相应资格的单位进行HSE体系审核。

12. 在防冻防凝工作中，可以用高压蒸汽取暖。（ × ）

正确答案：在防冻防凝工作中，严禁用高压蒸汽取暖，严防高压蒸汽进入低压系统。

13. 目前清洁生产审计中应用的理论主要是能量守恒原理。（ × ）

正确答案：目前清洁生产审计中应用的理论主要是物料平衡和能量守恒原理。

14. HSE管理体系规定，公司应建立事故报告、调查和处理管理程序，所制定的管理程序应保证能及时地调查、确认事故（未遂事故）发生的根本原因。（ √ ）

15. 对已冻结的铸铁管线、阀门等可以用高温蒸汽迅速解冻。（ × ）

正确答案：对已冻结的铸铁管线、阀门等不得急剧加热，只允许温水或少量蒸汽缓慢解冻，以防骤然受热损坏。

16. 质量事故不属于生产事故。（ × ）

正确答案：质量事故属于生产事故。

17. 皮肤被氢氟酸污染后，应立即用大量清水冲洗，然后用5%碳酸氢钠水溶液中和洗涤，再涂以悬浮剂，消毒包扎。（ √ ）

18. 地球上到处存在着放射性危害。（ √ ）

19. 高毒作业场所应当设置蓝色区域警示线、警示标识和中文警示说明，并设置通信报警设备。（ × ）

正确答案：高毒作业场所应当设置红色区域警示线、警示标识和中文警示说明，并设置通信报警设备。

20. HSE评审的目的是检验HSE管理体系的适宜性、必要性和有效性。（ × ）

正确答案：HSE评审的目的是检验HSE管理体系的适用性、充分性和有效性。

21. 从事办公室工作的人员不会形成职业病。（ × ）

正确答案：从事办公室工作的人员也会形成相应的职业病。

22. 问卷调查法是环境因素识别的主要方法之一。（ × ）

正确答案：问卷调查法不是环境因素识别的主要方法。

23. 动火作业必须经过动火分析并合格后方可进行。（ √ ）

24. 清洁生产审核的目的是：通过清洁生产审计判定生产过程中不合理的废物流和物、能耗部位，进而分析其原因，提出削减它的可行方案并组织实施，从而减少废弃物的产生和排放，达到实现本轮清洁生产目标。（ √ ）

25. 碳氢化合物中，直链化合物的毒性与支链化合物的毒性相同。（ × ）

正确答案：碳氢化合物中，直链化合物的毒性比支链化合物的毒性要大。

26. 起重机在吊重作业中绝对禁止起落起重臂。（ × ）

正确答案：起重机在吊重作业中可以起落起重臂。

27. ISO9000族标准中，质量不仅包括产品和服务质量，还扩展到了过程、活动、组织乃至它们的组合质量。（ √ ）

28. 质量管理体系是指在质量方面指挥和控制组织的管理体系，它是组织若干管理体系的一个。（ √ ）

29. 生产制造过程的质量管理是全面质量管理的中心环节。（ √ ）

30. 企业质量体系认证依据的标准是ISO9001《质量管理体系 要求》。（ √ ）

31. 标准化的重要意义是改进产品、过程或服务的适用性，防止贸易壁垒，并促进技术合作。（ √ ）

32. 企业标准化的基本任务就是通过制定和贯彻标准，使企业的生产、技术、经营活动合理化，改进质量，提高效率，降低成本，以最少的投入实现企业的目标。（ √ ）

33. ISO9000族标准中，质量仅指产品质量。（ × ）

正确答案：ISO9000族标准中，质量不仅包括产品和服务质量，还扩展到了过程、活动、组织乃至它们的组合质量。

34. PDCA循环是全面质量管理的科学方法，可用于企业各个方面、各个环节的质量管理活动。（ √ ）

35. 在计算机应用软件Excel中的打印可实现放大或缩小比例打印。（ √ ）

36. 计算机应用软件Word文字处理软件不仅可以进行文字处理，还可以插入图片、声音等，但不能输入数学公式。（ × ）

正确答案：计算机应用软件Word文字处理软件不仅可以进行文字处理，还可以插入图片、声音等，也可输入数学公式。

37. 在计算机应用软件Excel中不连续单元格的功能键是Alt。（ × ）

正确答案：在计算机应用软件Excel中不连续单元格的功能键是Ctrl。

38. 在使用计算机应用软件Word的“查找”功能查找文档中的字串时，可以使用功能符。（ × ）

正确答案：在使用计算机应用软件Word的“查找”功能查找文档中的字串时，可以使用通配符。

39. 用人单位与劳动者应当按照劳动合同的约定，全面履行各自的义务。（ √ ）

40. 在实践中，口头形式是当事人最为普遍采用的一种合同约定形式。（ × ）

正确答案：在实践中，书面形式是当事人最为普遍采用的一种合同约定形式。

41. 用人单位招用劳动者时不得要求劳动者提供担保或者以其他名义向劳动者收取财物。（ √ ）

42. 不动产的买卖合同一般采用登记形式。（ √ ）

单选题

1. 在三视图中，反映物体前后、上下位置关系的视图为（ C ）。

A. 主视图　B. 俯视图
C. 左视图　D. 在三个视图中都有可能

2. 在工程制图中应用较多的投影法是（ D ）投影法。

A. 中心　B. 平行　C. 斜　D. 正

3. 画三视图时，主视图和俯视图的关系是（ A ）。

A. 长对正　B. 高平齐　C. 宽相等　D. 无关系

4. 画三视图时，左视图和俯视图的关系是（ C ）。

A. 长对正　B. 高平齐　C. 宽相等　D. 无关系

5. 重大危险的施工作业，应有（ A ）同时派出安全监护人。

A. 区域管理单位、施工单位　B. 施工单位、监理单位
C. 施工单位、设计单位　D. 区域管理单位、监理单位

6. （ C ）色表示提醒人们注意。

A. 红　B. 蓝　C. 黄　D. 绿

7. 与化工生产密切相关的职业病是（ B ）。

A. 耳聋　B. 职业性皮肤病　C. 关节炎　D. 眼炎

8. 一般粉尘粒径在（ D ）以上可选用离心集尘装置。

A. 5μm　B. 10μm　C. 15μm　D. 20μm

9. 污染物的回收方法包括（ D ）。

A. 蒸发　B. 干燥　C. 排放　D. 吸收

10. 废水治理的方法有物理法、（ A ）法和生物化学法等。

A. 化学　B. 过滤　C. 沉淀　D. 结晶

11. 通常将（ A ）可燃液体表面着火视为初期灭火范围。

A. $1m^2$　B. $1.5m^2$　C. $2m^2$　D. $3m^2$

12. “夏季四防”包括防暑降温、防汛、（ A ）、防倒塌。

A. 防雷电　B. 防霉变　C. 防跌滑　D. 防干旱

13. 在ISO14001 标准体系中，为了确保环境因素评价的准确性，在识别环境因素时应考虑的三种时态是（ A ）。

A. 过去、现在和将来　　B. 开车、停机和检修

C. 正常、异常和紧急　　D. 上升、下降和停止

14. 在HSE管理体系中，（ B ）是指与组织的职业健康安全绩效有关的或受其职业健康安全绩效影响的个人或团体。

A. 目标　　B. 相关方　　C. 事件　　D. 不符合

15. 废渣的处理大致采用（ D ）、固化、陆地填筑等方法。

A. 溶解　　B. 吸收　　C. 粉碎　　D. 焚烧

16. 公司HSE管理体系中的第三方审核一般每（ B ）年进行一次。

A. 二　　B. 三　　C. 四　　D. 一

17. 碳氢化合物中，直链化合物的毒性比支链化合物的毒性（ B ）。

A. 小　　B. 大　　C. 无可比性　　D. 相同

18. 企业质量体系认证是认证机构作为（ C ）对企业的质量保证和质量管理能力依据标准所作的综合评价。

A. 第一方　　B. 第二方　　C. 第三方　　D. 政府

19. 按ISO9001：2015标准建立质量管理体系，鼓励组织采用（ D ）方法。

A. 管理的系统　　B. 全员参与的

C. 基于事实的决策　　D. 过程

20. PDCA循环是实施ISO9000族标准（ B ）原则的方法。

A. 系统管理　　B. 持续改进

C. 过程方法　　D. 以事实为决策依据

21. 可以用于审核和第三方认证的标准是（ B ）。

A. ISO9000　　B. ISO9001　　C.ISO9004　　D. ISO10012

22. 下列关于PDCA动态循环标准的论述中，正确的是（ A ）。

A. 2015年版ISO9001《质量管理体系 要求》标准采用了PDCA的动态循环标准

B. PDCA的动态循环只能用于单个过程

C. PDCA的动态循环只能用于整个网络集成管理

D. PDCA中的A指的是“检查”

23. 产品质量认证活动是（ D ）开展的活动。

A. 生产方　　B. 购买方

C. 生产和购买双方　　D. 独立于生产方和购买方之外的第三方机构

24. ISO9000标准的核心标准不包括（ C ）。

A. ISO9001　　B. ISO9004　　C. ISO/TR10013　　D. ISO19011

25. PDCA循环的四个阶段八个步骤的第四个步骤是（ D ）。

A. 总结　　B. 效果的确认

C. 分析问题原因　　D. 拟订对策并实施

26. 质量是一组（ D ）满足要求的程度。

A. 特性　　B. 内在特性和外在特性

C. 赋予特性　　D. 固有特性

27. （ C ）应当是任何一个企业的永恒目标。

A. 以顾客为关注焦点　　B. 全员参与

C. 持续改进总体业绩　　D. 管理的系统方法

28. 在计算机应用软件Word中，若要计算表格中某行数值的总和，可使用的统计函数是（ A ）。

A. Sum（ ）　　B. Total（ ）　　C. Count（ ）　　D. Average（ ）

29. 在计算机应用软件Excel工作表中，可按需拆分窗口，一张工作表最多拆分为（ B ）个窗口。

A. 3　　B. 4　　C. 5　　D. 任意多

30. 在计算机应用软件Word中，可用于计算表格中某一数值列平均值的函数是（ C ）。

A. Abs（ ）　　B. Count（ ）　　C. Average（ ）　　D. Total（ ）

31. 计算机应用软件Word2000为新建的文档自动添加的扩展名为（ A ）。

A. DOC　　B. TXT　　C. WRI　　D. BMP

32. 建立劳动关系时，应当订立（ B ）。

A. 口头劳动合同　B. 书面劳动合同　C. 要约　　D. 劳动协议

33. 有（ B ）情形的，劳动合同终止。

A. 单位效益下滑，发不出工资的　　B. 用人单位被依法宣告破产

C. 劳动者因病暂时不能工作的　　D. 劳动者因工负伤的

多选题

1. 在ISO14001标准体系中，环境因素识别的步骤包括（ ABD ）。

A. 划分和选择组织过程　　B. 确定选定过程中存在的环境因素

C. 初始环境评审　　D. 明确每一环境因素对应的环境影响

2. 属于一般事故的是（ BCD ）。

A. 一次事故造成10人及以上重伤

B. 一次事故造成1～2人死亡

C. 一次事故造成直接经济损失100万～1000万元

D. 一次事故造成1～9人重伤

3. 在三视图中，与宽度有关的视图是（ BC ）。

A. 主视图　　B. 俯视图

C. 左视图　　D. 三个视图都有关系

4. 在三视图中，能够反映物体前后位置关系的视图为（ BC ）。

A. 主视图　　B. 俯视图

C. 左视图　　D. 在三个视图中都有可能

5. 属于平行投影的投影法是（ ACD ）投影法。

A. 平行　　B. 中心　　C. 斜　　D. 正

6. 尘毒物质对人体的危害与工作环境的（ ABC ）等条件有关。

A. 温度　　B. 湿度　　C. 气压　　D. 高度

7. HSE管理体系规定，事故的报告、（ ABC ）、事故的调查、责任划分、处理等程序应按国家的有关规定执行。

A. 事故的分类　　B. 事故的等级

C. 损失计算　　D. 事故的赔偿

8. 关于火灾中烧伤患者急救的说法，正确的是（ ABCD ）。

A. 迅速扑灭火灾烧伤患者的火点

B. 拨打急救电话120

C. 危重病人应就地抢救，清除口鼻内异物，保持呼吸道通畅

D. 心跳呼吸停止者立即行心肺复苏

9. 施工作业前，应重点对（ ABCD ）进行危害辨识。

A. 作业环境　　B. 作业对象

C. 作业过程　　D. 作业时机

10. 在ISO14001标准体系中，为了确保环境因素评价的准确性，在识别环境因素时除了考虑土地污染、对社区的影响、原材料与自然资源的使用、其他地方性环境问题外，还应考虑（ ABC ）问题。

A. 大气排放　　B. 水体排放

C. 废物管理　　D. 材料的利用

11. 在HSE管理体系中，不符合项按严重程度可分（ BC ）。

A. 非常严重不符合项　　B. 严重不符合项

C. 一般不符合项　　D. 较严重不符合项

12. 工业废水的生物处理法包括（ BD ）法。

A. 过滤　　B. 好氧　　C. 结晶　　D. 厌氧

13. 关于急性化学中毒患者急救的说法，正确的是（ CD ）。

A. 在中毒现场立即救治

B. 迅速脱去或剪去被毒物污染的衣物，保留内衣内裤

C. 进入有毒环境急救的人员需戴防毒面具及安全带并避免处于下风向

D. 经口中毒者，毒物为非腐蚀性者，应立即用催吐或洗胃方法清除

14. （ ABCD ）是物理因素所致职业病。

A. 中暑　　B. 减压病　　C. 高原病　　D. 航空病

15. 不属于夏季四防范畴的是（ ABD ）。

A. 防冻雨　　B. 防冰雹　　C. 防汛　　D. 防涝

16. 改革生产工艺是控制化工污染的主要方法，包括（ ABC ）等。

A. 改革工艺　　B. 改变流程

C. 选用新型催化剂　　D. 更新设备

17. 石化生产过程中排出的废气的控制方法包括（ ABCD ）等。

A. 吸收法　　B. 吸附法　　C. 静电法　　D. 燃烧法

18. 炼化企业气态污染物治理的主要对象包括（ ABCD ）等。

A. 甲苯　　B. 硫化氢　　C. 二氧化硫　　D. 有机废气

19. 下列选项中，（ ABCD ）符合起重作业要求。

A. 起重机司机有合格的资质

B. 有资质的起重机检查人员

C. 在起重机司机或其他指定人员知晓的情况下，加油工也可进入驾驶室从事职责范围内的作业

D. 学习满半年以上的实习起重机司机可以在有资质的司机直接监督下作业

20. 有下列（ ABCD ）情况之一的，劳动合同终止。

A. 劳动合同期满的

B. 劳动者开始依法享受基本养老保险待遇的

C. 劳动者死亡，或者被人民法院宣告死亡或者宣告失踪的

D. 用人单位被依法宣告破产的

工种理论知识试题

判断题

1. 在润滑油中加入抗氧、抗磨和清净分散等添加剂后，会导致油中灰分增大，促进积炭生成，增加机件磨损。（×）

正确答案：在润滑油中加入抗氧、抗磨和清净分散等添加剂后，油中灰分虽然增大，但清净分散剂可防止积炭生成，抗磨剂可减少机件磨损。

2. 油品的硫含量以体积百分数表示。（×）

正确答案：油品的硫含量以质量百分数表示。

3. 黏度指标是大多数燃料类油划分牌号的依据。（×）

正确答案：黏度指标是大多数润滑油划分牌号的依据。

4. 润滑脂的滴点是考察润滑脂高温状态下的成脂能力。（√）

5. 临界溶解温度低，表明烃类与溶剂的互溶能力强。（√）

6. 深度氧化时推测润滑油的抗氧化安定性，除酸值外，还有一项沉淀物含量指标。（√）

7. 密度小的柴油比密度大的柴油颜色浅。（√）

8. 通过检测密度，就可判别油品储运过程中是否产生混油或变质。（√）

9. 50%馏出温度是衡量汽油在发动机中加速性能好坏的指标。（√）

10. 黏度指数越高，表示油品的黏度随温度变化越大。（×）

正确答案：黏度指数越高，表示油品的黏度随温度变化越小。

11. 辛烷值是表示汽油抗爆性的理化指标。它等于与其抗爆性相同的标准燃料中含异辛烷的体积百分数。（√）

12. 马达法辛烷值和研究法辛烷值的平均值称为抗爆指数。（√）

13. 测量汽油辛烷值的方法有马达法和抗爆指数法。（×）

正确答案：测量汽油辛烷值的方法有马达法和研究法。

14. 汽油的饱和蒸气压越大，它的蒸发性越小。（×）

正确答案：汽油的饱和蒸气压越大，它的蒸发性越大。

15. 十六烷值是表示柴油的自燃性能的项目。（√）

16. 闪点是表示石油产品蒸发倾向和安全性的项目。（√）

17. 根据石油产品闪点的不同，油品的火灾危险性分为甲类、乙A类、乙B类、丙A类、丙B类等。（√）

18. 凝点是评价油品低温流动性能的指标。（√）

19. 倾点是指油品在规定的试验条件下，被冷却的试样能够流动的最低温度。（√）

20. 浊点，是指试样在规定的条件下冷却，开始呈现雾状或混浊时的最高温度，以℃表示。（√）

21. 烟点，是指灯用煤油和喷气燃料在规定试验条件下燃烧时生成无烟火焰的最大高度。超过这个高度即会产生黑烟。烟点是煤油类产品的一项重要指标，无烟火焰的高度值大，表明芳烃含量低，燃烧的清净性好。（√）

22. 烟点可独立作为灯用煤油点燃性的指标。（×）

正确答案：烟点不能反映灯焰的明亮度，不能独立作为灯用煤油点燃性的指标。

23. 汽油的诱导期越长，它的稳定性越好。（√）

24. 诱导期是指汽油在规定条件下，油品被完全氧化所经过的时间。（×）

正确答案：诱导期是指汽油在规定条件，油品未被氧化处于稳定状态所经过的时间。

25. 使用饱和蒸气压指标不合格的汽油，汽车也不会出现气阻现象。（×）

正确答案：使用饱和蒸气压指标不合格的汽油，汽车会出现气阻现象。

26. 汽油的饱和蒸气压越大，在储运过程中，油品蒸发损失也越大。（√）

27. 水分是指油中水的含量，它是以体积百分数表示的。（×）

正确答案：水分是指油中水的含量，它是以质量百分数表示的。

28. 石油产品中的有机酸对机械都有一定的腐蚀性。（√）

29. 水溶性酸碱是指存在于油品中能溶于水的酸性或碱性物质的总称。（√）

30. 中和1g石油产品中的酸性物质所需氢氧化钾的毫克数叫酸度。（×）

正确答案：中和1g石油产品中的酸性物质所需氢氧化钾的毫克数叫酸值。

31. 润滑油的腐蚀试验应合格，以保证机件不受腐蚀。（√）

32. 残炭大小可判断燃料油和润滑油精制深度。（√）

33. 物质燃烧需要具备三个基本条件，即可燃物、助燃物以及着火源。（√）

34. 燃烧实际上是气体分子间的活性基团相互作用，要维持燃烧，必须保证它发生链锁反应的连续性。（√）

35. 油品具有易燃、易爆、易挥发、易产生积聚静电、具有一定的毒性、流动性等危险特性。（×）

正确答案：油品具有易燃、易爆、易挥发、易产生积聚静电、易受热膨胀、具有一定的毒性、流动性等危险特性。

36. 物质发生燃烧时，具有发光和剧烈的氧化反应两个基本特征。（×）

正确答案：物质发生燃烧时，同时伴有放热和发光效应的剧烈的氧化反应。

37. 可燃性混合气体燃烧，无论助燃物与可燃物的混合浓度比例是多少，燃烧都能发生并持续。 （ × ）

正确答案： 可燃性混合气体燃烧，助燃物与可燃物的混合浓度必须在燃烧极限范围内，燃烧才能发生。

38. 一般来说，爆炸极限范围越宽，则爆炸危险性越大。 （ √ ）

39. 石油及其产品受热后产生的可燃蒸气和空气的混合物达到一定浓度范围，一遇明火都有发生火灾、爆炸的危险，这个浓度范围称爆炸极限。 （ √ ）

40. 当油罐及其作业场所的油气浓度超过爆炸下限的20%时，其方圆35m范围内应列为爆炸危险场所。 （ √ ）

41. 爆炸的发生需要同时具备两个条件，一是存在爆炸性混合气体，且浓度在其爆炸极限范围内；二是有足够的点火能量。 （ √ ）

42. 当油气的浓度在爆炸范围以外，此时即使具备了足够的能量，混合物也不会爆炸。 （ × ）

正确答案： 当油气的浓度在爆炸范围以外，此时即使具备了足够的能量，虽然混合物不会爆炸，仍有发生着火的危险。

43. 输送易燃油品且通风不良的泵房内部，应划为爆炸危险区域0区。 （ × ）

正确答案： 输送易燃油品且通风不良的泵房内部，应划为爆炸危险区域1区。

44. 同一种可燃气（液）体的爆炸极限是一个固定值。 （ × ）

正确答案： 同一种可燃气（液）体的爆炸极限不是一个固定的值，它受多种因素的影响。

45. 油品只有在加热的条件下才会发生蒸发现象。 （ × ）

正确答案： 油品在任何温度下都会发生蒸发现象。

46. 只要石油及其产品中有静电存在，就会着火爆炸。 （ × ）

正确答案： 石油及其产品中有静电存在，容易引起火灾。

47. 石油及其产品本身是绝缘体，因此在储运过程中，不会产生静电。 （ × ）

正确答案： 石油及其产品本身是绝缘体，因此在储运过程中，会产生静电。

48. 石油产品受热后，很容易因体积膨胀而使容器或管件胀破损坏，而油温降低则无危险。 （ × ）

正确答案： 石油产品受热后，很容易因体积膨胀而使容器或管件胀破损坏，油温降低可能造成油品凝固或流动性降低。

49. 为了防止突沸，油罐温度必须控制在90℃以下。 （ √ ）

50. 量油尺测实法测油高时两次读数允许误差不应大于2mm。 （ × ）

正确答案：量油尺测实法测油高时两次读数允许误差不应大于1mm。

51. 量油尺下尺沿导尺槽进行，收尺可悬空进行。（×）

正确答案：量油尺下、上运动都应沿导尺槽进行，收尺不可悬空进行。

52. 量水尺锤正立在平面上应构成90°角，误差倾斜不超过1度。（×）

正确答案：量水尺锤正立在平面上应构成90°角，误差倾斜不超过0.5°。

53. 油罐手工测温，放入测温盒前，绳子一端要连接静电接地端子。（√）

54. 油罐手工测温使用的绳子一般用尼龙绳，不能用塑料绳代替。（×）

正确答案：油罐手工测温使用的绳子要使用防静电专用绳子。

55. 热电偶温度计是通过测量热电势变化的大小来判断温度的高低的。（√）

56. 玻璃液体温度计按使用时的浸没深度分成内标式和外标式两种。（×）

正确答案：玻璃液体温度计按使用时的浸没深度分成全浸式和局浸式两种。

57. 油品交接计量时，用于测量油温的温度计应选择玻璃全浸水银式温度计，其最小分度值是0.2℃。（√）

58. 油品计量用温度计两次读数允许误差应不大于0.2℃。（√）

59. 液体密度小时，密度计的浸没深度却大。（√）

60. 同一支密度计可以测定一定范围的液体密度，是因为密度计的质量发生了改变。（×）

正确答案：同一支密度计的质量是不变的，它却可以测定一定范围的液体密度。

61. 测量油品试样密度时，环境温度要尽量接近罐内储油的实际温度，应在罐内储油实际温度的±5℃范围内测定。（×）

正确答案：测量油品试样密度时，环境温度要尽量接近罐内储油的实际温度，应在罐内储油实际温度的±3℃范围内测定。

62. 用于油品交接计量的温度计、量油尺、流量计属于强制检定的计量器具，而油罐则可检定，也可不检定。（×）

正确答案：用于油品交接计量的温度计、量油尺、流量计属于强制检定的计量器具，而油罐同样需要检定。

63. 新购置的计量器具，只要具有生产厂家出具的检验合格证，建立计量器具原始档案后，即可发放使用。（×）

正确答案：新购置的计量器具，有生产厂家出具的检验合格证，取得检定合格证书，建立计量器具原始档案后，方能投入使用。

64. 高温泵或低温泵启动前预热或预冷的目的是避免由于温度剧烈变化产生的热应力使

叶轮或泵轴变形。（√）

65. 离心泵启动前应按泵运转方向盘车1～2圈，检查泵轴是否转动灵活。（×）

正确答案：离心泵启动前应按泵运转方向盘车3～5圈，检查泵轴是否转动灵活。

66. 管道输油开始和作业过程中，应沿流程仔细检查各阀门开关是否正确，各法兰、接头、焊缝及其他附件是否完好，各处有无渗漏或跑油。（√）

67. 油罐区明沟水出防火墙闸阀后及含油污水出防火墙闸阀后增加水封井的作用是防止罐区油品往外溢流。（×）

正确答案：油罐区含油污水出防火墙闸阀后增加水封井的作用是防止罐区油品往外溢流，明沟水出防火墙闸阀后无须水封井。

68. 罐区生产废水（雨水）可与含油污水一起排放。（×）

正确答案：罐区生产废水（雨水）应与含油污水分流排放。

69. 防火堤的作用是防止罐区外的火灾危及罐区安全。（×）

正确答案：防火堤的作用是防止油品外流，控制油罐火灾扩大。

70. 内浮顶油罐可减少油品的蒸发损耗。（√）

71. 油罐由于收油和付油作业造成挥发叫油罐的小呼吸损耗。（×）

正确答案：油罐由于收油和付油作业造成挥发叫油罐的大呼吸损耗。

72. 油品蒸发损耗不可避免且难以回收，但在一定数量范围内有其合理性，我们可以通过各种油品蒸发损耗定额予以确认和管理。（√）

73. 油品库存月终盘点只需对静止油罐进行检尺计量。（×）

正确答案：月终盘点需对所有油罐进行检尺计量。

74. 浮顶油罐计量时，一定要避开非计量区。（√）

75. 罐容积标定误差是引起计量误差的原因之一。（√）

76. 油品计量时，需将计量温度下的油品体积V_t换算为标准体积V_{20}。（√）

77. 油品标准体积是指油品在标准温度20℃下的体积。（√）

78. 重质油品加热能降低输送管道的流动摩擦阻力，提高输油泵的效率。（√）

79. 油品加热时，没有规定操作温度的油品可按其凝点加5～10℃确定终了温度，原则上要保证油品不凝固，最好不使油品中石蜡析出。（√）

80. 原油加温能促进油品的破乳，油品脱水杂质的沉降；同时降低油品的黏度，改善流动性，因此原油加温越高越好。（×）

正确答案：原油加温能促进油品的破乳，油品脱水杂质的沉降；同时降低油品的黏度，改善流动性，但原油加温高低取决于原油性质。

81. 油品在管路中的流动阻力分为油品在直管流动的直管阻力和油品流经各种管件时的局部阻力。（√）

82. 计算油品在管路中的阻力降时，流经弯头阻力可忽略不计。（×）

正确答案： 计算油品在管路中的阻力降时,流经弯头阻力必须按局部阻力当量长度法计算。

83. 冬季按规定进行油罐加热，各油罐在保持油温要求的情况下应使加热器常开，并将排凝点阀排出的微量水排空。（√）

84. 质量流量计安装时要注意克服应力和振动对仪表的影响，要留有一定的安装直管段。（√）

85. 流量计启动时，可直接打开流量计前后阀门直接投用。（×）

正确答案： 流量计启动时，先打开旁路阀门，再慢慢打开流量计前、后阀门，待运行正常后，再关闭旁路阀门。

86. 检修的管道（设备）可采用水封方法与生产系统隔绝。（×）

正确答案： 检修的管道（设备）不可采用水封方法与生产系统隔绝，应用盲板隔离。

87. 当用火监护人发现用火部位与用火作业许可证不相符合，或者用火安全措施不落实时，用火监护人无权制止用火。（×）

正确答案： 当用火监护人发现用火部位与用火作业许可证不相符合，或者用火安全措施不落实时，用火监护人有权制止用火。

88. 在油（气）罐区施工用火时，电焊机、电源开关等施工机具应放在防火堤内安全的地方。（×）

正确答案： 在油（气）罐区施工用火时，电焊机、电源开关等施工机具应放在防火堤外安全的地方。

89. 衡器计量属体积重量法。（×）

正确答案： 衡器计量属重量法。

90. 人工检尺计量属静态计量，流量计和衡器计量属动态计量。（×）

正确答案： 人工检尺计量和衡器计量属静态计量，流量计属动态计量。

91. 油罐蒸罐应打开罐顶透光孔。（√）

92. 清洗油罐时，机械通风机应与油罐作电气连接并接地。（√）

93. 油罐清洗作业安全保障的基本要求是防火、防爆、防静电、防中毒和防止工伤事故等。（√）

94. 清洗油罐时，为保证作业人员的身体健康，应使用氧气呼吸器进罐进行清洗作业。（×）

正确答案：不允许使用氧气呼吸器进罐进行清洗作业。

95. 改变离心泵的转速时，泵和管路特性曲线同时改变。（ × ）

正确答案：改变离心泵的转速时，泵特性曲线同时改变,管路特性曲线不变。

96. 泵的工作点是泵的效率最高点。（ × ）

正确答案：泵的铭牌上标出的性能参数是指该泵在运行时效率最高点的性能参数。

97. 泵铭牌上的性能参数，是泵在效率最高点的参数。（ √ ）

98. 比转数相同的两台离心泵，输送同一介质时，叶轮直径大，则泵的扬程大；离心泵的转速越高，则离心泵的扬程越大。（ √ ）

99. 改变离心泵工作点有两种途径：改变泵的特性曲线或改变管路的特性曲线。（ √ ）

100. 随着泵的安装高度的增加，泵的吸入性能变好。（ × ）

正确答案：随着泵的安装高度的增加，泵的吸入性能变差。

101. 两台型号相同的离心泵串联使用时，其扬程增大。（ √ ）

102. 离心泵串联使用时应先启动远离油源的第二台，当第二台充满液体后启动第一台。（ × ）

正确答案：离心泵串联使用时应先启动远离油源的第一台，当第一台充满液体后启动第二台。

103. 两台泵并联后的实际流量等于两台泵独立工作时的流量之和。（ × ）

正确答案：两台泵并联后的实际流量小于两台泵独立工作时的流量之和。

104. 并联使用的离心泵，其性能要相同，至少扬程应一致。（ √ ）

105. 同一管道，输送相同温度下同一种油品，输送流速越大，管路阻力降越大。（ √ ）

106. 高输送高度、输送距离，可利用两台性能相同的泵进行并联运行，但得考虑管路和后一台泵的承压。（ × ）

正确答案：高输送高度、输送距离，可利用两台性能相同的泵进行串联运行，但得考虑管路和后一台泵的承压。

107. 往复泵的流量增大，则往复次数应增大，理论上往复泵的扬程与流量无关。（ √ ）

108. 可通过控制往复泵出口阀开度来调节泵的流量。（ × ）

正确答案：可通过控制往复泵出口旁路调节阀开度来调节泵的流量。

109. 离心泵按叶轮数目分为单吸式泵和双吸式泵。（ × ）

正确答案：离心泵按进液方式可分为单吸式泵和双吸式泵。

110. 输送黏度大的油品宜用离心泵。（ × ）

正确答案： 输送黏度大的油品不宜用离心泵。

111. 往复泵的缺点是结构复杂，体积庞大，流量不均匀，故障多，操作与维护不便。 （√）

112. 螺杆泵适合输送黏度大油品，但对输送介质要求严，不能有固体颗粒。 （√）

113. 检测蒸气压力时，压力表应加装凝液罐，以防止高温蒸气与测压元件直接接触而损坏测压元件。 （√）

114. 压力表有检定证书，没有铅封，可以使用。 （×）

正确答案： 压力表有检定证书，没有铅封，不可以使用。

115. 压力表可直接安装检测有腐蚀性介质。 （×）

正确答案： 检测有腐蚀性介质，应加装充有中性介质隔离罐，以防腐蚀测量元件。

116. 压力表在使用中应注意：控制阀门的启闭速度，减少水击现象；表中避免进入杂质，可以长期处于高压状态。 （×）

正确答案： 压力表在使用中应注意：控制阀门的启闭速度，减少水击现象；表中避免进入杂质，不能长期处于高压状态。

117. 当离心泵的转速发生改变时，泵的流量、功率相应改变，扬程不变。 （×）

正确答案： 当离心泵的转速发生改变时，泵的流量、功率、扬程相应改变。

118. 当离心泵输送液体的黏度增大时，泵的流量、压头减小，效率不变。 （×）

正确答案： 当离心泵输送液体的黏度增大时，泵的流量、压头减小，效率下降。

119. 流量大而波动范围小，扬程低，液体黏度小，含气量低，含固体杂质低的情况下，应选用离心泵。 （√）

120. 由于高速旋转的叶轮表面与液体之间摩擦，泵轴在轴承、轴封等处的机械摩擦造成的能量损失称为离心泵的水力损失。 （×）

正确答案： 由于高速旋转的叶轮表面与液体之间摩擦，泵轴在轴承、轴封等处的机械摩擦造成的能量损失称为离心泵的机械损失。

121. 比转数相同的泵，叶轮具有相似的几何形状和相似的运转性能。 （√）

122. 中比转数泵 H–Q曲线比较平缓，其特点是流量变化较大时，扬程变化很小，适用于工作流量可能在很宽范围变化的作业。 （√）

123. 由离心泵性能曲线可知，离心泵的流量越大运转越经济。 （×）

正确答案： 由离心泵性能曲线可知，离心泵在 η–Q曲线最高点相应的流量运转最经济。

124. 离心泵的N–Q曲线是选择电动机功率和指导泵启动操作的主要依据。 （√）

125. 输送温度下液体的饱和蒸气压越高，离心泵的允许吸上高度越大。 （×）

正确答案： 输送温度下液体的饱和蒸气压越高，离心泵的允许吸上高度越小。

126. 反映离心泵吸入性能的主要参数有吸上真空高度和允许汽蚀余量。（√）

127. 离心泵的流量增加，则泵的允许吸上真空度减小；允许吸上真空高度大的泵，其吸入性能好。（√）

128. 离心泵叶轮（双吸式除外）工作时，由于其形状与液体流动的不对称性而产生的沿泵轴线方向作用的力称为轴向力。（√）

129. 离心泵轴向力将引起泵轴的径向及轴向窜动，增加泵的负载。（×）

正确答案： 离心泵轴向力将引起泵轴的轴向窜动，增加泵的轴向负载。

130. 采用双吸叶轮可以消除离心泵轴向力。（√）

131. 多级离心泵消除轴向力的常用方法是开平衡孔或装平衡管。（×）

正确答案： 单级离心泵消除轴向力的常用方法是开平衡孔或装平衡管。

132. 滚动轴承的润滑，对转速高，功率较大或被输送液体温度高于80℃的情况，一般采用润滑脂润滑。（×）

正确答案： 滚动轴承的润滑，对转速高，功率较大或被输送液体温度高于80℃的情况，应采用润滑油润滑。

133. 如果轴承发生振动或不平衡，在摩擦面有红色沉积物，这是摩擦腐蚀产物。有金属微粒，说明润滑油（脂）用量不足，失去润滑作用。（√）

134. 浮顶油罐与拱顶罐相比，其优点是油品大、小呼吸损耗能大幅度减少。（√）

135. 二乙二醇公路装车管线检修后再投用时，为保证产品质量，需经清洗、吹扫置换，并确保露点分析合格。（√）

136. 可以通过设定油罐的高低液位报警值来预防油罐液位过高或过低。（√）

137. 油罐的安全高度是指油罐储油的最大高度，即容积表中显示的该油罐最大高度。（×）

正确答案： 油罐的安全高度是指油罐储油的最大高度，即达到这个高度时不会因装得太满而使油品从泡沫室喷口溢出或影响对该油罐的灭火。

138. 阻火器是防止罐内明火向罐外传播的防火安全设备。（×）

正确答案： 阻火器是防止罐外明火向罐内传播的防火安全设备。

139. 选择油罐的机械呼吸阀是依据油罐的设计压力及油罐的最大收、付油速度确定的。（√）

140. 呼吸阀挡板安装在防火器下面油罐内。其工作原理是：挡板改变气流方向，使罐内油气产生分层现象。当新鲜空气进入罐内时，挡板可将气流方向改变避免直接吹向油面；

当油罐向外呼气时，首先呼出的是顶部低浓度的混合气，从而降低了油料损耗。（√）

141. 清洗油罐的工具，只能是木质材料制品。（×）

正确答案： 清洗油罐的工具，必须是在使用时发生碰撞不产生火花的金属或木质材料制品。

142. 量油孔的功能是测量油高、测量油温和采样，直径为150mm，为避免孔盖关闭时因撞击而产生火花，量油孔盖上安装有软金属或铝，塑料或耐油橡胶等材料制成的垫圈。（√）

143. 机械呼吸阀虽然对油罐起到安全作用，但在一定程度上增加油品蒸发损耗。（×）

正确答案： 机械呼吸阀不但对油罐起到安全作用，而且在一定程度上减少油品蒸发损耗。

144. 定期对油罐的机械呼吸阀进行维护保养，清洁阀盘上灰尘、水珠、螺栓，必要时调换阀壳衬垫。（√）

145. 油罐的量油孔正常情况下的密封垫应每四年更换一次。（×）

正确答案： 油罐的量油孔正常情况下的密封垫应每三年更换一次。

146. 通常室内阀门的阀杆涂润滑脂，室外阀门的阀杆涂机油。（×）

正确答案： 通常室外阀门的阀杆涂润滑脂，室内阀门的阀杆涂机油。

147. 油罐底受力与罐的高度有关。（×）

正确答案： 油罐底受力与罐的高度无关，与液位高度、密度有关。

148. 流体能够连续地充满所占据的空间，当流体流动时在其内部不形成空隙，这就是流体运动的连续性。（√）

149. 润滑油一般在室内温度下使用，质量要求是合适的黏度，无腐蚀性，机械杂质少。（√）

150. 油罐清洗主要有人工清洗和机械清洗两种方法。（√）

151. 过滤器只要不堵塞，就不用清洗。（×）

正确答案： 过滤器需要定期清洗，防止堵塞。

152. 离心泵轴承箱内加注润滑油，要求黏度要大，油面要高。（×）

正确答案： 离心泵轴承箱内加注润滑油，要求黏度适中，不稀不稠，油量不要太多或太少。

153. 油罐出口阀门内漏引起窜油，该罐油品只能往外窜，油品不会窜入该罐。（×）

正确答案： 油罐出口阀门内漏引起窜油，该罐油品可能往外窜，油品也可能窜入该罐。

154. 长输管线首次投油时，由于管道内有热水，造成油水两相顺序输送，油水接合的两种介质分子必然互相扩散，不断混杂，形成油水混合物，这就是“混油头”。（√）

155. 不输油时，管道内有类似流水般的响声，埋地管道的附近地面或水面有油迹或油花，周围植物出现发黄枯死现象，可以断定地下管道出现渗漏。（√）

156. 收发油时，泵出口压力表读数突然下降或比正常读数小，进口真空表读数亦相应增加，可以断定地下管道出现渗漏。 （√）

157. 油品属于非导电性液体，当它同固体容器或空气接触时，由于流动、沉降、过滤、灌装、飞溅等相对运动都会产生静电。 （√）

158. 石油库管道油品流动速度大，产生静电积聚机会小。 （×）

正确答案：石油库管道油品流动速度小，产生静电积聚机会大。

159. 经常发生某个油罐装船（车）时损耗率大，而同种油品的分类汇总账反映的进货损耗率或各种损耗量的总和并不大，其原因可能是发货管线的阀门渗漏、窜油。 （√）

160. 经常发生某个油罐进货损耗率大，而同种油品的分类汇总账反映的进货损耗率或各种损耗量的总和也大，说明可能是管道的阀门不严密而有少量窜油所造成。 （×）

正确答案：经常发生某个油罐进货损耗率大，而同种油品的分类汇总账反映的进货损耗率或各种损耗量的总和并不大，说明可能是管道的阀门不严密而有少量窜油所造成。

161. 呼吸阀挡板的作用是降低油品的蒸发损耗，安装在防火器下面并伸入罐内。 （√）

162. 收油量与对方送油量相差很大的原因可能是油品窜入其他罐内。 （√）

163. 离心泵启动后出口阀长时间未打开会导致电机冒烟。 （×）

正确答案：离心泵启动后出口阀长时间未打开会导致泵体温度升高，电机不会冒烟。

164. 垫片撕裂的原因是管线内油品因温差变化大而未能及时消压，造成管线憋压。 （√）

165. 如加热器泄漏，当罐区停蒸汽时，没有先关好加热器入口阀，往往会造成蒸汽管线窜油。 （√）

166. 蒸汽管线压力虽然比油品管线压力高，但当停蒸汽时，蒸汽冷凝时蒸汽管线变为负压，如蒸汽管线与油管线连接的阀门内漏或关不严，油就会窜到蒸汽管线内。 （√）

167. 油品杂质含量越大，静电量就越大。 （×）

正确答案：静电量在一定范围内，随油品杂质含量增大而增大，当杂质过多时，油品静电量又降低，因杂质过多，使电导率增大，静电荷更容易流散。

168. 流量计接管管径设置不当可能引起流量计运转有噪声。 （√）

169. 油品蒸发损耗仅仅造成油品数量减少，不会影响油品质量。 （×）

正确答案：油品蒸发损耗不仅造成油品数量减少，也会影响油品质量。

170. 油罐窜油只会造成油品质量事故，不会造成其他事故。 （×）

正确答案：油罐窜油不但会造成油品质量事故，还会造成跑油、冒罐等事故。

171. 油品储存时间长造成质量变化是物理变化和化学反应的过程。 （√）

172. 油罐检尺口衬一层铝的目的是防止产生静电。 （ × ）

正确答案：油罐检尺口衬一层铝的目的是避免碰撞和摩擦产生火花。

173. 风险评价是指依照现有的专业经验、评价标准和准则，对危害分析结果作出判断的过程，是HSE管理体系中十分重要的基础工作。 （ √ ）

174. 重大事故隐患与重大危险源是引发重大事故的源头，所以两者的概念是等同的。 （ × ）

正确答案：重大事故隐患与重大危险源是引发重大事故的源头，但两者的概念是不同的。

175. 作业指导书是用于指导岗位操作人员有效、正确地完成某项作业（任务和活动）所编写的书面文件，相当于现行的操作规程。 （ √ ）

176. 造成混油的主要原因有事故性混油和非事故性混油。 （ × ）

正确答案：混油事故可分为事故性混油和非事故性混油。

177. 由于作业指导书相当于操作规程，所以无须在作业指导书中体现风险控制措施。 （ × ）

正确答案：由于作业指导书相当于操作规程，所以需在作业指导书中体现风险控制措施。

178. 风险是指发生特定危害事件的可能性以及发生事件结果的严重性的乘积。 （ √ ）

179. 油品主要通过呼吸道、消化道、皮肤三个途径进入体内对人体产生毒害。 （ √ ）

180. 储罐阀门内漏窜油应及时安排处理管线，倒空该罐油品，更换或维修阀门。 （ √ ）

181. 发现油罐窜油当班处理好后，不须报告任何部门。 （ × ）

正确答案：发现油罐窜油，当班应立即报告车间及调度。

182. 油罐跑油，跑到含油污水井（道）的油不用回收，可直接排入厂区含油污水系统。 （ × ）

正确答案：油罐跑油，跑到含油污水井（道）的油要回收，不可直接排入厂区含油污水系统。

183. 储油罐裂、罐壁穿孔跑油，首先应往罐内垫水。 （ × ）

正确答案：储油罐裂、罐壁穿孔跑油，应尽快转（倒）空该罐油品。

184. 扑救油罐沸溢性火灾，宜采用液下喷射灭火方法。 （ √ ）

185. 油罐初起火，岗位人员在确保安全情况下，可利用岗位配备的干粉灭火器或CO_2灭火器进行灭火。 （ √ ）

186. 消防冷却供水系统启动后，冷却水到达指定喷淋罐冷却时间不应大于10min。 （ × ）

正确答案： 消防冷却供水系统启动后，冷却水到达指定喷淋罐冷却时间不应大于5min。

187. 当油罐出现漏油，应把该罐油品倒进罐区邻近空罐，及时安排清扫修补。 （ × ）

正确答案： 当油罐出现漏油，应把该罐油品倒进罐区同品种空罐，及时安排清扫修补。

188. 当管线发生漏油，应立即关闭管线两端阀门。 （ √ ）

189. 疏水器不排冷凝水可用铁锤或阀卡敲打疏水器的方法来处理。 （ × ）

正确答案： 疏水器不排冷凝水不能用铁锤或阀卡敲打疏水器的方法来处理。

190. 油罐静止时，钢带表测量液位经常变化可判断钢带表失灵。 （ × ）

正确答案： 油罐静止时，钢带表测量液位经常变化不能判断钢带表失灵，也可能是油温变化、加热器泄漏、窜油等引起液位变化。

191. 收、付油量误差大，如本方查找没发现原因就算了。 （ × ）

正确答案： 收、付油量误差大，如本方查找没发现原因就要通知对方查找原因。

192. 油罐发生火灾，只需打开着火油罐的喷淋水冷却。 （ × ）

正确答案： 油罐发生火灾，只需打开着火油罐和邻近罐的喷淋水冷却。

193. 当立式油罐着火后，为减少损失，应首先将油罐中的油品排出。 （ × ）

正确答案： 当立式油罐着火后，为减少损失，可以考虑将油罐中的油品排出，但要注意油罐液位高度，注意不能将火带出，防止事态进一步扩大。

194. 加热器泄漏应立即安排清罐进行补焊。 （ × ）

正确答案： 加热器泄漏，可将泄漏本组加热器进出口阀关闭，使其隔离，暂时监护维持使用，待清罐检修时进行补焊处理。

195. 发现油泵着火，应立即按下电钮停泵，关闭泵进出口阀门，并用干粉灭火器或CO_2灭火器灭火。 （ √ ）

196. 往装置输油泵电机冒烟，应先切换备用泵，再停下电机冒烟的泵。 （ × ）

正确答案： 往装置输油泵电机冒烟，应先停下电机冒烟的泵，再切换备用泵。

197. 当管线垫片撕裂，如漏油较少，有条件可用水顶空管线存油，再关闭管线前后阀门。 （ √ ）

198. 发现蒸汽管线窜油应打开蒸汽主管排凝阀及伴热管排凝阀将油排入含油污水道或废水道。 （ × ）

正确答案： 发现蒸汽管线窜油应打开蒸汽主管排凝阀及伴热管排凝阀将油排入含油污水道或可回收污油的地方。

199. 罐内油品凝固时，可用加热器直接加热。 （ × ）

正确答案：罐内油品凝固时，禁止用加热器直接加热，以免局部升压发生意外事故。

200. 带电灭火要注意防止电气短路、触电等发生。（√）

201. PID图是在物料流程图的基础上绘制的，是施工流程图或带控制点的工艺流程图的一种。是设备布置和管道布置等设计的依据，并可供施工、安装、生产操作时参考。（√）

202. 为了防止出现故障，技术落后、耗能高、效率低的设备应当立即报废。（×）

正确答案：为了防止出现故障，技术落后、耗能高、效率低、无改造价值的设备应当立即报废。

203. 疏水器冬季间断使用时将排水口朝上。（×）

正确答案：疏水器冬季间断使用时将排水口朝下。

204. 工艺流程图中，工艺物料埋地管道用粗虚线表示。（√）

205. 危害是指可能造成人员伤害、职业病、财产损失、环境破坏的根源或状态。（√）

206. 对于同一岗位的不同类型作业，可编写和遵守同一作业指导书。（×）

正确答案：由于操作的程序、步骤、要求等不同，则须分别编写和遵守作业指导书。

207. 油品的挥发性增加了油品发生火灾爆炸的危险性。（√）

单选题

1. 有关油品的灰分，下列阐述正确的有（ A ）。

A. 指在规定条件下，灼烧后剩下的不燃烧物质

B. 灰分的组成一般认为是一些金属元素及其盐类

C. 灰分对不同的油品具有不同的概念，对基础油或不加添加剂的油品来说，灰分可用于判断油品的精制深度

D. 对于加有金属盐类添加剂的油品（新油），灰分就成为定量控制添加剂加入量的手段

2. 为了去除油品中硫化物，通常采用的方法是脱硫醇或（ C ）。

A. 催化裂化　　B. 催化重整　　C. 加氢精制　　D. 延迟焦化

3. 有关油品的硫的阐述，下列表述正确的有（ C ）。

A. 油品中的硫都是单质硫

B. 油品中的硫都是化合硫

C. 油品中的硫，包括单质硫和化合硫

D. 油品中的硫，指的是油品中的H_2S含量

4. 燃料油黏度决定其燃烧时的（ C ）性。

A. 汽化　　B. 燃烧　　C. 雾化　　D. 氧化

5. 石油产品的温度升高了，则其黏度将（ B ）。

A. 升高　　B. 降低　　C. 不变　　D. 不能确定

6. 石油产品抵抗空气（或氧气）的作用而引起其性质发生（ C ）改变的能力叫油品的抗氧化安定性。

A. 瞬间　　B. 短期　　C. 永久性　　D. 可逆

7. 有关石油产品滴点的阐述，下列表述正确的是（ A ）。

A. 滴点是指石油产品在规定条件下达到一定流动性时的最低温度，以℃表示

B. 滴点就是凝固点

C. 滴点是汽油的一个最重要指标

D. 石油产品的滴点就是其熔点

8. 润滑脂是根据（ C ）大小来分牌号的。

A. 熔点　　B. 针入度　　C. 锥入度　　D. 软化点

9. 烃类在溶剂中的溶解度主要决定于烃类和溶剂（ D ）的相似程度。

A. 温度　　B. 黏度　　C. 浓度　　D. 分子结构

10. 液压油的控制指标有黏温性能和（ B ）。

A. 赛氏黏度　　B. 运动黏度　　C. 动力黏度　　D. 恩氏黏度

11. 用来表示冷冻机油低温流动性能的指标有凝固点、倾点、（ D ）和低温黏度等。

A. 滴点　　B. 烟点　　C. 露点　　D. 浊点

12. 密度是指在某一温度下，单位体积的物质在真空中的（ C ）。

A. 重量　　B. 质子数　　C. 质量　　D. 物质的量

13. 相对密度是指某物质的密度与（ A ）℃水的密度之比。

A. 4　　B. 20　　C. 25　　D. 50

14. 油品的相对密度随温度的升高而（ B ）。

A. 升高　　B. 降低　　C. 不变　　D. 无法确定

15. 馏程是用来判断石油产品中（ B ）多少的。

A. 元素　　B. 轻质组分　　C. 化学组成　　D. 分子组成

16. 馏程表示的是油品的（ B ）范围。

A. 闪点　　B. 沸点　　C. 凝点　　D. 冰点

17. 划分汽油牌号的依据是（ C ）。

A. 黏度　　B. 闪点　　C. 辛烷值　　D. 十六烷值

18. 发动机压缩比是指汽缸总容积与（ D ）的容积之比。

A. 压缩室　　B. 曲轴　　C. 连杆　　D. 燃烧室

19. 压缩比越大的汽油机要选用（ A ）牌号的汽油。

A. 越高　　B. 越低　　C. 92#　　D. 95#

20. 柴油十六烷值的高低是选取（ B ）作为参照物来进行测定的。

A. 正庚烷和异辛烷　　B. 正十六烷和 α－甲基萘

C. 异辛烷　　D. 正十六烷

21. 在一定的试验条件下加热油品，当油品蒸气与空气所形成的混合气遇到明火时，发生闪燃，此时油品的（ B ）为所测试油品的闪点。

A. 温度　　B. 最低温度　　C. 最高温度　　D. 绝对温度

22. 油品闪点可以判断油品火灾危险程度的大小，因此（ B ）。

A. 闪点越高易燃危险性越大　　B. 闪点越低易燃危险性越大

C. 闪点越低易燃危险性越小　　D. 闪点越高易燃危险性越小

23. 油品的危险等级是根据（ C ）来划分的。

A. 密度　　B. 馏程　　C. 闪点　　D. 凝点

24. 在重质油品使用过程中，如果混入部分轻组分油品，则油品闪点会（ B ）。

A. 升高　　B. 降低　　C. 不变　　D. 无法确定

25. 一般来说，不同原油基所属的油品，其倾点与凝点相比，（ A ）。

A. 倾点高，凝点低　　B. 倾点低，凝点高

C. 倾点与凝点在数值上一样　　D. 不确定

26. 凝点是指在规定条件下，油品（ C ）的最高温度,是评价油品低温性能的项目。

A. 完全燃烧时　　B. 加热而完全蒸发时

C. 冷却到失去流动性时　　D. 自燃时

27. 最能反映油品低温流动性能的项目是（ C ）。

A. 闪点　　B. 凝点　　C. 倾点　　D. 沸点

28. 浊点是衡量油品（ C ）的指标。

A. 燃烧性能　　B. 安全性　　C. 低温流动性　　D. 蒸发性

29. 影响汽油安定性的主要因素是（ B ）。

A. 饱和烃　　B. 不饱和烃　　C. 辛烷值　　D. 密度

30. （ C ）是评定汽油储存安定性的指标之一。

A. 马达法　　B. 开口杯法　　C. 诱导期　　D. 燃灯试验

31. 饱和蒸气压是在规定条件下，油品在试验装置中，（ C ）时，液面蒸气所显示的最大压力。

A. 蒸发速度大于液化速度　　B. 蒸发速度小于液化速度
C. 蒸发速度等于液化速度　　D. 液化速度最小

32. 油品中混入水分，会使油品（ A ），加速油品老化变质。
A. 乳化　B. 闪点降低　C. 凝固点降低　D. 诱导期缩短

33. 油品的机械杂质是用（ A ）表示的。
A. 质量百分数　B. 分子量百分数　C. 体积百分数　D. 密度百分数

34. 水溶性酸碱是油品储运中判断油品（ A ）的指标之一。
A. 是否变质　B. 安全性　C. 蒸发性　D. 安定性

35. 润滑油脂的腐蚀试验用于检验其中（ A ）对金属的腐蚀情况。
A. 活性硫　B. 游离硫　C. 游离氯　D. 有机酸碱

36. 腐蚀试验是在规定条件下，评定油品（ A ）的一种试验。
A. 对一种或几种金属腐蚀作用　　B. 对碳素钢腐蚀作用
C. 对有机橡胶腐蚀作用　　D. 对储存与输送设备腐蚀作用

37. 残炭大小可大致判断油品在发动机中（ C ）的倾向。
A. 生成胶质　B. 发生氧化　C. 积炭　D. 蒸发

38. 油品加热温度最高不能超过（ A ）。
A. 闪点　B. 燃点　C. 自燃点　D. 凝点

39. 油品自燃点与燃点之间的关系是（ A ）。
A. 自燃点高于燃点　　B. 自燃点低于燃点
C. 自燃点等于燃点　　D. 因油品性质而异

40. 石油产品爆炸的危险性取决于物质的（ D ）。
A. 闪点　B. 燃点　C. 自燃点　D. 爆炸浓度范围

41. 评定液体火灾爆炸危险性的主要参数中，下列有关爆炸极限的说法正确的是（ C ）。
A. 爆炸极限越宽，爆炸下限越低，爆炸危险性越小
B. 爆炸极限越宽，爆炸上限越高，爆炸危险性越小
C. 爆炸极限越宽，爆炸下限越低，爆炸危险性越大
D. 爆炸危险性与爆炸极限无关

42. 液体受热后表面发生（ C ）的现象叫蒸发。
A. 液化　B. 沸腾　C. 汽化　D. 扩张

43. 油品的蒸发特性是通过（ B ）指标来体现的。
A. 蒸气压　B. 饱和蒸气压　C. 露点　D. 凝点

44. 油品中加入静电添加剂的作用是（ C ）。
A. 增加静电荷　　B. 减少静电荷

C. 使静电荷得不到积聚　　D. 消除静电

45. 为了防止静电引起火灾，在油品储运过程中，设备都应装有（ D ）。

A. 风向标　　B. 消声器　　C. 流量计　　D. 静电接地设施

46. 石油产品引起人员中毒的程度取决于石油产品的（ A ）。

A. 油气浓度大小　B. 油品的闪点　　C. 油品的密度　　D. 油品的杂质

47. 有关油品毒性的说法，下列表述正确的有（ A ）。

A. 油品的有毒成分，可以通过皮肤、呼吸道、消化系统进入人体

B. 油品的有毒成分，只能通过皮肤进入人体

C. 油品的有毒成分，只能通过呼吸道进入人体

D. 油品的有毒成分，只能通过消化系统进入人体

48. 石油产品受热后，温度上升，体积会（ C ）。

A. 缓慢缩小　　B. 迅速缩小　　C. 迅速膨胀　　D. 维持不变

49. 油罐（车）突沸的原因主要是（ D ）。

A. 油品受热而膨胀　　B. 油品受热而汽化

C. 水被加热而膨胀　　D. 水被加热而汽化

50. 发现油品突沸，应立即（ A ）。

A. 停止收、付作业　　B. 向罐内吹蒸气，防止着火

C. 向罐内吹风降温　　D. 堵死罐顶各开孔处，防止溢出

51. 量油尺的零刻度在（ B ）。

A. 尺带与尺架连接处　　B. 尺砣的下端面

C. 尺带与尺砣连接处　　D. 尺砣与尺带连接的顶端

52. 规范操作体现油高测量测实法尺砣快触底前后的四个关键性动作是（ B ）。

A. 核对总高、慢慢送尺、拖拉尺、收尺

B. 慢慢送尺、核对总高、拖拉尺、收尺

C. 慢慢送尺、拖拉尺、核对总高、收尺

D. 慢慢送尺、拖拉尺、收尺、核对总高

53. 电阻式温度计是通过测量（ A ）的大小来确定温度高低的。

A. 电阻值变化　　B. 电阻的发热量

C. 通过电阻的电流　　D. 电阻两端的电压

54. 石油密度计的工作原理是（ A ）。

A. 阿基米德原理　　B. 物体的热磁效应

C. 物体的热胀冷缩特性　　　　　　　D. 流体伯努利方程

55. 下列说法正确的是（ A ）。

A. 在测量视密度后，应马上或同时测量视温

B. 在测量视密度前，应马上测量视温

C. 在测量视密度后，再测量视温

D. 在测量视密度的同时测量视温

56. 高温油泵启动前（ C ）至接近输油温度。

A. 应预冷　　B. 不需预冷　　C. 应预热　　D. 不需预热

57. 储运系统油罐加温及管线伴热使用蒸汽一般为（ A ）蒸汽。

A. 低压　　B. 中压　　C. 高压　　D. 超高压

58. 输送重质油品管线在静止状态下，伴热必须（ D ）。

A. 全开　　　　　　　　B. 半开

C. 关闭　　　　　　　　D. 根据温度，及时调整

59. 油罐区明沟水出防火墙闸阀及含油污水出防火墙闸阀应（ B ）。

A. 常开

B. 常关

C. 明沟水闸阀常关，含油污水闸阀常开

D. 明沟水闸阀常开，含油污水闸阀常关

60. 成品油损耗指的是蒸发损耗和（ B ）损耗的总称。

A. 大呼吸　　B. 残漏　　C. 小呼吸　　D. 运输

61. 与油罐大呼吸损耗大小无关的因素是（ C ）。

A. 油品性质　　B. 罐周转次数　　C. 昼夜温差大小　D. 气温高低

62. 定时检尺主要是为了（ C ）。

A. 掌握罐内温度，防止输送中凝线

B. 防止油罐进水

C. 判断加热器是否有泄漏或有无窜油

D. 减少油品的蒸发损失

63. 油品液高测量值的修正采用（ B ）。

A. 内插法　　B. 靠近法　　C. 交换法　　D. 替代法

64. 将罐表载体积修正到罐壁平均温度下的实际体积 V_t 时，非保温罐可用（ C ）来代替罐壁平均温度。

A. 罐内油品温度　　　　　　　　　B. 大气温度

C. （罐内油品温度+大气温度）/2　　D. 20℃

65. 液化气的气相密度和液相密度不同的原因是（ D ）。

A. 温度不同　　B. 组成不同　　C. 压力不同　　D. 状态不同

66. 孔板流量计测量时流量增大，则孔板前后的压差（ B ）。

A. 减少　　B. 增大　　C. 不变　　D. 因流体性质而定

67. 流量计的精度用（ A ）来表示。

A. 百分数　　B. 千分数　　C. 差值　　D. 差值的绝对值

68. 不属油品加热的主要目的的是（ B ）。

A. 降低油品黏度，改善油品流动性，降低油品输送阻力

B. 节约能源

C. 促进油品的破乳，油品脱水杂质的沉降

D. 提高油品调和均匀程度

69. 在计算管件及阀门的局部阻力时，通常使用（ D ）法计算。

A. 阻力　　B. 相对阻力　　C. 相对长度　　D. 当量长度

70. 不属疏水器排汽大的原因的是（ D ）。

A. 阀盖与阀体密封不严

B. 阀瓣被磨损，使阀门密封不严

C. 密封面上附有杂物，使阀门关闭不严

D. 阀内通道被杂物堵塞

71. 对于恒温疏水器来说，当蒸气中含有空气时，则其温度（ A ）。

A. 下降　　B. 上升　　C. 不变　　D. 说不定

72. 属于速度式流量计的是（ D ）。

A. 椭圆齿轮流量计　　　　　　　B. 腰轮流量计

C. 刮板流量计　　　　　　　　　D. 涡轮流量计

73. 速度式流量计适用于（ A ）的介质。

A. 低黏度　　B. 中等黏度　　C. 高黏度　　D. 任何黏度

74. 对于新安装或管路检修后开始运转的流量计，按（ B ）的顺序打开、关闭阀门，可使其达到预期的流量值。

A. 先开旁路管阀门，后开流量计下游阀门，再开流量计上游阀门，最后逐步关闭旁路阀门

B. 先开旁路管阀门，后开流量计上游阀门，再开流量计下游阀门，最后逐步关闭旁

路阀门

C. 先开流量计上游阀门，后开旁路管阀门，再开流量计下游阀门，最后逐步关闭旁路阀门

D. 先开流量计下游阀门，后开流量计上游阀门，再开旁路管阀门，最后逐步关闭旁路阀门

75. 进行油罐清洗作业时，对进出油管线应采取（ A ）的隔离措施。

A. 加盲板　　B. 水封　　C. 油封　　D. 关闭阀门

76. 油罐区防火堤内用火属（ A ）用火。

A. 特级　　B. 一级　　C. 二级　　D. 三级

77. 油罐区用火前，必须组织专业技术人员对施工现场进行检查，进行（ C ），并制定相应的防范措施。

A. 安全检查　　B. 安全评价

C. 危害识别和风险评估　　D. 工艺、设备、安全专业检查

78. 油品的输送中，运费低、损耗小且能连续输送的是（ C ）。

A. 水路　　B. 公路　　C. 管道　　D. 铁路

79. （ B ）运输具有机动灵活的优点，但每批量较小，运输距离不宜太长，一般作炼油厂产品外运的辅助方式。

A. 水路　　B. 公路　　C. 管道　　D. 铁路

80. 铁路罐车到库停靠后，卸油前首先应做的工作是（ C ）。

A. 计量、采样、化验　　B. 立即进行卸油

C. 核对车号、油品名称、规格　　D. 其他三项所述工作都可先做

81. 油品计量先测油品的体积、温度和密度，然后再经换算，得到油品重量的方法称（ C ）。

A. 重量法　　B. 体积法　　C. 体积重量法　　D. 标定法

82. 油品计量按油品所处的状态来分，有（ A ）两种。

A. 静态计量和动态计量　　B. 检尺计量和衡器计量

C. 检尺计量和流量计计量　　D. 衡器计量和流量计计量

83. 油罐容积表是一个（ A ）。

A. 从油罐底部基准点开始算起，任一垂直高度下该油罐的有效容积

B. 从计量口下尺点开始算起，任一垂直高度下该油罐的有效容积

C. 从油罐底部管线出口开始算起，任一垂直高度下该油罐的有效容积

D. 从油罐底部垫水层开始算起，任一垂直高度下该油罐的有效容积

84. 油品交接计量应选择的温度计是（ A ）。

A. 膨胀式温度计　　B. 电阻式温度计

C. 辐射式温度计　　D. 压力式温度计

85. 油罐清扫人员进入油罐内作业前，油罐进出口阀门必须加齐盲板，经蒸罐后，罐内气体分析合格，（ C ）方可进入罐区内作业。

A. 办理用火作业许可证，落实安全措施

B. 办理进入受限空间作业许可证，落实用火措施

C. 办理进入受限空间作业许可证，落实安全措施

D. 落实安全措施，不需办理进入受限空间作业许可证

86. 内外浮顶油罐，在未拆胶囊前，蒸罐时（ A ）蒸罐温度。

A. 要控制　　B. 不需控制　　C. 无规定　　D. 可控可不控

87. 油罐底清扫出的污泥，可拉到（ D ）。

A. 厂区垃圾池丢放　　B. 城市垃圾处理厂

C. 无规定　　D. 环保部门指定地方作无害化处理

88. 离心泵工作点是由（ C ）决定的。

A. 离心泵特性曲线　　B. 管路特性曲线

C. 泵和管路特性曲线交点　　D. 离心泵效率最高点

89. 离心泵的$H-Q$曲线表明，流量增大，扬程（ B ）。

A. 增大　　B. 减小　　C. 不变　　D. 为零

90. 离心泵内液体不发生冲击损失的条件是流量必须（ C ）。

A. 大于设计流量　　B. 小于设计流量

C. 等于设计流量　　D. 流量不变

91. 液体密度大对泵性能的影响是（ A ）。

A. 泵的扬程，流量不变，轴功率增大

B. 泵的扬程增大，流量减小，轴功率增大

C. 泵的扬程不变，流量不变，轴功率减小

D. 泵的扬程减小，流量不变，轴功率增大

92. 液体黏度大对泵性能的影响是（ B ）。

A. 泵的扬程不变，流量不变，轴功率增大

B. 泵的扬程降低，流量减小，轴功率增大

C. 泵的扬程不变，流量不变，轴功率减少

D. 泵的扬程减小，流量不变，轴功率增大

93. 两台型号相同的离心泵串联使用后，其扬程（ A ）单台泵扬程的两倍。

A. 低于　　B. 高于　　C. 等于　　D. 因油品性质而定

94. 两台型号相同的离心泵并联使用后，其流量（ B ）它们独立工作时的流量之和。

A. 高于　　B. 低于　　C. 等于　　D. 因油品性质而定

95. 有关离心泵流量的调节方法，下列操作错误的是（ B ）。

A. 改变泵出口阀开度　　B. 改变泵入口阀开度

C. 改变泵的转速　　D. 切割泵叶轮外径

96. 泵叶轮经车削后，泵流量（ C ）。

A. 不变　　B. 增加　　C. 减少　　D. 因油品性质而定

97. 与往复泵的流量无关的因素是（ B ）。

A. 泵缸尺寸　　B. 管路特性　　C. 往复次数　　D. 活塞冲程

98. 往复泵流量的调节方法中，一般可采用（ B ）方法来调节。

A. 改变泵出口阀开度　　B. 增加旁路调节

C. 改变活塞冲程　　D. 改变往复频率

99. 不宜采用离心泵输送的介质是（ D ）。

A. 原油　　B. 汽油　　C. 煤油　　D. 渣油

100. 不宜采用螺杆泵输送的介质是（ A ）。

A. 汽油　　B. 燃料油　　C. 渣油　　D. 润滑油

101. 测量液体压力时，取压点应在管道（ B ），使导压内不积气体。

A. 上方　　B. 下方　　C. 中部　　D. 上方、下方都可以

102. 选用压力表测量流体压力低于满量程的1/3，则（ C ）。

A. 因压力过低仪表没有指示　　B. 压力表精度等级下降

C. 压力表相对误差增大　　D. 压力表相对误差减小

103. 压力表指示的压力为（ A ）。

A. 表压　　B. 绝对压力　　C. 大气压力　　D. 残压

104. 离心泵的比例定律是指同一台泵（ B ）改变后性能参数间的相互关系。

A. 叶轮直径　　B. 转速　　C. 流量　　D. 扬程

105. 离心泵的切割定律是指同一台泵（ A ）改变后性能参数的改变。

A. 叶轮外径　　B. 转速　　C. 流量　　D. 扬程

106. 离心泵输送液体密度变化时，泵的轴功率与液体的（ B ）。

A. 密度成反比　　B. 密度成正比

C. 密度的平方成正比　　D. 密度无关

107. 离心泵所输送的介质含有空气时，会导致（ C ）。

A. 泵超压　　B. 超负荷　　C. 泵抽空　　D. 流量增加

108. 反映能量损失大小的参数称为离心泵的（ A ）。

A. 效率　　B. 功率　　C. 水力效率　　D. 机械效率

109. 高比转数泵反映泵的（ C ）。

A. 流量大，扬程增大　　B. 流量小，扬程增大

C. 流量大，扬程减小　　D. 流量小，扬程减小

110. 输送液体的密度越大，离心泵的允许吸上高度（ B ）。

A. 越大　　B. 越小　　C. 不能确定　　D. 无关系

111. 储罐（槽）液面压力越大，离心泵的允许吸上高度（ A ）。

A. 越大　　B. 越小　　C. 不能确定　　D. 无关系

112. 离心泵工作时，由于叶轮两侧承受的压力不等，所以会产生（ C ）。

A. 离心力　　B. 径向力　　C. 轴向力　　D. 阻力

113. 利用平衡孔消除离心泵轴向力，结构简单，但增加泵的（ C ）。

A. 水力损失　　B. 机械损失　　C. 容积损失　　D. 阻力损失

114. 机械式自动脱水器采用浮体和高灵敏度的（ B ）原理，通过放大机构控制特点无背压阀门开启和关闭。

A. 浮力　　B. 杠杆　　C. 力学　　D. 阿基米德

115. 机械式自动脱水器是以重力为动力源，应用液体在容器内部的压强和油水之间的（ C ），从而产生较大的浮力。

A. 温度差　　B. 黏度差　　C. 密度差　　D. 液位差

116. 离心泵机械密封泄漏，离心泵需（ A ）。

A. 小修　　B. 大修　　C. 加强检查　　D. 不需检修

117. 检查轴套、压盖、底套、减压环、封油环、口环、隔板、衬套、中间托瓦等密封件各处暗隙属离心泵（ D ）内容。

A. 日常巡检　　B. 日常维护保养　　C. 小修　　D. 大修

118. 储存原油宜选用（ C ）。

A. 拱顶罐　　B. 内浮顶罐　　C. 外浮顶罐　　D. 球罐

119. 储存轻质易挥发油品需选用（ B ）。

A. 拱顶罐　　B. 内浮顶罐　　C. 外浮顶罐　　D. 球罐

120. 储存喷气燃料的油罐，其管线、油泵应尽量做到（ D ）。

A. 油罐储存地下　　B. 管线合理布置

C. 金属油罐　　D. 专用

121. 为保证流量计的计量精度，应在其前面的管路上安装的设备是（ B ）。

A. 消气器　　B. 过滤器　　C. 减振器　　D. 静电消除器

122. 拱顶油罐的导电地线一端焊接在罐的（ C ），另一端与大地连通。

A. 罐顶　　B. 罐壁　　C. 底板　　D. 人孔

123. 油罐清洗，能用于通风的油罐附件是（ D ）。

A. 量油孔　　B. 人孔　　C. 透光孔　　D. 其他三项所述都可以

124. 当油罐的呼吸阀被油气顶开时，罐内的压力就（ C ）。

A. 上升　　B. 不变　　C. 下降　　D. 上下波动

125. 油罐的付出量大于它的允许呼吸量时会造成油罐（ D ）。

A. 吸到罐底水　　B. 炸裂　　C. 胀破　　D. 变形

126. 拆除阀门的法兰螺栓应按（ C ）的原则顺序松开。

A. 先上后下，先远后近　　B. 先上后下，先近后远

C. 先下后上，先远后近　　D. 先下后上，先近后远

127. 机泵维护的“三勤一定”，其中“一定”是指（ D ）。

A. 定时　　B. 定量　　C. 定人　　D. 定时准确记录

128. 机泵维护的“三见”，即：沟见底、轴见光、（ D ）。

A. 设备见光　　B. 设备见底　　C. 设备见颜色　　D. 设备见本色

129. 当发现阀门盘根有漏油现象时，最简单的处理方法是（ D ）。

A. 阀门加润滑油　　B. 清理阀杆的积油

C. 关闭阀门　　D. 先将阀门关闭，后把紧盘根

130. 当油罐内的油品体积一定时，油品的密度越大，罐底受力（ B ）。

A. 越小　　B. 越大　　C. 无关　　D. 不变

131. 油罐底受力的大小与罐内油品高度（ A ）。

A. 成正比　　B. 成反比　　C. 无关　　D. 成二次曲线关系

132. 流体的连续性方程推导的基础是（ D ）原理。

A. 能量守恒　　B. 速度守恒　　C. 动能守恒　　D. 质量守恒

133. 为了确保润滑油的良好，新的机泵投用后第一次清洗换油的时间一般为（ D ）。

A. 半年　　B. 一季度　　C. 两个月　　D. 30天

134. 设备润滑“五定”管理，其中“定质”指使用的润滑剂的（ B ）必须符合润滑图表上的要求。

A. 质量和数量　　B. 质量和品种牌号

C. 品种和牌号　　D. 质量和品种

135. 轻质油品储罐人工清洗步骤一般为（ A ）。

A. 倒空罐底油→加堵盲板→拆人孔→蒸罐→通风置换→气体分析→进入内部高压水冲洗→清理污物

B. 倒空罐底油→蒸罐→加堵盲板→拆人孔→通风置换→气体分析→进入内部高压水冲洗→清理污物

C. 倒空罐底油→拆人孔→加堵盲板→蒸罐→进入内部高压水冲洗→通风置换→气体分析→清理污物

D. 倒空罐底油→加堵盲板→拆人孔→通风置换→气体分析→蒸罐→进入内部高压水冲洗→清理污物

136. 重质油品储罐人工清洗步骤一般为（ C ）。

A. 倒空罐底油→加堵盲板→拆人孔→气体分析→通风置换→进入罐内清理残物和污物

B. 倒空罐底油→拆人孔→加堵盲板→通风置换→进入罐内清理残物和污物→气体分析

C. 倒空罐底油→加堵盲板→拆人孔→通风置换→气体分析→进入罐内清理残物和污物

D. 加堵盲板→拆人孔→倒空罐底油→通风置换→气体分析→进入罐内清理残物和污物

137. 润滑的原理是将互相接触的金属表面间的摩擦变成（ C ）之间的相互摩擦。

A. 润滑油　　B. 润滑剂离子　　C. 润滑剂分子　　D. 机械

138. 阀门盘根处泄漏的原因有（ A ）。

A. 阀杆腐蚀、磨损　　B. 输送油品黏度小

C. 垫片压紧力不够　　D. 阀门密封面被冲刷、擦伤

139. 以下不属于油品混油原因的是（ C ）。

A. 成品油管线顺序输送不同油品

B. 原油管线顺序输送不同品种原油

C. 管线间断输送油品

D. 窜油

140. 对油品静电不会产生影响的是（ A ）。

A. 油品密度　　B. 空气湿度　　C. 油品流动状态　D. 油品流速

141. 油品在储存中造成质量变化的化学反应因素有（ B ）。

A. 蒸发　　B. 氧化　　C. 混入水分和杂质　　D. 混油

142. 油罐检尺口衬一层铝的目的是（ A ）。

A. 避免碰撞和摩擦产生火花　　B. 确保密封性

C. 降低检尺口磨损　　D. 降低量油尺的磨损

143. “三违”是指（　A ）。

A. 违章作业、违章指挥、违反劳动纪律

B. 违章作业、违章指挥、违反操作规程

C. 违章操作、违章指挥、违反劳动纪律

D. 其他三项所述都不对

144. “三不伤害”是指（ B ）。

A. 不伤害你、不伤害我、不伤害他

B. 不伤害自己、不伤害他人、不被他人伤害

C. 你不伤害、我不伤害、他不伤害

D. 其他三项所述都不对

145. 安全生产实行（ D ）管理。

A. 全面、全体、全天、全员

B. 全员、全时间、全方位、全天候

C. 全社会、全过程、全方位、全天候

D. 全员、全过程、全方位、全天候

146. 施工项目安全管理“三同时”的内容是（ C ）。

A. 新、改、扩建工程的劳动安全卫生设施必须同时进行

B. 新、改、扩建工程的劳动安全卫生设施必须与主体工程同时进行

C. 新、改、扩建工程的劳动安全卫生设施必须与主体工程同时设计、同时施工、同时投入生产和使用

D. 其他三项所述都不对

147. PDCA运行模式，它表示的内涵是（ A ）。

A. 计划—实施—检查—改进

B. 实施—检查—计划—改进

C. 检查—计划—改进—实施

D. 检查—改进—计划—实施

148. 明火作业管理的“三不用火”原则是（ C ）。

A. 用火现场必须有3人才能用火

B. 公司、用火单位、班组人员均应到场才能用火

C. 没有批准的用火作业许可证不用火、用火监护人不在现场不用火、防火措施不落实不用火

D. 其他三项所述都不正确

149. “三废”指的是（ B ）。

A. 废水、废气、废渣　　B. 废水、废气、固体废弃物

C. 废水、废气、废油　　D. 废水、废渣、固体废弃物

150. 危害识别应考虑四个方面因素，它们是：（ B ）。

A. 计划、检查、评比、总结

B. 物的不安全状态、人的不安全行为、有害环境、管理缺陷

C. 设备状态、人的素质、管理技能、操作方法

D. 人的素质、设备科技含量、管理方法、作业时间

151. 新、改、扩建及其他变更危害识别应采用（ A ）。

A. 预危险性分析法　　B. 安全检查表法

C. 工作危害分析法　　D. 环境因素检查表法

152. 危害识别时应考虑三个所有，它们是（ C ）。

A. 所有人，所有物，所有设备　　B. 所有设备，所有场所，所有物

C. 所有人，所有物，所有场所　　D. 所有场所，所有环境，所有设备

153. 设备设施危害识别采用（ B ）的方法。

A. 工作危害分析　　B. 安全检查表

C. 输入输出　　D. 环境因素检查表

154. 风险程度值的确定方法是（ C ）。

A. 风险度（R）=可能性（L）+后果严重性（S）

B. 风险度（R）=可能性（L）－后果严重性（S）

C. 风险度（R）=可能性（L）×后果严重性（S）

D. 风险度（R）=可能性（L）/ 后果严重性（S）

155. 若成品油罐窜油，则要对该罐进行（ D ）才能作为成品油。

A. 检尺确认　　B. 脱水后　　C. 重新分析　　D. 取样分析合格后

156. 油罐初期火灾，油罐有（ B ）的，应立即打开着火油罐及邻近油罐的（ B ）。

A. 消防水系统、消防水系统

B. 冷却喷淋水系统、冷却喷淋水系统

C. 冷却喷淋水系统、泡沫灭火系统

D. 泡沫灭火系统、冷却喷淋水系统

157. 油罐发生漏油，应禁止车辆进入罐区消防路，停止罐区（ D ）。

A. 改罐作业　　B. 检尺测温作业

C. 所有作业　　D. 用火作业

158. 有收、付油作业的油罐着火时，在确保安全情况下该罐（ C ）。

A. 进口阀应关闭，出口阀可不关　　B. 进、出口阀都不关

C. 进、出口阀都关闭　　D. 进口阀可不关，出口阀应关闭

159. 当油罐发生火灾时，应将水喷洒在（ B ）。

A. 着火油罐的油面上　　B. 着火油罐的罐壁上

C. 着火油罐的罐顶上　　D. 其他三项所述中的任一处

160. 当检查发现油罐某组加热器泄漏时，应立即（ B ），并及时汇报库站领导。

A. 打开加热器的全部进出口阀

B. 关闭泄漏组加热器进出口阀

C. 关闭泄漏组加热器的出口阀，进口阀不关

D. 关闭泄漏组加热器的进口阀，出口阀不关

161. 电器着火时下列不能用的灭火方法是：（ C ）。

A. 用干粉灭火　　B. 用沙土灭火

C. 用水灭火　　D. 其他三项所述都不对

多选题

1. 硫含量是指存在于油品中的（ AB ）的含量。

A. 硫　　B. 硫的衍生物

C. 单质硫　　D. 游离硫

2. 有关黏度指数，下列阐述正确的是（ ABC ）。

A. 油品黏度随温度变化的程度，与标准油黏度随温度变化的程度相比较的相对值谓之黏度指数

B. 黏度指数越高，表示油品受温度的影响越小，其黏温性能越好

C. 油品的黏度指数能说明油品在较高温度下黏度特性

D. 油品的黏度指数能说明油品在极低温度下黏度特性

3. 对长期循环使用的（ ABCD ）等，必须定期对油品的氧化安定性做化验分析，发现油品变质应及时换油。

A. 汽轮机油　　B. 内燃机油　　C. 变压器油　　D. 压缩机油

4. 有关固体或半固体的针入度与锥入度，下列说法正确的是（ ABCD ）。

A. 锥入度和针入度是同一概念，锥入度是专业术语

B. 其基本单位是1/10mm

C. 油品针入度越大说明其黏稠性越小

D. 油品的针入度越小说明其固化、半固化程度越明显

5. 油品中的水会使油品的（ AB ）变差（坏）。

A. 低温性能　　B. 安定性　　C. 蒸发性　　D. 安全性

6. 有关石油产品溶解度的描述，下列表述正确的有（ AC ）。

A. 石油产品的溶解度，一般指该石油产品在水中的溶解程度

B. 针对某种纯净的石油产品而言，其溶解度是一个定值

C. 溶解度是反映石油产品可溶性的一个指标

D. 一般而言，油品的溶解度随油品的密度增大而增大

7. 润滑油常见的质量指标有（ ABCD ）。

A. 密度，色度，黏度，黏度指数

B. 闪点，倾点，酸值，总碱值，中和值

C. 水分，灰分，硫酸盐灰分，机械杂质，不溶物

D. 泡沫性，抗乳化性，腐蚀试验，氧化安定性

8. 马达法辛烷值和研究法辛烷值之差称为汽油的（ BC ）。

A. 抗爆指数　　B. 敏感性　　C. 灵敏度　　D. 对比度

9. 如果柴油的十六烷值过低，则（ AC ）。

A. 着火滞后的时间长　　B. 着火滞后的时间短

C. 发动机功率会降低　　D. 发动机功率会升高

10. 闪点的测定方法有（ CD ）。

A. 马达法　　B. 研究法　　C. 开口杯法　　D. 闭口杯法

11. 表示油品低温流动性的项目有（ BC ）。

A. 馏程　　B. 凝点　　C. 倾点　　D. 闪点

12. 有关油品倾点，下列描述正确的有（ AB ）。

A. 倾点是反映油品流动性的一个指标

B. 对于同一种润滑油品，倾点和凝点测试值趋于同一数值

C. 油品的倾点越高，说明其流动性越差

D. 油品的倾点越高，说明其流动性越好

13. 有关浊点的阐述，下列表述正确的是（ BD ）。

A. 浊点，是反映油品清澈程度的一个概念

B. 浊点，是指试样在规定的条件下冷却，开始呈现雾状或混浊时的最高温度

C. 油品的浊点越高，说明油品越不容易分层

D. 油品的浊点越低，说明油品对温度的变化越敏感

14. 有关实际胶质的阐述，下列表述正确的是（ ABC ）。

A. 检测油品的实际胶质是测定油品安定性的项目

B. 实际胶质是在规定条件下，测得燃料的蒸发残留物中的胶质含量，用mg/100ml表示。它具有黏附性，常用来评定汽油或柴油在发动机中生成胶质的倾向

C. 从实际胶质大小可判断库存油品能否安全使用和继续储存

D. 实际胶质是油品中不溶的杂质

15. 诱导期是评定汽油长期储存中（ AD ）的项目。

A. 发生氧化趋势　　B. 蒸发性能

C. 抗爆性能　　D. 生胶趋势

16. 饱和蒸气压是评价汽油（ ABC ）的重要项目。

A. 蒸发性能　　B. 形成气阻的可能性

C. 损失轻质馏分倾向　　D. 能否继续使用

17. 常用的去除油品中的机械杂质的方法有（ BC ）。

A. 加添加剂　　B. 沉淀　　C. 过滤　　D. 加温

18. 有关油品的机械杂质，下列说法正确的是（ AC ）。

A. 油品机械杂质是衡量油品纯度的一个指标

B. 油品机械杂质指的是油品中的可溶性杂质

C. 油品机械杂质指的是油品中的不溶性杂质

D. 油品机械杂质只能通过化学手段来清除

19. 关于油品的水溶性酸碱的说法，下列表述正确的有（ ABCD ）。

A. 油品的水溶性酸主要是溶于其中的有机酸和无机酸（硫酸及其衍生物如磺酸及酸性硫酸酯等）

B. 油品中的水溶性碱，是指油品中溶于水的碱和碱性化合物，如氢氧化钠及碳酸钠等

C. 润滑油的水溶性酸和碱不合格，将腐蚀机械设备

D. 对于变压器油，水溶性酸碱不合格时，不仅会腐蚀设备，而且会使变压器的耐电压下降

20. 石油及其产品燃烧的难易和石油产品的（ ABC ）三个指标有密切关系。

A. 闪点　B. 燃点　C. 自燃点　D. 凝点

21. 危险度是指可燃气体或蒸气同空气的混合物在（ ACD ）情况下一般还会发生爆炸。

A. 爆炸上限之上　B. 爆炸上限与爆炸下限之间

C. 爆炸下限之下　D. 临界压力以下

22. 油品的挥发性除了与油品的饱和蒸气压及温度有关外，还和油品的（ ABCD ）有关。

A. 密度　B. 蒸发面积　C. 液面压力　D. 空气流动速度

23. 油品装车除应控制流速外，还应防止油料（ CD ），尽量减少静电发生。

A. 层流　B. 紊流　C. 喷溅　D. 冲击

24. 为了防止设备因油品受热膨胀，油罐和罐车的（ BC ）必须灵活好用。

A. 液位计　B. 呼吸阀　C. 安全阀　D. 温度表

25. 有关油品的易受热膨胀的特性，下面阐述正确的是（ ABCD ）。

A. 油品普遍存在热胀冷缩的特性

B. 油品的受热膨胀性对装置的安全生产具有一定的负面作用

C. 由于油品的受热膨胀性，要求在油品收付料作业完毕后，必须启动系统泄压设施

D. 考虑到油品的热膨胀性，在油品充装时要保留一定的充装体积空间余量

26. 有关油品易沸溢性的阐述，下列表述正确的有（ AB ）。

A. 部分储罐、容器上部设置除沫器主要是因为油品受热后容易沸溢，进而影响系统的安全运行

B. 液化烃物料的液位受容器的压力影响比较大，所以在日常操作中要保持容器压力的平稳

C. 蒸气水浴加热器上部设置溢流管，是因为加热蒸气凝液的沸溢性所致

D. 油品的沸溢的危害，在油品储运过程中，很难通过管理手段来规避

27. 量油尺是用于测量容器内（ BC ）的专用尺。

A. 油品体积　B. 油品高度

C. 空间高度　D. 油气体积

28. 量油尺必须同时具备（ ACD ）等条件才允许使用。

A. 量油尺完好　　B. 在受检9个月后刻线、数字仍然清晰

C. 在检定有效期内　　D. 检定合格

29. 量水尺要求对其外观检查，下列说法不确切的是（ ABD ）。

A. 表面光洁，垂直立在平面构成89.5° 角

B. 表面光洁，垂直立在平面构成90° 角

C. 表面光洁，刻线清晰，垂直立在平面构成89. 5° 角

D. 刻线清晰，垂直立在平面构成90° 角

30. 测温盒的技术要求有（ ABCD ）。

A. 测温盒的提拉绳应选用符合防静电要求的材料制作

B. 测温盒应由铜质或铝合金材料制成

C. 盒的容量不得小于200ml

D. 刻度清晰

31. 温度计的种类有（ ABCD ）。

A. 膨胀式温度计　　B. 热电偶温度计

C. 热电阻温度计　　D. 辐射式温度计

32. 密度计必须同时具备（ ACD ）条件才允许使用。

A. 密度计完好　　B. 在受检30个月后刻线、数字仍然清晰

C. 在检定有效期内　　D. 检定合格

33. 离心泵启动前检查准备工作有（ BCD ）。

A. 打开泵出口阀

B. 盘车

C. 检查润滑油（脂）是否变质，液面是否在规定范围

D. 灌泵

34. 蒸汽管线投用前应全面检查的内容有（ ABCD ）。

A. 全面检查管线

B. 阀门、法兰是否上好

C. 与油管线相通阀门是否加有盲板

D. 放空阀、排凝阀

35. 管道输油过程中的检查内容包括（ ABCD ）。

A. 管道压力情况

B. 管道温度情况

C. 管道阀门、法兰有无泄漏

D. 保温管道的保温

36. 关于罐区排水阀的说法，下列表述正确的有（ ACD ）。

A. 罐区的污排阀的操作遵循“晴关雨关”

B. 罐区雨排阀，可以在下雨前直接打开

C. 在储罐切水作业前，操作人员务必要检查确认罐组的雨排处于关闭状态

D. 罐区的排水阀状态是交接班必交内容

37. 定期检尺时发现静止油罐液面升高意味着（ ABD ）。

A. 窜油　　B. 加热管漏　　C. 油品自然降温　D. 油品加热升温

38. 油罐收发油速度的含义是（ AB ）。

A. 单位时间的液位上升/下降　　B. 单位时间的油品质量增多/减少

C. 储罐液位变化　　D. 储罐内油品质量变化的多少

39. 关于冬季对油罐操作的规定，下面阐述正确的是（ ABCD ）。

A. 定期检查储罐的伴热系统运行情况

B. 加强对储罐温度的日常检查

C. 严禁储罐超高、超低温运行

D. 加强对储罐安全附件的日常检查，严防呼吸阀等附件冻凝

40. 影响流量计精度的因素有（ ABCD ）。

A. 流体的温度　　B. 流体的压力

C. 管线充盈度　　D. 流量计的测量范围

41. 检修的管道（设备）与生产系统隔绝的方法有（ BD ）。

A. 加水封方法　　B. 加盲板　　C. 关闭阀门　　D. 拆除管线法

42. 有关油品计量的阐述，下列表述正确的有（ ABCD ）。

A. 油品计量分为动态计量和静态计量两类

B. 动态计量通俗一点就是表（流量计）计量，就是油品在管线流动经过表（流量计）以后得计量数据

C. 静态计量大体分为衡器计量和容器计量两种

D. 油品计量采取何种方式视具体条件而定

43. 离心泵流量的调节方法有（ AB ）。

A. 调整电机转速

B. 调整泵出口开度可以适当地提高离心泵的输送流量

C. 对于一台固定的离心泵，其输送介质的流量是固定不变的

D. 对于一台固定的离心泵，其输送介质的流量是可以任意调整的

44. 往复泵的优点有（ AD ）。

A. 能自吸，允许吸入真空度大　B. 流量均匀

C. 宜输送轻质油品　D. 能输送黏度大的油品

45. 螺杆泵的优点有（ ABD ）。

A. 能自吸　B. 工作平稳，流量均匀

C. 宜输送轻、重质油品　D. 结构简单，体积小

46. 离心泵改变转速后的各参数变化情况（ ABCD ）。

A. 增大转速，流量将增大　B. 增大转速，扬程将增大

C. 增大转速，功率增大　D. 功率无明显变化

47. 施工改造管线阀门的注意事项有（ ABCD ）。

A. 待改造管线、阀门的工艺处理，确认达到动火条件

B. 待改造管线、阀门周围安全防火、防爆措施落实

C. 新管线预制完成后进行试压合格后进行新旧管线的连接、新阀门在安装之前完成阀门的强度及严密性试验

D. 安装完毕后对改造完成的管线进行必要的清洗、吹扫

48. 有关离心泵轴向力的叙述，下列表述正确的有（ ABCD ）。

A. 由于吸、排液口压力不同，使得并非完全对称的叶轮两侧所受液体压力不等，从而产生轴向力

B. 轴向力加重了止推轴承的工作负荷，对轴承转动运行不利

C. 轴向力产生强烈的振动，严重窜动使泵不能正常工作

D. 保持离心泵的合适工况能够适度减轻轴向力的危害

49. 设备管理的主要指标有（ ABCD ）。

A. 设备完好率　B. 静密封泄漏率　C. 设备利用率　D. 设备开工率

50. 储存液化气需选用（ CD ）。

A. 拱顶罐　B. 内浮顶罐　C. 卧罐　D. 球罐

51. 在油库，需要安装过滤器的设备是（ BC ）。

A. 阀门　B. 离心泵　C. 流量计　D. 压力表

52. 属于拱顶罐的安全附件是（ ABC ）。

A. 呼吸阀　B. 液压安全阀　C. 静电接地线　D. 人孔

53. 油罐的消防泡沫发生器的检查内容包括（ ABCD ）。

A. 玻璃是否破裂　　B. 有无油气泄出

C. 护罩是否完好　　D. 网罩是否完好

54. 设备运行四不准超，即：不准超压，不准超温，（ CD ）。

A. 不准超时　　B. 不准超量　　C. 不准超速　　D. 不准超负荷

55. 阀门的完好标准包括（ ABD ）。

A. 阀门连接正确　　B. 法兰螺丝紧力均匀

C. 阀门的新旧程度　　D. 阀门的外观无损伤

56. 根据油罐泡沫灭火系统消防泡沫设备的设置情况，可将其分为（ ABC ）。

A. 固定式　　B. 半固定式　　C. 移动式　　D. 不固定式

57. 通常钢管直径的大小用（ AD ）表示。

A. 公称直径　　B. 公称压力

C. 钢管的厚度　　D. 外径

58. 罐区能耗的计算应包括（ ABCD ）。

A. 管线、储罐伴热消耗蒸汽

B. 管线、储罐电伴热及机泵运行消耗电力

C. 罐区工艺处理、氮封系统消耗氮气

D. 机泵运行及消防系统消耗水

59. 润滑油良好的条件有（ ABCD ）。

A. 色度合格　　B. 黏度适当

C. 黏温特性良好　　D. 凝点、闪点、倾点合格

60. 进入罐内清理污油（泥）时，应用（ BD ）清除罐底和罐壁污油（泥）和铁锈。

A. 铁制铲　　B. 铜制铲

C. 钢制铲　　D. 钉有硬橡胶的木耙子

61. 在机械设备中，润滑的主要作用是减小摩擦和控制磨损，同时还可起到冲洗杂质、降低工作温度、（ ABD ）等作用。

A. 防治锈蚀　　B. 密封　　C. 降低噪声　　D. 冷却

62. 管线一旦发生泄漏，视情况可以采取（ BCD ）应急抢修措施。

A. 焊接堵漏　　B. 木塞堵漏　　C. 环箍堵漏　　D. 堵漏栓堵漏

63. 关于输油管道抢修的要求，下列叙述正确的有（ ABCD ）。

A. 及时划定事故抢险警戒区

B. 根据泄漏情况，决定具体、合适的抢险方案

C. 消防人员及抢险人员及时到位待命

D. 残油封堵、回收

64. 油罐窜油的原因有（ BCD ）。

A. 油品带水

B. 责任心不强，切换罐时开错阀门

C. 流程改动时，漏开阀门

D. 阀门内漏

65. 属于事故性混油的原因的有（ BCD ）。

A. 管线顺序输送不同油品

B. 开错阀门，使油品进错油罐

C. 把油品灌入装过其他种油品而又未清洗干净的容器

D. 油罐间阀门不严造成窜油

66. 不同油种的公用管线输送中，出现油品混油的主要原因有（ ABC ）。

A. 管线支路阀门关闭不严　　B. 作业流程设置错误

C. 油头置换不及时　　D. 现场测报仪故障

67. 油罐漏油原因有（ ABD ）。

A. 油罐底板腐蚀严重　　B. 解冻时罐板破裂

C. 进油量大　　D. 罐板焊接缺陷穿孔

68. 造成管线漏油的原因有（ BCD ）。

A. 油品温度过高　　B. 压力超过使用规定

C. 管线年久失修　　D. 管线材质不好

69. 造成油罐加热器泄漏的原因有（ BCD ）。

A. 油品加热温度高　　B. 使用时间长，腐蚀严重

C. 焊缝质量差不合格　　D. 材质差

70. 造成泵的电机冒烟的原因有（ BCD ）。

A. 输送液体温度高　　B. 转子定子发生摩擦碰撞

C. 电机转轴不正　　D. 电机超负荷运行时间长

71. 垫片撕裂的原因有（ ABC ）。

A. 管线憋压　　B. 垫片老化

C. 气温变化大没有及时消压　　D. 输送油品温度高

72. 用蒸汽吹扫原油进罐，若（ ABC ），将有可能造成物料反窜。

A. 阀门开关次序错误　　B. 进罐流程不通

C. 吹扫时突然停蒸气　　D. 蒸气吹扫阀未开

73. 油品在质量管理上应注意采取（ ABCD ）措施，确保油品质量。

A. 减少轻组分蒸发和延缓氧化变质

B. 防止混入水和杂质造成油品变质

C. 防止窜油、混油的发生

D. 防止容器污染变质

74. 按照HSE管理要求，施工前应做好（ ABCD ）等几项准备工作。

A. 进行HSE教育

B. 穿好劳动保护用品

C. 设立警戒区，作业区内禁止闲杂人员进入

D. 设置警示标志

75. 风险是指特定危害性事件发生的（ AB ）的结合。

A. 可能性　　B. 严重性　　C. 频率　　D. 风险度

76. 新工厂开工建设过程中，依《环境保护法》的规定，应注意的问题是（ ABC ）。

A. 防治污染的设施必须与主体工程同时设计

B. 防治污染的设施必须与主体工程同时施工

C. 防治污染的设施必须与主体工程同时投产使用

D. 防治污染的设施必须与主体工程同时检验维修

77. 对隐患治理项目管理应做到（ ABCD ）。

A. 定整改方案　　B. 定资金来源　　C. 定项目负责人　　D. 定整改期限

78. 风险评估、环境影响评价主要有（ ABCD ）。

A. 工作危害分析法　　B. 预危害分析法

C. 输入输出法　　D. 检查表法

79. 油库事故隐患的整改程序是（ ABCD ）。

A. 编制事故隐患整改计划　　B. 跟踪检查整改完成情况

C. 记录隐患的整改完成情况　　D. 落实考核制度

80. 管线漏油的处理办法是（ ABCD ）。

A. 如果是因为阀门填料松动则进行把紧处理

B. 如果是因为管线腐蚀泄漏，则立即进行流程切换处理，停用腐蚀管段

C. 如果是因为管线腐蚀泄漏，又没有切换备用管段，则要求停用腐蚀管线

D. 如因生产需求无法进行离线处理，则采取带压堵漏的方式进行紧急消漏

81. 油泵着火，不可用（ CD ）灭火。

A. 干粉灭火器　B. CO_2灭火器　C. 蒸汽　D. 水

82. 用蒸汽吹扫重油管线内的物料进罐时，需注意（ ABD ）等事项。

A. 蒸汽压力　B. 重油线压力　C. 管线温度　D. 储罐温度

83. 带电灭火的注意事项是（ ABCD ）。

A. 灭火抢险人员做好防触电措施　B. 现场拉设抢险警戒范围

C. 灭火介质严禁含水　D. 带电灭火，需专业人员操作

84. 在PID图中应把生产中涉及的所有（ ABCD ）都画出。

A. 设备　B. 管道　C. 阀门　D. 各种仪表控制点

85. 在PID图中应标注（ ABCD ）。

A. 设备位号及名称　B. 管段编号

C. 控制点代号　D. 必要的尺寸、数据

罐区（模块）理论知识试题

判断题

1. 要取得质量更高、性能更好、应用更加广泛的油品，仅依靠优化原料、改进工艺、采用深度加工，即可满足市场需求。（ × ）

正确答案：要取得质量更高、性能更好、应用更加广泛的油品，除依靠优化原料、改进工艺、采用深度加工外，还需加添加剂等。

2. 油罐储油应尽量装满，这样不仅有利于增加油罐利用率，而且也可以减少油品大呼吸损耗。（ × ）

正确答案：油罐储油应尽量装满，这样不仅有利于增加油罐利用率，而且也可以减少油品小呼吸损耗。

3. 油罐在使用过程中，如果因生产需要改装其他品种油料时，首先要考虑油罐承压能力是否适合，油罐附件能否满足生产要求，是否需要增设加热设施等。（ √ ）

4. 柴油闪点的调和，当两组分的初馏点接近时，其闪点可用重量法公式近似计算。（ × ）

正确答案：柴油闪点的调和，当两组分的初馏点接近时，其闪点可用查图法近似计算。

5. 调和油品辛烷值可用加成关系计算。（ × ）

正确答案：调和油品辛烷值可用占比关系加成近似计算。

6. 新油罐首次使用时，开始收油流速应控制在2m/s以下，待油面高于入口管线200mm以上时，再提高收油流速。（ × ）

正确答案：新油罐首次使用时，开始收油流速应控制在1m/s以下，待油面高于入口管线200mm以上时，再提高收油流速。

7. 液化烃类储罐脱水应采用二次脱水装置，储罐根部阀不能常开，脱水系统应有伴热线。（ √ ）

8. 进行油罐清洗作业时，对进出油管线应采取关闭阀门的隔离措施。（ × ）

正确答案：进行油罐清洗作业时，对进出油管线应采取加插盲板的隔离措施。

9. 在罐区和火灾爆炸危险场所确属检修施工需临时用电时，在办理临时用电许可证后，即可用电。（ × ）

正确答案：在罐区和火灾爆炸危险场所确属检修施工需临时用电时，分析用电场所可燃气含量符合动火要求，开具动火证，办理临时用电许可证后，方可用电。

10. 在罐区和火灾爆炸危险场所确属检修施工需临时用电时，有自备电源的施工和检修队伍，自备电源不应接入公用电网。（ √ ）

11. 用火作业前，针对作业内容，应进行危害识别，制定相应的作业程序及安全措施。（ √ ）

12. 在储存收发易燃、可燃液（气）体的罐区用火，属二级用火作业。（ × ）

正确答案：在储存收发易燃、可燃液（气）体的罐区用火，属特级用火作业。

13. 对新工及转岗的员工和进入生产区的各类人员，在进行安全教育时，可不进行消防安全知识教育。（ × ）

正确答案：对新工及转岗的员工和进入生产区的各类人员，除进行安全教育，还需进行消防安全知识教育。

14. 固定式硫化氢报警器是由两部分组成的，一部分是气体报警控制器，一部分是硫化氢气体探测器，采用三芯或四芯屏蔽电缆把探测器和控制器上的接线端子连接起来，起到现场监测的作用。（ √ ）

15. 处于备用状态的消防水泵，其入口管路的阀门平时应处于关闭状态。（ × ）

正确答案：处于备用状态的消防水泵，其入口管路的阀门平时应处于开启状态。

16. 重力式呼吸阀是利用阀盘的自重和罐内外压差来控制和调节油罐气体空间油气压力。（ √ ）

17. 正常情况下，液压安全阀与机械呼吸阀同步动作，同时起到油罐安全密封和防止油

罐损坏作用。（ × ）

正确答案：正常情况下，液压安全阀在机械呼吸阀故障失去作用时动作。

18. 液压安全阀内部装有密封液，在油罐内出现正压或负压时，阀内密封液将发生升降变化，利用环行空间液面差压，保持油罐良好的密封状态。（ √ ）

19. 阻火器可有效减少油罐内油品的小呼吸损耗。（ × ）

正确答案：阻火器是油罐内防火安全设施，不改变油罐内油品的呼吸损耗。

20. 阻火器内的波纹板能迅速吸收燃烧气体的热量，使火焰熄灭，有效防止外界火焰经呼吸阀进入储罐内。（ √ ）

21. 油罐机械呼吸阀日常维护保养的主要工作有清除阀盘上的水珠、灰尘，并在栓上加油，必要时更换阀壳衬垫。（ √ ）

22. 液压安全阀日常维护保养时，若发现封油被吹掉，应及时清洁阀壳内部并加入封油至规定标线。（ √ ）

23. 冬季对油罐阻火器检查时，应重点检查有无冰冻、腐蚀。（ √ ）

24. 成品油罐钢制浮盘均由低碳钢板制成。通常由于硫化氢气体、水汽、氧气或这些气体的混合物作用于浮顶下部，引起腐蚀，最终浮盘穿孔。（ √ ）

25. 浮盘沉没时，需进行全面检查，对损坏部分进行修复；清扫浮盘、浮舱；将罐内油品倒至最低液位，然后进行清罐。（ √ ）

单选题

1. 对添加剂的使用要求主要是（ D ），副作用要小，油溶性要好，对水不溶解，不乳化，热安定性要好。

A. 仅要求效果好　　B. 添加数量多而效果好

C. 仅添加数量不多　　D. 添加数量不多而效果好

2. 柴油流动性能改进剂是一种蜡结晶抑制剂，使用它可以改善柴油（ D ）。

A. 十六烷值　　B. 抗氧化性能　　C. 抗磨性能　　D. 低温流动性能

3. 油罐储油应尽量装满，这样不仅有利于增加油罐利用率，而且也可以（ C ）。

A. 增加油品蒸发损失　　B. 加快油品分解速度

C. 减少油品小呼吸损耗　　D. 减少油品大呼吸损耗

4. 油罐在计算安全高度时，应考虑的原则之一是，油面上的空间高度应能保证留有一定的（ A ），以利灭火。

A. 泡沫层厚度　　B. 油品受热膨胀高度

C. 油品蒸发空间　　D. 油品燃烧空间

5. 在可能有硫化氢泄漏工作场所使用的固定式和便携式硫化氢检测仪器，其低位报警点均应设置在（ B ）mg/m^3。

A. 5　　D. 10　　C. 20　　D. 30

6. 催化裂化汽油组分随馏分加重而辛烷值（ C ）。

A. 不变　　B. 升高　　C. 降低　　D. 无变化规律

7. 油罐发出的油品质量、温度、含水应符合有关规定，不合格的油品未经批准（ D ）。

A. 可调和处理　　B. 可以发出

C. 可降级处理　　D. 不准发出

8. 油罐收油作业过程中换罐操作时，流程的切换应做到（ A ），确保流程畅通。

A. 先开后关　　B. 先关后开　　C. 同时开关　　D. 随意开关

9. 液化烃类储罐脱水时，脱水罐中的水位（ C ），以防止液化烃泄漏。

A. 保持最高液位　　B. 无高度控制要求

C. 不低于低液位限制指标　　D. 可低于最低液位指示值

10. 进行油罐清洗作业时，对进出油管线应采取（ A ）的隔离措施。

A. 加盲板　　B. 水封　　C. 油封　　D. 关闭阀门

11. 安装临时用电线路的电气作业人员，应持有（ B ）证。

A. 电能计量　　B. 电工作业　　C. 消防培训　　D. 安全培训

12. 用火期间，距用火点（ B ）m内严禁排放各类可燃液体。

A. 5　　B. 15　　C. 20　　D. 30

13. 严禁用（ D ）擦洗设备、衣物、工具及地面等。

A. 洗料　　B. 润滑油　　C. 润滑脂　　D. 汽油

14. 处于备用状态的消防水泵，其入口管路的阀门平时应处于（ D ）状态。

A. 无开关要求　　B. 关闭　　C. 半开启　　D. 全开启

15. 油罐呼吸阀按其结构和压力控制方式可分为重力式和（ B ）两种。

A. 液压式　　B. 弹簧式　　C. 单出口　　D. 双出口

16. 重力式机械呼吸阀由压力阀和真空阀组成。当油罐进油或油料受热蒸发、罐内气体空间压力升高达到油罐正压值时，（ C ）被打开，罐内油气泄放进入大气。

A. 通气阀　　B. 真空阀　　C. 压力阀盘　　D. 呼吸阀

17. 重力式呼吸阀是利用阀盘的自重和罐内外压差来控制和调节油罐气体空间油气（ A ）。

A. 压力　　B. 温度　　C. 体积　　D. 质量

18. 当储罐内外压力平衡时，液压安全阀盛液槽内外环中的液面高度（ A ）。

A. 持平　　B. 内环高

C. 外环高　　D. 等于储罐设计正压

19. 当储罐内气体空间处于正压超压状态时，油气把液压安全阀的（ A ）。

A. 内环密封液压入外环　　B. 外环密封液压入内环

C. 内环密封液压入油罐内　　D. 外环密封液压出油罐

20. 对阻火器应定期检查，清洗（ D ），保持清洁畅通。

A. 铜丝网　　B. 壳体　　C. 连接法兰　　D. 阻火器内波纹板

21. 呼吸阀不能正常动作的主要原因是（ B ）。

A. 膜片漏气

B. 其密封面及传动部件之间产生或沉积了胶状物质、积炭、积灰及腐蚀产物

C. 呼吸阀内有鸟窝

D. 定压值太高

22. 液压安全阀日常维护保养时，若密封油液位低于规定值时，应（ C ）。

A. 调整封油高度　　B. 加入封油超过规定标线

C. 补充密封油至规定标线　　D. 更换封油品种

23. 油罐钢制浮盘防腐层的局部破损，导致该局部范围内腐蚀加剧，易引起浮盘腐蚀穿孔。引起防腐层局部破损的主要原因是（ C ）。

A. 除锈效果差　　B. 焊接质量差

C. 大气污染　　D. 油品性质不稳定

24. 油罐钢制浮盘防腐层的局部破损，导致该局部范围内（ B ）加剧，易引起浮盘穿孔。

A. 化学腐蚀　　B. 电化学腐蚀　　C. 均匀腐蚀　　D. 氢腐蚀

25. 可导致钢制浮顶沉没的原因是（ A ）。

A. 中央排水管堵塞，紧急排水管失灵，浮盘上积聚大量雨水

B. 进油超安全高度

C. 油品进罐时组分太重

D. 某个船舱泄漏

26. 导致钢浮顶油罐卡盘的原因是（ B ）。

A. 油品太轻

B. 油罐的椭圆度不够或者是钢浮盘本身结构和材料造成

C. 油品进罐的流速太快

D. 油罐液位太高

27. 以下选项中，不是导致钢制浮顶沉没原因的是（ D ）。

A. 船舱泄漏，浮船失去浮力

B. 进油带有较多气体

C. 油罐的椭圆度不够造成钢浮顶卡牢沉没

D. 油罐液位太低

28. 液化气罐脱水操作时（ B ），脱出污水应排放进入含油污水系统。

A. 现场无须人员值守　　B. 现场不得离人

C. 敞口排放　　D. 操作人员站在下风向

29. 硫化亚铁自燃为（ B ）反应。

A. 吸热　　B. 放热　　C. 聚合　　D. 分解

30. 浮盘沉没时，以下处理不正确的是（ D ）。

A. 需清罐

B. 需清扫浮盘、浮舱

C. 全面检查，对损坏部分进行修复

D. 将罐内油品倒至低于起浮高度，矫正浮盘

多选题

1. 在燃料油中加入抗静电剂的目的是（ ABCD ）。

A. 提高油品导电率　　B. 泄漏电荷

C. 防止电荷积聚　　D. 消除静电避免引起火灾爆炸危险

2. 油罐在计算安全高度时，应考虑的原则之一是，油品受热，温度升高体积膨胀时，油品不能从（ AC ）溢出跑油。

A. 消防泡沫线　　B. 量油孔　　C. 通气孔　　D. 透光孔

3. 可燃气体报警仪应设有（ AB ）。

A. 一级报警设定值　　B. 二级报警设定值

C. 三级报警设定值　　D. 四级报警设定值

4. 在优化汽油调和方案时，可将（ AD ）作为高辛烷值汽油调和组分。

A. 催化裂化汽油头部馏分　　B. 催化裂化汽油后部馏分

C. 重整汽油头部馏分　　D. 重整汽油后部馏分

5. 球罐切水应遵循（ AC ）的原则，减少过多的设施和阀门。

A. 安全可靠　　B. 质量第一　　C. 操作简便　　D. 操作复杂

6. 定期清洗油罐的目的是（ ABCD ）。

A. 保证产品质量　　B. 定期检查油罐内部设施

C. 复测油罐重新编制容积表　　D. 维护油罐内部设施

7. 进入油罐内进行清洗作业前，需要对油罐内的（ BCD ）进行检测确认。

A. 水分含量　　B. 氧气含量　　C. 硫化氢浓度　　D. 油气浓度

8. 用火作业涉及（ ABC ）等作业时，应办理相应的作业许可证。

A. 临时用电　　B. 进入受限空间

C. 高处　　D. 搬运

9. 备用状态的消防水泵盘泵前要（ AB ）。

A. 切断消防水泵电源　　B. 拆除机泵联锁

C. 直接盘泵　　D. 关闭机泵入口阀门

10. 正常情况下，液压安全阀是不动作的，当（ BC ）时，它将起到油罐安全密封和防止油罐损坏作用。

A. 机械呼吸阀完好

B. 油罐收、付作业异常而出现罐内超压或真空度过大

C. 机械呼吸阀因阀盘锈蚀或卡住而发生故障

D. 油罐正常收、付油作业过程罐内压力正常

11. 液压安全阀密封液选用时，一般采用（ ABCD ）及适宜当地气温条件的介质。

A. 沸点高　　B. 黏度小　　C. 挥发性差　　D. 凝点低

12. 阻火器内的波纹板能（ BCD ）。

A. 减少储罐油气损耗

B. 使火焰熄灭

C. 有效防止外界火焰经呼吸阀进入储罐内

D. 迅速吸收燃烧气体的热量

13. 在炼油装置检修时，如果塔、器未经充分冷却即打开，则（ BD ）。

A. 装置可即时交付检修

B. 在常温下即可引起硫化亚铁自燃放出大量热量

C. 无硫化亚铁自燃潜在危害

D. 硫化亚铁与空气接触发生氧化

公路(模块)理论知识试题

判断题

1. 带压汽车罐车换装物料前，应对罐车内气体进行置换至合格。（√）

2. 在带压汽车油罐车卸液时，其他车辆不准进入装卸区。（√）

3. 带压汽车罐车充装结束，必须检查槽车气、液相阀及车台气、液相鹤管阀无泄漏，并检查确认汽车罐车与装车装置所有连接件已妥善分离。（√）

4. 带压汽车罐车卸车前必须对罐车的装载量、阀门和压力表等附件进行详细检查，无异常情况方可卸液。（√）

5. 带压汽车罐车卸液完毕后，关闭紧急切断阀，并将气、液相阀门加上盲板。（√）

6. 带压汽车罐车的液相和气相出口处必须设置紧急切断装置，以便在管道破裂、阀门损坏或环境发生火灾时进行紧急切断。（√）

7. 电液阀工作不稳定或灵敏度降低的原因是主阀活塞上腔内的空气没有及时泄放掉。

（√）

8. 汽车装卸系统管线使用压力超过设计压力不是法兰垫片损坏的原因。（×）

正确答案：汽车装卸系统管线使用压力超过设计压力是法兰垫片损坏的原因。

9. 带压汽车罐车在装卸作业中，发现罐体内压力异常，应立即停止作业。（√）

10. 带压汽车罐车卸车结束后应关闭罐车卸车阀和卸车臂阀门，泄尽连接处压力，方可拆除卸车臂。（√）

11. 汽车装卸系统管线法兰垫片损坏的处理方法是立即停止装车作业。（√）

12. 汽车罐车底阀跑油应立即停止装车作业。（√）

单选题

1. 给汽车罐车发油的工作顺序是（ A ）。

A. 核对提货单，发油品名、数量，接好静电夹，放好防溢油探头，插入鹤管，发油

B. 接好静电夹，插入鹤管，核对提货单，发油品名、数量，发油

C. 插入鹤管，接好静电夹，核对提货单，发油品名、数量，发油

D. 核对提货单，发油品名、数量，插入鹤管，接好静电夹，发油

2. 罐车检查合格后连接气液相（ D ），接好（ D ）。

A. 静电接地线，鹤管

B. 鹤管，气相阀和气液相阀

C. 静电接地线，气相阀和气液相阀

D. 鹤管，静电接电线

3. 汽车罐车装油作业中，罐车突然起火，首先应（ A ）。

A. 停止发油作业　　B. 用灭火器进行扑救

C. 用灭火毯进行扑救　　D. 报119火警

4. 带压汽车罐车充装即将到量时，及时与送油岗位联系，做好（ B ）准备，并适当关小泵出口阀，以防物料的压力过大造成意外事故。

A. 停电　　B. 停泵

C. 撤除静电接地线　　D. 拆卸气、液相鹤管连接

5. 带压汽车罐车充装结束，待罐车静置（ B ）min后，测量拉杆高度并做好记录。

A. 5　　B. 10　　C. 15　　D. 20

6. 带压汽车罐车卸液时，应按规定保留罐内有（ A ）MPa以上余压，但余压最高不得超过当时环境温度下介质的饱和蒸气压力。

A. 0.05　　B. 0.1　　C. 0.2　　D. 0.3

7. 汽车装卸系统管线法兰处泄漏，下列处理方法中（ A ）是正确的。

A. 更换垫片、紧固螺栓　　B. 更换螺栓

C. 紧固螺栓　　D. 更换法兰

多选题

1. 带压汽车罐车装车过程中的具体检查内容有（ ABCD ）。

A. 鹤管、阀门、管线连接等有无泄漏

B. 车体有无泄漏

C. 罐车的压力是否超高

D. 液位计是否正常

2. 油品装车管线检修后再投用时，应符合（ ABCD ）条件。

A. 管线内无杂质　　B. 气密试验合格

C. 管线内无积水　　D. 盲板已抽除

3. 关于液化气槽车，下列说法正确的是（ ABD ）。

A. 槽车必须设有接地线

B. 装卸流量过大会引起切断阀关闭

C. 液相管口应在槽车最底部，便于卸尽物料

D. 安全阀自动起跳一次，就必须拆下重检

4. 带压汽车罐车的安全附件包括消除静电装置、紧急切断装置、（ BCD ）和灭火器材等。

A. 阀门箱　　B. 安全阀　　C. 液面计　　D. 压力表

5. 电液阀特点是（ ABCD ）。

A. 与微机配合，可实现无级开闭，多段控制流量流速

B. 压力损失小

C. 恒流功能优异，关阀无水击

D. 使用寿命长

6. 属于汽车装卸系统管线法兰垫片损坏的原因的有（ ACD ）。

A. 垫片老化　　B. 填料老化

C. 装卸系统管线憋压　　D. 垫片选用不当

7. 汽车罐车底阀漏油的原因有（ ACD ）。

A. 底阀密封圈老化、断裂

B. 槽车装载油量大

C. 底阀球体与密封圈接触面上夹有固体杂质导致密封面吻合不紧密

D. 底阀弹簧疲劳或断裂，造成密封圈之间间隙增大

8. 避免油罐车跑油事故采取的措施有（ ABCD ）。

A. 装车前认真检查确认排油阀关闭

B. 确认排油阀灵活好用

C. 装车过程中经常检查槽车下口

D. 控制好装车量

9. 汽车罐车底阀跑油的处理方法有（ ABD ）。

A. 关闭底阀　　B. 停止装油作业

C. 立即更换底阀　　D. 待处理好后再进行装车作业

10. 装车过程中，发生槽车冒车应立即（ BD ）。

A. 关闭油罐出口阀　　B. 关闭鹤管阀门

C. 关闭泵进口阀　　D. 停泵

铁路（模块）理论知识试题

判断题

1. 铁路槽车容积表号第一位阿拉伯数字大，罐体内竖直径不一定大。（ × ）

正确答案： 铁路槽车容积表号第一位阿拉伯数字大，罐体内竖直径也大。

2. 液化气体铁路槽车进罐清洗前车内 O_2 含量应大于20%。（ √ ）

3. 铁路槽车充装高度乘以充装介质密度可求得充装容积。（ × ）

正确答案： 铁路槽车充装质量除以充装介质密度可求得充装容积。

4. 液化气体铁路槽车接上液相鹤管和气相鹤管后，应接静电接地线。（ √ ）

5. 液化气体铁路槽车装车前要严格执行对车型、对表号、看槽车清洁度，不符合装车

条件不准装车。（√）

6. 铁路槽车车轮与铁轨之间导电良好，装车时产生的静电全部能从铁轨导走，因此不需要接静电接地线。（×）

正确答案：由于铁路槽罐与车底盘之间有不良导体，因此铁路槽车装卸作业也必须接静电接地线。

7. 液化气体铁路槽车装车要严格按照规定的参数进行作业，特别要严格控制最大充装量，严禁超装。（√）

8. 液化烃铁路罐车装车后，装车量符合有关规定就能进行封车。（×）

正确答案：液化烃铁路罐车装车后，装车量和罐车内压力均符合有关规定后才能进行封车。

9. 液化气体铁路槽车如遇雷雨天气、附近有明火或罐车（包括附件）及装卸管路发生泄漏，应立即停止装卸作业。（√）

10. 液化气体铁路槽车卸料可用空气压料，不得用有可能引起罐体内温度迅速升高的其他方法进行卸料。（×）

正确答案：液化气体铁路槽车卸料可用氮气压料，不得用有可能引起罐体内温度迅速升高的其他方法进行卸料。

11. G17BT铁路黏油槽车卸油时若需加热，应先对设在罐外下部加热管路支路处的内螺纹球阀进行检查，确定使其处于开启状态，然后再检查管路冷凝水出口，必须保持其畅通。（×）

正确答案：G17BT铁路黏油槽车卸油时若需加热，应先对设在罐外下部加热管路支路处的内螺纹球阀进行检查，确定使其处于关闭状态，然后再检查管路冷凝水出口，必须保持其畅通。

12. 高压水射流自动化铁路槽车清洗系统包括高压清洗机、三维洗罐器及进给机构、牵引装置、控制操作系统等。（√）

13. 液化气体铁路槽车最高液位检查阀的附管长度是按介质40t满载时所具有的液面高度设计的，禁止在正常情况下滥用最高液位控制液面高度。（×）

正确答案：液化气体铁路槽车最高液位检查阀的附管长度是按50℃满载时介质所具有的液面高度设计的，禁止在正常情况下滥用最高液位控制液面高度。

14. 装卸车鹤管应定期检查和维护保养，并确保其完好无损。（√）

15. 喷射泵的工作流体可以是气体（空气或蒸气）和液体。（√）

16. 水蒸气喷射泵是以水蒸气为工作介质，不可以直接对大气排气的一种射流真空泵。（×）

正确答案：水蒸气喷射泵是以水蒸气为工作介质，能直接对大气排气的一种射流真空泵。

17. 喷射真空泵停泵操作应先关蒸气进口阀，然后关蒸气吸入口阀。（ × ）

正确答案：喷射真空泵关泵操作应先关闭吸入口阀,然后关闭蒸气进口阀。

18. 泵在较长时间停用后，启用前应先用手转动联轴器，手感有阻力，但能随意转动且轻重均匀。并注意辨别泵内有无摩擦声和异物。（ √ ）

19. 滑片泵卸车是利用滑片泵可以气液混输的特点，来克服轻油汽化时的气阻。（ √ ）

20. 滑片泵的滑片装在开槽的转子中，转子在泵体内与泵体同心安装。（ × ）

正确答案：滑片泵的滑片装在开槽的转子中，转子在泵体内与泵体偏心安装。

21. 依靠偏心转子旋转时泵缸与转子上相邻两叶片间所形成的工作容积的变化来输送液体或使之增压的回转泵。（ √ ）

22. 滑片泵在运行过程中要保持良好的吸入性能，防止油泵空转。（ √ ）

23. 滑片泵停泵前要关闭出口阀门。（ × ）

正确答案：滑片泵属于容积泵，停泵后才能关闭出口阀门。

24. 对长期停用的泵，应将泵盖打开，放出机泵内液体，并将内外转子擦干。（ √ ）

25. 液化气铁路槽车附件由液相阀、排净检查阀、气相阀、工作油缸、最高液面阀、温度控制器、压力表、温度计、滑管液面计、手摇泵、控制阀等组成。（ × ）

正确答案：液化气罐车附件由液相阀、排净检查阀、气相阀、工作油缸、最高液面阀、皮囊蓄能器、温度控制器、压力表、温度计、滑管液面计、手摇泵、控制阀组成。

26. 转子泵属于容积泵，借助于工作腔里的多个固定容积输送单位的周期性转化来达到输送液体的目的。（ √ ）

27. 滑片泵滑片磨损后降低泵的性能。（ × ）

正确答案：滑片泵具有自动补偿能力，滑片可以不断补充磨损，而不降低泵的性能，大大增加了泵的使用寿命。

28. 溢流保护联锁装置可防止常压铁路槽车装车过程中冒车事故的发生。（ √ ）

29. 液化气铁路槽车安全阀的开口销被卡住不能上下运动，会引起安全阀失灵。（ √ ）

30. 液化气槽车紧急切断阀应保证在工作压力下全开，并持续放置24h不致引起自然关闭，若需紧急关闭，应在5s内关闭。（ × ）

正确答案：液化气槽车紧急切断阀应保证在工作压力下全开，并持续放置48h不致引起自然关闭，若需紧急关闭，紧急切断阀应在10s内完全闭止。

31. 液化气铁路槽车充装超量时，应通过泵加压送至其他槽车。（ × ）

正确答案：液化气槽车充装超量时，应通过鹤管自压送至其他槽车。

32. 液化气铁路槽车卸车如果操作程序正常而浮动阀在流量很大时频频关闭，导致卸料时间太长，说明阀内弹簧有故障，须卸下检查。（ × ）

正确答案：液化气槽车卸车如果操作程序正常而浮动阀在流量不大时频频关闭，导致卸料时间太长，说明阀内弹簧有故障，须卸下检查。

33. 在装车作业中泵房油气浓度超标时，要加快输送速度，可以减少油品蒸发。（ × ）

正确答案：在装车作业中泵房油气浓度超标时,要立即停止作业。

34. 铁路槽车冒车要迅速关闭排水阀门，防止油从排水沟流往路边沟。（ × ）

正确答案：槽车冒车要迅速关闭油品装车阀门，防止油品大量泄漏。

35. 对着火的铁路槽车，要根据风向迅速用水冷却，封闭相邻的槽车，防止火势蔓延。（ √ ）

36. 常压槽车闪爆以后，若槽车口在继续燃烧，可设法将槽车口盖严使燃烧因窒息而熄灭。（ √ ）

单选题

1. 铁路槽车充装容积可以用（ D ）求得。

A. 槽车高度乘以充装介质密度

B. 槽车高度除以充装介质密度

C. 充装质量乘以充装介质密度

D. 充装质量除以充装介质密度

2. 液化气体铁路槽车出厂前检查内容不包括（ D ）。

A. 槽车不超载

B. 槽车不超压

C. 槽车附件完好

D. 管线压力不超标

3. 液化气体铁路槽车在开始打开液位计安全帽时，人体不要正对阀头，因为滑管由于内压的作用会（ B ），以免伤人。

A. 爆炸　B. 喷气　C. 自动伸缩　D. 自动伸开

4. 液化烃铁路罐车常用的卸车方法有（ A ）。

A. 充氮加压卸车　B. 真空引流卸车　C. 自流卸车　D. 虹吸卸车

5. 铁路黏油槽车常用的加热方法有（ A ）。

A. 蒸汽夹套加热 B. 蒸汽外部加热 C. 电加热 D. 热水循环加热

6. 装卸油鹤管要求密闭性能好，不（ A ）、不进气。

A. 漏油 B. 变形 C. 堵塞 D. 弯曲

7. 喷射真空泵利用流体经过喷嘴高速喷射至（ D ），使吸入室形成足够真空度。

A. 泵体 B. 出口管 C. 出口阀 D. 扩散管

8. 喷射真空泵开启蒸汽进口阀前，先打开蒸汽总管排凝阀，将管内（ D ）排净。

A. 油泥 B. 杂物 C. 锈渣 D. 冷凝水

9. （ B ）开泵操作应先开启蒸汽进口阀，再开启吸入口阀。

A. 水环真空泵 B. 喷射真空泵 C. 离心泵 D. 往复泵

10. 摆动转子泵工作流量的大小取决于（ B ）的大小。

A. 汽缸与曲轴之间相对体积 B. 汽缸与转子之间相对体积

C. 曲轴与转子之间相对体积 D. 泵壳与转子之间相对体积

11. 摆动转子泵停泵时（ A ）。

A. 先停泵，再关闭进出口阀门

B. 先关闭进出口阀门，再停泵

C. 先关闭进口阀门后停泵，再关闭出口阀门

D. 先关闭出口阀门后停泵，再关闭进口阀门

12. 滑片泵开泵前要（ B ）。

A. 先开泵，再打开进出口阀门

B. 先打开进出口阀门，再开泵

C. 先打开进口阀门后开泵，再打开出口阀门

D. 先打开出口阀门后开泵，再打开进口阀门

13. HG50/20 型液化气铁路槽车由底架、罐体、遮阳罩、外梯、（ D ）、压力表、阀门、安全阀等组成。

A. 泄压台 B. 加压台 C. 排油台 D. 操作台

14. 喷射真空泵主要由扩散管、吸入室、（ A ）、连接板及连接管等组成。

A. 喷嘴 B. 叶轮 C. 转子 D. 轴承

15. 盖铁路槽车盖时，不得（ B ），避免碰撞产生火花，引起槽车着火。

A. 轻放 B. 用力过猛 C. 戴手套操作 D. 超压

16. 液化气铁路槽车卸车时紧急切断阀主阀瓣频频关闭，说明浮动阀内（ B ）有故障。

A. 顶针　B. 弹簧　C. 螺丝　D. 插销

17. 铁路装车PLC发油控制系统的操作方法为（ B ）。

A. 就地控制发油　B. 远地控制发油　C. 人工控制发油　D. 现场操作

18. 液化气铁路槽车充装超量也可采用（ A ）返回储气罐。

A. 气相　B. 液相　C. 放空　D. 排放

19. 液化气铁路槽车安全阀失灵时应提前排放或（ B ），待罐内介质卸完后，全面维修或更换安全阀。

A. 用水喷淋　B. 转移现场　C. 暂缓处理　D. 撤离现场

20. 液化气铁路槽车紧急阀如果油压（ C ），而紧急切断阀不动作，说明油路阻塞。

A. 降低　B. 增加　C. 正常　D. 为零

21. 关于铁路槽车装车超量的处理方法，下列操作不正确的是（ C ）。

A. 应立即通知停泵、关闭泵进出口阀

B. 立即关闭鹤管阀门

C. 铁路槽车装车超量可发车

D. 将该槽车内的超装油品用胶管引流到低位卧罐或装桶

多选题

1. 液化气铁路槽车允许充装高度是根据槽车（ A ）和（ C ）及油品密度、温度计算所得。

A. 重量充装系数　B. 充装压力　C. 容积表　D. 实发量

2. 液化气体铁路槽车清洗前利用热水往槽车加水，并打开带压槽车高位检查阀，槽车（ AB ）。

A. 边加水　B. 边放空　C. 边清理　D. 边气体检测

3. 液化气体铁路槽车装车前槽车交接资料包括（ ABCD ）。

A. 液化气体铁路槽车运输许可证

B. 液化气体铁路槽车使用证

C. 槽车年检证明

D. 押运员证

4. 液化气体铁路槽车封车前，应（ ABCD ）。

A. 关闭压力表座阀和紧急切断阀

B. 对各密封面进行泄漏检查

C. 检查封车压力

D. 给气、液相阀门加上盲板

5. 液化气体铁路槽车卸车前，必须对罐车的装载量、（ ABD ）等附件进行详细检查，无异常情况方可卸车。

A. 阀门　　B. 温度计　　C. 安全阀　　D. 压力表

6. 人工清洗重油铁路槽车的工具有棉质拖把、棉质毛巾、竹刷、竹质扫把、（ ABCD ）等。

A. 铜铲　　B. 洗涤剂喷射器

C. 铜镐　　D. 铜锹

7. 装车鹤管完好的标准包括（ AC ）。

A. 装车鹤管转动灵活、自如

B. 装车鹤管静电接地线完好

C. 装车鹤管升降平稳

D. 批控仪完好

8. 滑片泵运行时要注意观察压力表、真空表指示值是否正常，当压力表指示值大于工作压力时，（ ABC ）后方可重新启泵。

A. 立即停泵　　B. 查清原因　　C. 排除故障　　D. 关闭出口阀

9. 液化气铁路槽车的安全附件有（ ABCD ）。

A. 安全阀　　B. 紧急切断阀　　C. 压力表　　D. 温度计

10. 喷射真空泵的内部构件主要由（ A ）和（ C ）组成。

A. 拉瓦尔喷嘴　　B. 叶轮　　C. 扩压器　　D. 转子

11. 常压铁路槽车冒车的原因有（ ABC ）。

A. 流量计故障　　B. 批控仪故障　　C. 控制阀故障　　D. 管线压力高

12. 铁路槽车装油作业时，（ CD ）没接静电接地线，使静电积聚放电引起着火。

A. 阀门　　B. 法兰　　C. 鹤管　　D. 槽车

13. 铁路槽车装车着火可能是（ ABD ）而引起静电积聚放电。

A. 装车时未接好静电接地线

B. 装车鹤管未插到槽车底部

C. 装车时使用非防爆通信工具

D. 装车流速过快

14. 影响槽车油品质量的因素有（ AB ）。

A. 车内有不明残液　　B. 上载不是同品种

C. 槽车未打铅封　　D. 槽车未留样

15. 液化气槽车安全阀失灵的原因有（ AB ）。

A. 弹簧失效　　B. 入口堵塞　　C. 未打铅封　　D. 无保护罩

16. 液化气槽车充装超量常用的处理方法有（ ABC ）。

A. 超装部分压入空槽车内　　B. 卸回球罐内

C. 放空至火炬　　D. 封车运走

17. 液化气铁路槽车紧急切断阀如果油压不上来，说明液压力系统有（ AB ）。

A. 外漏　　B. 内漏　　C. 杂质　　D. 水

18. 液化气槽车紧急切断阀打不开的处理方法有（ ABC ）。

A. 油泵加油　　B. 更换油泵　　C. 油路消缺　　D. 更换槽车压力表

19. 装卸作业现场油气浓度超标的处理方法有（ ABCD ）。

A. 停止装卸作业，关闭相关阀门　　B. 设置警戒线

C. 便携式可燃气体检测仪监测　　D. 向上级汇报

20. 铁路槽车装车冒顶后的处理方法有（ ABCD ）。

A. 立即停止装车作业，关闭相关阀门

B. 根据冒车程度，现场设置警戒线

C. 回收现场物料

D. 将槽车内超装部分物料移至其他同品种的空槽车内或进行灌桶

21. 常压槽车装车过程中因静电引起闪爆后，正确的处理方法是（ ABCD ）。

A. 停止装车作业　　B. 报警

C. 组织扑救　　D. 冷却保护、设置警戒区

水路（模块）理论知识试题

判断题

1. 危险品码头检修作业时不影响船舶的进泊停靠。（ × ）

正确答案： 危险品码头检修作业时不允许船舶进泊停靠。

2. 危化品船舶装卸作业时，应随时保持适航性，首尾外侧备有应急拖缆，一旦发生意外，应立即离开码头。（ √ ）

3. 成品油码头装卸的都是成品油，故油品装船前无须查看付出油罐所储油品的合格证。（ × ）

正确答案： 成品油码头装卸的都是成品油，故油品装船前检查付出油罐所储油品的合格证。

4. 油轮的除锈等维修作业应在码头内进行。（ × ）

正确答案： 油轮的除锈等维修作业严禁在码头内进行。

5. 船方需卸污水时，应先将污水卸入码头专用卸污水管道后装船。（ √ ）

6. 在装船后期，用空气或惰性气体清扫管道，把管道内残油驱向油舱，这时油轮不会产生静电。（ × ）

正确答案：在装船后期，用空气或惰性气体清扫管道，把管道内残油驱向油舱，这时油轮会产生静电。

7. 尼龙绳表面对船体结构物、绞车等会发生静电放电。（√）

8. 在油品装卸码头，可用水雾扑救的火灾范围是油品闪点高于140℃的火灾。（√）

9. 输油臂的平衡配重是为内、外臂运动时，在水平位置能达到平衡而设计的。（×）

正确答案：输油臂的平衡配重是为内、外臂运动时，在任何位置都能达到平衡而设计的。

10. 输油臂的配重形式可分为双平衡方式和旋转平衡方式。（√）

11. 油船防火的基本要求是：防止可燃液体和气体溢散，杜绝一切火种。（√）

12. 更换输油臂旋转接头的副密封圈方法是拆下旋转接头装配螺栓，然后卸下连接法兰，取出主密封圈，向后拉动连锁杆以关紧管接头，即可进行副密封圈的更换。（×）

正确答案：更换输油臂旋转接头的副密封圈方法是拆下旋转接头装配螺栓，然后卸下连接法兰，取出主密封圈，即可进行副密封圈的更换。

13. 输油臂的排空阀及放空阀易引发物料泄漏事故。（√）

14. 辨别油轮火灾部位的方法是观察油轮船舱处有无烟雾冒出。（√）

15. 处理油轮发生冒舱事故，应用消防水冲洗干净现场。（×）

正确答案：处理油轮发生冒舱事故，不能用消防水冲洗，而应用砂或石板等将泄漏的油品围住，避免油品流入大海或河道造成污染。

16. 如油品装船出现冒舱，最直接的措施是首先切断物料来源。（√）

单选题

1. 国内油品贸易装船计量一般以（ B ）计量为主。

A. 岸罐　　B. 流量计　　C. 船舱　　D. 油船水尺

2. 为确保安全，码头装卸甲乙类油品时，正常流速不能超过（ B ）m/s。

A. 1　　B. 3　　C. 4.5　　D. 7

3. 输油臂接口泄漏的原因是橡胶密封圈损坏或（ D ）。

A. 节流阀损坏　　B. 平衡块没调好

C. 钢球损坏　　D. 快速接管器未上紧

4. 在油品装卸码头，可用水雾扑救的火灾范围是（ B ）的火灾。

A. 石灰　　B. 润滑油闪点高于140℃

C. 高温设备管线　　D. 电石

5. 物料泄漏易引发码头事故的危险部位是阀门和（ C ）。

A. 液压系统　　B. 静电接地线　　C. 法兰垫片　　D. 输油臂

6. 装船作业时如出现冒舱，其原因可能是（ D ）。

A. 装船速度过快　　B. 物料温度过高

C. 泵打回流　　　　　　D. 计量数据显示不准确

7. 重油、焦油等重质油品装船作业发生突沸冒舱的主要原因是（ B ）。

A. 高温重油汽化　　　　　　B. 高温重油含大量水

C. 装船速度太快　　　　　　D. 伴热温度高

8. 装船线超压溢油事故，需立即进行（ C ）。

A. 汇报　　B. 堵漏　　C. 开膨胀阀泄压　D. 回收物料

多选题

1. 码头新增油品装船系统首次投用时，为确保计量准确，应考虑（ ABC ）等因素。

A. 管线充填　　　　　　B. 装船速度

C. 流量计校准　　　　　　D. 吹扫管线

2. 油轮上引起静电的因素较多，油品在管道内流动、（ ABCD ）、用化纤碎布或丝绸抹擦舱壁、用尼龙绳系船等都能产生静电。

A. 油品通过过滤器　　　　　　B. 油品从管口喷出

C. 洗舱水和水蒸气的高速喷射　　　　　　D. 用压缩空气清除管道存油

3. 输油臂接口泄漏的原因是（ ABC ）。

A. 密封圈损坏　　　　　　B. 快速接管器未上紧

C. 管道憋压　　　　　　D. 节流阀损坏

4. 油船防火的基本要求是（ ABCD ）。

A. 防止可燃液体溢散　　　　　　B. 防止可燃气体溢散

C. 杜绝火种　　　　　　D. 消除静电

5. 输油臂失重的原因包括（ ABC ）。

A. 配重不合理　　B. 内臂有料　　C. 外臂有料　　D. 旋转接头损坏

6. 辨别油轮火灾部位的方法包括（ ABCD ）。

A. 聆听油轮船舱处有无异响

B. 观察油轮船舱处有无烟雾冒出

C. 触摸油轮船舱处有无发热

D. 轻闻油轮附近空气有无异味

7. 码头发生溢油时，应急处理步骤是（ ABCD ）。

A. 立即向区调度及港口调度报告，并停止码头装卸作业

B. 在溢油情况比较严重的情况下，其他码头的装卸作业也必须停止

C. 操作工赶赴现场关闭物料阀和堵塞漏点

D. 协助民警划定警戒区，禁止无关人员和机动(车)船进码头

四 操作技能鉴定要素细目表

鉴定范围			鉴定点
一级	二级	三级	名称
操作技能	工艺操作	罐区操作	蒸汽引入罐区操作
			油品循环加剂操作
			油罐定期清扫原因分析
			离心泵开泵后打不上量处理
			油罐蒸罐操作
			通球扫线操作
	设备使用与维护	设备使用	泵带负荷试车检查内容
			电动机启动试运操作
			变频泵开泵操作
			过滤式防毒面具佩戴
			疏水器使用
			电动阀门操作
			流量计准确性判断
			离心泵切换操作
			油罐间输转作业
			爆炸性混合气体浓度检测
		设备维护	输油管线法兰拆卸操作
			运转离心泵检查
			人工清扫油罐操作
			盲板安装操作
			盲板拆卸垫片更换操作
			闸阀维护
			机泵检修前预处理
			离心泵发生震动和噪声处理
			管线防冻防凝操作
			更换过滤机/器的滤网或滤芯操作
	事故判断与处理	事故判断	罐内油品冻凝判断
			油罐跑油判断
			油罐加热器跑油判断
			油罐冒顶判断

续表

鉴定范围			鉴定点
一级	二级	三级	名称
操作技能	事故判断与处理	事故处理	油罐冻凝处理
			油罐加热器跑油处理
			油罐冒顶处理
			管线冻凝处理
			呼吸停止急救处理
	绘图与计算	绘图	工艺流程图中机泵画法
			工艺流程图中鹤管、胶管、卸油管、过滤器及流量计画法
			工艺管道布置图识别
			管路连接画法
			工艺管道安装中阀门画法
罐区操作模块操作技能	工艺操作	罐区操作	渣油管线启用检查
			蜡油罐（带氮封）收油操作
			燃料油中在线调入柴油操作
			燃料油罐循环调和操作
			合格液化气储罐脱水操作
			含硫化氢液化气储罐脱水操作
			轻油罐人工脱水操作
			液位报警仪参数设置
	设备使用与维护	设备使用	消防水泵启用操作
			消防泡沫比例混合器操作
		设备维护	油罐机械呼吸阀检查维护
			油罐液压安全阀检查维护
			油罐量油孔检查维护
			油罐阻火器检查维护
	事故判断与处理	事故判断	螺杆泵不上量判断
			螺杆泵电机功率增大判断
			外浮顶罐中央排水管泄漏判断
		事故处理	螺杆泵不上量问题处理
			螺杆泵电机功率增大问题处理
			外浮顶罐中央排水管泄漏处理

续表

鉴定范围			鉴定点
一级	二级	三级	名称
水路装卸模块操作技能	工艺操作	水路装卸操作	接卸船上污水操作
	设备使用与维护	设备维护	输油臂旋转接头密封圈更换操作
	事故判断与处理	事故判断	液压泵用电机不启动判断
		事故处理	液压泵用电机不启动处理
铁路装卸模块操作技能	工艺操作	铁路装卸操作	带压铁路槽车充装操作
			带压铁路槽车卸车操作
			铁路黏油槽车加热操作
			铁路沥青槽车火管加热操作
			化工类铁路罐车装车操作
	设备使用与维护	设备维护	装卸液化气罐车清洗操作
			化工类铁路罐车洗车操作
	事故判断与处理	事故判断	轻油铁路槽车充装超量原因
			铁路槽车着火原因分析
		事故处理	轻油铁路槽车充装超量处理
			铁路槽车着火处理
			铁路槽车冒车处理
			液化气槽车安全阀失灵处理
			液化气槽车紧急阀打不开处理
公路装卸模块操作技能	工艺操作	公路装卸操作	带压汽车罐车装车前准备
			带压汽车罐车开装前准备
			带压汽车罐车装车过程检查
			带压汽车罐车装车结束后操作
			带压汽车罐车卸车前检查
			带压汽车罐车卸车过程检查
			带压汽车罐车卸车结束后操作
	事故判断与处理	事故判断	汽车装卸系统管线法兰垫片损坏原因分析
			汽车罐车底阀跑油原因分析
		事故处理	汽车装卸系统管线法兰垫片损坏处理
			汽车罐车底阀跑油处理

五 操作技能试题

试题1:蒸汽引入罐区操作

考核时间：15min

序号	考核内容	考核要点	配分	评分标准	检测结果	扣分	得分	备注
1	准备工作	穿戴劳保用品	3	未穿戴整齐扣3分				
2		工具、用具准备	2	工具选择不正确扣2分				
3	确认通蒸汽条件	确认具备引汽条件。投用确认表	10	未确认扣10分				
4	作业票	开作业票	10	未开票扣10分				
5	开疏水阀旁路	开蒸汽管路沿线疏水阀旁路	20	未开扣20分				
6	开界区阀	缓慢打开	10	未按要求做扣10分				
7	流量计投用	开流量计后阀、前阀	10	未做扣10分				
8	记录流量计参数	观察读数，记录前数	10	未检查扣10分				
9	疏水阀旁路见汽后从疏水阀疏水	关闭旁路	10	未做扣10分				
10	正常供汽	开大界区阀	10	未做扣10分				
11	使用工具	使用工具	2	工具使用不正确扣2分				
12		维护工具	3	工具乱摆乱放扣3分				
	合 计		100					

试题2:油罐定期清扫原因分析

考核时间：15min

序号	考核内容	考核要点	配分	评分标准	检测结果	扣分	得分	备注
1	准备工作	穿戴劳保用品	3	未穿戴整齐扣3分				
2		工具、用具准备	2	工具选择不正确扣2分				
3	含硫	硫腐蚀	20	不清楚扣20分				
4	含水	腐蚀	20	不清楚扣20分				
5	含杂质	影响质量	20	不清楚扣20分				
6	储存不合格料	影响质量	15	不清楚扣15分				
7	吹扫罐	影响质量	15	不清楚扣15分				
8	使用工具	使用工具	2	工具使用不正确扣2分				
9		维护工具	3	工具乱摆乱放扣3分				
	合 计		100					

试题3：离心泵开泵后打不上量处理

考核时间：15min

序号	考核内容	考核要点	配分	评分标准	检测结果	扣分	得分	备注
1	准备工作	穿戴劳保用品	3	未穿戴整齐扣3分				
2		工具、用具准备	2	工具选择不正确扣2分				
3	查管路设计原因	入口管路阻力过大	10	未分析扣10分				
		入口管路有气袋	10	未分析扣10分				
		出口管路阻力过大或不稳定	10	未分析扣10分				
4	查物料原因	饱和蒸气压过低	10	未分析扣10分				
		物料密度变化	10	未分析扣10分				
		物料温度变化	10	未分析扣10分				
5	查操作控制原因	液位过低	5	未分析扣5分				
		灌泵或放空不充分	10	未分析扣10分				
		入口流程不通	10	未分析扣10分				
		出口流程不通	5	未分析扣5分				
6	使用工具	使用工具	2	工具使用不正确扣2分				
7		维护工具	3	工具乱摆乱放扣3分				
合计			100					

试题4：油罐蒸罐操作

考核时间：15min

序号	考核内容	考核要点	配分	评分标准	检测结果	扣分	得分	备注
1	准备工作	穿戴劳保用品	3	未穿戴整齐扣3分				
2		工具、用具准备	2	工具选择不正确扣2分				
3	倒料	倒料至同品质罐	5	未检查确认扣5分				
		摘除下限液位报警	5	未摘报警扣5分				
		管口以上停泵	5	未确认扣5分				
4	临时泵、管线、油池	说出相关项	5	每少一项扣2分				
5	垫水	垫水后继续倒料	5	不清楚扣5分				
6	隔离	加盲板隔离	10	不清楚扣10分				
7	蒸煮	开透光孔	10	不清楚扣10分				
		接临时管用蒸汽蒸煮	10	未接临时蒸汽管线扣10分				

续表

序号	考核内容	考核要点	配分	评分标准	检测结果	扣分	得分	备注
7	蒸煮	控制在90～95℃，24h	10	不清楚扣10分				
		排水，冷却至40℃以下	5	不清楚扣5分				
8	通风	24h	5	不清楚扣5分				
		分析氧含量、可燃气、有毒气体	5	不清楚扣5分				
9	清洗	办理进入受限空间手续	5	不清楚扣5分				
10	清理	清理现场	5	未清理现场扣5分				
11	使用工具	使用工具	2	工具使用不正确扣2分				
12		维护工具	3	工具乱摆乱放扣3分				
		合 计	100					

试题5:泵带负荷试车检查

考核时间：15min

序号	考核内容	考核要点	配分	评分标准	检测结果	扣分	得分	备注
1	准备工作	穿戴劳保用品	3	未穿戴整齐扣3分				
2		工具、用具准备	2	工具选择不正确扣2分				
3	操作程序	接到指令，现场对该离心泵进行确认	5	未确认扣5分				
4		运行前全面检查	10	未确认扣10分				
5		关闭泵的出口阀，打开泵的进口阀，进行灌泵	10	未按要求操作扣10分				
6		打开压力表阀、泵冷却水阀	5	未按要求操作扣5分				
7		泵的盘车	5	未按要求操作扣5分				
8		启动离心泵，慢慢打开泵出口阀	10	未按要求操作扣10分				
9		检查前后轴承的震动情况	10	未检查扣10分				
10		检查转子	10	未检查扣10分				
11		检查机泵运行情况	15	未检查扣15分				
12		检查流量、压力是否平稳	10	未检查扣10分				
13	使用工具	使用工具	2	工具使用不正确扣2分				
14		维护工具	3	工具乱摆乱放扣3分				
		合 计	100					

试题6:过滤式防毒面具佩戴

考核时间：15min

序号	考核内容	考核要点	配分	评分标准	检测结果	扣分	得分	备注
1	准备工作	穿戴劳保用品	3	未穿戴整齐扣3分				
2		工具、用具准备	2	工具选择不正确扣2分				
3	操作程序	根据毒物种类，选好滤毒罐，打开底部橡皮塞及顶部密封盖	20	无此项扣20分				
4		确定氧气含量大于18%（体积比），有毒气体小于2%（体积比）的环境	15	无此项扣15分				
5		正确连接好面罩、导气管、滤毒罐，戴好面罩并检查整套面具气密性能	10	无此项扣10分				
6		将滤毒罐放入背包内，背好滤毒罐包	15	无此项扣10分				
7		系好腰带，戴好安全帽后进入作业场所	10	未戴安全帽扣10分				
8		使用中如闻到毒气气味等，应迅速退出毒区	20	无此项扣20分				
9	使用工具	使用工具	2	工具使用不正确扣2分				
10		维护工具	3	工具乱摆乱放扣3分				
合 计			100					

试题7:疏水器使用

考核时间：15min

序号	考核内容	考核要点	配分	评分标准	检测结果	扣分	得分	备注
1	准备工作	穿戴劳保用品	3	未穿戴整齐扣3分				
2		工具、用具准备	2	工具选择不正确扣2分				
3	操作程序	疏水器的工作原理、结构	20	未答对原理扣10分；未答对结构扣10分				
4		疏水器安装	20	安装方向不对扣10分；泄漏扣10分				
5		疏水器调节	25	安装好不调节、不会调节扣15分；调节后跑汽扣10分				
6		疏水阀故障处理	25	现场不会处理不得分				
7		泄漏、堵塞						
8	使用工具	使用工具	2	工具使用不正确扣2分				
9		维护工具	3	工具乱摆乱放扣3分				
合 计			100					

试题8:离心泵切换操作

考核时间：15min

序号	考核内容	考核要点	配分	评分标准	检测结果	扣分	得分	备注
1	准备工作	穿戴劳保用品	3	未穿戴整齐扣3分				
2		工具、用具准备	2	工具选择不正确扣2分				
3	操作程序	接到指令原料泵切换后，开具作业票，现场备用泵投用条件进行确认	10	未核实条件扣10分				
4		检查付料油罐的液位进行确认，确保其液位在控制指标范围内	10	无此项扣10分				
5		检查备用泵入口阀门，确认其处于“开”状态；检查备用泵润滑油油位正常；盘泵无卡涩现象。开机泵冷却水，调整水量正常	10	无此项扣10分				
6		确认机泵“灌泵”情况，确认灌泵充分；开机泵冷却水，调整水量正常	10	无此项操作扣10分				
7		启动备用泵，调整出口阀开度，使机泵电流、出口压力等参数在控制指标范围内	10	无此项扣10分				
8		检查机泵运行情况，确认机泵运行无异常情况	10	未确认机泵运行扣5分； 检查不仔细扣5分				
9		关闭待停机泵出口阀，停泵；关闭冷却水	10	无此项扣10分 冷却水未关扣10分				
10		再次调整备用泵，使之输出流量与切换泵之前输出流量吻合	10	无此项扣10分				
11		在备用机泵运行中，加强巡检工作；做好相关记录	10	无此项扣10分； 记录未做扣5分； 机泵运行中未检查扣5分				
12	使用工具	使用工具	2	工具使用不正确扣2分				
13		维护工具	3	工具乱摆乱放扣3分				
		合 计	100					

试题9:油罐间输转作业

考核时间：15min

序号	考核内容	考核要点	配分	评分标准	检测结果	扣分	得分	备注
1	准备工作	穿戴劳保用品	3	未穿戴整齐扣3分				
2		工具、用具准备	2	工具选择不正确扣2分				
3	有作业票	开作业票后作业	5	未做扣5分				
4	质量确认	确认两罐质量相同，切水后倒料	10	未做扣10分				
5	确定倒出罐	确定罐号、计算液位，设定到量报警	10	未做扣10分				
6	确定倒入罐	确定罐号、计算罐容，设定到量报警	10	未做扣10分				
7	确定倒料管线	选择合适管线	10	未做扣10分				
8	确定倒料方式	用泵倒料，开泵	10	未按程序做扣10分				
9		压料，制造压差	10	未按程序做扣10分				
10	倒料操作	按操作手册要求	10	违反要求扣10分				
11	倒料结束	停泵	5	未做扣5分				
12		恢复流程	5	未做扣5分				
13		记录	5	未检查扣5分				
14	使用工具	使用工具	2	工具使用不正确扣2分				
15		维护工具	3	工具乱摆乱放扣3分				
		合 计	100					

试题10:爆炸性混合气体浓度检测

考核时间：15min

序号	考核内容	考核要点	配分	评分标准	检测结果	扣分	得分	备注
1	准备工作	穿戴劳保用品	10	未穿戴整齐扣10分				

续表

序号	考核内容	考核要点	配分	评分标准	检测结果	扣分	得分	备注
2	操作程序	检查外观及标识，在新鲜空气中开机通电，是否通过自检	10	未检查外观、标识扣5分； 未在新鲜空气中通电开机扣5分				
3		检查显示屏，仪器电压是否正常（一般大于3.7V或在绿色区域，具体见仪器说明书），新鲜空气中可燃气浓度是否显示为零。测氧测爆两用或多通道检测仪，检查氧含量是否在20.5%左右	10	未检查显示屏扣10分				
4		封堵采样杆吸入口，显示屏是否提示吸入口被堵或氧含量下降报警	15	未封堵采样吸入口扣15分				
5		检查仪器响应、报警，吸入可燃气体或氮气（可用标气或自配气体），显示屏示值是否变化，是否在30s内声光报警	15	未检查仪器响应、报警等扣15分				
6		检查现场条件，是否有充氮或有水汽、粉尘、高硫介质，严禁将采样杆插入水汽、细小粉尘等介质中	10	未检查现场作业条件扣10分				
7		对用火点周围不小于10m的范围进行检测，停留1min读取其间仪器所示最大结果，将显示的%LEL（爆炸下限）换算为可燃物质浓度%，并报分析结果。氧含量低于19.5%或可燃气大于4%LEL视为异常	15	未对用火点周围不小于10m的范围进行检测扣10分； 未停留1min读取最大结果扣5分				
8		关机，防止连续工作耗电	15	使用后未关机扣15分				
		合计	100					

试题11：输油管线法兰拆卸操作

考核时间：15min

序号	考核内容	考核要点	配分	评分标准	检测结果	扣分	得分	备注
1	准备工作	穿戴劳保用品	3	未穿戴整齐扣3分				
2		工具、用具准备	2	工具选择不正确扣2分				
3	操作程序	口述所拆法兰、密封面类型、型号	10	未正确口述所拆法兰、密封面类型、型号扣10分				
4		检查现场阀门法兰或管法兰所在管道内情况	15	未检查管道内情况，管道内有残余介质未作处理，拆装法兰扣15分				
5		法兰螺栓拆卸	15	先松后卸，进一步防止管道有残留物料。未做到扣15分				
6		法兰密封面检查	10	密封面有残存旧垫片或有污物未清除扣10分				
7		安装新垫片，垫片检查	15	新垫片未安装到位扣15分				
8		法兰安装螺栓紧固顺序	15	不对称紧固扣10分；螺栓未出扣5分				
9		质量检验（检漏）	10	气密试验出现泄漏扣10分				
10	使用工具	使用工具	2	工具使用不正确扣2分				
11		维护工具	3	工具乱摆乱放扣3分				
		合 计	100					

试题12：盲板拆卸垫片更换操作

考核时间：15min

序号	考核内容	考核要点	配分	评分标准	检测结果	扣分	得分	备注
1	准备工作	穿戴劳保用品	3	未穿戴整齐扣3分				
2		工具、用具准备	2	工具选择不正确扣2分				
3	拆卸盲板/更换垫片方案	盲板图	10	未做扣10分				
4	手续办理	盲板票	10	未做扣10分				
5	垫片及工具	符合要求的垫片/铜质工具	10	未做扣10分				
6	防护用品	气防用品，可燃气和硫化氢检测仪	10	未做扣10分				
7	核对盲板牌号	按编号拆盲板同时销账	15	未做扣15分				
8	退料	吹扫或放空阀前管线、阀腔内物料	15	未做扣15分				

续表

序号	考核内容	考核要点	配分	评分标准	检测结果	扣分	得分	备注
9	拆卸盲板/更换垫片方案	按盲板图施工	5	未做扣5分				
10	气密	对拆盲板和换垫片处进行气密	10	未做扣10分				
11	登记台账	登记台账	5	未做扣5分				
12	使用工具	使用工具	2	工具使用不正确扣2分				
13		维护工具	3	工具乱摆乱放扣3分				
合 计			100					

试题13:盲板安装操作

考核时间：15min

序号	考核内容	考核要点	配分	评分标准	检测结果	扣分	得分	备注
1	准备工作	穿戴劳保用品	3	未穿戴整齐扣3分				
2		工具、用具准备	2	工具选择不正确扣2分				
3	加插盲板方案	盲板图	10	未做扣10分				
4	手续办理	盲板票	10	未做扣10分				
5	盲板及工具	符合要求的盲板/铜质工具	10	未做扣10分				
6	防护用品	气防用品，可燃气和硫化氢检测仪	10	未做扣10分				
7	退料	吹扫或放空	15	未做扣15分				
8	置换	可燃气分析合格	10	未做扣10分				
9	泄压	放空	10	未做扣10分				
10	加插盲板	按盲板图施工	5	未做扣5分				
11	气密	对加盲板处进行气密	5	未做扣5分				
12	挂牌	按编号挂牌登记台账	5	未做扣5分				
13	使用工具	使用工具	2	工具使用不正确扣2分				
14		维护工具	3	工具乱摆乱放扣3分				
合 计			100					

试题14：运转离心泵检查

考核时间：15min

序号	考核内容	考核要点	配分	评分标准	检测结果	扣分	得分	备注
1	准备工作	穿戴劳保用品	3	未穿戴整齐扣3分				
2		工具、用具准备	2	工具选择不正确扣2分				
3	操作程序	观察电流压力	15	未观察扣15分				
4		观察润滑油油位	15	未观察扣15分				
5		检查密封滴漏	10	未检查扣10分				
6		检查冷却水量大小	10	未调节扣10分				
7		用测振仪测振	20	未测扣20分； 测点不对或不全扣5分				
8		用测温仪测温	15	未测扣15分； 测点不对或不全扣5分				
9		目测轴串动情况	5	未观测扣5分				
10	使用工具	使用工具	2	工具使用不正确扣2分				
11		维护工具	3	工具乱摆乱放扣3分				
合 计			100					

试题15：管线防冻防凝操作

考核时间：15min

序号	考核内容	考核要点	配分	评分标准	检测结果	扣分	得分	备注
1	准备工作	穿戴劳保用品	3	未穿戴整齐扣3分				
2		工具、用具准备	2	工具选择不正确扣2分				
3	了解气温条件	气温在15℃以下	5	未做扣5分				
4	了解管线状态	动态或静态	5	未做扣5分				
5	开蒸汽伴热	先开疏水阀，有旁路的先开旁路阀排水，见汽后关闭旁路阀开疏水阀并调节	10	未按程序操作扣10分				
6		缓慢开供汽阀，根据气温条件控制供汽阀开度和蒸汽压力	10	未做扣10分				

续表

序号	考核内容	考核要点	配分	评分标准	检测结果	扣分	得分	备注
7	开电伴热	有电伴热的开电伴热，控制电流	5	未做扣5分				
8	活线	采用小流量连续输送活线	5	未做扣5分				
9	保温检查	检查保温情况	5	未做扣5分				
10	伴热静态线泄压	静态管线开启泄压阀	10	未做扣10分				
11	附件检查	检查管线上引压管、压力表保温伴热情况。判断是否冻凝	10	未检查扣10分				
12	低点排水	低点导淋检查排水	10	未检查扣10分				
13	巡检	做好巡检发现问题	10	未做扣10分				
14	记录	做好管线温度、压力记录	5	未做扣5分				
15	使用工具	使用工具	2	工具使用不正确扣2分				
16		维护工具	3	工具乱摆乱放扣3分				
		合 计	100					

试题16：罐内油品冻凝判断

考核时间：15min

序号	考核内容	考核要点	配分	评分标准	检测结果	扣分	得分	备注
1	准备工作	穿戴劳保用品	3	未穿戴整齐扣3分				
2		工具、用具准备	2	工具选择不正确扣2分				
3	操作程序	根据温度异常判断	30	未正确判断扣30分				
4		根据收付料作业异常来判断	30	未正确判断扣30分				
5		根据储罐钢带等仪表异常来判断	30	未正确判断扣30分				
6	使用工具	使用工具	2	工具使用不正确扣2分				
7		维护工具	3	工具乱摆乱放扣3分				
		合 计	100					

试题17：油罐跑油判断

考核时间：15min

序号	考核内容	考核要点	配分	评分标准	检测结果	扣分	得分	备注
1	准备工作	穿戴劳保用品	3	未穿戴整齐扣3分				
2		工具、用具准备	2	工具选择不正确扣2分				
3	操作程序	现场可燃气体测爆仪或有毒物检测仪报警或有指示	30	未正确判断扣30分				
4		储罐罐壁外有油迹	15	未正确判断扣15分				
5		罐基础四周地面渗出油痕	15	未正确判断扣15分				
6		罐组雨排沟有油迹	20	未正确判断扣20分				
7		视频监控观察	10	未正确判断扣10分				
8	使用工具	使用工具	2	工具使用不正确扣2分				
9		维护工具	3	工具乱摆乱放扣3分				
合 计			100					

试题18：油罐加热器跑油判断

考核时间：15min

序号	考核内容	考核要点	配分	评分标准	检测结果	扣分	得分	备注
1	准备工作	穿戴劳保用品	3	未穿戴整齐扣3分				
2		工具、用具准备	2	工具选择不正确扣2分				
3	操作程序	现场有气味飘散	20	未正确判断扣20分				
4		加热器出口疏水器有带油现象	25	未正确判断扣25分				
5		切水池表面浮油产生偏光现象	20	未正确判断扣20分				
6		有毒物检测仪报警	25	未正确判断扣25分				
7	使用工具	使用工具	2	工具使用不正确扣2分				
8		维护工具	3	工具乱摆乱放扣3分				
合 计			100					

试题19:油罐冒顶判断

考核时间：15min

序号	考核内容	考核要点	配分	评分标准	检测结果	扣分	得分	备注
1	准备工作	穿戴劳保用品	3	未穿戴整齐扣3分				
2		工具、用具准备	2	工具选择不正确扣2分				
3	操作程序	现场可燃气体测爆仪或有毒物检测仪报警或有指示	30	未正确判断扣30分				
4		储罐罐顶和罐壁外有明显油迹	20	未正确判断扣20分				
5		液位高限报警	20	未正确判断扣20分				
6		视频监控观察	20	未正确判断扣20分				
7	使用工具	使用工具	2	工具使用不正确扣2分				
8		维护工具	3	工具乱摆乱放扣3分				
合计			100					

试题20:油罐冻凝处理

考核时间：15min

序号	考核内容	考核要点	配分	评分标准	检测结果	扣分	得分	备注
1	准备工作	穿戴劳保用品	3	未穿戴整齐扣3分				
2		工具、用具准备	2	工具选择不正确扣2分				
3	操作程序	采用外储壁加热法	30	未正确处理扣30分				
4		采用蒸汽或热油自上而下加热	30	未正确处理扣30分				
5		初步熔解后可采用热油循环法	30	未正确处理扣30分				
6	使用工具	使用工具	2	工具使用不正确扣2分				
7		维护工具	3	工具乱摆乱放扣3分				
合计			100					

试题21:油罐加热器跑油处理

考核时间：15min

序号	考核内容	考核要点	配分	评分标准	检测结果	扣分	得分	备注
1	准备工作	穿戴劳保用品	3	未穿戴整齐扣3分				
2		工具、用具准备	2	工具选择不正确扣2分				

续表

序号	考核内容	考核要点	配分	评分标准	检测结果	扣分	得分	备注
3	操作程序	汇报车间及调度	10	未正确汇报扣10分				
4		关闭加热器出口阀门	10	未正确处理扣10分				
5		将罐内物料倒入其他苯罐，关闭进、出口罐根阀	20	未正确处理扣10分				
6		将加热器内物料利用蒸汽置换干净	10	未正确处理扣10分				
7		检查确认罐组雨污排阀是否关闭	10	未检查扣10分				
8		检查确认封堵防火堤穿墙管洞眼	10	未检查扣10分				
9		组织回收跑出的物料	10	未回收物料扣10分				
10		泄漏苯罐工艺处理合格后交付检修	10	未正确处理扣10分				
11	使用工具	使用工具	2	工具使用不正确扣2分				
12		维护工具	3	工具乱摆乱放扣3分				
		合 计	100					

试题22:油罐冒顶处理

考核时间：15min

序号	考核内容	考核要点	配分	评分标准	检测结果	扣分	得分	备注
1	准备工作	穿戴劳保用品	3	未穿戴整齐扣3分				
2		工具、用具准备	2	工具选择不正确扣2分				
3	操作程序	佩戴空气呼吸器	10	未佩戴空气呼吸器扣10分				
4		关闭冒顶罐进料流程	20	未切断进料流程扣10分； 未检查雨污排阀关闭情况扣5分； 物料跑防火堤外，未采取围堵措施扣5分				
5		现场检查						
6		报警	10	未按照顺序依次报警扣5分； 未正确说出报警内容扣5分				
7		冒顶罐物料倒出，打开倒入罐的进料流程	10	未打开倒入罐进料流程扣10分				
8		核实倒入罐进料泄压阀关闭	5	未核实扣5分				
9		核对流程无误后，通知中控打开冒顶罐的付料气动阀、倒入罐进料气动阀，油罐可以倒料	15	未核实流程扣10分； 未通知中控室扣5分				

续表

序号	考核内容	考核要点	配分	评分标准	检测结果	扣分	得分	备注
10	操作程序	检查油罐的液位、压力、温度的变化情况,异常情形及时处理	15	未检查油罐的液位、压力、温度扣10分； 异常情形不会处理扣5分				
11		回电中控，倒出罐、倒入罐的液位，压力、温度变化情况	5	未回电中控扣5分				
12	使用工具	使用工具	2	工具使用不正确扣2分				
13		维护工具	3	工具乱摆乱放扣3分				
合 计			100					

试题23:管线冻凝处理

考核时间：15min

序号	考核内容	考核要点	配分	评分标准	检测结果	扣分	得分	备注
1	准备工作	穿戴劳保用品	3	未穿戴整齐扣3分				
2		工具、用具准备	2	工具选择不正确扣2分				
3	操作程序	苯管线结晶的分析：环境温度低于苯的结晶点，未伴热；显示温度不准确或测量方法不对	20	未正确分析扣20分				
4		管线蒸汽伴热未开或疏水器堵、电加热系统损坏	10	未正确分析扣10分				
5		判断结晶管线范围	20	未判断结晶管线范围扣20分				
6		联系人员恢复蒸汽伴热或电加热系统	20	未联系人员恢复蒸汽伴热或电加热系统扣20分				
7		连接临时蒸汽软管，吹扫结晶段管线	20	未正确操作扣20分				
8	使用工具	使用工具	2	工具使用不正确扣2分				
9		维护工具	3	工具乱摆乱放扣3分				
合 计			100					

试题24:工艺管道布置图识别

考核时间：15min

序号	考核内容	考核要点	配分	评分标准	检测结果	扣分	得分	备注
1	准备工作	穿戴劳保用品	3	未穿戴整齐扣3分				
2		工具、用具准备	2	工具选择不正确扣2分				

续表

序号	考核内容	考核要点	配分	评分标准	检测结果	扣分	得分	备注
3	管线	实线、管径、壁厚、编号是否保温保冷、保温层厚度	10	未说明或说错每项扣2分				
4	阀门	实线、安装方向、阀门类型	10	未说明或说错每项扣5分				
5	管线走向	由上向下、由下向上	15	未说明或说错每项扣5分				
6	布置图名称	图纸名称、范围	5	未说明扣5分				
7	导淋、吹扫头	编号，大小	5	未说明或说错每项扣5分				
8	图纸间衔接指引	编号及说明	5	未说明或说错每项扣5分				
9	仪表及编号、联锁控制	编号，现场或远传、集中控制、逻辑关系	20	未说明或说错每项扣5分				
10	设备	实线、参数、位号、名称	20	未说明或说错每项扣5分				
11	使用工具	使用工具	2	工具使用不正确扣2分				
12		维护工具	3	工具乱摆乱放扣3分				
合 计			100					

罐区（模块）操作技能试题

试题1：渣油管线启用检查

考核时间：15min

序号	考核内容	考核要点	配分	评分标准	检测结果	扣分	得分	备注
1	准备工作	穿戴劳保用品	3	未穿戴整齐扣3分				
2		工具、用具准备	2	工具选择不正确扣2分				
3	操作程序	接到指令，现场对渣油管线是否具备投用条件进行确认，首先检查管道的标识情况，确认标识已张贴到位；管道静电接地完好	10	未核实启用条件扣10分； 有一项遗漏扣2分				
4		检查确认该管道工艺处理及试压、气密阶段的隔离盲板已经拆除，检查所有阀门的开关情况、汽缸阀、调节阀的备用状态	15	无此项扣15分； 不检查试压、气密扣4分； 不检查盲板拆除情况扣4分； 不检查阀门开关情况扣4分； 不检查汽缸阀、调节阀扣4分				

续表

序号	考核内容	考核要点	配分	评分标准	检测结果	扣分	得分	备注
5	操作程序	对渣油管道的流量计、压力表、温度表进行确认，并记录	10	无此项扣10分； 检查测量元件情况遗漏一项扣4分				
6		首先检查与管道连接的设备、设施相关机泵的备用情况（机泵、储罐）	15	无此项操作扣15分； 有遗漏扣5分				
7		检查核实该管道的伴热系统完好情况，开伴热，确认伴热正常	15	未核实扣15分； 未确认伴热疏水器工作情况扣5分				
8		检查管道安全流程状况	10	无此项扣10分； 流程核实未执行“双人确认制”扣5分				
9		首次输料过程中重点检查流量、温度、压力等工艺参数变化情况、检查管道法兰有无泄漏，发现泄漏立即汇报、组织消漏	10	未检查管道的流量、压力、温度扣10分； 异常情形不会处理扣5分				
10		检查管道安全阀有无内漏情况	5	无此项扣5分				
11	使用工具	使用工具	2	工具使用不正确扣2分				
12		维护工具	3	工具乱摆乱放扣3分				
		合计	100					

试题2：蜡油罐（带氮封）收油操作

考核时间：15min

序号	考核内容	考核要点	配分	评分标准	检测结果	扣分	得分	备注
1	准备工作	穿戴劳保用品	3	未穿戴整齐扣3分				
2		工具、用具准备	2	工具选择不正确扣2分				
3	操作程序	接到蜡油罐收油指令后，开具作业票，现场对蜡油罐是否具备投用条件进行确认（储罐液位、温度以及氮封压力）	10	无此项扣10分； 未检查氮封扣5分				
4		收料前对蜡油罐的液位、温度以及氮封压力进行确认，检尺（检空尺），并记录	10	无此项扣10分； 未检尺扣5分				
5		检查收料线温度、必要时开启管线伴热，待温度在正常指标内再调小或关闭管线伴热	10	无此项扣10分； 未检查、调整伴热扣5分				

续表

序号	考核内容	考核要点	配分	评分标准	检测结果	扣分	得分	备注
6	操作程序	关闭蜡油系统收料泄压阀，通知中控打通蜡油收料储罐收料气动阀；核对流程无误后，蜡油罐可以进料	15	无此项操作扣15分； 未核对流程扣5分				
7		收料过程中检查收料罐液位、温度、压力的变化情况,异常情形及时处理	15	无此项操作扣15分； 未对异常情况及时处理扣5分				
8		收料过程中，加强对收料罐的液位、温度、压力监控、巡回检查	10	无此项操作扣15分； 未核对流程扣5分				
9		收料结束，进行流程（包括泄压调整）、测量收料后检尺，并做好相关记录	15	无此项操作扣15分； 未进行收料后检尺、计量工作扣10分； 未进行流程调整扣10分				
10		回电中控，系统调整完成	5	未回电中控扣5分				
11	使用工具	使用工具	2	工具使用不正确扣2分				
12		维护工具	3	工具乱摆乱放扣3分				
		合 计	100					

试题3:燃料油罐循环调和操作

考核时间：15min

序号	考核内容	考核要点	配分	评分标准	检测结果	扣分	得分	备注
1	准备工作	穿戴劳保用品	3	未穿戴整齐扣3分				
2		工具、用具准备	2	工具选择不正确扣2分				
3	操作程序	接到燃料油循环操作指令后，开具作业票，现场对是否具备调油条件进行确认（主要是液位条件，因为均值化循环对液位有严格要求，一般要求液位在7m以上）	10	未核实调油条件扣5分； 均质化设施罐均质化未执行液位条件扣5分				
4		循环流程调整：关闭共用进泵线其他储罐的进泵线汽缸阀、回流线汽缸阀；打开待循环燃料油储罐的进泵汽缸阀、回流汽缸阀	10	流程调整错误扣10分				

续表

序号	考核内容	考核要点	配分	评分标准	检测结果	扣分	得分	备注
5	操作程序	调整待循环燃料系统泄压流程，以防止在循环过程中发生窜料事故	15	无此项扣10分； 未进行泄压流程调整扣5分； 泄压流程调整错误扣5分				
6		流程核对无误后，通知中控可以进行燃料油循环作业	10	无此项操作扣10分； 未核对流程扣5分				
7		循环操作过程中，严格控制机泵出口压力、电流及循环流量等，出现超指标异常情况及时调整	15	无此项操作扣15分； 未对异常情况及时处理扣5分； 未严格控制相关指标扣10分				
8		燃料油循环过程中，加强对系统的巡回检查；检查管线、储罐、机泵的振动情况、检查储罐有无异常声音	15	无此项操作扣15分				
9		循环结束后，通知相关方，并进行流程（包括泄压流程）的调整	10	无此项操作扣10分； 未通知相关方扣5分； 未进行流程调整扣10分				
10		做好燃料系统循环的相关记录	5	未回电中控扣5分				
11	使用工具	使用工具	2	工具使用不正确扣2分				
12		维护工具	3	工具乱摆乱放扣3分				
		合 计	100					

试题4:含硫化氢液化气储罐脱水操作

考核时间：15min

序号	考核内容	考核要点	配分	评分标准	检测结果	扣分	得分	备注
1	准备工作	穿戴劳保用品	3	未穿戴整齐扣3分				
2		工具、用具准备	2	工具选择不正确扣2分				
3	操作程序	接到合格液化气储罐脱水操作指令后，开具切水作业票。现场检查是否具备切水条件（主要检查污水池水位在低液位、储罐是否处于静止状态）	10	未核实切水条件扣10分； 未开切水票扣5分； 未检查污水池水位扣5分				
4		关闭罐组雨排阀门、开罐组污排阀门。切水阀门的操作顺序是先开切水阀、后开近罐侧阀门，速度控制为小→大→小	15	无此项扣15分； 雨、污排未做调整扣5分； 切水阀操作有误扣5分				

续表

序号	考核内容	考核要点	配分	评分标准	检测结果	扣分	得分	备注
5	操作程序	作业人员佩戴空气呼吸器赴现场准备切水操作	15	无此项扣10分； 未进行流程调整扣5分				
6		切水执行双人操作原则（一人操作切水、一人监护）	10	无此项操作扣10分； 未控制切水速度扣5分				
7		现场操作人员站在上风口	10	无此项操作扣10分； 人员站位错误扣5分				
8		切水过程中密切关注切水线上的油/水观察孔	15	无此项操作扣15分； 未对异常情况及时处理扣5分； 未监控油/水观察孔扣10分				
9		切水临近结束先关罐侧阀门，再关切水阀，停止切水。查污水池水位，做好切水的相关记录	10	无此项操作扣10分； 未通知中控切水结束扣5分； 阀门操作顺序错误扣5分				
10		做好燃料系统循环的相关记录	5	未回电中控扣5分				
11	使用工具	使用工具	2	工具使用不正确扣2分				
12		维护工具	3	工具乱摆乱放扣3分				
		合 计	100					

试题5：轻油罐人工脱水操作

考核时间：15min

序号	考核内容	考核要点	配分	评分标准	检测结果	扣分	得分	备注
1	准备工作	穿戴劳保用品	3	未穿戴整齐扣3分				
2		工具、用具准备	2	工具选择不正确扣2分				
3	操作程序	接到轻油储罐人工切水指令后，开具切水作业票。现场检查是否具备切水条件（主要检查污水池水位在低液位、储罐是否处于静止状态）	10	未核实切水条件扣10分； 未开切水作业票扣5分； 未检查污水池水位扣5分				
4		停止储罐收/付料作业，并关闭收/付料相关阀门；切水执行双人操作原则（一人操作切水、一人监护）	10	无此项扣10分； 未进行流程调整扣5分； 未执行双人操作扣10分				

续表

序号	考核内容	考核要点	配分	评分标准	检测结果	扣分	得分	备注
5	操作程序	关闭罐组雨排阀门、开罐组污排阀门。切水阀门的操作顺序是先开切水阀、后开近罐侧阀门，速度控制为小→大→小	10	无此项扣10分； 雨、污排未做调整扣5分； 切水阀操作有误扣5分				
6		对切水储罐进行检查（含油尺、水尺）	10	无此项扣10分； 检尺操作有误扣5分； 水尺检错扣5分				
7		切水执行双人操作原则（一人操作切水、一人监护），切水过程中密切关注切水线上的油/水观察孔，见油即关	15	无此项操作扣15分； 未对异常情况及时处理扣5分； 未监控油/水观察孔扣10分				
8		现场操作人员站在上风口，切水口一旦见油，立即停止切水	10	无此项操作扣10分				
9		切水临近结束先关罐侧阀门，再关切水阀，停止切水。查污水池水位	10	无此项操作扣10分； 未通知中控切水结束扣5分； 阀门操作顺序错误扣5分				
10		切水作业停止后，对储罐进行再次检尺（油尺、水尺），并做好相关记录	10	无此项操作扣5分； 未作记录扣5分				
11		将切水情况汇报中控	5	未回电中控扣5分				
12	使用工具	使用工具	2	工具使用不正确扣2分				
13		维护工具	3	工具乱摆乱放扣3分				
合 计			100					

试题6:消防水泵启用操作

考核时间：15min

序号	考核内容	考核要点	配分	评分标准	检测结果	扣分	得分	备注
1	准备工作	穿戴劳保用品	3	未穿戴整齐扣3分				
2		工具、用具准备	2	工具选择不正确扣2分				
3	操作程序	接到指令，现场对消防水泵是否具备投用条件进行确认	10	未核实投用条件扣10分				
4		检查确认该系统所有阀门的开关、消防水泵完好情况	10	未检查阀门开关情况扣10分				

续表

序号	考核内容	考核要点	配分	评分标准	检测结果	扣分	得分	备注
5	操作程序	核对流程无误后，将消防水泵控制面板上“手动与自动”开关打到“空挡”位置，对机泵盘车4~5圈，听有无杂音	10	未调整控制面板挡位扣10分； 盘车圈数不足扣5分				
6		打开消防水池出口联通碟阀，泵出口至消防水池的控制阀，以打通机泵至消防水池的循环流程，再打开1#泵进水阀，并打开放空阀放空，见水后关闭放空阀	15	有一个阀门未开扣5分，扣完为止				
7		启动机泵，打开压力表阀，出水阀应自动打开	15	未打开压力表阀扣5分； 未自动打开出水阀扣10分				
8		调节回流阀，使压力控制在0.9~1.1MPa	10	漏此项操作扣10分				
9		运转过程中对机泵进行全面检查，符合下列条件为合格： ·机泵无杂音 ·填料漏水保持滴状且要求<20滴/min ·轴承温升<75℃ ·电机温度不超过铭牌规定值	15	漏项未检查扣5分，扣完为止				
10		回电中控，观察5min后，管网压力正常，开泵结束	5	未回电中控扣5分				
11	使用工具	使用工具	2	工具使用不正确扣2分				
12		维护工具	3	工具乱摆乱放扣3分				
		合 计	100					

试题7：油罐检修后投用操作

考核时间：15min

序号	考核内容	考核要点	配分	评分标准	检测结果	扣分	得分	备注
1	准备工作	穿戴劳保用品	3	未穿戴整齐扣3分				
2		工具、用具准备	2	工具选择不正确扣2分				
3	操作程序	管线检查确认	5	不检查阀门开关扣5分				
			5	不检查管线连接扣5分				

续表

序号	考核内容	考核要点	配分	评分标准	检测结果	扣分	得分	备注
4	操作程序	储罐检查	15	未检查密封点、排污阀扣5分； 未确认储罐仪表及安全附件投用扣5分； 未确认储罐进出阀门、卸压阀开关扣5分				
5		氮封	5	未开氮气阀扣5分				
6		打通流程	10	对应管线、阀门开错扣10分				
7		控制流量	10	未控制流量扣10分				
8		运行过程检查	40	未检查切水口扣10分； 未检查液位扣10分； 不检查人孔、排污孔及通气孔扣10分； 不检查进料管线扣10分				
9	使用工具	使用工具	2	工具使用不正确扣2分				
10		维护工具	3	工具乱摆乱放扣3分				
		合 计	100					

试题8:油罐量油孔检查维护

考核时间：15min

序号	考核内容	考核要点	配分	评分标准	检测结果	扣分	得分	备注
1	准备工作	穿戴劳保用品	3	未穿戴整齐扣3分				
2		工具、用具准备	2	工具选择不正确扣2分				
3	操作程序	接到指令，回电中控确认油罐是否在作业中	10	未落实扣10分				
4		检查确认设备压力是否正常	10	未落实扣10分				
5		现场确认量油孔外观完好	10	漏此项操作扣10分				
6		人员站在上风口，打开检尺扣	15	未落实扣15分				
7		现场确认量油孔阀门是否关闭	15	漏此项操作扣15分				
8		戴上防毒面具，打开量油孔确认密封面是否平整，如存在结晶应清理干净	15	漏此项操作扣15分				

续表

序号	考核内容	考核要点	配分	评分标准	检测结果	扣分	得分	备注
9	操作程序	检查完毕、轻轻关好检尺扣	10	漏此项操作扣10分				
10		回电中控，观察5min后，一切正常，操作结束	5	未回电中控扣5分				
11	使用工具	使用工具	2	工具使用不正确扣2分				
12		维护工具	3	工具乱摆乱放扣3分				
		合 计	100					

试题9:油罐阻火器检查维护

考核时间：15min

序号	考核内容	考核要点	配分	评分标准	检测结果	扣分	得分	备注
1	准备工作	穿戴劳保用品	3	未穿戴整齐扣3分				
2		工具、用具准备	2	工具选择不正确扣2分				
3	操作程序	接到指令，回电中控确认与之相连设备是否作业	10	未落实扣10分				
4		检查确认与之相连设备压力是否正常	10	未落实扣10分				
5		现场确认阻火器外观完好	10	漏此项操作扣10分				
6		现场确认阻火器底阀是否关闭	15	漏此项操作扣15分				
7		现场确认阻火器后阀是否开启	15	漏此项操作扣15分				
8		戴上防毒面具，关闭阻火器前后阀；打开阻火器盖，确认密封面是否平整，如存在结晶应清理干净，上下阀杆是否自如，保温是否完好	15	漏此项操作扣15分				
9		检查完毕，打开阻火器前后阀门，保持流程畅通	10	漏此项操作扣10分				

续表

序号	考核内容	考核要点	配分	评分标准	检测结果	扣分	得分	备注
10	操作程序	回电中控，观察5min后，一切正常，操作结束	5	未回电中控扣5分				
11	使用工具	使用工具	2	工具使用不正确扣2分				
12		维护工具	3	工具乱摆乱放扣3分				
		合 计	100					

试题10:外浮顶罐中央排水管泄漏判断

考核时间：15min

序号	考核内容	考核要点	配分	评分标准	检测结果	扣分	得分	备注
1	准备工作	穿戴劳保用品	3	未穿戴整齐扣3分				
2		工具、用具准备	2	工具选择不正确扣2分				
3	操作程序	检查罐顶浮盘上方是否有液体油品存留。如没有油品存留，且储罐液位处于高位状态，则可判断中央排水管泄漏	15	无此项扣15分				
4		检查浮盘上有较多新鲜油品存留，且存油量较多。则可以判断中央排水管存在泄漏可能性极小	15	无此项扣15分				
5		检查浮盘上有较多新鲜油品存留，且存油量较多。则可以判断中央排水管存在泄漏可能性极小	15	无此项扣15分				
6		检查中央排水管排出物的含水情况，如果含水极少，且浮盘上方无积油存留则可判断中央排水管泄漏	15	无此项操作扣15分				
7		晴天时段，清洁浮盘，再持续观察中央排水管的排水口，如仍有油不断流出则可判断中央排水管泄漏	10	无此项操作扣10分； 未及时确认扣5分				

续表

序号	考核内容	考核要点	配分	评分标准	检测结果	扣分	得分	备注
8	操作程序	晴天时段，接临时水袋从罐顶用清洁水不断冲洗中央排水管直至无污物排出；停止冲水后，观察中央排水管排口，如有污油排出，则判断中央排水管已泄漏	10	无此项扣10分				
9		做好相关检查记录	10	无此项扣10分				
10	使用工具	使用工具	2	工具使用不正确扣2分				
11		维护工具	3	工具乱摆乱放扣3分				
		合 计	100					

试题11：外浮顶罐中央排水管泄漏处理

考核时间：15min

序号	考核内容	考核要点	配分	评分标准	检测结果	扣分	得分	备注
1	准备工作	穿戴劳保用品	3	未穿戴整齐扣3分				
2		工具、用具准备	2	工具选择不正确扣2分				
3	操作程序	安排正常倒罐作业，使故障储罐液位降至控制范围下限	10	无此项扣10分				
4		接临时泵将故障储罐内剩余物料导至其他储罐	10	无此项扣10分				
5		故障罐进水垫高油层，继续倒料，直至无明油为止	15	无此项扣15分				
6		故障罐进水蒸煮至少24h	15	无此项操作扣15分				
7		故障罐清理，通风直至具备进入条件	10	无此项操作扣10分； 未及时确认扣5分				
8		拆除故障中央排水管	10	无此项扣10分				
9		针对泄漏原因进行相应的处理（视具体情况更换连接法兰的垫片、更换罐内连接直管段、更换连接法兰）	15	无此项扣15分				
10		做好燃料系统循环的相关记录	5	未做记录扣5分				
11	使用工具	使用工具	2	工具使用不正确扣2分				
12		维护工具	3	工具乱摆乱放扣3分				
		合 计	100					

试题12：螺杆泵不上量判断

考核时间：15min

序号	考核内容	考核要点	配分	评分标准	检测结果	扣分	得分	备注
1	准备工作	穿戴劳保用品	3	未穿戴整齐扣3分				
2		工具、用具准备	2	工具选择不正确扣2分				
3	操作程序	检查进泵线流程、进泵线入口过滤器，且泵出口无压力，流程不通，导致机泵不上量	10	无此项扣10分； 未检查过滤器扣5分				
4		检查进泵线温度，发现管线温度在控制指标之上，判断物料汽化严重导致进泵线充盈度不够	15	无此项扣15分				
5		检查进泵线温度，发现管线温度在控制指标下限之下，判断物料黏度过大导致螺杆泵不上量	15	无此项扣15分				
6		检查机泵出口压力，发现机泵压力超指标，可能是机泵出口阀故障或收料方流程不通导致螺杆泵不上量	15	无此项扣15分				
7		检查储罐液位，液位过低导致螺杆泵不上量	15	无此项扣15分				
8		机泵温度超温、机泵声音异常，判断为部件损坏导致螺杆泵不上量	10	无此项扣10分				
9		泵出、入口平衡阀（跨线阀）阀芯掉落	5	无此项扣5分				
10		检查电机转向，电机反转会导致机泵不上量	5	无此项扣5分				
11	使用工具	使用工具	2	工具使用不正确扣2分				
12		维护工具	3	工具乱摆乱放扣3分				
		合 计	100					

公路装卸(模块)操作技能试题

试题1:带压汽车罐车装车前准备

考核时间：15min

<table>
<tr><th>序号</th><th>考核内容</th><th>考核要点</th><th>配分</th><th>评分标准</th><th>检测结果</th><th>扣分</th><th>得分</th><th>备注</th></tr>
<tr><td>1</td><td rowspan="2">准备工作</td><td>穿戴劳保用品</td><td>3</td><td>未穿戴整齐扣3分</td><td></td><td></td><td></td><td></td></tr>
<tr><td>2</td><td>工具、用具准备</td><td>2</td><td>工具选择不正确扣2分</td><td></td><td></td><td></td><td></td></tr>
<tr><td rowspan="7">3</td><td rowspan="10">操作程序</td><td rowspan="7">罐车的检查确认</td><td>15</td><td>未检查核对危化品“三证”扣15分</td><td></td><td></td><td></td><td></td></tr>
<tr><td>5</td><td>未检查核对罐车车号扣5分</td><td></td><td></td><td></td><td></td></tr>
<tr><td>5</td><td>未检查确认罐车载重扣5分</td><td></td><td></td><td></td><td></td></tr>
<tr><td>10</td><td>未核对提货量扣10分</td><td></td><td></td><td></td><td></td></tr>
<tr><td>10</td><td>未检查罐车车况和阀门情况扣10分</td><td></td><td></td><td></td><td></td></tr>
<tr><td>10</td><td>未检查罐车静电接地、消防器材等扣10分</td><td></td><td></td><td></td><td></td></tr>
<tr><td>10</td><td>未检查罐车防滑措施扣10分</td><td></td><td></td><td></td><td></td></tr>
<tr><td rowspan="3">4</td><td rowspan="3">装车站台的检查确认</td><td>10</td><td>未检查发油机等仪表完好情况扣10分</td><td></td><td></td><td></td><td></td></tr>
<tr><td>5</td><td>未检查仪表风压力情况扣5分</td><td></td><td></td><td></td><td></td></tr>
<tr><td>10</td><td>未检查管线伴热扣10分（需伴热管线在气温低于控制温度下限）</td><td></td><td></td><td></td><td></td></tr>
<tr><td>5</td><td rowspan="2">使用工具</td><td>使用工具</td><td>2</td><td>工具使用不正确扣2分</td><td></td><td></td><td></td><td></td></tr>
<tr><td>6</td><td>维护工具</td><td>3</td><td>工具乱摆乱放扣3分</td><td></td><td></td><td></td><td></td></tr>
<tr><td colspan="3">合 计</td><td>100</td><td></td><td></td><td></td><td></td><td></td></tr>
</table>

试题2:带压汽车罐车装车过程检查

考核时间：15min

<table>
<tr><th>序号</th><th>考核内容</th><th>考核要点</th><th>配分</th><th>评分标准</th><th>检测结果</th><th>扣分</th><th>得分</th><th>备注</th></tr>
<tr><td>1</td><td rowspan="2">准备工作</td><td>穿戴劳保用品</td><td>3</td><td>未穿戴整齐扣3分</td><td></td><td></td><td></td><td></td></tr>
<tr><td>2</td><td>工具、用具准备</td><td>2</td><td>工具选择不正确扣2分</td><td></td><td></td><td></td><td></td></tr>
<tr><td rowspan="2">3</td><td rowspan="2">操作程序</td><td rowspan="2">正确开通流程</td><td>15</td><td>未与对方协调扣15分</td><td></td><td></td><td></td><td></td></tr>
<tr><td>15</td><td>未正确打通装车流程扣15分</td><td></td><td></td><td></td><td></td></tr>
</table>

续表

序号	考核内容	考核要点	配分	评分标准	检测结果	扣分	得分	备注
4	操作程序	动态检查监控	10	未检查系统有无泄漏扣10分				
			20	未监控罐车液位动态和车内压力情况扣20分				
			15	未及时切换至另外空槽车扣15分				
			15	装车结束未及时通知停泵扣15分				
5	使用工具	使用工具	2	工具使用不正确扣2分				
6		维护工具	3	工具乱摆乱放扣3分				
合 计			100					

试题3：带压汽车罐车卸车前检查

考核时间：15min

序号	考核内容	考核要点	配分	评分标准	检测结果	扣分	得分	备注
1	准备工作	穿戴劳保用品	3	未穿戴整齐扣3分				
2		工具、用具准备	2	工具选择不正确扣2分				
3	操作程序	卸车前的检查确认	5	未核对罐车车号扣5分				
			10	未核对罐车物料名称扣10分				
			10	未确认罐车已核量扣10分				
			15	未确认车内物料是否合格扣15分				
			10	未检查罐车车况和罐车内压力扣10分				
			10	未检查罐车静电接地、消防器材完好情况扣10分				
			10	未检查罐车防滑措施扣10分				
			10	未确认氮气管线压力扣10分				
			10	未对氮气进行排放检查扣10分				
4	使用工具	使用工具	2	工具使用不正确扣2分				
5		维护工具	3	工具乱摆乱放扣3分				
合 计			100					

试题4：带压汽车罐车装车结束后操作

考核时间：15min

序号	考核内容	考核要点	配分	评分标准	检测结果	扣分	得分	备注
1	准备工作	穿戴劳保用品	3	未穿戴整齐扣3分				
2		工具、用具准备	2	工具选择不正确扣2分				
3	操作程序	收尾工作	10	未确认装车阀关闭扣10分				
			25	装车结束后未测量槽车液位和压力扣25分				
			20	装车臂未按规定收好扣20分				
			20	未确认罐车封车情况扣20分				
			5	吊梯、静电接地线未收扣5分				
			10	未确认罐车过衡情况扣10分				
4	使用工具	使用工具	2	工具使用不正确扣2分				
5		维护工具	3	工具乱摆乱放扣3分				
合 计			100					

试题5：带压汽车罐车卸车结束后工作

考核时间：15min

序号	考核内容	考核要点	配分	评分标准	检测结果	扣分	得分	备注
1	准备工作	穿戴劳保用品	3	未穿戴整齐扣3分				
2		工具、用具准备	2	工具选择不正确扣2分				
3	操作程序	卸车后的检查确认	15	未确认罐车是否卸尽、无残液扣15分				
			10	未检查确认罐车内余压扣10分				
			10	未检查卸臂是否收好扣10分				
			5	未检查箱盖是否按规定盖好扣5分				
			5	未检查静电接地线是否收好扣5分				
			15	未检查氮气系统与物料系统是否隔离或断开扣15分				
			10	未确认系统阀门已关闭扣10分				
			10	未确认系统无泄漏扣10分				
			10	未确认空车过衡情况扣10分				
4	使用工具	使用工具	2	工具使用不正确扣2分				
5		维护工具	3	工具乱摆乱放扣3分				
合 计			100					

试题6:汽车装卸系统管线法兰垫片损坏处理

考核时间：15min

序号	考核内容	考核要点	配分	评分标准	检测结果	扣分	得分	备注
1	准备工作	穿戴劳保用品	3	未穿戴整齐扣3分				
2		工具、用具准备	2	工具选择不正确扣2分				
3	操作程序	立即停止装车作业	5	未联系停泵私自关阀扣5分				
			5	未关上游阀扣5分				
			5	未对漏出物料采取防污染扩大措施扣5分				
4		将管线内的物料扫净，放余压	15	未扫线扣10分； 未放余压扣5分				
5		准备新垫片	5	垫片不合要求扣5分				
6		松开法兰，取出垫片	15	没有接油措施扣5分； 卸螺栓动作不熟练扣5分				
7		清理法兰面	10	法兰面清理不干净扣5分				
8		穿上部分螺栓后放入新垫片	15	垫片没有放正扣10分				
9		上紧螺栓	15	上紧时用力不均扣5分； 周围各处间隙大小不一样扣5分				
10	使用工具	使用工具	2	工具使用不正确扣2分				
11		维护工具	3	工具乱摆乱放扣3分				
	合 计		100					

铁路装卸(模块)操作技能试题

试题1:带压铁路槽车充装操作

考核时间：15min

序号	考核内容	考核要点	配分	评分标准	检测结果	扣分	得分	备注
1	准备工作	穿戴劳保用品	3	未穿戴整齐扣3分				
2		工具、用具准备	2	工具选择不正确扣2分				
3	操作程序	装车前的准备	5	槽车未接静电接地线扣5分				
			5	装车臂未按规定连接扣5分				
			5	槽车紧急切断阀不会操作扣5分				
			5	槽车内压力未放至规定值扣5分				
			10	未确定装车量或液位高度扣10分				

续表

序号	考核内容	考核要点	配分	评分标准	检测结果	扣分	得分	备注
4	操作程序	正确开通流程	5	未与对方协调扣5分				
			10	未正确打通装车流程扣10分				
5		动态检查监控	5	未检查系统有无泄漏扣5分				
			10	未监控罐车液位动态和压力情况扣10分				
			5	装车接近尾声未通知打循环扣5分				
6		收尾工作	5	未确认装车阀关闭扣5分				
			5	装车结束后未测量槽车液位和压力扣5分				
			5	装车臂未按规定收好扣5分				
			5	未确认罐车封车情况扣5分				
			5	吊梯、静电接地线未收扣5分				
7	使用工具	使用工具	2	工具使用不正确扣2分				
8		维护工具	3	工具乱摆乱放扣3分				
合 计			100					

试题2:带压铁路槽车卸车操作

考核时间：15min

序号	考核内容	考核要点	配分	评分标准	检测结果	扣分	得分	备注
1	准备工作	穿戴劳保用品	3	未穿戴整齐扣3分				
2		工具、用具准备	2	工具选择不正确扣2分				
3	操作程序	卸车前的准备	5	未连接静电接地线扣5分				
			5	未按规定连接卸车臂扣5分				
4		正确开通流程	5	未与对方协调扣5分				
			10	未打通卸车流程扣10分				
5		动态检查监控	10	充氮时未控制好槽车内压力扣10分				
			5	未检查系统有无泄漏扣5分				
			10	未监控罐车液位、压力变化扣10分				
			10	未监控氮气管线压力变化扣10分				
			5	不能判断罐车已卸空扣5分				

续表

序号	考核内容	考核要点	配分	评分标准	检测结果	扣分	得分	备注
6	操作程序	收尾工作	5	未关闭有关阀门扣5分				
			5	卸车臂未按规定收好扣5分				
			5	罐车车盖未盖好扣5分				
			5	吊梯、静电接地线未收扣5分				
			5	栈台信号灯未关闭扣5分				
7	使用工具	使用工具	2	工具使用不正确扣2分				
8		维护工具	3	工具乱摆乱放扣3分				
合计			100					

试题3:铁路黏油槽车加热操作

考核时间：15min

序号	考核内容	考核要点	配分	评分标准	检测结果	扣分	得分	备注
1	准备工作	穿戴劳保用品	3	未穿戴整齐扣3分				
2		工具、用具准备	2	工具选择不正确扣2分				
3	操作程序	系统伴热	5	未检查、开通蒸汽管线扣5分				
			10	未检查、打开伴热控制阀，并确认其完好扣10分				
4		检查、开通	10	未检查疏水器扣5分；未修理扣5分				
			5	未考虑用临时胶管从外部加热扣5分				
			25	伴热开通时，未先从能进行泄压的一端或两端开始扣25分				
5		系统保温检查确认	10	未检查管线保温情况扣5分； 未协调处理扣5分				
			10	未检查阀门保温情况扣5分； 未协调处理扣5分				
6		装卸臂伴热开通保温检查确认	5	未检查、开通伴热扣5分				
			10	未检查装卸臂保温情况扣5分； 未协调处理扣5分				
7	使用工具	使用工具	2	工具使用不正确扣2分				
8		维护工具	3	工具乱摆乱放扣3分				
合计			100					

试题4:化工类铁路罐车装车操作

考核时间：15min

序号	考核内容	考核要点	配分	评分标准	检测结果	扣分	得分	备注
1	准备工作	穿戴劳保用品	3	未穿戴整齐扣3分				
2		工具、用具准备	2	工具选择不正确扣2分				
3	操作程序	装车前的准备	3	未打开栈台信号灯扣3分				
			2	未核对罐车车号扣2分				
			3	未检查罐车车况和车内情况扣3分				
			2	未检查罐车手刹到位扣2分				
			5	未检查管线伴热扣5分（气温低于控制温度下限）				
			5	未接静电接地线扣5分				
			5	装车臂未按规定操作扣5分				
			5	发油机参数未正确设定扣5分				
4		开启流程	5	未与对方协调扣5分				
			5	未打通装车流程扣5分				
5		动态检查监控	5	未检查系统有无泄漏扣5分				
			10	未监控发油系统参数变化扣10分				
			5	接近尾声未通知打循环扣5分				
6		核量	10	装车结束后未检尺、测温扣10分				
7		收尾工作	5	未确认装车阀关闭扣5分				
			5	装卸臂未按规定收好扣5分				
			5	罐车未封扣5分				
			3	吊梯、静电接地线未收扣3分				
			2	栈台信号灯未关闭扣2分				
8	使用工具	使用工具	2	工具使用不正确扣2分				
9		维护工具	3	工具乱摆乱放扣3分				
合计			100					

试题5:化工类铁路罐车洗车操作

考核时间：15min

序号	考核内容	考核要点	配分	评分标准	检测结果	扣分	得分	备注
1	准备工作	穿戴劳保用品	3	未穿戴整齐扣3分				
2		工具、用具准备	2	工具选择不正确扣2分				
3	操作程序	清洗前的准备	20	未打开栈台信号灯扣5分； 未核对罐车车号扣5分； 未观察车内残液、铁锈等情况扣5分； 没有检查液压系统扣5分				
4		牵引机的对位操作	15	不能正确控制牵引机扣10分； 不能正确控制对位扣5分				
5		液压系统的启动	10	液压系统不能正确启动扣5分； 不能准确控制液压系统压力扣5分				
6		将清洗机对位操作	5	清洗机与槽车相碰撞扣5分				
7		槽车清洗操作	25	没接静电接地线扣5分； 控制开启阀门有错误扣5分； 没有正确开启热水泵扣5分； 热水泵压力控制不在工艺指标范围内扣5分； 未通过污水视镜观察水质和水量扣5分				
8		系统复位	15	不能正确停运热水泵扣5分； 清洗机、阀门不能操作复位扣5分； 不能正确停运液压系统扣5分				
9	使用工具	使用工具	2	工具使用不正确扣2分				
10		维护工具	3	工具乱摆乱放扣3分				
合 计			100					

试题6:轻油铁路槽车充装超量原因分析

考核时间：15min

序号	考核内容	考核要点	配分	评分标准	检测结果	扣分	得分	备注
1	准备工作	穿戴劳保用品	3	未穿戴整齐扣3分				
2		工具、用具准备	2	工具选择不正确扣2分				
3	操作程序	测量槽车内物料的液位	30	每误差1mm扣5分，误差超过3mm不得分				

续表

序号	考核内容	考核要点	配分	评分标准	检测结果	扣分	得分	备注
4	操作程序	判断是否超装	20	利用溶剂表计算装车量，计算不准确不得分				
			20	计算槽车核载上限（按容积95%计算），计算不准确不得分				
			20	判断是否超装，不正确扣20分				
5	使用工具	使用工具	2	工具使用不正确扣2分				
6		维护工具	3	工具乱摆乱放扣3分				
7	安全及其他	按国家法规或企业规定	–	违规一次总分扣5分，严重违规停止操作			–	
8		在规定时间内完成操作		每超时1min总分扣5分，超时5min停止操作			–	
合计			100					

试题7:轻油铁路槽车充装超量处理

考核时间：15min

序号	考核内容	考核要点	配分	评分标准	检测结果	扣分	得分	备注
1	准备工作	穿戴劳保用品	3	未穿戴整齐扣3分				
2		工具、用具准备	2	工具选择不正确扣2分				
3	操作程序	处理前准备	5	超装罐车未检尺、测温扣5分				
			5	栈台信号灯未开扣5分				
			5	未核算超装量扣5分				
			15	未使用导静电软管扣5分； 软管未进行清洗、干燥扣10分				
			5	未对空罐车进行检查确认扣5分				
			5	罐车未接静电接地线扣5分				
4		罐车处理	15	处理前未进行质量确认扣5分； 未充填软管进行虹吸处理扣10分				
5		动态监控	5	超装罐车未进行液位监控扣5分				
6		罐车核量	5	处理后未检尺、测温扣5分				
			5	处理后未核量扣5分				
7		封车收尾	5	处理后的罐车未封扣5分				
			5	静电接地线未收扣5分				

续表

序号	考核内容	考核要点	配分	评分标准	检测结果	扣分	得分	备注
7	操作程序	封车收尾	5	未收吊梯扣5分				
			5	栈台信号灯未关闭扣5分				
8	使用工具	使用工具	2	工具使用不正确扣2分				
9		维护工具	3	工具乱摆乱放扣3分				
合计			100					

试题8:铁路槽车着火处理

考核时间：15min

序号	考核内容	考核要点	配分	评分标准	检测结果	扣分	得分	备注
1	准备工作	穿戴劳保用品	3	未穿戴整齐扣3分				
2		工具、用具准备	2	工具选择不正确扣2分				
3	操作程序	停止装车作业	15	未佩戴空气呼吸器扣7分； 未停止作业扣8分				
4		报警	10	报警时未说出着火单位扣3分； 未说出着火装车台扣2分； 未说出着火介质扣2分； 未说出人员被困或伤亡情况，扣3分				
5		接应消防车	5	未派人到相关的路口迎接消防车扣5分				
6		使用1211、干粉、泡沫进行灭火	10	未进行灭火扣10分				
7		现场灭火	15	未正确使用灭火器进行灭火扣15分				
8		冷却	10	未对相邻设备、槽车的本体冷却扣5分； 未正确冷却扣5分				
9		警戒及疏散	15	未设置警戒区扣5分； 未阻止无关人员、车辆进入扣5分； 未进行人员紧急疏散扣5分				
		中毒预案推演	10	未描述人员中毒处置过程扣10分				
10	使用工具	使用工具	2	工具使用不正确扣2分				
11		维护工具	3	工具乱摆乱放扣3分				
合计			100					

试题9：铁路槽车冒车处理

考核时间：15min

序号	考核内容	考核要点	配分	评分标准	检测结果	扣分	得分	备注
1	准备工作	穿戴劳保用品	3	未穿戴整齐扣3分				
2		工具、用具准备	2	工具选择不正确扣2分				
3	操作程序	停止装车作业	10	未佩戴空气呼吸器扣5分； 未停止作业扣5分				
			10	未采取围堵措施扣5分； 未关闭雨排阀扣5分				
4		报警	10	未说出冒车地点扣4分； 未说出冒车介质扣4分； 未说出冒车程度扣2分				
5		警戒并疏散的要求	20	未设置警戒区扣5分； 未阻止无关人员、车辆进入警戒区扣5分； 未进行人员紧急疏散扣10分				
6		物料的回收	10	未说出回收工具要防爆扣5分； 未组织回收扣5分				
7		防爆工器具的使用	10	使用非防爆工器具扣5分； 在危险区开停电器设备扣5分				
8		槽车液位的控制	10	在安全的前提下，未将液位控制在正常范围内扣5分； 未使用导静电管扣5分				
9		中毒预案推演	10	未描述人员中毒处置过程扣10分				
10	使用工具	使用工具	2	工具使用不正确扣2分				
11		维护工具	3	工具乱摆乱放扣3分				
合 计			100					

水路装卸(模块)操作技能试题

试题1：接卸船上污水操作

考核时间：15min

序号	考核内容	考核要点	配分	评分标准	检测结果	扣分	得分	备注
1	准备工作	穿戴劳保用品	3	未穿戴整齐扣3分				
2		工具、用具准备	2	工具选择不正确扣2分				
3	操作程序	接到指令，现场对接卸船上污水是否具备接卸条件进行确认	10	未确认接卸条件扣10分				
4		检查确认该污水系统所有阀门的开关情况	10	未检查阀门开关情况扣10分				

续表

序号	考核内容	考核要点	配分	评分标准	检测结果	扣分	得分	备注
5	操作程序	对污水管线压力表、船上相关设备设施进行确认	15	不检查管线的压力扣5分； 不检查船上设备扣5分； 不检查船上设施扣5分				
6		核实接卸流程及相关污水系统流程，打通污水去水厂流程	20	未核实接卸流程及污水系统流程扣10分； 未打通流程扣10分				
7		核对流程无误后，通知中控后，中控汇报调度，由调度协调水厂接收污水作业流程	10	未核实流程扣5分； 漏此项操作扣5分				
8		接卸船上污水作业过程中，现场操作人员需加强巡检，避免现场装置的跑冒滴漏。同时，现场操作人员还需将压力表读数、船方卸船流量及时反馈给中控室，并做好相关记录，发生异常情况及时做好处理	20	未检查罐的压力表、法兰、吹扫口等扣10分； 未做记录扣5分； 异常情况未及时处理扣5分				
9		接卸船上污水开始作业后，及时了解水厂是否收到污水，以及污水管线压力表读数是否正常，与中控室做好对接	5	未回电中控扣5分				
10	使用工具	使用工具	2	工具使用不正确扣2分				
11		维护工具	3	工具乱摆乱放扣3分				
		合 计	100					

试题2:输油臂旋转接头密封圈更换操作

考核时间：15min

序号	考核内容	考核要点	配分	评分标准	检测结果	扣分	得分	备注
1	准备工作	穿戴劳保用品	3	未穿戴整齐扣3分				
2		工具、用具准备	2	工具选择不正确扣2分				
3	操作程序	接到指令，现场对输油臂是否具备投用条件进行确认	7	未核实投用条件扣7分				
4		检查确认该输油臂根部阀门开关情况，确保输油臂根部阀门处于关闭状态	8	未检查输油臂根部阀门开关情况扣8分				
5		检查输油臂是否有失重现象：是否因阀门内漏引起、是否由吹扫不干净引起	10	未打开输油臂导淋阀检查扣5分； 不会处理输油臂是否有失重扣5分				

续表

序号	考核内容	考核要点	配分	评分标准	检测结果	扣分	得分	备注
6	操作程序	将输油臂外臂放到趸船甲板上，并用绳子固定输油臂外臂。拧松快速接头的弧爪，再次检查有无物料	10	未将外臂放到趸船甲板上并固定扣5分； 未拧松快速接头的弧爪检查有无物料扣5分				
7		旋出80#–1旋转接头外圈壳体上检漏孔的螺塞，观察孔内的情况以判断是否存在泄漏和泄漏的程度，转动旋转接头检查是否灵活	10	未旋出80#–1旋转接头外圈壳体上检漏孔的螺塞检查泄漏情况扣5分； 未转动旋转接头检查灵活扣5分				
8		更换主密封圈。更换方法：拆下全部连接螺栓，移开法兰，取出旧的主密封圈，用柔软的干布将密封槽内擦拭干净，均匀涂一层润滑脂，将新的密封圈放入密封槽内，重新连接法兰即可。注意，更换操作时要特别注意保护主密封圈的密封面	10	连接螺栓未拆除，法兰未移开扣4分； 密封槽内未擦拭干净及旋转接头密封面保护扣4分； 密封槽内未涂润滑脂、新的密封圈放入密封槽扣4分； 连接法兰螺栓未紧固扣4分				
9		更换副密封圈：如前所述，拆下全部连接螺栓，移开法兰，取出旧的主密封圈，然后取出钢圈和旧的副密封圈，用柔软的干布将密封槽内擦拭干净并注入少量润滑脂，将新副密封圈放入密封槽内，回装钢圈、主密封圈和连接法兰即可	10	连接螺栓未拆除，法兰未移开扣3分； 密封槽内未擦拭干净旋转接头密封面保护扣3分； 密封槽内未涂润滑脂、新副密封圈未放入密封槽扣3分； 连接法兰螺栓未紧固扣3分				
10		更换O形密封和防尘密封，在取出副密封圈之后，拧下滚珠塞，取出旋转接头内钢球，当所有钢球取出后，将外圈沿轴向推离内圈，在对内、外圈进行清洗后即可更换O形密封和防尘密封。回装钢圈、主密封圈和连接法兰即可	10	未取出旋转接头内钢球扣3分； 未将外圈推离内圈扣3分； 未对内、外圈进行清洗及旋转接头密封面保护扣3分； 未更换新O形密封和防尘密封、连接法兰螺栓未把紧扣4分				
11		检查输油臂的平衡、转动润滑的变化情况，异常情形及时处理	10	未检查输油臂的平衡、转动润滑的变化情况扣5分； 其他异常情形未及时处理扣5分				
12		回电中控输油臂旋转接头密封圈更换操作信息	5	未回电中控扣5分				
13	使用工具	使用工具	2	工具使用不正确扣2分				
14		维护工具	3	工具乱摆乱放扣3分				
合计			100					

试题3:液压泵用电机不启动处理

考核时间：15min

序号	考核内容	考核要点	配分	评分标准	检测结果	扣分	得分	备注
1	准备工作	穿戴劳保用品	3	未穿戴整齐扣3分				
2		工具、用具准备	2	工具选择不正确扣2分				
3	操作程序	接到指令，现场对液压泵是否具备投用条件进行确认	10	未核实投用条件扣10分				
4		检查确认该泵所有阀门的开关情况，出口阀是否全开，确保阀门开关准确无误	10	未检查阀门开关情况扣10分				
5		检查确认电机是否送电，需电工确认送电无误	10	不检查电机是否送电扣10分				
6		检查确认电机是否有动作	10	不确认电机是否有动作扣10分				
7		检查确认泵盘车是否卡阻，卡阻说明有异物或者轴承抱死，需要联系钳工检修	10	未检查泵盘车是否卡阻扣10分				
8		检查液压泵的出口压力表是否正常，如果压力过高检查出口流程是否贯通，管线是否有堵塞	10	不检查泵出口压力扣10分				
9		检查电流是否过大，如果是电机或者泵的摩擦力大，可汇报车间，检查泵与电机轴承	10	未检查电流是否过大扣10分				
10		必要时车间决定是否需要脱开联轴器检查，确认电机或泵本身是否故障	15	未确认电机是否故障扣15分				
11		回电中控启泵信息	5	未回电中控扣5分				
12	使用工具	使用工具	2	工具使用不正确扣2分				
13		维护工具	3	工具乱摆乱放扣3分				
合 计			100					

第三部分

高 级 工

一 国家职业标准(高级工工作要求)

职业功能	工作内容	技能要求	相关知识
一、安全生产	(一)安全操作	1. 能使用气体检测仪检测气体浓度 2. 能进行压力容器操作前的安全准备 3. 能对含有毒有害介质的设备进行工艺处理 4. 能处置高温高压等部位的异常	1. 气体检测仪的使用方法 2. 压力容器操作前的安全要求 3. 有毒有害气体类型和急救措施；可燃易燃气体的类型和爆炸极限 4. 气体泄漏的现场处置方法 5. 设备故障分析的方法 6. 设备缺陷处理的方法
	(二)风险管控与隐患排查	1. 能处置机械伤害突发事件 2. 能处置触电突发事件 3. 能处置火灾爆炸突发事件 4. 能指导和操作挥发性有机物（VOC）治理设施 5. 能指挥雨污分流操作	1. 机械伤害的防范措施及处置方法 2. 触电的防范措施及处置方法 3. 火灾爆炸的防范措施及处置方法 4. 挥发性有机物（VOC）治理设施操作方法 5. 雨污分流操作方法 6. 环保异常事件的防范措施及处置方法
二、工艺操作	(一)油品储运	1. 能采取措施降低油罐内油品损耗 2. 能按油罐、罐车、管线清洗方案进行操作 3. 能确认维修后油罐、机泵、管线投用前条件 4. 能分析油品盈亏的原因 5. 能分析影响产品质量的原因 6. 能进行输油管道混油的切割操作 7. 能检测装车、装船现场油气浓度 8. 能操作集散控制系统（DCS） 9. 能监控安全仪表系统（SIS） 10. 能组织交接班	1. 油品损耗的原因及降低油品蒸发损耗的常用方法 2. 油罐、管线清洗操作要点 3. 油罐、机泵、管线投用要求 4. 输油管路减少混油的措施 5. 减少油品蒸发的措施 6. 气阻现象的产生、危害及处置措施 7. 水击产生的原因、消除和控制方法 8. 装、卸现场油气浓度的监测方法 9. 集散控制系统（DCS）、安全仪表系统（SIS）的操作说明 10. 交接班要求
三、设备使用与维护	(一)使用设备	1. 能使用便携式计量器具 2. 能在集散控制系统（DCS）进行远程机泵开启、停止 3. 能在集散控制系统（DCS）远程操作电动、气动阀门 4. 能交出和投用检修设备	1. 使用便携式计量器具方法 2. 远程操作机泵开启、停止操作要点 3. 远程操作电动、气动阀门方法 4. 设备检修交出注意事项
	(二)维护设备	1. 能进行设备、管道交出检修前的安全确认工作 2. 能验收检修后的动设备、静设备 3. 能提出设备优化运行建议 4. 能提出设备维护建议 5. 能提出防腐蚀建议	1. 设备、管道交出前的安全确认要求 2. 设备完好标准 3. 设备防腐的技术要求

续表

职业功能	工作内容	技能要求	相关知识
四、事故判断与处理	(一)判断事故	1. 能判断油品质量事故 2. 能判断装车、装船冒顶事故 3. 能判断装车、装船着火等突发事故 4. 能判断管道水击事故	1. 影响油品质量的因素 2. 装车、装船冒顶的原因 3. 火灾的防范措施及处置方法 4. 管道水击产生的原因
	(二)处理事故	1. 能按指令处理油品质量事故 2. 能进行装车、装船过程中冒顶的应急处理 3. 能进行装车、装船过程着火等突发事故应急处理 4. 能进行油罐抽瘪、胀裂、冒顶应急处理 5. 能进行管道水击处理	1. 处理油品质量事故要求 2. 装车、装船过程中冒顶的应急处理方法 3. 装车、装船过程着火等突发事故应急处理方法 4. 油罐抽瘪、胀裂、冒顶应急处理方法 5. 管道水击处理方法
五、绘图与计算	(一)绘图	1. 能识读仪表联锁图 2. 能绘制设备结构简图 3. 能绘制工艺配管单线图	1. 仪表联锁图表示方法 2. 工艺配管单线图知识
	(二)计算	1. 能进行热量平衡计算 2. 能进行成本核算分析 3. 能查油品数据图表	1. 热量平衡的计算方法 2. 成本核算的方法
六、培训与指导	(一)培训	1. 能指导五级/初级工、四级/中级工进行操作 2. 能培训五级/初级工、四级/中级工 3. 能按照教学方案备课	1. 培训方法 2. 技能培训的要求 3. 备课的技巧
	(二)指导	1. 能指出五级/初级工、四级/中级工操作过程中的问题 2. 能讲解安全、环保的技术要求	1. 装置操作的要点 2. 安全、环保的技术要求

二 理论知识鉴定要素细目表

——行业通用理论知识鉴定要素细目表——

鉴定范围			鉴定点	
一级	二级	三级	名称	重要程度
基本要求	基础知识	记录填写基础知识	班组交接记录的填写要求	X
			班组安全活动记录填写要求	X
		识图基础知识	剖视图知识	X
			断面图知识	X
			化工设备图表示方法	X
			零件图的内容	X
		安全环保基础知识	清洁生产审核的程序	X
			HSE管理体系文件架构	X

续表

鉴定范围			鉴定点	
一级	二级	三级	名称	重要程度
基本要求	基础知识	安全环保基础知识	ISO14001环境管理体系的组成要素	X
			ISO14000系列标准的指导思想	X
			ISO14001环境管理体系的运行模式	X
			防尘防毒的技术措施	Y
			防尘防毒的管理措施	Y
			国家劳动安全卫生管理体制职责划分的内容	X
			ISO14001环境管理体系建立的步骤	X
			HSE危害辨识的知识	X
			HSE风险评价的概念	X
			HSE风险评价的目的	X
			职业卫生设施的使用方法	Y
			噪声的控制技术	Y
			清洁生产的重点	X
			清洁生产的措施	X
			防火防爆的技术措施	X
			常见危险化学品的火灾扑救方法	X
			工作场所有害因素的职业接触限值	X
			心肺复苏的现场抢救要点	X
		质量基础知识	不合格品的处置途径	X
			ISO9001族标准质量管理审核的特点	X
			ISO9000族标准第一、第二、第三方审核的区别	X
			质量统计直方图	X
			质量统计排列图	X
			质量统计因果图	X
			质量统计控制图	X
			不良产品的分级	X
		计算机基础知识	Word的绘图方法	X
			Excel公式与函数的运用知识	X
			Excel数据的简单分析与管理	Y
			Excel简单的图表处理方法	Y
		法律常识	劳动合同解除的规定	X
			劳动合同的经济补偿与赔偿规定	X
			违反《劳动合同法》的处理办法	X

续表

鉴定范围			鉴定点	
一级	二级	三级	名称	重要程度
相关知识	管理知识	生产管理	班组管理的基本概念	X
			班组的成本核算	X
			班组管理的基本要求	X
			班组管理的基本内容	Y
		编写技术文件	总结的格式	X
			报告的格式	X
			请示的格式	X

工种理论知识鉴定要素细目表

鉴定范围			鉴定点	
一级	二级	三级	名称	重要程度
基本要求	基础知识	安全基础知识	油品的火灾危险性分类	Y
			液体的可燃性分类	X
			油库的分级与相关规定	Z
			油罐的防火距离	Y
			防火堤的要求	Y
		储运机械设备基础知识	离心泵的流量	X
			离心泵的扬程	X
			离心泵的转速	X
			离心泵的功率	X
			离心泵的效率	X
			离心泵的允许吸入真空高度	X
			离心泵的比转数	X
			往复泵的流量	X
			往复泵的扬程	X
			往复泵的效率	X
			往复泵的功率	X
			往复泵的转速	X
		计量基础知识	误差、精密度、正确度、准确度的概念	X
			误差的表示方法	X
			误差产生的原因	Y
			误差的消除方法	Y
			法定单位的用法	X
			数据的修约	X

续表

鉴定范围			鉴定点	
一级	二级	三级	名称	重要程度
相关知识	工艺操作	正常操作	油品储运损耗的分类	X
			油品蒸发损耗的影响形式	Y
			油品损耗大的主要原因	Y
			工艺操作上减少油品蒸发损耗的措施	X
			设备维护保养上减少油品蒸发损耗的措施	X
			油罐附件上减少油品蒸发损耗的措施	X
			减少热辐射的方式	Y
			不同形式油罐对蒸发损耗的影响	Y
			管道调和的优点	X
			油罐吹扫的方案	X
			油罐试压的方案	Z
			油品移动前的要求	X
			管线吹扫介质的选用	X
			油品脱水效果的影响因素	X
			传热系数*K*的提高方法	X
			油品计量的目的	X
			新安装管线投用前的准备工作	X
			罐区水的排放要求	X
			管径对流速的影响	X
			长期停用管线的处理方法	X
			油品顶线的要求	X
			工艺控制静电产生的方法	Y
	设备使用与维护	设备使用	设备操作的规定	X
			设备运行的规定	X
			拆卸螺栓的要求	X
			管道及附件更换的验收要求	X
			气动调节阀安装的注意事项	X
			安全阀的安装要求	X
			保温盒及测温绳的要求	X
			油罐雷达测量系统的特点	Y
			离心泵启动前灌泵的原因	X
			机泵密封泄漏的标准	X
			蒸汽灭火设施的使用方法	X
			阀门完好的标准	X
			蒸汽泵汽缸预热的作用	X
			蒸汽泵汽缸预热的方法	X
			电动阀的操作方法	X
			更换机械密封后启动离心泵的注意事项	X

续表

鉴定范围			鉴定点	
一级	二级	三级	名　称	重要程度
相关知识	设备使用与维护	设备使用	往复泵吸上高度的影响因素	X
			设备维护规程的基本内容	X
			设备操作规程的基本内容	X
			设备使用规程的基本内容	X
			润滑油代用的原则	Y
		设备维护	入冬前对设备维护方法	X
			油罐动火检修前的准备工作	X
			设备检修装卸盲板的要求	Y
			压力容器的液面计在使用中的维护方法	X
			金属腐蚀的形式	Y
			常用的腐蚀控制方法	Y
			油罐腐蚀的电极保护方法	Y
			对长期停用管线的处理方法	X
			切削叶轮对离心泵流量的影响	X
			盲板的选用安装要求	X
			机泵运转过程维护的方法	X
			润滑的基本原理	X
			管线交出检修前的处理方法	X
			冬季管线冻凝的原因	X
			冬季伴热线冻凝的原因	X
			重质油罐加热器冻凝的原因	X
			蒸汽管线检修前停用的操作要求	X
			蒸汽管线检修后投用的操作要求	X
			入冬前防冻防凝的准备工作	X
	事故判断与处理	事故判断	油罐冒罐的原因	X
			油罐吸瘪的原因	X
			油罐胀裂的原因	X
			水击产生的原因	X
			管线不通的原因	X
			端面密封泄漏的原因	X
			油品蒸发损耗的影响因素	Y
			影响小呼吸损耗的因素	X
			影响大呼吸损耗的因素	X
			滴漏损耗的因素	X
			油品变质的原因	Y
			油品黏度的影响因素	Y
			油品产生静电的原因	Y

续表

鉴定范围			鉴定点	
一级	二级	三级	名称	重要程度
相关知识	事故判断与处理	事故判断	油库造成污染的因素	Z
			油泵起火的原因	X
			易燃易爆作业区不能穿化学纤维服装的原因	X
			润滑油乳化的原因	X
			汽蚀的产生原因及其危害	X
			压缩风储罐需切水的原因	X
			紧急停泵的判断	X
			事故等级的划分	X
			职业中毒的种类	X
			职业中毒的途径	X
			防尘毒物质的措施	Y
			安全检查的任务	X
			安全检查的内容	X
			安全检查的分类	X
		事故处理	油罐冒罐的处理方法	X
			油罐胀裂的处理方法	Y
			油罐底漏油的处理方法	Y
			水击的控制和消除方法	X
			管线不通的处理方法	X
			端面密封泄漏的处理方法	X
			防止油品产生静电的方法	Y
			人身油品着火的处理方法	Y
			油罐（容器）内人员晕倒的处理方法	X
			油品溅入眼睛的处理方法	X
			事故处理“四不放过”原则	X
			职业中毒的抢救方法	X
			管线冻凝的处理方法	X
			重质油罐加热器冻凝应急处理方法	X
	绘图与计算	计算题	离心泵效率的计算	X
			离心泵轴功率的计算	X
			离心泵有效功率的计算	X
			离心泵允许几何安装高度的计算	X
			离心泵电机的选用（计算）	X

续表

鉴定范围			鉴定点	
一级	二级	三级	名　称	重要程度
相关知识	绘图与计算	计算题	离心泵叶轮切割量的计算	X
			离心泵流量与转速的关系计算	X
			离心泵扬程与转速的关系计算	X
			离心泵功率与转速的关系计算	X
			管式换热器传热系数的计算	Y
			管架横梁宽度的计算	X
			油品加剂调和中加剂量的计算	X

罐区（模块）理论知识鉴定要素细目表

鉴定范围			鉴定点	
一级	二级	三级	名　称	重要程度
相关知识	工艺操作	罐区操作	油气回收的方法	Z
			浮顶油罐计量的注意事项	X
			原油含盐、含水的影响	Y
			液化气罐倒罐的方法	X
			重质燃料油使用的质量要求	X
			车用汽油使用的质量要求	X
			航煤使用的质量要求	X
			重柴油使用的质量要求	X
			车用柴油使用的质量要求	X
			车用乙醇汽油使用的质量要求	X
			油品顺序输送注意事项	Y
			长输管线安全作业注意事项	Y
	设备使用与维护	设备使用	液化气储罐的使用要求	X
			轻油管道调和系统静态混油器的结构	Y
			航煤过滤器的使用要求	X
			过滤器/机的选用要求	X
			换热器投用注意事项	Z
		设备维护	航煤过滤器的维护方法	Y
	事故判断与处理	事故判断	液化气燃烧、爆炸的特性	Y
			液化气储罐液面不准确的原因	X
			燃料油乳化的原因	X
			泵房液化气泄漏的原因	X
			石油火灾与气象因素的关系	Y

续表

鉴定范围			鉴定点	
一级	二级	三级	名称	重要程度
相关知识	事故判断与处理	事故处理	液化气储罐液面不准确的处理方法	X
			燃料油乳化的处理方法	X
			车用汽油产品不合格的处理方法	X
			送装置原料质量不合格的处理方法	X
			泵房液化气泄漏的处理方法	X
			液化气罐区液化气大量泄漏的处理方法	X
			干燥气候条件下采取预防事故发生的措施	X

公路(模块)理论知识鉴定要素细目表

鉴定范围			鉴定点	
一级	二级	三级	名称	重要程度
相关知识	工艺操作	公路装卸管理	汽车罐车装卸现场油气浓度的监测方法	X
			汽车灌装降低损耗的方法	X
	设备使用与维护	设备使用	汽车罐车装卸系统的构成	X
		设备维护	电子汽车衡的维护方法	X
	事故判断与处理	事故判断	汽车罐车装车过程中着火的原因	X
			汽车罐车装车冒顶的原因	X
		事故处理	汽车罐车装卸系统管线堵塞的处理方法	X
			汽车罐车装车过程着火的处理方法	X
			汽车罐车装车冒顶的处理方法	X
	绘图与计算	计算题	汽车灌装损耗的计算	X

铁路(模块)理论知识鉴定要素细目表

鉴定范围			鉴定点	
一级	二级	三级	名称	重要程度
相关知识	工艺操作	铁路装卸管理	铁路槽车下部自流卸油的操作方法	X
			铁路槽车上部虹吸卸油的操作方法	X
			带压铁路槽车液位计的操作方法	X
			真空泵的操作方法	X
			现场油气浓度的监测方法	X

续表

鉴定范围			鉴定点	
一级	二级	三级	名称	重要程度
相关知识	设备使用与维护	设备使用	铁路槽车排油阀的工作原理	Y
			真空泵的工作原理	Y
			螺杆真空泵的性能特点	Y
			往复泵的性能特点	Y
		设备维护	铁路检修槽车的作业内容	X
			真空泵的结构	Z
			真空泵抽真空系统的组成	Y
			真空泵运转中的维护方法	X
			铁路槽车装车后油品不合格的原因	X
			铁路卸油系统气阻的产生原因	X
			铁路卸油系统气阻的危害	X
			真空泵真空度不够的原因	X
			真空泵不吸气的原因	X
			真空泵轴马力过大的原因	X
			真空泵工作有噪声或振动过大的原因	X
			管道产生水击的原因	Y
			铁路槽车装车后油品不合格的处理方法	X
			铁路卸油产生气阻的处理方法	X
			检修洗槽车气体分析不合格的处理方法	X
			真空泵真空度不够的处理方法	X
			真空泵不吸气的处理方法	X
			真空泵轴马力过大的处理方法	X
			真空泵工作有噪声或振动过大的处理方法	X
			控制管道产生水击的方法	Y

水路(模块)理论知识鉴定要素细目表

鉴定范围			鉴定点	
一级	二级	三级	名称	重要程度
相关知识	工艺操作	水路装卸管理	操作码头消防炮的注意事项	X
			码头危险点监控的要点	X
			码头消防系统日常检查的要求	X
			油码头的一般要求	X
			油船的一般要求	Y
			油船抵港的要求	X
			油船停泊于油船泊位期间的安全要求	X
			油品装卸前油船与油码头之间的联络	X
			油品装卸和压载水的装卸作业	X

续表

鉴定范围			鉴定点	
一级	二级	三级	名　称	重要程度
相关知识	设备使用与维护	设备使用	防爆输油臂遥控柜的工作原理	Y
			防爆输油臂遥控柜的工作条件	Y
			防爆输油臂遥控柜使用的注意事项	X
			输油臂的特点	Y
			输油臂液压站手动泵的作用	X
		设备维护	输油臂的一般结构	Y
			双管电液控制臂的组成	X
			电液位控制臂的结构	X
			输油臂的常见故障	X
	事故判断与处理	事故判断	码头装卸作业引发人身伤亡的因素	X
			油船易产生静电的状况	X
			潮汐的成因	Z
		事故处理	油船初期火灾的扑救方法	X
			油船上大面积火灾的扑救方法	X
			水面上大面积火灾的扑救方法	X
			对溺水人员的抢救方法	X

三　理论知识试题

——行业通用理论知识试题——

判断题

1. 岗位交接班记录不属于运行记录。（√）

2. 工艺流程图中，主要物料（介质）的流程线用细实线表示。（×）

正确答案：工艺流程图中，主要物料（介质）的流程线用粗实线表示。

3. 班组交接班记录必须凭旧换新。（√）

4. 零件图用视图、剖视图、剖面图及其他各种表达方法，正确、完整、清晰地表达零件的整体形状。（×）

正确答案：零件图用视图、剖视图、剖面图及其他各种表达方法，正确、完整、清晰地表达零件的各部分形状和结构。

5. 任何剖视图为表示投影方向，都需要用箭头表示投影方向。（×）

正确答案：局部剖视图都需要用箭头表示投影方向。

6. 企业法人要结合本企业实际，制定各项安全管理措施，杜绝各类重大事故的发生。（ × ）

正确答案：企业安全管理部门要结合本企业实际，制定各项安全管理措施，杜绝各类重大事故的发生。

7. 在HSE管理体系中，管理手册是程序文件的支持性文件。（ √ ）

8. 环境管理体系的运行模式与其他管理的运行模式相似，共同遵循PDCA运行模式，没有区别。（ × ）

正确答案：ISO14001环境管理体系的实施和运作应围绕环境方针展开。

9. 在ISO14001环境管理体系中，初始环境评审是建立环境管理体系的基础。（ √ ）

10. HSE体系建立过程中进行风险评价的目的是对潜在的事故进行定性、定量分析预测，建立使系统HSE最优化方案，对已发生的事故进行评价，并提出纠正措施。（ √ ）

11. 清洁生产的目的是保护环境。（ × ）

正确答案：清洁生产的目的是提高资源利用效率，减少和避免污染物的产生，保护和改善环境，保障人体健康。

12. ISO14000系列标准对管理标准的一个重大改进，就是建立了一套对组织环境行为的评价体系，这便是环境行为评价标准。（ √ ）

13. 热加工厂房，其侧窗下缘距地面不宜高于2m。（ × ）

正确答案：热加工厂房，其侧窗下缘距地面不宜高于1.2m。

14. 施行心肺复苏术需要胸外按压心脏时下压深度不得超过1cm，以免引起内脏损伤。（ × ）

正确答案：施行心肺复苏术需要胸外按压心脏时下压深度为4～5cm。

15. 清洁生产审计程序中持续清洁生产是制定计划、措施在企业中持续推行清洁生产，最后编制企业清洁生产审计报告的阶段。（ √ ）

16. 从事化学品生产、使用、储存、运输的人员和消防救护人员平时应熟悉和掌握化学品的主要危险特性及其相应的灭火措施，并进行防火演习，加强紧急事态时的应变能力。（ √ ）

17. 清洁生产通过末端治理污染来实现。（ × ）

正确答案：清洁生产通过源头治理污染来实现。

18. 质量统计因果图的作用是确定“关键的原因”。（ √ ）

19. 通过对直方图的形状分析可以判断，工序在稳定状态下就不会出现不合格品。（ × ）

正确答案：通过对直方图的形状分析可以判断，工序在不稳定状态下就可能出现不合格品。

20. 排列图由一个横坐标、一个纵坐标、几个按高低顺序排列的矩形和一条累计百分比直线组成。（ × ）

正确答案：排列图由一个横坐标、两个纵坐标、几个按高低顺序排列的矩形和一条累计百分比折线组成。

21. 质量统计控制图上出现异常点时，才表示有不良品发生。（ × ）

正确答案：质量统计控制图上出现异常点时，表示过程控制处于不稳定状态。

22. 修改图表中的数据标志是通过图表区格式选项中的数据标志选项实现的。（ × ）

正确答案：修改图表中的数据标志是通过图表区汇总选项中的数据标志选项实现的。

23. “=F5*H3”中的“$”的作用是引用其他工作簿的数据。（ × ）

正确答案：“=F5*H3”中的“$”的作用是绝对引用其他工作簿的数据。

24. 分类汇总的选项包括分类字段、汇总方式两方面的内容。（ × ）

正确答案：分类汇总的选项包括分类字段、汇总方式等多方面的内容。

25. 经济补偿按照劳动者在本单位工作的年限，每满一年支付一个月工资的标准向劳动者支付，六个月以上不满一年的，按一年计算。（ √ ）

26. 劳动者在试用期内提前五日通知用人单位，可以解除劳动合同。（ × ）

正确答案：劳动者在试用期内提前三日通知用人单位，可以解除劳动合同。

27. 班组日常生产管理一般按照班前准备工作、班中生产管理、班后整理维护三个阶段进行。（ √ ）

28. 一般来说，班组的成本核算是全面的统计核算、业务核算和会计核算。（ × ）

正确答案：一般来说，班组的成本核算是全面的统计核算、业务核算和群众核算。

29. 班组管理，就是运用科学的管理思想、方法和手段，对班组进行的计划、组织、指挥、协调、控制和激励等管理活动。（ √ ）

单选题

1. 下列选项中不属于班组安全活动内容的是（ A ）。

   A. 对外来施工人员进行安全教育

   B. 学习安全文件、安全通报

   C. 安全讲座、分析典型事故，吸取事故教训

   D. 开展安全技术座谈、消防、气防实地救护训练

2. 安全部门每月对安全活动记录本进行（ B ）次检查、考核并签字。

   A. 4　　B. 1　　C. 2　　D. 3

3. 化工设备图中，表示点焊的焊接焊缝是（ A ）。

A. O　　B. ∪　　C. △　　D. ⊿

4. 画在视图外的剖面图称为（ A ）剖面图。

A. 移出　　B. 重合　　C. 局部放大　　D. 局部

5. 防尘防毒治理设施要与主体工程（ A ）、同时施工、同时投产。

A. 同时设计　　B. 同时引进　　C. 同时检修　　D. 同时受益

6. 在HSE管理体系中，物的不安全状态是指使事故（ B ）发生的不安全条件或物质条件。

A. 不可能　　B. 可能　　C. 必然　　D. 必要

7. 根据国家工作场所有害因素职业接触限值标准的规定，海拔3000m以上的工作场所空气中含CO的最高容许浓度为（ B ）mg/m^3。

A. 30　　B. 15　　C. 20　　D. 10

8. ISO14001环境管理体系共由（ B ）个要素组成。

A. 18　　B. 17　　C. 16　　D. 15

9. 在HSE管理体系中，风险评价方法主要分为直接经验分析法、（ A ）法、综合性分析法。

A. 系统安全分析　　B. 事故数分析

C. 安全检查表　　D. 工作危害分析

10. 对于化工装置中用于易燃、易爆气体的安全放空管，必须将其导出管（ A ）。

A. 密闭排放回收　　B. 与惰性气体管相连

C. 置于3m以上　　D. 无要求

11. 不能有效地控制噪声危害的是（ D ）。

A. 隔振技术　　B. 吸声技术　　C. 戴耳塞　　D. 设备加固

12. 在ISO9000族标准中，自我评定是一种（ D ）方式。

A. 内部质量审核　　B. 质量管理体系审核

C. 质量管理体系评审　　D. 质量管理体系评价

13. 在（ B ）情况下不能对不合格品采取让步或放行。

A. 有关的授权人员批准　　B. 法律不允许

C. 顾客批准　　D. 企业批准

14. 在ISO9001族标准中，第三方质量管理体系审核的目的是（ C ）。

A. 发现尽可能多的不符合项

B. 建立互利的供方关系

C. 证实组织的质量管理体系符合已确定准则的要求

D. 评估产品质量的符合性

15. 产品的不良项分为A、B、C、D四级，A级不良项是指产品的（ C ）不良项。

A. 轻微　　B. 一般　　C. 致命　　D. 严重

16. 在计算机应用软件Word中插入的图片（ A ）。

A. 可以嵌入文本段落中

B. 图片的位置可以改变，但大小不能改变

C. 文档中的图片只能显示，无法用打印机打印输出

D. 不能自行绘制，只能从Office的剪辑库中插入

17. 用人单位违反《劳动合同法》规定不与劳动者订立无固定期限劳动合同的，应当自订立无固定期限劳动合同之日起向劳动者每月支付（ B ）。

A. 三倍的工资　　B. 二倍的工资

C. 五倍的工资　　D. 四倍的工资

18. 班组管理的职能在于对（ A ）、人、财、物合理组织，有效利用。

A. 班组　　B. 企业　　C. 车间　　D. 生产单位

19. 下列选项中报告的作用是（ C ）。

A. 向上级领导机关汇报情况　　B. 提出意见、建议

C. 请求上级领导机关审批　　D. 答复上级机关询问

多选题

1. 下列叙述中，不属于生产中防尘防毒的技术措施的是（ CD ）。

A. 改革生产工艺

B. 采用新材料新设备

C. 对职工进行安全技术教育

D. 对车间或岗位有毒、有害部位的检测和信息反馈

2. 属于班组交接班记录内容的是（ ABC ）。

A. 生产运行　　B. 设备运行　　C. 出勤情况　　D. 安全学习

3. 化工设备装配图中，螺栓连接可简化画图，其中所用的符号可以是（ CD ）。

A. 细实线+　　B. 细实线　　C. 粗实线+　　D. 粗实线

4. 下列选项中，不属于断面的是（ ABC ）剖面图。

A. 移出　　B. 重合　　C. 局部放大　　D. 局部

5. 下列选项中，属于零件图内容的是（ AC ）。

A. 零件尺寸　　B. 零件的明细栏

C. 技术要求　　D. 零件序号表

6. 扑救爆炸物品火灾的方法是（ BCD ）。

A. 用沙土盖压

B. 如果有疏散可能，人身安全确有可靠保障，应迅速组织力量及时疏散着火区域周围的爆炸物品，使周围形成一个隔离带

C. 扑救爆炸物品堆垛时，水流应采取吊射

D. 灭火人员应尽量利用现场的掩蔽体或采取卧式等低姿射水，注意自我保护

7. 扑救腐蚀品火灾的方法是（ ABCD ）。

A. 灭火人员必须穿防护服，佩戴防护面具

B. 扑救时应尽量使用低压水流或雾状水，避免腐蚀品溅出

C. 遇腐蚀品容器泄漏，在扑灭火势后应立即采取堵漏措施

D. 遇酸碱类腐蚀品最好调制相应的中和剂稀释中和

8. 防止噪声危害的措施通常有（ ABC ）。

A. 控制和消除噪声源　　B. 控制噪声的传播

C. 个人卫生保健　　D. 设备加固

9. 下列叙述中，属于生产中防尘防毒技术措施的是（ ABCD ）。

A. 改革生产工艺　　B. 采用新材料新设备

C. 车间内通风净化　　D. 湿法除尘

10. 质量统计控制图包括（ BCD ）。

A. 一个坐标系　　B. 两条虚线

C. 一条中心实线　　D. 两个坐标系

11. 可以作为分类汇总中汇总方式选项的内容是（ ABD ）。

A. 乘积　　B. 计数　　C. 最大偏差　　D. 计数值

12. 用人单位具有下列（ BCD ）情形，将裁减人员方案向人力资源和社会保障行政部门报告后，可以裁减人员。

A. 依照《企业破产法》规定进行重整的

B. 生产经营发生严重困难的

C. 企业转产、重大技术革新或者经营方式调整，经变更劳动合同后，仍需裁减人员的

D. 其他因劳动合同订立时所依据的客观经济情况发生重大变化，致使劳动合同无法履行的

13. 班组生产技术管理的主要内容有（ ACD ）。

A. 定时查看各岗位的原始记录，分析判断生产是否处于正常状态

B. 对计划完成情况进行统计公布并进行分析讲评

C. 指挥岗位或系统的开停车

D. 建立指标管理台账

14. 班组的劳动管理包括（ ABCD ）内容。

A. 班组劳动纪律管理　　B. 班组劳动分工与协调调配管理

C. 班组定额管理　　D. 班组考核管理

15. 报告与请示的区别在于（ ABCD ）不同。

A. 行文目的　　B. 行文时限　　C. 内容　　D. 结构

简答题

1. 请示是什么？

答：请示是下级机关就有关问题向上级机关请求指示、批准时使用的上行公文。

2. 什么是定量评价？

答：（1）在风险量化基础上进行评价。

（2）主要依靠历史统计数据。

（3）运用数学方法构造数学模型进行评价。

3. 什么是劳动安全卫生管理体制中的“行业管理”？

答：劳动安全卫生管理体制中的“行业管理”就是行业主管部门根据本行业的实际和特点切实提出本行业的劳动安全卫生管理的各项规章制度，并监督检查各企业的贯彻执行情况。

4. HSE管理体系中风险评价的目的是什么？

答：（1）全面识别危害因素。

（2）准确评价、控制重大风险。

5. 班组管理主要包括哪些内容？

答：（1）现场管理。

（2）生产管理。

（3）安全环保管理。

（4）设备管理。

（5）质量管理。

（6）劳动管理。

（7）经济核算。

（8）民主管理。

（9）思想政治工作。

—— 工种理论知识试题

判断题

1. 闪点可鉴定油品发生火灾的危险性。（√）

2. 石油库的生产、生活场所一般划分为爆炸危险区域、火灾危险区域、一般用电区域三个区域。（√）

3. 立式油罐排与排之间的防火距离应不小于3m。（×）

正确答案：立式油罐排与排之间的防火距离应不小于5m。

4. 罐组间隔堤高度应比防火堤顶面标高高0.2～0.3m。（×）

正确答案：罐组间隔堤高度应比防火堤顶面标高低0.2～0.3m。

5. 离心泵的流量是指从开泵到停泵时间内排出泵体的液体总量。（×）

正确答案：离心泵的流量是指单位时间内排出泵体的液体总量。

6. 离心泵输送液体的黏度变大，泵的流量增加。（×）

正确答案：离心泵输送液体的黏度变大，泵的流量减小。

7. 离心泵的扬程可以用液体进泵前与出泵后的压力差表示。（√）

8. 离心泵的转速增大，泵的功率也增大。（√）

9. 离心泵的扬程与泵的转速成正比。（×）

正确答案：离心泵的扬程与泵转速的平方成正比。

10. 离心泵的无用功主要消耗在泵轴与轴承、填料和液体的摩擦等方面。（√）

11. 离心泵切割叶轮后，其效率不变。（×）

正确答案：离心泵切割叶轮后，其效率将降低。

12. 离心泵的允许吸上真空高度是用所输送液体的液柱高度来表示的。（√）

13. 离心泵的转速一定时，比转数越低，反映泵的流量越大，扬程越低。（×）

正确答案：离心泵的转速一定时，比转数越低，反映泵的流量越小，扬程越高。

14. 当所输送液体的气体夹带量及气体溶解量增加时，往复泵的流量将减小。（√）

15. 蒸汽往复泵样本上给出的流量是其最大的流量。（ × ）

正确答案：蒸汽往复泵样本上给出的流量是其平均的实际流量。

16. 往复泵的机械效率是指由轴承、填料函以及其他摩擦损失所造成的能量损失。

（ √ ）

17. 往复泵的容积损失是指管路泄漏造成的损失。（ × ）

正确答案：往复泵的容积损失是指泵的零件不严密引起的泄漏损失。

18. 对于测量来说，精密度高的正确度就高。（ × ）

正确答案：对于测量来说，正确度高的，其精密度不一定就高。

19. 精密度表示测量结果中随机误差大小的程度。（ √ ）

20. 对某级别量程一定的仪表，其允许示值相对误差与示值大小有关。（ √ ）

21. 研究误差的最终目的是获得被测量物的真值。（ × ）

正确答案：研究误差的最终目的是减少或消除误差，即提高测量准确度。

22. 装运油品时，对同一容器来说，装油量的多少不会影响油品的损耗量。（ × ）

正确答案：装运油品时，对同一容器来说，装油量的多少会影响油品的损耗量。

23. 采用罐组气体连通系统，可降低油品的损耗。（ √ ）

24. 油罐顶上的量油孔、透光孔要灵活好用，用后及时盖严，可减少油品的泄漏损耗。

（ × ）

正确答案：油罐顶上所有的附件都要灵活好用，严密不漏，量油孔、透光孔用后及时盖严，可减少油品的泄漏损耗。

25. 油罐开始进油到油罐呼吸阀的压力阀盘开启之前，油罐内混合气不断排出，从而减少蒸发损耗。（ × ）

正确答案：油罐开始进油到油罐呼吸阀的压力阀盘开启之前，油罐内混合气不断受到压缩、压力升高，但不会逸出罐外，从而减少蒸发损耗。

26. 油罐表面涂刷反光银色漆料，不仅具有防腐作用，还可减少油罐接收阳光热量，降低罐内油温，从而减少油罐蒸发损耗。（ √ ）

27. 采用管道自动调和，由微机控制，操作方便，可提高油品的一次调成率。

（ √ ）

28. 用蒸汽蒸煮油罐过程中要经常检查蒸罐情况，控制好进罐蒸汽流量和蒸煮温度，防止超温。（ √ ）

29. 用蒸汽吹罐时，则打开蒸汽阀或蒸汽管向罐内吹蒸汽，浮顶油罐在未拆胶囊前，要控制温度不大于90℃。（ × ）

正确答案：用蒸汽吹罐时，则打开蒸汽阀或蒸汽管向罐内吹蒸汽，浮顶油罐在未拆胶囊前，要控制温度不大于70℃。

30. 油罐经试压合格后，在放水前应将透光孔打开，以免罐内形成真空，抽瘪罐体。（√）

31. 油品脱水时，在油水分界面易形成水包油或油包水型的混合物，影响脱水效果。（√）

32. 使用蒸汽灭火时，蒸汽喷射位置不当，其温度会促使易燃物大量挥发，使火焰扩大。（√）

33. 阀门是否完好对其结构形式、压力及口径没有规定。（×）

正确答案：阀门的完好标准中，要求阀门的结构形式、压力及口径要适合输送介质的要求。

34. 升降式止回阀安装时要使其阀瓣水平。（×）

正确答案：升降式水平瓣止回阀应安装在水平管道上。升降式垂直瓣止回阀应安装在垂直管道上。

35. 蒸汽泵汽缸预热的作用主要是防止局部温度梯度太大而对相关部件造成损伤。（√）

36. 更换机械密封后，启动离心泵前必须灌泵，使泵体内充满被输送介质。（√）

37. 所输送液体的黏度增大时，蒸汽往复泵的流量也增大。（×）

正确答案：所输送液体的黏度增大时，蒸汽往复泵的流量减小。

38. “清洁、润滑、紧固、调整、防腐”十字作业法就是设备日常保养的内容。（√）

39. 设备日常保养的意义是在设备没有出现故障的情况下，对设备进行检查，清洗构件，更换易损件，添加更换润滑油，以保证维持设备正常工作的日常活动。（√）

40. 容积泵的轴功率随着排出压力的提高而减小。（×）

正确答案：容积泵的轴功率随着排出压力的提高而增大。

41. 设备操作规程是为保障仪器设备安全运行和保持良好的工作状态，操作人员需要掌握操作技能的技术性规范。（√）

42. 设备使用中切勿小机大用（小马拉大车），不仅会损坏电机，还无法达到工艺运行条件。（√）

43. 润滑油代用应优先考虑其密度指标。（×）

正确答案：润滑油代用要优先考虑其黏度指标。

44. 冬季污水泵、污油泵运行结束，停泵后要排尽泵中积水，以防冻机泵。（√）

45. 油品蒸发损耗按照引起油蒸气排出罐外的原因可分为运输损耗、小呼吸损耗、大呼吸损耗。（×）

正确答案：油品蒸发损耗按照引起油蒸气排出罐外的原因可分为自然通风损耗、小呼吸损耗、大呼吸损耗。

46. 油罐交出动火检修，与系统管线隔离必须是盲板隔离或拆除与储罐相连的管线或阀门。（√）

47. 加插盲板必须有盲板图，并要开具盲板加插工作票。（√）

48. 地上输油管道发生腐蚀的原因主要是化学腐蚀。（×）

正确答案：地上输油管道发生腐蚀的原因主要是大气腐蚀。

49. 化学腐蚀是金属与接触到的物质直接发生氧化还原反应而被氧化损耗的过程。（√）

50. 采用了牺牲阳极方法进行保护的被保护体无须再进行涂料防腐。（×）

正确答案：采用了牺牲阳极方法进行保护的被保护体仍需进行涂料防腐。

51. 对长期停用的管线应吹扫处理干净、加堵盲板隔离。（√）

52. 叶轮切削是指同一系列泵的叶轮直径不同。"A"表示第一次切削，"B"表示第二次切削，"C"表示第三次切削。（√）

53. 叶轮切削改造技术是机泵节能改造技术中最简便可行、最有效的一种方法。（√）

54. 按安全管理规定，不得带物料，带压力抽、堵盲板。（√）

55. 为了抽、堵方便，盲板越薄越好。（×）

正确答案：盲板厚度必须符合规定，一般其厚度不小于管道壁厚。

56. 润滑的基本原理是润滑剂能牢固地黏附在机件的摩擦面上，形成一种油膜。（√）

57. 无收付作业的油罐冒罐主要原因是油品突沸。（√）

58. 用蒸汽扫罐时，突然遇雷雨，罐内气体急剧降温会胀裂油罐。（×）

正确答案：用蒸汽扫罐时，突然遇雷雨，罐内气体急剧降温会吸瘪油罐。

59. 扫罐时，蒸汽开得过大，人孔、量油口、透光孔没有打开，呼吸阀失灵，易造成油罐被胀裂。（√）

60. 油罐在收油时，进油量大于允许呼吸量会造成油罐胀裂。（√）

61. 拱顶罐用氮气或蒸汽吹扫时应开启量油孔盖，必要时应开启透光孔，增大泄压或吸

气量，防止储罐损坏。 （√）

62. 油轮装卸作业时，油品输送流量小、速度慢，此时关闭阀门将产生严重水击现象。

（×）

正确答案：油轮装卸作业时，油品输送流量大、速度快，此时关闭阀门将产生严重水击现象。

63. 处于流动状态的液体，当阀门突然关闭时不易产生水击。 （×）

正确答案：处于流动状态的液体，当阀门突然关闭时易产生水击。

64. 管道输送黏度小的油品后，没有吹扫管道，会造成管道被冷凝，使管道不通。

（×）

正确答案：管道输送黏度大的油品后，没有吹扫管道，会造成管道被冷凝，使管道不通。

65. 长期运行的机泵会因端面密封结垢、结焦而引起泄漏。 （√）

66. 蒸发越快油品损失越小，压力越高，蒸发越慢损失越大。 （×）

正确答案：蒸发越快油品损失越大，压力越高，蒸发越慢损失越小。

67. 拱顶油罐不严密，孔眼位差和气体密度的不同，引起气体自然对流所造成的损耗叫自然通风损耗。 （√）

68. 油罐装满油后气体空间容积越小，小呼吸损失也就越大。 （×）

正确答案：油罐装满油后气体空间容积越小，小呼吸损失也就越小。

69. 昼夜温差变化愈大，小呼吸损失愈小，反之昼夜温差变化愈小，损失愈大。

（×）

正确答案：昼夜温差变化愈大，小呼吸损失愈大，反之昼夜温差变化愈小，损失愈小。

70. 油罐进油、出油速度越快，损耗越小。 （×）

正确答案：油罐进油、出油速度越快，损耗越大。

71. 油罐进出周转次数越多，则“大呼吸”损失越大。 （√）

72. 油品灌装完，取出鹤管时，管内残存油品的滴洒造成滴洒损耗。 （√）

73. 汽油等易挥发油品，轻组分的蒸发会造成油品变质。 （√）

74. 温度对油品黏度影响很大，温度升高，黏度增大；温度降低，黏度减小。 （×）

正确答案：温度对油品黏度影响很大，温度升高，黏度减小；温度降低，黏度增大。

75. 油品充装时需静止一段时间才能进行检尺、切水等操作的原因是确保静电的泄漏与耗散。 （√）

76. 输送油品管径大的管道流过的速度快。 （×）

正确答案：输送油品管径大的管道流过的流量可以相对较大。

77. 造成高温油泵起火的主要原因是泄漏后自燃。 （ √ ）

78. 穿的内外衣为化纤品或毛纺织品产生的静电位低，会引起放电，可能引燃引爆。 （ × ）

正确答案：穿的内外衣为化纤品或毛纺织品产生的静电位高，会引起放电，可能引燃引爆。

79. 油品乳化是由油的成分及性质与水的纯度决定的。 （ √ ）

80. 润滑油即使储存温度过高或使用时间过长，也不容易氧化变质。 （ × ）

正确答案：润滑油储存温度过高或使用时间过长，容易氧化变质。

81. 在离心力的作用下，液体压力逐渐降低，气泡凝结成液体而消失。 （ × ）

正确答案：在离心力的作用下，液体压力逐渐上升，气泡凝结成液体而消失。

82. 开泵后排出阀开得过快，液流脱节，易产生汽蚀现象。 （ √ ）

83. 压缩风储罐需切水的原因是防止露点不够，影响调节阀、汽缸阀等风驱动仪表的运行。 （ √ ）

84. 电机冒烟有烧焦味，应先灭火，再切断电源。 （ × ）

正确答案：电机冒烟有烧焦味，应先切断电源，再灭火。

85. 装置发生大事故时，要采取紧急停泵和切断电源的措施。 （ √ ）

86. 凡发生着火的事故均称为“火灾事故”。 （ × ）

正确答案：凡发生着火、造成财产损失或人员伤亡的事故，均称为火灾事故。

87. 可能造成职业病或职业中毒的固定资产投资项目可以界定为隐患项目。 （ × ）

正确答案：治理职业病或职业中毒的固定资产投资项目可以界定为隐患项目。

88. 职业中毒按临床表现分为急性中毒、慢性中毒、亚急性中毒。 （ √ ）

89. 职业中毒的途径主要有消化道、呼吸道、皮肤。 （ √ ）

90. 涂刷铝粉漆对降低油品蒸发损耗效果比白色涂料好。 （ × ）

正确答案：涂刷铝粉漆对降低油品蒸发损耗的效果并不比白色涂料好。

91. 隐患项目管理的“四定”是指：定人员，定地点，定期检测，定期完工。 （ × ）

正确答案：隐患项目管理的“四定”是指定整改方案，定资金来源，定项目负责人，定整改期限。

92. 安全检查的任务是检查安全生产各项制度的落实情况及问题隐患，预防安全事故，形成良好的安全环境和工作秩序。 （ √ ）

93. 事故发生后只要采取有效措施防止再发生类似事故即可，不必对事故原因进行调查。 （ × ）

正确答案：事故发生后必须对事故原因进行调查，采取有效措施防止以后再发生类似事故。

94. 应急管理是指对生产、储运和服务进行全面细致的分析和调查研究，识别生产过程中的正常情况，制定可靠的防范措施和应急预案。（ × ）

正确答案：应急管理是指对生产、储运和服务进行全面细致的分析和调查研究，识别生产过程中的非正常情况，制定可靠的防范措施和应急预案。

95. 应急预案应结合本单位的实际情况，按作业性质、作业的不同阶段，分别编制。（ √ ）

96. 油罐发生冒罐事故必须及时关闭罐组雨污排阀门，防止油品外溢。（ √ ）

97. 发现油罐胀裂时，除落实减压措施外，如发生物料泄漏应立即组织防泄漏措施，减少罐内存料。（ √ ）

98. 充水试压时，若发现罐底或罐壁焊缝处渗漏，可试压完后再将水排放掉。（ × ）

正确答案：充水试压时，若发现罐底或罐壁焊缝处渗漏，立即停止试压，将水排尽。

99. 液化气储罐底部靠罐侧法兰处出现泄漏时，可采取储罐垫水、储罐泄压等应急处理措施。（ √ ）

100. 油罐投用前应检查管道上阀门是否好用及相关盲板是否拆除。（ √ ）

101. 管线物流凝结导致不通时，应检查确认沿程设施无损坏，再缓缓打开伴热加热，并做好沿程检查。（ √ ）

102. 油品类物料泵密封泄漏时，应立即停泵，关闭进出管线阀门，再组织后续的退料及工艺处理。（ √ ）

103. 改变装车鹤管头的形状对防止装车时静电的产生没有意义。（ × ）

正确答案：改变装车鹤管头的形状对防止装车时静电的产生有意义。

104. 为了安全和保证油品质量，在油罐（油罐车、油舱）换装油品时一定要进行清洗。（ √ ）

105. 易燃、可燃油品流经过滤器后应尽快进入容器。（ × ）

正确答案：易燃、可燃油品流经过滤器后，应有足够的放电时间方可进入容器。

106. 人身着火扑灭后，应用干净被褥将伤者轻轻裹起，并尽快送医院进行救治。（ √ ）

107. 发现油罐内人员晕倒，应立即进入救人。（ × ）

正确答案：发现油罐内人员晕倒，应佩戴好空气呼吸器，穿好防护服，并在有人监护的情况下，进入救人。

108. 不管是酸性还是碱性物进入眼内，中和时间越长越好。（ × ）

正确答案：不管是酸性还是碱性物进入眼内，中和时间不宜过长，并要及时用清水冲洗干净。

109. 职业中毒造成人员停止呼吸应让人仰卧，头向后仰，保持呼吸道通畅。 （ √ ）

110. 人员停止呼吸后当用力进行规定次数人工呼吸后，摸没有脉搏， 应同时进行胸外心脏按摩。 （ √ ）

111. 扬程与叶轮直径的平方成正比。 （ √ ）

112. 安全阀只能水平安装。 （ × ）

正确答案：安全阀只能垂直安装。

113. 装有排气管的安全阀，排气管应尽可能短而直，若过长应装设排气阀。 （ × ）

正确答案：装有排气管的安全阀，排气管应尽可能短，并且不能装设阀门。

114. 气动调节阀安装时可不分前后方向。 （ × ）

正确答案：气动调节阀安装时区别前后方向，满足物料流动方向。

115. 平行敷设于地上或管沟内的金属管道，其净间距小于200mm时应采用金属线跨接。 （ × ）

单选题

1. 油品具有易燃性，是因为（ B ）。

A. 油品的热值非常高

B. 点燃油品及其蒸气所需要的能量很小

C. 油品的闪点低

D. 油品的自燃点低

2. 可采用压缩空气调和的油品有（ C ）。

A. 汽油　B. 煤油　C. 重柴油　D. 轻柴油

3. 油品的火灾危险性分类是按照（ B ）划分的。

A. 饱和蒸气压　B. 闪点　C. 沸点　D. 结晶点

4. 汽油属于（ A ）油品。

A. 高挥发性　B. 中挥发性

C. 低挥发性　D. 不挥发

5. 凡闪点不大于（ B ）℃的油品为易燃易爆油品。

A. 20　B. 45　C. 60　D. 68

6. 油库等级的划分依据是（ A ）。

A. 库容量　B. 油罐数　C. 油库占地　D. 员工人数

7. 油泵房内地坪以下的沟、坑比地坪水平处爆炸危险性（ A ）。

A. 升高1级　　B. 降低1级　　C. 一样　　D. 其他三项都不对

8. 地上立式油罐的罐壁到防火堤内堤脚线的距离，不应小于（ D ）。

A. 油罐的直径　　B. 油罐的半径

C. 油罐壁的高度　　D. 油罐壁高度的一半

9. 防火堤的实际高度与计算高度相比应（ B ）。

A. 相等　　B. 高0.2m　　C. 低0.2m　　D. 低0.5m

10. 对于固定顶油罐，防火堤的容量应（ B ）。

A. 不小于罐组内最小储罐的容量

B. 不小于罐组内最大储罐的容量

C. 不小于罐组的平均容量

D. 不小于罐组内最小储罐与最大储罐的容量之和

11. 离心泵工作时的实际流量（ D ）额定流量。

A. 远高于　　B. 远低于　　C. 等于　　D. 接近

12. 扬程是（ B ）通过泵所获得的能量。

A. 输送液体在单位时间内　　B. 单位重量液体

C. 单位体积液体　　D. 输送液体在开停泵时间内

13. 离心泵性能参数中 η 代表泵的（ C ）。

A. 流量　　B. 扬程　　C. 效率　　D. 功率

14. 变频电机通过改变（ D ）而改变电机的转速。

A. 电机输入电压　　B. 电机输入电流

C. 电机磁隙　　D. 电机电源频率

15. 在单位时间内泵（ D ）叫有效功率。

A. 输送的液体所获得的速度　　B. 输送的液体所获得的扬程

C. 输送的液体所获得的体积　　D. 输送的液体所获得的能量

16. 离心泵所输送液体的密度变小，则泵的效率将（ C ）。

A. 变小　　B. 变大　　C. 不变　　D. 无法确定

17. 离心泵的允许吸入真空高度是指将液体从吸入液面吸至（ A ）的允许能量。

A. 泵入口　　B. 泵出口　　C. 泵放空阀　　D. 出口液面高度

18. 离心泵，当叶轮旋转时，流体质点在离心力的作用下，流体从叶轮中心被甩向叶轮外缘，于是叶轮中心形成（ B ）。

A. 压力最大　B. 真空　C. 容积损失最大　D. 流动损失最大

19. 单缸双作用往复泵排量的特点是（ B ）。

A. 不均匀，不连续　B. 不均匀，但连续

C. 均匀，但不连续　D. 均匀且连续

20. 当所输送液体的黏度变大时，往复泵的轴功率将（ A ）。

A. 增大　B. 减小　C. 不变　D. 无法确定

21. 用于表示测量结果中的系统误差大小程度的是（ B ）。

A. 精密度　B. 正确度　C. 准确度　D. 修正值

22. 仪表准确度等级是根据仪表的（ A ）来划分的。

A. 最大引用误差　B. 允许视值误差

C. 允许视值相对误差　D. 视值误差

23. 能更好地描述测量的准确程度的误差是（ C ）。

A. 绝对误差　B. 误差的绝对值

C. 相对误差　D. 粗大误差

24. 通常应用于多档连续分度的仪器仪表误差的表示方法为（ C ）。

A. 绝对误差　B. 相对误差　C. 引用误差　D. 粗大误差

25. 油品储运中，对于量油尺的测量，一般按（ D ）进行修正。

A. 内插法　B. 外推法　C. 求平均值法　D. 就近原则

26. 油罐因气体空间温度的昼夜变化而引起的油品损耗叫（ A ）损耗。

A. 小呼吸　B. 大呼吸　C. 自然通风　D. 灌装

27. 油罐内油品在加热过程（ A ），会造成油品蒸发损耗增大。

A. 温度过高　B. 温度过低　C. 压力过大　D. 流速过快

28. 油品蒸发损耗与油品性质、密度、油面压力、油品温度、油罐气体空间大小、（ B ）等因素有关。

A. 油品体积　B. 油面面积

C. 油罐容积　D. 油罐表面面积

29. 成品油装车时，要将装油鹤管伸到油罐车（ D ），以减少灌装损耗。

A. 1/2高度处　B. 1/3高度处

C. 1/4高度处　D. 距罐底不大于200mm处

30. 内浮顶油罐可减少油品的（ A ）损耗。

A. 蒸发　B. 自然　C. 气流　D. 气体浓度

31. 容器装油愈少（ B ），油品蒸气达到饱和时，所需油品蒸发量就愈大，引起的损耗也愈大。

A. 气体空间体积愈小　　B. 气体空间体积愈大

C. 可减少油气的挥发　　D. 可调节罐内压力

32. 管道自动调和能提高调和的准确度，减少（ D ）过剩。

A. 动力　　B. 油罐　　C. 劳动力　　D. 质量

33. 油品移动前要检查有关设备、管道是否完好，按规定检测油罐的（ A ）和检尺。

A. 温度　　B. 密度计　　C. 压力　　D. 液压阀油高

34. 收油后罐内油品没有足够的（ D ），会影响脱水的效果。

A. 脱水时间　　B. 加温时间　　C. 搅拌时间　　D. 沉降时间

35. 油品计量的主要目的是（ A ）。

A. 油品出厂经营结算的依据　　B. 依不同的生产过程

C. 保证油品的质量　　D. 保证安全生产

36. 输油管线的管径是依据（ B ）来选取。

A. 油品流速　　B. 油品流量　　C. 油品压力降　　D. 泵的出口压力

37. 管线动火或长时间不用管线吹扫完后，所有连通的阀门必须及时关闭，按要求（ D ），防止窜油气发生事故。

A. 关闭进口阀　　B. 关闭出口阀　　C. 关闭泄压阀　　D. 加好盲板

38. 电气设备外壳应有（ B ）防护措施。

A. 不用　　B. 保护接零或接地

C. 防锈漆　　D. 跨接

39. 油品经过滤后，应有足够的（ B ）时间，以防止静电积聚。

A. 搅拌　　B. 放电　　C. 停止　　D. 扫线

40. 油罐区在用管道、阀门特别是新投用的管道、阀门必须有（ A ），且刷漆符合要求。

A. 流程编号　　B. 厂家标识　　C. 产地标识　　D. 产品合格证

41. 下列叙述不正确的是（ A ）。

A. 调节阀最好垂直安装，一般不用支撑

B. 调节阀应远离高温、振动、腐蚀性场所安装

C. 流体流动方向与调节阀的箭头方向相同

D. 调节阀安装时阀前应至少有10D直管段

42. 易燃易爆、有毒或黏性介质的容器，为便于安全阀更换、清洗，可装一只截止阀，截止阀的流通面积（ A ）安全阀的最小流通面积。

A. 不得小于　　B. 不得大于

C. 应等于　　D. 不得等于

43. 安全阀必须垂直地安装在压力容器本体的（ A ）位置。

A. 最高　　B. 最低　　C. 中部　　D. 任何

44. 油罐测温用保温盒的底部应（ C ）。

A. 嵌钢板　　B. 嵌软木块　　C. 嵌铅块　　D. 留有小孔

45. 不属于离心泵启动前的准备工作的是（ D ）。

A. 离心泵启动前检查　　B. 离心泵充液

C. 离心泵暖泵　　D. 离心泵降温

46. 蒸汽灭火属于（ A ）灭火的一种。

A. 窒息　　B. 隔离　　C. 抑制　　D. 冷却

47. 阀门的完好标准中，规定设备台账（卡片）、（ C ）和检修记录齐全。

A. 使用　　B. 润滑　　C. 试压　　D. 配件

48. 被输送介质（ C ），往复泵的吸入高度越小。

A. 密度越小　　B. 黏度越小

C. 饱和蒸气压越高　　D. 饱和蒸气压越低

49. 允许吸上真空度是衡量泵的（ C ）。

A. 形成泵内真空的能力　　B. 排液高度的能力

C. 抗汽蚀能力　　D. 密封完善程度

50. 冬季重质油黏度过高引起螺杆泵轴功率急剧上升，此时的有效措施是（ D ）。

A. 关小泵入口阀　　B. 打开泵循环阀

C. 关小泵出口阀　　D. 打开伴热系统加热

51. 加盲板的位置应加在有物料来源的阀门后部法兰处，盲板（ C ）。

A. 有物料来源侧要加垫片　　B. 动火侧要加垫片

C. 两侧都要加垫片　　D. 两侧都可不加垫片

52. 采用牺牲阳极方法保护油罐，通常根据（ A ）选择阳极的规格。

A. 保护电流的大小　　B. 环境的电阻率

C. 阳极的价格　　D. 两极的电位差

53. 离心泵标准叶轮切削后对流量、扬程的影响有下列说法，正确的是（ D ）。

A. 流量变大，扬程不变　　B. 扬程变低，流量不变

C. 流量、扬程均不变　　D. 有限地改变流量、扬程

54. 操作工误操作或与其他（ C ）内漏或阀门没关会引起窜油、冒罐事故的发生。

A. 连通的阀门发生　　B. 油罐发生

C. 油罐相邻的阀门　　D. 相邻的油罐

55. 油罐（ A ）与呼吸阀的呼吸量不匹配时，会引起油罐被抽瘪。

A. 出油流量变化过大　　B. 出口流量过小

C. 油品温度过高　　D. 油品温度过低

56. 施工完的管线没有冲洗就投用，管内的（ C ）会堵塞管线。

A. 液体　　B. 重油　　C. 杂物　　D. 物体

57. 储油罐越大，截面积越大，蒸发（ B ）也越大，小呼吸损失也越大。

A. 体积　　B. 面积　　C. 容积　　D. 密度

58. 常压敞口罐“大呼吸”损失最大，（ A ），呼吸损失越小。

A. 油罐耐压越高　　B. 油罐耐压越低

C. 油品密度越大　　D. 进油的速度越快

59. 引起润滑油乳化的原因是（ A ）。

A. 含水　　B. 含清洁剂　　C. 沉降脱水　　D. 加热

60. 安全生产监督检查的最终目的之一是（ D ）。

A. 对违反制度的工作人员进行处罚

B. 杜绝事故的发生

C. 对生产单位进行危险评估

D. 保证生产经营单位不出或少出事故

61. 液化气储罐底部靠罐侧法兰处出现泄漏时，可采取（ A ）、储罐泄压等应急处理措施。

A. 储罐垫水　　B. 引燃　　C. 环箍堵漏　　D. 堵漏栓堵漏

62. 当人身着火面积很大，伤者已来不及或无力脱掉自己的衣服时，若神志还清醒，应（ A ）。

A. 就地打滚，用身体尽可能将火压灭

B. 迅速跑到有水的地方，用水浇灭身上的火

C. 站在原地呼救

D. 尽快赶往医院

63. 发现油罐内人员晕倒，应（ C ）。

A. 无须防护，迅速进入

B. 戴上过滤式防毒面具进入救人

C. 佩戴好空气呼吸器，并在有人监护的情况下，进入救人

D. 立即汇报，等待专业人员

64. 设备布置图中，绘图比例通常用1∶100或1∶200，在个别情况下可以采用1∶50或其他比例。大的主项分段绘制设备布置图时，必须采用（ B ）。

A. 不同比例　　B. 相同比例　　C. 指定比例　　D. 其他比例

65. 设备布置图一般只绘（ D ）图。

A. 剖视　　B. 局部剖视　　C. 立面　　D. 平面

66. 不属于管道布置图标题栏内容的有（ D ）。

A. 图名　　B. 图号　　C. 设计阶段　　D. 控制点代号

67. 管道布置图中，常常把管道画成单线，但对于大直径或重要的管道，为了表达得更确切，避免管线相碰，把管道画成双线。绘成单线时采用粗实线，绘成双线时采用（ C ）。

A. 粗实线　　B. 粗虚线　　C. 中实线　　D. 细实线

多选题

1. 根据石油产品的闪点不同，属于甲类油品的有（ ABD ）。

A. 原油　　B. 汽油　　C. 柴油　　D. 石脑油

2. 爆炸危险区是指（ ABC ）生产作业区及周围的有限空间。

A. 易燃油品

B. 闪点低于环境温度的可燃油品

C. 闪点等于环境温度的可燃油品

D. 闪点高于环境温度的可燃油品

3. 为保证油库安全和便于技术管理，油库各项设施应分区布置。一般油库按照其作业要求可分为储油区、辅助生产区、（ BD ）等区域。

A. 用电区　　B. 油品装卸区

C. 用火区　　D. 行政管理区

4. 防火堤是油罐（ AB ）时，防止大量油品流出蔓延的一个极其重要的措施。

A. 发生火灾、爆炸 B. 破裂　　C. 进油　　D. 输油

5. 若离心泵的有效功率增大一倍，可使（ AC ）增大一倍。

A. 流量　　B. 转速　　C. 扬程　　D. 轴功率

6. 离心泵效率的大小由（ ABC ）的大小决定。

A. 水力损失　　B. 机械损失

C. 容积损失　　D. 管路沿程损失

7. 往复泵的流量与它的（ BD ）有关。

A. 输送液体的密度　　B. 往复次数

C. 泵的工作压力　　D. 容积效率

8. 往复泵的扬程受（ AD ）的影响。

A. 欲输送的高度　　B. 输送液体的密度

C. 流量　　D. 管路阻力损失

9. 蒸汽往复泵蒸汽阀门开得大点，则其（ BD ）。

A. 往复次数将减少　　B. 往复次数将增加

C. 流量将减少　　D. 流量将增大

10. 偏差是指（ AC ）。

A. 实际值与标称值之差　　B. 标称值与实际值之差

C. 描述标称值偏离真值的程度　　D. 与绝对误差相等

11. 环境误差是各种环境因素与（ ABD ）造成的。

A. 测量所要求的标准状态不一致

B. 时间的变化不一致

C. 被测量本身的量不一致

D. 空间位置不一致

12. 下列计量单位中，虽不是国际单位制单位，但属于我国法定计量单位名称的是（ BCD ）。

A. 安培　　B. 摄氏度　　C. 吨　　D. 升

13. 根据油罐蒸发损耗的形式，可分为（ ABC ）损耗。

A. 大呼吸　　B. 小呼吸　　C. 自然通风　　D. 回逆呼出

14. 造成油品损耗的原因包括（ ACD ）。

A. 油品黏附在储运容器上　　B. 浮盘的升降

C. 油品温度升高　　D. 油罐收发作业频繁

15. 油品损耗大的原因主要有（ BCD ）等。

A. 油罐容积小　　B. 装卸油的技术落后

C. 油罐结构不合理　　D. 设备管理水平低

16. 油罐上附件都要灵活好用，（ AB ），可减少油品的损耗。

A. 呼吸阀定压合理　　B. 液压安全阀油位合适

C. 钢带表好用　　D. 检尺孔开关频繁

17. 浮顶油罐的优点是（ BC ），因此，油品大、小呼吸损耗能大幅度减少。

A. 油品温差变化小　　B. 没有气体空间

C. 液面全部被浮顶覆盖　　　　　　D. 浮盘被阳光辐射受热油品温差变化大

18. 管道调和可以（ BCD ），大大减少调和时间。

A. 改善产品质量　　　　　　B. 降低能耗

C. 提高油罐周转率　　　　　　D. 减少损耗

19. 油罐用蒸汽吹罐前，必须先打开（ BCD ），防止吹罐时温度高把油罐胀坏变形。

A. 呼吸阀　　B. 人孔　　C. 检尺孔　　D. 透光孔

20. 油罐建造完毕或大修理后进行充水试验，在充水过程中，逐节对（ AD ）进行外观检查。

A. 罐壁板　　B. 罐底板　　C. 罐顶板　　D. 逐条焊缝

21. 用压缩空气给压力球罐充压进行气密试验时，下列操作是正确操作的有（ ABCD ）。

A. 分阶段升压检查　　　　　　B. 排水

C. 气温低于5℃不安排试验　　　　　　D. 球罐安全阀拆除

22. 影响油罐脱水效果的因素主要是油品的（ BCD ）使油水分离不好。

A. 密度小　　B. 温度低　　C. 黏度大　　D. 沉降时间不够

23. 下列方案中，可有效提高换热器的传热系数的是（ ABCD ）。

A. 定期清理换热器管壁上的污垢

B. 降低流速

C. 提高换热面积

D. 逆流换热

24. 罐区清净下水排水一般应分析控制的指标有（ ABC ）。

A. 油含量　　B. pH值　　C. COD　　D. 酸值

25. 油品的流量与流速和管道截面面积有关，一般认为（ ABC ）。

A. 流量不变，流速与管道直径成反比

B. 管道直径不变，流速增大，流量也增大

C. 流速不变，流量大小与管道直径成正比

D. 流速不变，流量大小与管道直径成反比

26. 需移动的油品与管道存油的（ BD ），则需要顶线。

A. 质量指标相差较小　　　　　　B. 质量指标相差较大

C. 密度不同　　　　　　D. 牌号不同

27. 工艺管线进行吹扫置换的介质应具备（ ABCD ）条件。

A. 稳定性　　B. 易分离　　C. 安全性　　D. 易取得

28. 可以预防和减少静电事故产生的措施有（ ABCD ）。

A. 控制流速　　B. 选择适当的静置时间

C. 可靠接地和跨接　　D. 提高操作人员操作技能

29. 接地可以防止工艺过程静电积聚和遭受雷击，防止引起（ AB ）和人身触电危险的一种保护性措施。

A. 火灾　　B. 爆炸　　C. 放电　　D. 闪电

30. 电气设备运行与维护管理工作中的“三票”是指（ ACD ）。

A. 工作票　　B. 检查票　　C. 临时用电票　　D. 操作票

31. 安全阀必须定期校验，其内容包括（ ABCD ）。

A. 清洗　　B. 研磨　　C. 试验　　D. 校正

32. 储罐雷达测物位系统有（ ABCD ）特点，因此被广泛应用。

A. 电子系统有各种自我诊断功能，能随时发出故障信息

B. 探头与被测物体不直接接触

C. 遇波浪型液面，也能准确进行测量

D. 无须维修，可靠性高，重复性好

33. 对机泵密封漏油的情况，有关重油泄漏的标准，下列说法正确的是（ BD ）。

A. 填料函式密封不大于20滴/min

B. 填料函式密封不大于10滴/min

C. 机械式密封不大于15滴/min

D. 机械式密封不大于5滴/min

34. 关于电动阀，下列说法正确的是（ BCD ）。

A. 电动阀是通过线圈得电产生电磁力吸合阀杆，实现阀门的开关

B. 电动阀是通过电动机的运转带动传动机构执行阀门的开关

C. 电动阀调节行程时，阀板要留有余量

D. 大型水泵进出口阀门常选用电动阀，当水泵停机检修时，电机关闭阀门后还需手动关阀

35. 安装好机械密封后启动离心泵要注意的事项有（ ABCD ）。

A. 启动前泵内要充满被输送介质

B. 冷却水系统畅通

C. 停泵时，先停泵，再停封油、冷却水

D. 泄漏严重时须停泵检查

36. 泵填料密封的基本结构及特点是（ ABCD ）。

A. 填料密封结构简单，装拆方便，成本低

B. 通过拧紧压盖螺栓，使填料产生径向弹性变形而抱紧泵轴，堵塞间隙而达到密封目的

C. 密封性能不好，使用周期短，摩擦性大

D. 主要由填料函、填料、封液环及填料压盖组成

37. 离心泵在最小流量点以下连续运行会出现（ ABC ）异常现象。

A. 严重回流　B. 温度升高　C. 振动加剧　D. 转子磨损

38. 可导致液化气储罐液面指示不准确的原因有（ ABC ）。

A. 液位计连通管堵塞　B. 气温急剧变化

C. 液位计筒体含水　D. 介质密度恒定

39. 对长期停用的管线应（ ABCD ）。

A. 排空

B. 要用蒸汽吹扫处理干净后堵上盲板

C. 管线两端的阀门要打好铅封

D. 确实不再利用了的管线应拆除

40. 需检修的管道、设备与生产系统隔绝的方法有（ AB ）。

A. 加板法　B. 拆除管线法

C. 加水封法　D. 关闭阀门法

41. 油罐收油过程中，（ BCD ）会造成冒罐。

A. 流速过快　B. 钢带表发生卡尺

C. 检错尺　D. 改错阀门

42. 造成油罐吸瘪的原因有（ ABCD ）。

A. 呼吸阀机械故障　B. 冬季呼吸阀冻堵

C. 付料流量大于罐内补气量　D. 氮封补氮系统故障

43. 油罐在收油时，（ ACD ）会造成油罐胀裂。

A. 进油量大于允许呼吸量　B. 泡沫发生器未打开

C. 机械呼吸阀失灵　D. 液压呼吸阀油位过高

44. 下列情况会造成水击的有（ ABCD ）。

A. 管道中气液共存　B. 进气速度过快

C. 高压系统向低压系统切换　D. 泵出口阀开关过快

45. 油品蒸气损耗和（ ABC ）、储存条件、油面压力、作业环境及生产经营管理水平等因素有关。

A. 油品的性质　B. 油品密度　C. 油品温度　D. 控制时间

46. 影响小呼吸损耗的因素有（ ABCD ）、油品性质等。

A. 温差变化　　B. 地区日照系数

C. 储罐容积大小及储罐内装储量　　D. 呼吸阀定压值

47. 影响大呼吸损耗的因素有（ ABC ）等。

A. 收付料流量　　B. 罐的压力等级

C. 周转次数　　D. 环境温度

48. 影响滴漏损耗的因素有（ ABCD ）及切水等。

A. 装卸方式　　B. 机泵阀门等故障

C. 管线腐蚀穿孔　　D. 操作放空

49. 造成油库污染的因素包括（ ABCD ）等。

A. 储存中的大小呼吸　　B. 跑冒滴漏

C. 检修中的油泥、排放等　　D. 操作中的放空

50. 离心泵发生汽蚀时，叶轮受到损害，同时发出响声，（ ACD ），效率降低等。

A. 泵振动大　　B. 温度降低　　C. 流量减小　　D. 扬程下降

51. 压缩风储罐需切水的原因是压缩风含水会造成（ ABC ）。

A. 冬季冻结系统管线及附件　　B. 仪表风干燥剂失效

C. 部件腐蚀　　D. 大气污染

52. 油罐冒罐采取的措施有（ ABCD ）等。

A. 立即关闭收料阀门，条件允许时向同种油品罐倒罐

B. 关闭罐组雨污排阀门

C. 进行区域性管制

D. 回收油品

53. 管线凝堵的处理方法有（ BC ）。

A. 增大输送油泵的压力　　B. 开大管线伴热蒸汽

C. 用蒸汽吹扫通管线　　D. 用新鲜水顶通管线

54. 防止油品产生静电的方法有（ ABCD ）。

A. 控制流速　　B. 液下收料与装车

C. 导静电设施完好　　D. 油品管道正确安装防静电连接

简答题

1. 油库如何划分危险区及划分的目的是什么？

答：油库危险区分为：爆炸危险区，是指油品蒸气与空气混合后，有可能达到爆炸极限的区域。按其在生产作业区出现和积聚形成爆炸性气体混合物的频繁程度和持续时间，将爆炸危险区分为0区、1区、2区三个区域。火灾危险区，是指闪点高于环境温度的可燃油品生

产作业区。一般用电区，是指除上述两类区域以外的所有场所。

划分的目的：便于在油库正确合理地进行电气设计、设备选型、安装、运行、检修、维护和安全管理。

2. 油库一般分为哪几个区域？

答：油库一般可划分为储油区、装卸作业区（铁路、水运、公路）、辅助生产区、行政管理区等区域。

3. 什么是防火距离？

答：当可燃性混合气体发生爆炸或其他因素破坏时，事故中心到能保护人身安全、建筑物的破坏限制在允许限度内的最小距离，称为防火距离。

4. 离心泵的流量调节方法有哪几种？

答：节流调节、变速调节、采用旁通管路、改变泵之间的连接方法等。

5. 石油产品的损耗分哪几类？

答：石油产品损耗在经营中按环节分类可分为运输损耗、保管损耗、零售损耗三大类。

6. 油品在储运过程中发生的损耗主要包括哪些内容 ？

答：油品在储运过程中发生的损耗主要包括：蒸发损耗、输转损耗、装车损耗、滴漏损耗、黏附损耗及清罐损耗等。

7. 石油产品蒸发损耗有哪些危害性？

答：（1）蒸发损耗使油品的数量减少，还会使油品质量降低；

（2）大量的油蒸气排放到大气中，造成环境污染，影响人身健康和生态平衡；

（3）蒸发损耗还会造成火灾事故的可能性，对爆炸有潜在危险。

8. 请简述机械呼吸阀的工作原理。

答：机械呼吸阀是依靠阀盘本身的重量来控制油罐呼吸压力的。当油罐内压力高于机械呼吸阀控制的正压时，正压阀盘被顶开，混合气跑出罐外，罐内压力下降； 当油罐内产生的真空度高于机械呼吸阀控制的负压时，负压阀盘被罐外空气顶开，空气进入罐内，罐内压力上升。机械呼吸阀就是这样控制油罐呼吸压力来保护油罐安全、降低油品蒸发损耗的。

9. 油罐量油孔的用途及安装要求是什么？

答：油罐量油孔的用途是用来采样及测量油罐内油品的温度、油高。其安装要求：

（1）每个罐只设一个量油孔，直径为150mm；

（2）量油孔安装在梯子平台附近，上盖安装有用耐油橡胶或软金属制成的垫圈以防关闭量油孔盖时撞击产生火花。

10. 管道调和有哪些优点？

答：（1）调和连续进行，可取消调和罐，减少组分油储罐；

（2）调和比例精确，组分合理利用，避免浪费优质原料；

（3）调和时间短，动力消耗少，调和一次合格率高，质量达标有可靠保证；

（4）减少油品周转次数，节省人力，减少中间分析过程，调和速度提高；

（5）全部调和密闭操作，防止油品氧化，降低油品损耗。

11. 内浮顶罐用氮气吹扫时应如何进行？

答：（1）内浮顶罐严禁从浮盘下方用氮气吹扫；

（2）有条件的应设置专用吹扫罐；

（3）吹扫液体进罐应控制流量和吹扫压力；

（4）吹扫时应停止储罐加热，关闭氮封系统。

12. 请简述水冲洗清扫管道的方法。

答：（1）水冲洗前应拆下过滤器与流量计，接上临时直管段；

（2）水冲洗时用水泵（油库中可用消防泵代替）从管路的高处进水，管内石块、泥沙、铁锈等随水从管路低处排出，直到水流清洁为止。

13. 管路发生泄漏的原因通常有哪几种？

答：管路发生泄漏的原因通常有以下几种：

（1）焊缝缺陷；

（2）腐蚀穿孔；

（3）冬季冻裂；

（4）高温胀裂；

（5）密封圈损坏；

（6）热应力拉裂等。

14. 输油管线敷设为何要有一定坡度？其坡度为多少？

答：因工艺及泵的性能要求，通常油库中油泵房的位置都较低，另油品具有流动性和重力特性即油品具有从高处往低处流的性能。为保证装卸作业结束后，残存在管线中的油品能够自流放空，输油管都坡向泵房敷设。其坡度一般为：轻油0.003～0.005，黏油0.005～0.01。

15. 如何进行管路的水压试验？

答：水压试验的目的是检查管路的强度和严密性，其方法如下。

（1）强度试验：管路内冲水加压到工作压力的1.5倍，保持5min，压力稳定，管路无爆裂变形即为合格；

（2）严密性试验：强度试验合格后，将压力降到工作压力，保持1h，检查焊缝、法兰连接处以及其他密封部位是否渗漏，焊缝周围可用手锤轻轻敲击，无漏水和湿润现象即为合格。

16. 金属油罐应采取哪些防雷措施?

答：应根据《石油库设计规范》(GB 50074) 相关条款采取如下防雷措施：

(1) 油罐顶板厚度大于4mm且装有阻火器时，罐顶可不设防雷装置；但罐体应作良好接地，接地点不少于两处，其沿罐周长的间距不宜大于30m，接地装置的接地电阻不应大于10Ω。

(2) 当罐顶钢板厚度小于4mm时应在罐顶装设避雷针，避雷针的保护范围应包括整个油罐。

(3) 浮顶（内浮顶）油罐罐顶可不设防雷装置，但内浮顶与罐体应作可靠的电气连接。

17. 请简述油库选用防爆电器设备的规定。

答:根据爆炸危险区域的划分，合理选用各类防爆等级的电器设备及附件。

0区只能选用本安型；1区可以选用本安型、隔爆型、增安型及其他防爆型设备；2区可以选用1区和0区的所有防爆型设备。

18. 保护接地的基本原理是什么?

答：保护接地应用在变压器低压侧中性点不接地的电力系统，配电线路与大地之间存在分布电容，当相线发生碰壳时，将形成回路电流，使电器设备外壳具有一定的电位。若人体接触设备外壳，由于人体电阻与接地电阻并联，通过人体的电流只是全部事故电流的一小部分。这部分电流对人体是比较安全的。

19. 闸阀和截止阀在结构上有什么不同? 它们各有什么特点?

答：闸阀与截止阀在外形上有差别，闸阀多采用明杆而截止阀多采用暗杆；两种阀关闭件结构也不同，闸阀的闸板沿阀座密封面做相对运动而达到启闭目的，截止阀阀瓣沿密封面做轴向升降启闭阀门；闸阀的密封性好，流体阻力小，没有方向性，缺点是不能调节流量，只能做切断用。截止阀开启高度小，关闭时间短，有一定流量的调节功能，有方向性，价格低，缺点是密封较差，密封垫容易损坏，对流体阻力大。

20. 离心泵运行中应做好哪些检查工作?

答：(1) 经常检查泵的运行情况，检查电机有无杂音，泵内有无振动，压力表显示出口压力是否正常，各部件温度是否符合规定；

(2) 检查泵的密封及润滑情况是否良好；

(3) 检查电流表显示是否正常；

(4) 检查地脚螺丝及其他转动部位有无松动；

(5) 如发现异常，温度超值，电机冒烟等情况，应立即切断电源，查找原因。

21. 油罐雷达液位计有何特点?

答：油罐雷达液位计的特点是采用了全固体状的雷达测距技术，整个仪表无移动部件，无任何零件与油罐内的介质接触，控制单元采用了数字处理技术，测量准确度高，很容易扩展到油罐的监控系统。维护保养的工作量少。

22. 离心泵启动前为什么要灌泵?

答: 离心泵启动前要灌泵是因为根据离心泵的工作原理，在泵体内充满液体的情况下，原动机通过泵轴带动泵内的叶片旋转；液体在离心力的作用下，沿叶轮内流道被甩向外围流进泵壳，于是叶轮中心压力降低，这个压力低于进液管内的压力，形成吸液管与叶轮中心的压差；压差将吸液管中的液体，经吸入管路及泵的吸入室吸入叶轮；叶轮在旋转过程中，一方面不断吸入液体，另一方面不断地给予液体一定能量，并将液体从泵内排出；如果泵体内不能充满液体，叶轮旋转时产生的离心力就小，叶轮中央不能造成必要的真空度，也就没有“吸力”。所以在开启离心泵前，必须在吸入管路中灌满要输送的液体，也就是要灌泵。

23. 怎样正确使用蒸汽灭火设施?

答: 蒸汽灭火是窒息灭火的一种，将蒸汽喷射到燃烧区，当燃烧区的氧含量降低到一定程度时，火就会熄灭。同时注意，一些自燃点低于蒸汽温度的可燃物不能用蒸汽灭火；一些易挥发性的溶剂要慎重使用，灭火时，要将蒸汽对准火焰根部，不要吹到人身上，以免人被烫伤。

24. 蒸汽往复泵汽缸预热有何作用?

答: 蒸汽往复泵汽缸预热的作用：

（1）使汽缸温度逐渐升高，各零部件膨胀均匀，不致发生损坏；

（2）如果不先预热汽缸，当高温蒸汽进入汽缸时，蒸汽遇到冷缸体，则变成冷凝水，积存起来会在缸内产生水击，造成事故。

25. 电动阀门操作前的准备有哪些?

答:（1）操作阀门前，应认真阅读操作说明。

（2）操作前一定要清楚介质的流向，应注意检查阀门开闭标志。

（3）检查电动阀外观，看该电动阀门是否受潮，如果有受潮要作干燥处理，如果发现有其他问题要及时处理，不得带故障操作。

（4）停用3个月以上的电动装置，启动前应检查离合器，确认手柄在手动位置后，再检查电机的绝缘、转向及电气线路。

26. 安装好机械密封后启动离心泵要注意什么事项?

答: 安装好机械密封后启动离心泵要注意：

（1）启动前泵内要充满被输送介质；

（2）冷却水系统畅通；

（3）启动后有轻微泄漏，并逐渐减少为正常；

（4）泄漏严重时须停泵检查；

（5）停泵时，先停泵，再停封油、冷却水。

27. 设备维护应包括哪些主要内容?

答: 设备维护规程是对设备日常维护方面的要求和规定。坚持执行设备维护规程，可以延长设备使用寿命，保持安全、舒适的工作环境。其主要内容应包括：(1) 设备要达到整齐、清洁、坚固、润滑、防腐、安全等的作业内容、作业方法、使用的工具及材料、达到的标准及注意事项；(2) 日常点检及定期检查的部位、方法和标准；(3) 检查和评比操作工人维护设备程度的内容和方法等。

28. 入冬前在设备维护方面应做好哪些准备?

答: 入冬前在设备维护方面应做好如下准备：

(1) 全面检查区域内设备保温、伴热设施，如有隐患应及时提出，并组织维修；

(2) 对所有无取暖设施的机泵，如长期停用，要予以妥善处理；

(3) 全面检查泵房内的取暖设施，确保好用；

(4) 停用的蒸汽线、水线和闪点在60℃以上油品的管线要用压缩风彻底吹扫，或在低处放净，并在与其连接的正常使用的管线连接处断开或堵上盲板；

(5) 夏季停用的伴热管线要开始通汽，使用前应检查其排蒸汽情况；

(6) 浮顶油罐必须放掉浮盘及中央排水管内的水，防止管内水冻结，造成破坏；

(7) 停用加热器用压缩空气扫净，堵好盲板，防止水、汽冻裂。

29. 在油罐清洗过程中，如何做好防中毒工作?

答: 在油罐的清洗过程中，要做好防中毒工作，应做到以下几点：

油罐内油气浓度超过该油品爆炸下限的4%和低于40%时，在氧含量合格的情况下，进罐工作人员应穿戴防护衣服、靴子和手套，并戴能全面保护面部的呼吸器具。该呼吸器具为供空气式的，而且是采取罐外供气的。进入含铅汽油罐必须穿防护服装和戴防毒器具，否则严禁入罐作业。油气浓度超过该油品爆炸下限的40%时，必须加强通风排气使浓度降到规定值后，才能入罐操作。呼吸器具在每次使用前应作详细检查、试验、清洗和消毒。器具的规格，应达到佩戴合适，并保证性能良好。罐内有人操作时，在人孔外应配有专职监护人员。进罐操作人员应定时轮换，应每隔0.5h至1h轮换一次，最长不得超过1.5h。参加清洗油罐人员在下班和吃饭前，应在指定地点洗澡更衣。凡患有高血压、心脏病及其他较严重疾病和身体衰弱、抵抗力很差的人员，禁止参加清洗油罐操作。

30. 设备检修对装拆盲板有哪些要求?

答: 设备检修对装拆盲板有如下要求：

(1) 装拆盲板应按施工方案和盲板图严格执行；

(2) 要指定专人管理，防止漏装漏拆；

（3）盲板两侧垫片要放正，靠有物料端须放新垫片；

（4）可燃气体、轻油管线的盲板法兰必须全部上齐螺栓螺帽；

（5）盲板装拆完毕须经专人检查，确认无误。

31. 油罐的底板并不受力，为何仍采用较厚的钢板制成？

答：（1）底板的外表面与基础接触，易受潮产生腐蚀；

（2）底板内表面接触油品中沉积的水污、杂质，易腐蚀；

（3）底板不易维修更换。

32. 金属腐蚀可分为哪几种形式？

答：金属腐蚀一般可分为化学腐蚀、电化学腐蚀、大气腐蚀和冲蚀四种形式。

（1）化学腐蚀：与某种无机盐、硫化物发生化学反应的腐蚀；

（2）电化学腐蚀：与某单值化合物发生电化学反应的腐蚀；

（3）大气腐蚀：与大气中的氧、二氧化碳、二氧化硫等产生作用产生的腐蚀；

（4）冲蚀：冲击（刷）后加快了反应速度引起的腐蚀。

33. 防止设备腐蚀的主要措施有哪些？

答：防止设备腐蚀的措施主要有：

（1）衬里：衬不锈钢或铝；

（2）涂层塑料、环氧树脂、涂料等；

（3）镀层：镀铬、铜、锌等；

（4）加缓蚀剂；

（5）采用不锈钢材料；

（6）阳极保护。

34. 润滑的基本原理是什么？

答：润滑的基本原理是润滑剂能牢固地黏附在机件的摩擦面上，形成一种油膜。这种油膜和机件的摩擦面结合力很强，两个摩擦面被润滑剂隔开，使机件间的摩擦变为润滑剂本身分子间的摩擦，从而起到减少摩擦和磨损的作用。

35. 试述油品产生静电的原因是什么？

答：油品产生静电的原因主要是：

（1）管内壁粗糙，喷溅方式收油；

（2）空气相对湿度小，油品在管线中流动时间长、流速高、油品温度高；

（3）油品中含有某些杂质或添加剂；

（4）通过过滤网、阀门、弯头多，管线、设备是绝缘材料，导电率低；

（5）油品导电率低。

36. 压缩风储罐为什么要切水？如何操作？

答：（1）压缩风储罐要脱水的原因：风罐长期储存压缩风，空气中的水分冷却积聚在罐底；用风扫线时会将水带入罐内影响油品质量。

（2）操作步骤：将罐底部切水阀打开，排出风罐内存水；再将切水阀控制开关几次，直至不再排出为止；最后关闭切水阀。

37. 季节性检查中，不同季节的检查内容分别侧重于哪些方面？

答：季节性检查是根据各季节特点开展的专项检查。春季安全大检查以防雷、防静电、防解冻跑漏为重点；夏季安全大检查以防暑降温、防食物中毒、防台风、防洪防汛为重点；秋季安全大检查以防火、防冻保温为重点；冬季安全大检查以防火、防爆、防煤气中毒、防冻防凝、防滑为重点。

38. 油罐冒顶应如何处理？

答：发现油罐冒顶应：

（1）立即向库站领导及调度汇报，联系有关单位，停止收油作业；

（2）向同品种的相近品种油罐压油或倒油；

（3）及时检查周围及下水道等处有无车辆或电、气焊等火种，如果有，应立即熄火；

（4）及时组织人力、物力进行回收处理，减少污染和浪费，保证安全。

39. 控制或消除水击的方法主要有哪些？

答：控制或消除水击的方法主要有：

（1）延长阀门的关闭和开启时间；

（2）控制油品在管道中的流速；

（3）油品输转流速应严格控制在《石油库设计规范》规定的4.5m/s以下；

（4）在管道中加一段软管以改变管道刚性；

（5）采用泄压设备控制水击的产生，如气压罐、双功泄压阀、二段控制阀等。

计算题

1. 某对汽车油罐车发油的管道直径为$\phi 89\times 4$，灌装体积为8m^{3}的汽车油罐车需时12min，求：发油时管道中油品的平均流速？如发的是汽油，问：在该流速下发油是否安全？

解： $Q=V/t=8/(12\times 60)\approx 0.011$（m^3/s）

$u=Q/A=4Q/(\pi d^2)=4\times 0.011/(3.14\times 0.081^2)\approx 2.14$（m/s）

答：因流速为2.14m/s小于4.5m/s这一流速，根据《石油库设计规范》汽车发油管道的流速控制在4.5m/s以下是安全的，故在此流速下发油是安全的。

2. 某离心泵输送密度 ρ 为 $0.8237\times10^3 kg/m^3$ 的油品时，测得流量 Q 为 $0.06m^3/s$，泵的扬程 H 为216m，轴功率 N 为210kW。试求该泵的效率 η。（重力加速度 g=9.81m/s²）

解： $\eta=\rho gQH/1000N\times100\%=0.8237\times10^3\times9.81\times0.06\times216/(1000\times210)\times100\%\approx$ 49.9%

答： 该泵的效率 η 为49.9%。

3. 某离心泵输送密度 ρ 为 $0.7253g/cm^3$ 的油品时，测得流量 Q 为 $480m^3/h$，泵的扬程 H 为80m，轴功率 N 为110kW。试求该泵的效率 η。（重力加速度 g=9.81m/s²）

解： $\eta=\rho gQH/1000N\times100\%=0.7253\times1000\times9.81\times\dfrac{480}{3600}\times\dfrac{80}{1000\times110}\times100\%\approx69\%$

答： 该泵的效率 η 为69%。

4. 某离心泵输送密度 ρ 为 $0.7356\times10^3 kg/m^3$ 的油品时，测得流量 Q 为 $0.03m^3/s$，泵的扬程 H 为78m，泵的效率 η 为59%。试求该泵的轴功率 N。（重力加速度 g=9.81m/s²）

解： $N=\rho gQH/1000\eta=0.7356\times10^3\times9.81\times0.03\times78/(1000\times59\%)\approx28.6$（kW）

答： 该泵的轴功率为28.6kW。

5. 某离心泵输送密度 ρ 为 $0.8437\times10^3 kg/m^3$ 的油品时，测得流量 Q 为 $0.057m^3/s$。已知该泵的扬程 H 为390m。试求该泵的有效功率 N_e。（重力加速度 g=9.81m/s²）

解： $N_e=\rho QgH/1000=0.8437\times10^3\times0.057\times9.81\times390/1000\approx183.99$（kW）

答： 该泵的效率为183.99kW。

6. 某台离心泵用来卸铁路槽车汽油（ρ 为 $730kg/m^3$），泵的最大工作流量 Q 为 $180m^3/h$，吸入管内径 d 为200mm，其阻力损失：$h_{鹤管}$ 为1.13m，$h_{集油管}$ 为1.05m，$h_{输油管}$ 为1.47m，泵的铭牌上标注清水的允许吸上真空高度 $[H_s]$ 为7m。若该泵安装在北京，年最高气温为38℃，大气压 P_a 为100.94kPa，汽油的饱和蒸气压 P_t 为64.92kPa。试求泵的安装高度 $[H_g]$。（重力加速度 g=9.81m/s²）

解： ①求油的允许吸上真空高度：

$[H_s]_{油}=[H_s]-10+(100.94-64.92)\times1000/(730\times9.8)\approx2.03$（m汽油柱）

②求吸入管段的流速：$V_s=4\times180/(0.2\times0.2\times3.14\times3600)\approx1.59$（m/s）

③求吸入管段的总摩擦损失：$h_{总}=h_{鹤管}+h_{集油管}+h_{输油管}=1.13+1.05+1.47=3.65$（m）

④泵的安装高度为：$[H_g]=[H_s]_{油}\dfrac{V_s^2}{2g}-h_{总}=2.03-\dfrac{1.59^2}{2\times9.81}-3.65\approx-1.75$（m）

答： 该泵的安装高度 $[H_g]$ 为−1.75m，即吸入液面必须比该泵入口中心线高1.75m以上。

7. 一台 $[\Delta h_r]$ 为4.5m的离心泵，在大气压下输送常温清水，设吸入管路阻力损失 h_{a-s}=0.5m，求在大气压头为 P_a/r=10.32m的地区安装时，允许的几何安装高度 $[H_g]$ 是多少？（清水饱和

蒸气压为 $P_t/r=0.24$m）

解： $[H_g]=P_a/r-P_t/r-h_{a-s}-[\Delta h_r]$=10.32−0.24−0.5−4.5=5.08（m）

答： 该泵在这一地区安装其允许的几何安装高度$[H_g]$是5.08m，即泵的入口中心线可设在吸入液面5.08m以上。

8. 用100Y−120A型油泵装在兰州和上海两地输送汽油（ρ为730kg/m^3），已知泵的额定工作点参数Q为54m^3/h，H为115m，$[h_r]$为2.4m，兰州当地大气压力P_a为85.06kPa，t_{max}为39℃，汽油在兰州的饱和蒸气压P_t为66.79kPa；上海当地大气压力P_a为101.43kPa，t_{max}为40℃，汽油在上海的饱和蒸气压P_t为68.65kPa。问该泵在上述两地的最大安装高度$[H_g]$为何值？（吸入管段损失h_1为0.4m）。

解： ①当该泵安装在兰州时，$[H_g]$=（85.06−66.79）×1000/（730×9.81）$-h_1-[\Delta h_r]$=2.56−0.4−2.4≈−0.24（m）

②当该泵安装在上海时，$[H_g]$=（101.43−68.65）×1000/（730×9.81）$-h_1-[\Delta h_r]$=4.58−0.4−2.4≈1.78（m）

答： 该泵安装在兰州，吸入液面必须比其入口中心线高0.24m以上；而在上海时，泵入口中心线可设在吸入液面1.78m以上。

9. 某离心泵将某一液面恒定的清水槽内的水输送到他处，该泵最大输水量为60m^3/h。已知泵吸入管路压头损失为1.5m。试求输送50℃的清水时泵的安装高度。当地大气压100kPa，50℃水的密度为988.1kg/m^3，饱和蒸气压为12.34kPa。60℃水的必须汽蚀余量为3.5m。

解： $[H_g]=(p_0-p_v)/\rho g-\Delta h-H_f$，式中，$p_0$=100000N/m^2，$p_v\equiv$12340N/m^2，$H_f$=1.5m，$\Delta h$为3.5m

代入计算$[H_g]$=4.04（m）

答： 泵的安装高度为4.04m。

10. 油库选用型号为100Y−120B离心泵油泵输送密度ρ为780kg/m^{3}的油品，要求流量Q为60m^3/h，扬程H为96m，效率η为49%。若电动机的备用系数k为1.1，请问应给该泵选用多大功率的电动机？

解： $N=k\times\dfrac{\rho\times g\times Q\times H}{3600\times 1000\times\eta}$=[（0.780×9.81×60×96）/（0.49×3600）]×1.1=27.48（kW）

答： 给该泵选用的电动机功率最小应为27.48kW。

11. 现有一台离心油泵，其叶轮直径D_1=200mm，流量Q_1=85m^3/h，扬程H_1=69m，轴功

率 N_1=12kW，因生产需要，欲将其流量降低到60m³/h。现欲用一台轴功率 N_2=6.5kW的电动机代替原电动机，试问该泵的叶轮直径可以切割到多少？（切割后的叶轮直径用 D_2 表示）

解： 根据切割定律，$N_1/N_2=(D_1/D_2)^3$

$12/6.5=(200/D_2)^3$

$D_2\approx163$（mm）

答： 该泵的叶轮直径可以切割到163mm。

12. 当离心泵的转速由1700r/min变为1500r/min时，若输送的介质不变，根据相似定律，原输送流量 Q_1 为12m³/h，现流量 Q_2 为多少。

解： 根据 $Q_1/Q_2=n_1/n_2$，则 $Q_2=12\times1500/1700\approx10$（m³/h）

答： 现流量为10m³/h。

13. 某离心泵功率为5kW，当离心泵的转速变为原来的1.1倍，若输送的介质不变，根据相似定律，功率变为多少？

解： 根据 $N_1/N_2=(n_1/n_2)^3$，则功率变为原来的1.331倍，功率变为6.655kW。

答： 功率变为6.655kW。

14. 当离心泵的转速由1000r/min变化后，若输送的介质不变，根据相似定律，原功率为5kW变为7kW，则转速 n 变为多少？

解： 根据 $N_1/N_2=(n_1/n_2)^3$，则 $n=1000\times\sqrt[3]{(7/5)}$=1118（r/min）

答： 转速变为1118r/min。

15. 有一列管式换热器，其传热面积 S 为120m²，用于柴油和原油换热。柴油在管束间流过，进出口温度分别为：T_1 为248℃，T_2 为120℃；原油在管内流过，进出口温度分别 t_1 为82℃，t_2 为118℃。已知传热系数 K 值为100W/（m²·℃），柴油比热 C 为3.182kJ/（kg·℃）。问柴油的质量流量至少是多大才能满足换热要求？

解： 首先求出对数平均温度：

$\Delta t_m\approx74.8$（℃）

再根据已知条件，求出柴油与原油换热，为逆流流动，每小时的传热量：

$Q=S\Delta t_mK=120\times74.8\times100=897600$（W）$\approx8.98\times10^5$（W）

另外，根据每小时的传热量：

$Q=GC(T_1-T_2)$

$G\approx7937$（kg/h）

答： 柴油的质量流量至少为7937kg/h才能满足换热要求。

16. 轻组分油的残炭为0.2%，重组分油的残炭为2.2%。若欲调和成残炭为0.6%的油品，试问调和比如何计算？

解： 当重组分油为1份时，轻组分为x，则调和比$M_{轻}:M_{重}=x:1=x$

所以根据残炭值的可加性有：

$M_{轻}\times R_{c轻}+R_{c重}=(M_{轻}+1)\times 0.6\%$

即$x\times 0.2\%+2.2\%=x\times 0.6\%+1\times 0.6\%$

求得$x=4$

所以$M_{轻}:M_{重}=4:1=4$

答： 轻重组分油的调和比等于4。

17. 某油罐存油4000t残炭值为0.7%，现需要10000t残炭值为0.4%的油品，问如何计算调入油的残炭？

解： 首先计算出应收油量：$m_B=10000-4000=6000$（t）

根据油品中残炭值的可加性，设应收油品的残炭值为R_c，则有：

$4000\times 0.7\%+6000\times R_c=10000\times 0.4\%$

$R_c=0.2\%$

答： 应收6000t残炭值为0.2%的油品进行调和。

18. 某罐现装200t的某成品油，需改调另一种油1000t，还需多少基础油？如果前者含剂量分别为A：0.5%，B：1%，后者加剂配方为A：1%，B：1%，C：0.5%，需加多少A、B、C？

解： ①1000−200=800（t）

②$A_1=200\times 0.5\%=1$（t），$A_2=1000\times 1\%=10$（t）

③$B_1=200\times 1\%=2$（t），$B_2=1000\times 1\%=10$（t）

④$C_1=0$，$C_2=1000\times 0.5\%=5$（t）

⑤应加A剂量为$A=A_2-A_1=9$（t），应加B剂量为$B=B_2-B_1=8$（t），应加C剂量为$C=C_2-C_1=5$（t）

答： 需加A剂9t，B剂8t，C剂5t。

19. 某罐油品加剂调和，加剂配方如下：A为0.5%；B为1%；C为0.001%；收基础油前罐内有成品油100t，收油后罐由油品为1000m³，调前$\rho_{20}=0.8$（油温60℃），$f=0.0008$，$F=0.9$，问各种添加剂各需加多少？

解： ①$m=V\times[1-f(t-20)]\times F\times \rho_{20}\times[1+0.000036(t-20)]=1000[1-0.0008\times(60-20)]\times 0.9\times 0.8\times[1+0.000036\times(60-20)]=697.96$（t）

②收基础油后，重量增加：697.96−100=597.96（t）

③添加剂A应加量：597.96×0.5%=2.99（t）

添加剂B应加量：597.96×1%=5.98（t）

添加剂C应加量：597.96×0.001%=0.06（t）

答：添加剂A应加量2.99t，B应加量5.98t，C应加量0.06t。

20. 一油罐油品总重量为7200t，残炭值为0.4%，现需要将残炭值改调为0.65%的油品，已知组分油残炭值为2.4%，问需如何进行调和计算？（调和后油品总量不变）

解：设先将罐内油品倒出G，再进行调和。

$(7200-G)\times 0.4+G\times 2.4=7200\times 0.65$

解得$G=900$（t）。

答：需先将罐内油品倒出900t，再倒入900t残炭值为2.4%的油品进行调和。

罐区（模块）理论知识试题

判断题

1. 对用于油蒸气进行回收的吸附（收）剂的一般要求是既能解吸，又能再生。（√）

2. 内浮顶油罐罐底水垫层不能高于量油导向管入口，否则将影响油品的计量和取样，通常以20cm为宜。（×）

正确答案：内浮顶油罐罐底水垫层不能高于量油导向管入口，否则将影响油品的计量和取样，通常以10cm以下为宜。

3. 利用液位差自压进行液化气储罐倒罐操作时，接收罐的压力、液位应低于付出罐。（√）

4. 汽油调和辛烷值与其调和比例呈线性关系。（×）

正确答案：汽油调和辛烷值与其调和比例呈非线性关系。

5. 细菌会引起喷气燃料变质，但不会使其清洁度下降。（×）

正确答案：细菌会引起喷气燃料变质，同时使其清洁度下降。

6. 因为乙醇具有亲水性，所以车用乙醇汽油在储运过程中易发生分层。（√）

7. 变性燃料乙醇是以谷物、薯类、甘蔗等为原料，经发酵、蒸馏制得乙醇，脱水后再添加变性剂变性的燃料乙醇。（√）

8. 使用静态混合器进行产品调和，虽然能耗高，但投资少、见效快。（×）

正确答案：使用静态混合器进行产品调和，虽然增加了管道阻力，但能达到良好的混合效果。

9. 使用期限超过1年的航煤过滤器聚结滤芯都要更换。（√）

10. 过滤器的类型主要有Y形、T形、锥形、篮式、反冲洗式等五种类型。（√）

11. 航空煤油专用过滤器在进行分离滤芯检查时，可以用手或戴脏的手套直接接触滤网。（×）

正确答案：航空煤油专用过滤器在进行分离滤芯检查时，严禁用手或戴脏的手套直接接触滤网。

12. 液态烃泵冲洗油中断，导致腔内温度升高，液膜的润滑性降低，密封端面被推开或产生干摩擦，产生泄漏。（ √ ）

13. 利用吸附（收）剂进行油品回收的过程属于化学反应过程。（ × ）

正确答案：利用吸附（收）剂进行油品回收的过程属于物理过程。

14. 浮顶油罐贸易计量时，一定要避开低液位区。（ × ）

正确答案：浮顶油罐贸易计量时，一定要避开浮顶处于似浮非浮区域。

15. 液化气储罐底部靠罐侧法兰处出现泄漏时，可采取储罐垫水、储罐泄压等应急处理措施。（ √ ）

单选题

1. 一般可用作汽油蒸气吸附液的油品是（ D ）。

A. 石脑油　B. 汽油　C. 煤油　D. 轻柴油

2. 冷凝-吸附法是利用对油气具有吸收能力的（ B ）作为冷却剂，使其同储油容器排出的混合气接触，边冷却边吸收，以便更有效地回收油气。

A. 气-液两相介质　B. 液体　C. 气体　D. 固体

3. 浮顶油罐的非计量区是指（ C ）。

A. 浮顶起浮高度以下区域　B. 罐底板最高处及以下区域

C. 浮顶处于似浮非浮区域　D. 安全高度以上区域

4. 浮顶油罐计量时，如果介质液位低于浮顶起浮高度，则不需考虑（ D ）。

A. 介质密度　B. 静压力修正值

C. 介质温度　D. 浮顶重量

5. 利用压力差自压进行液化气储罐倒罐操作时，付出罐压力源的补充方法有（ B ）。

A. 高压氮气加压　B. 升压器升压

C. 高压瓦斯升压　D. 高压氢气升压

6. 柴油的灰分大小与柴油中的（ C ）含量有一定的关系。

A. 烷烃　B. 环烷烃　C. 金属　D. 不饱和烃

7. 在冬天向柴油中加煤油虽然能改善柴油的低温流动性能，但是会使其（ B ）性降低。

A. 安定　B. 安全　C. 燃烧　D. 启动

8. 运行中的液化气球罐，其安全阀及放空管应接入瓦斯管网系统，安全阀下的截止阀应（ B ）。

A. 关闭并加铅封　B. 常开并加铅封

C. 完好备用　D. 可远程控制

9. SH型静态混合器单元结构特点是（ D ）。

A. 由一定规格的波纹板组装而成的圆柱体

B. 由交叉的横条按一定规律构成许多X形单元

C. 由交叉的横条按一定规律构成单X形单元

D. 由双孔道单元组成单元之间设有流体再分配室

10. 航空煤油专用过滤器使用过程中，当压差超过（ D ）MPa时，应立即更换聚结滤芯。

A. 0.15　　B. 0.2　　C. 0.3　　D. 0.1

11. 航空煤油专用过滤器在正常使用过程中应定期进行（ D ）操作，不但可确保产品质量，同时可延长过滤器滤芯的使用寿命。

A. 内件检查　　B. 排油　　C. 泄压　　D. 脱水排污

12. 航空煤油专用过滤器之分离滤芯的淋水试验，要求水分在滤网上聚成珠状，并沿表面顺畅地流下而且无（ B ）现象时，说明分离滤芯憎水性能良好，可继续使用。

A. 渗透　　B. 浸润　　C. 扩散　　D. 憎水

13. 航空煤油专用过滤器在进行分离滤芯检查时，严禁用手或戴脏手套直接接触（ A ）。

A. 滤网　　B. 端盖　　C. 燃料　　D. 清洁设备

14. 在常温常压下，液态的液化石油气极易挥发，体积（ A ）。

A. 迅速扩大250 ~ 350倍　　B. 缓慢扩大250 ~ 350倍

C. 迅速扩大10 ~ 50倍　　D. 缓慢扩大10 ~ 50倍

15. 液化石油气的爆炸速度快，火焰温度高，一旦发生爆炸，则（ D ）。

A. 无危害　　B. 有一定危害　　C. 危害一般　　D. 危害极大

16. （ A ）急剧变化可引起液化气储罐液面计内介质与储罐内介质温度不一致，导致储罐液位指示不准确。

A. 环境温度　　B. 环境压力　　C. 环境湿度　　D. 介质压力

17. 引起润滑油乳化的原因是（ A ）。

A. 含水杂质　　B. 含清洁剂　　C. 沉降脱水　　D. 加热

18. 液态烃泵密封的大气侧，易因介质的微量泄漏而形成冰冻，使机械密封的（ C ）失效，又加速了端面的磨损，并极易发生恶性循环。

A. 密封元件　　B. 机械密封　　C. 辅助密封元件　D. 润滑

19. 在（ D ）的环境中，静电火花与金属撞击火花非常明显，极易引爆周围的爆炸性气体，如汽油蒸气、液化石油气等。

A. 寒冷　　B. 炎热　　C. 潮湿　　D. 干燥低湿度

20. 对于要求液面指示平稳的液化气储罐，不应采用（ B ）液位计。

A. 保温型　　B. 浮子（标）式　　C. 伺服式　　D. 玻璃板式

21. 环境温度急剧变化引起液化气储罐液面计内介质与储罐内介质温度不一致，导致储罐液位指示不准时，处理方法为（ A ）。

A. 关闭液面计连通阀，对液面计筒体进行放空

B. 开启液面计连通阀，对液面计筒体进行放空

C. 关闭液面计连通阀，对储罐进行放空

D. 开启液面计连通阀，对储罐进行放空

22. 成品航空煤油因含水杂质乳化时，可采用（ C ）工艺进行处理。

A. 降级处理　　B. 加破乳剂　　C. 过滤脱水　　D. 调和

23. 成品汽油因含水杂质乳化时，可采用（ C ）工艺进行处理。

A. 降级处理　　B. 加破乳剂　　C. 沉降脱水　　D. 调和

24. 航煤精制的对象主要是（ D ），尤其是硫醇。硫醇不仅有恶臭，而且使油品安定性变坏，且具有腐蚀性。

A. 烯烃　　B. 芳烃　　C. 氧化物　　D. 硫化物

25. 国五95号车用汽油调和后辛烷值指标为（RON）94.5，可采用补充加入（ A ）进行调和的方式使其满足质量指标需要。

A. MTBE　　B. 催化汽油　　C. 直馏汽油　　D. 轻石脑油

26. 液化气泵串联式机械密封在第一级密封故障的情况下，第二级密封可独立承担轴封的作用。此时介质不会泄漏入大气，而是进入（ C ），达到一定程度时会引起系统压力的升高和储罐液位的变化。

A. 冷却系统　　B. 润滑系统　　C. 隔离液系统　　D. 循环系统

27. 液化气管道因腐蚀穿孔产生泄漏且空洞周围的管壁减薄、强度较低时，可采取（ C ）措施堵漏。

A. 木塞堵漏　　B. 堵漏栓　　C. 环箍堵漏　　D. 注胶

28. 液化气储罐顶部靠罐侧法兰处出现泄漏时，可采取（ D ）、储罐泄压等应急处理措施。

A. 堵漏栓堵漏　　B. 储罐垫水　　C. 环箍堵漏　　D. 倒罐

多选题

1. 油气回收可以（ BCD ）。

A. 提高油品质量　　B. 减少资源浪费

C. 保护大气环境　　D. 改善油品作业环境

2. 液化气储罐倒罐生产操作方法有（ ABC ）。

A. 泵输送　　B. 利用液位差自压

C. 利用压力差自压　　D. 放空

3. 评定汽油抗爆性能的指标是（ AB ）。

A. 辛烷值　　B. 抗爆指数

C. 铅含量　　D. 抗爆剂含量

4. 下列质量指标中，属于车用汽油质量指标的是（ ABC ）。

A. 抗爆性　　B. 馏程　　C. 蒸气压　　D. 运动黏度

5. 汽车尾气排放物主要含有（ ABCD ）等成分。

A. 碳氢化合物（HC）　　B. 一氧化碳（CO）

C. 颗粒排放物　　D. 含S、含N气体

6. 对于汽油来说，环烷烃含量越多，其抗爆性能比（ AB ）越好。

A. 正构烷烃　　B. 烯烃　　C. 芳香烃　　D. 异构烷烃

7. 属于喷气燃料质量指标要求的是（ ABCD ）。

A. 挥发性　　B. 流动性　　C. 燃烧性　　D. 洁净性

8. 影响柴油低温流动性能的因素有（ ABC ）。

A. 油品中蜡的含量　　B. 水分

C. 环境温度　　D. 杂质

9. 下列质量指标中，属于车用柴油质量指标的是（ ABCD ）。

A. 运动黏度　　B. 馏程

C. 十六烷值　　D. 密度

10. 与车用汽油相比，车用乙醇汽油的（ ABC ）的指标，对车用乙醇汽油的储存和使用影响较大。

A. 水分　　B. 酸度　　C. pH值　　D. 密度

11. 接卸、输转、储存、运输变性燃料乙醇和车用乙醇汽油，必须做到（ ABCD ）专用。

A. 专泵　　B. 专管　　C. 专罐　　D. 专车

12. 使用静态混合器进行产品调和,具有（ ABCD ）和见效快的特点。

A. 流程简单　　B. 结构紧凑

C. 能耗省　　D. 投资少

13. 液化石油气气体比空气重1.5～2.0倍，往往会停滞积聚在（ ABCD ）处。

A. 地板下面的空隙　　B. 电缆沟

C. 下水道　　D. 低洼地带

14. （ ABCD ）可导致液化气储罐液面不准确。

A. 介质含水　　B. 环境温度变化

C. 浮子故障　　D. 介质密度变化

15. 液态烃泵（ ABC ），影响密封面液膜的稳定性，产生干摩擦，可导致机械密封故障，引起泄漏。

A. 发生汽蚀　　B. 介质汽化

C. 密封腔内压力急剧波动　　D. 平稳运行

16. 可导致液化气储罐液面指示不准确的原因有（ ABC ）。

A. 液位计连通管堵塞　　B. 气温急剧变化

C. 液位计筒体含水　　D. 介质密度恒定

简答题

1. 根据回收原理，油气回收的方法有哪些?

答：根据回收原理，油气回收的方法有膜分离（薄膜）法、吸附法、冷凝法、吸收法。

2. 何谓吸附（收）法?

答：利用固体吸附剂或液体吸收剂吸附（收）储油容器排出混合气中的油气，然后对吸附（收）剂解吸、再生，从而回收油气。

3. 请简述浮顶油罐进行交接计量时的注意事项。

答：使用浮顶油罐进行交接计量时，应注意：①油品交接计量的液位一定要避开非计量区间。因为在这一区间内，浮顶在油罐中的状态似浮非浮，难以确定浮顶在油罐中排出液体的体积和重量；②浮顶上不能有积水、积雪及杂物，浮顶上积水、积雪及杂物会增加浮顶质量。

4. 车用汽油的90%馏出温度和终馏点有何意义?

答：车用汽油的90%馏出温度和终馏点这两个温度过高，说明汽油中含有重质馏分过多，不易保证汽油在使用条件下完全蒸发和完全燃烧。这将导致气缸积炭增多，耗油率上升；同时蒸发不完全的重质馏分还会沿气缸壁流入曲轴箱，使润滑油稀释而加剧磨损。

5. 喷气燃料必须具备哪些性能？

答：喷气燃料必须具备良好的燃烧性能、适当的蒸发性能、低温流动性好、良好的洁净度、较好的热安定性和储存安定性、良好的润滑性能、没有腐蚀性等性能。

6. 车用乙醇汽油的储存容器管理有哪些要求？

答：（1）接卸、输转、储存变性燃料乙醇、组分油和车用乙醇汽油，必须做到专泵、专管、专罐专用；

（2）油罐清洗周期一般为3～5年，要按规定及时清罐；

（3）油罐发油前检查运输车辆槽罐内的清洁程度，保证槽罐内无水和杂质；

（4）用于第一次接卸、输转、储存变性燃料乙醇、车用乙醇汽油调和组分油的设备一定要清洁干燥，并符合设计要求。

7. 液化气储罐脱水操作应注意什么？

答：液化气储罐脱水采用脱水包二次脱水，脱水包应始终保持一定液位，防止液态烃脱出造成事故；进行脱水作业前，应先关闭脱水包与罐体连接阀，然后开脱水阀进行脱水作业，脱水同时应注意观察脱水包水位，严防液态烃脱出；脱水完毕，恢复正常流程、脱水作业时严禁周围一切明火作业，操作人员不得离开现场。

8. 静态混合器的工作原理是什么？

答：静态混合器本身没有运动部件，是依靠其特殊结构和流体的运动，使互不相溶的流体各自分散，彼此混合来达到良好的混合效果。

9. 航煤过滤器的工作原理是什么？

答：航煤过滤器工作时，含有水分和杂质的油品从进口进入聚结滤芯，滤芯最里层是高精度的过滤材料，油品通过时，杂质首先被滤掉，油流继续向外流动，含水分的油品通过滤芯外面的破乳层和聚结层时，由于油水的置换和水的聚结作用，微小水滴逐渐聚结成直径较大的水滴，并在重力作用下沉淀在沉淀池内，未沉淀的水滴随油流经过油水分离筒时，也被分离出来。这样，被除去了水分和杂质的洁净油品从出口流出，完成全部净化过程。

10. 航煤过滤器的聚结滤芯在什么情况下应进行更换？

答：发现下列情况之一时，应更换过滤器聚结滤芯：①使用期限超过1年；②差压超过0.1MPa；③滤芯破损（压差突然下降）。

11. 如何进行航煤过滤器分离滤芯的淋水试验？

答：通过端盖握住滤芯，让其倾斜一定的角度，慢慢地向整个滤网表面淋水（水应当是自然地流下，不得喷射），淋水高度不得超过7cm。若水分在滤网上聚成珠状，并沿表面顺畅地流下，而且无浸润现象，说明滤网憎水性能良好，可以继续使用，否则应重新清洗，待淋水试验合格后才能使用。

12. 请简述液态烃泵停泵一段时间再开启时发生密封泄漏的原因。

答：摩擦副附近介质的凝固、结晶，摩擦副上有水垢，弹簧锈蚀、堵塞而丧失弹性，均可引起泵重新开动时发生泄漏。

13. 液化气储罐液面计底部含水时应如何处理？

答：（1）关闭液面计筒体与储罐本体连通阀；

（2）对液面计筒体进行脱水及泄压处理；

（3）开启液面计筒体与储罐本体连通阀。

14. 液化气泵使用串联式机械密封有何优点？

答：液化气泵使用串联式机械密封具有两层防线的作用，每一级均相当于一套完整的单端面密封，无压隔离液面的设置，免除了密封介质直接接触大气而泄漏、结冰并致密封加速失效的弊端，无压隔离液的另外的好处是为第一级密封（主密封）提供了静环的冷却作用和带走微量泄漏介质，然后与隔离液分离并放空（进火炬线），不使之污染环境。

15. 液化气储罐底部靠罐侧法兰泄漏时应如何应急处理？

答：液化气储罐底部靠罐侧法兰泄漏时，应立即启用应急顶水流程，向泄漏储罐垫水至泄漏介质为水为宜；启动紧急泄压流程（适度控制泄压流量），及时泄放储罐内介质至低压瓦斯系统；根据泄漏状况，及时组织应急堵漏处理。

16. 火灾爆炸危险作业区在干燥气候下应采取哪些措施预防事故？

答:（1）工作地面导电化，或增加空气湿度，可有效防止静电积聚，消除人体静电。

（2）检验接地设施。进入干旱少雨季节前，对油库设备作一次全面防雷防静电接地检验，确保接地设施有效使用。

（3）作业人员进入危险作业区域，要穿静电服，并消除人体静电。一般在安全区设置金属接地棒，以消除人体电位。

（4）采取技术措施，减少设备作业时产生的静电，降低危害。如控制管道流速，合理的操作方式，以及加装管道消静电器等方式，降低设备设施产生的静电电位。

计算题

1. 现测得某石油产品平均油温为14.6℃，20℃时标准密度为786.8kg/m³，查表计算得14.6℃时体积为3000m³，求该石油产品在20℃下的标准体积。

解：①计算20℃时体积修正系数 VCF_{20}：

由20℃时的标准密度786.8kg/m³，油温14.6℃查表60B，查表时因温度值不用内插，故以最接近的温度14.5℃查表，得14.5℃、标准密度为786.0kg/m³时体积修正系数为1.0053；14.5℃、标准密度为788.0kg/m³时体积修正系数为1.0052。

②用内插法计算体积修正系数 VCF：

VCF=1.0053+（1.0052−1.0053）/（788−786）×（786.8−786）

=1.0053−0.00004=1.00526

③计算该石油产品在20℃下的标准体积：

$V_{20}=V_t\times VCF$=3000×1.00526

=3015.780（m^3）

答：该石油产品在20℃下的标准体积为3015.780m^3。

2. 现测得某汽油罐（浮顶起浮高度为1.992m，浮顶质量为93192kg）内平均油温为37.3℃，油高为4.756m，该汽油20℃时标准密度为767.4kg/m^3，查油罐容积表计算得37.3℃时体积为5070m^3，37.3℃时体积修正系数VCF=0.98008，求该罐内存油量。

解：①因油高为4.756m，大于浮顶起浮高度，说明浮顶已经起浮，计算时应扣除浮顶重量93192kg

②$m=V_{20}\times(\rho_{20}-1.1)$−浮顶质量

③$m=V_t\times VCF\times(\rho_{20}-1.1)-93192$

=5070×0.98008×（767.4−1.1）−93192

=3714557（kg）=3714.557（t）

答：该罐内油的总质量为3714.557t。

3. 某渣油罐，加热管蒸汽对渣油的传热系数为K=80W/（m^2·℃），加热面积S=110m^2，蒸汽与油温差按Δt=100℃计算，设油罐散热为20×10^4W，储罐内存70℃渣油8000t，渣油比热C按2.51kJ/（kg·℃）计算，问加热到80℃需多长时间？

解：①$Q_{吸}=K\times S\times\Delta t$=80×110×100=880000（W）

②$\Delta Q=Q_{吸}-Q_{散}$=880000−200000=680000（W）

③根据$Q=C\times m\times(t_1-t_2)$得：

$Q_{总}=C\times m\times(t_1-t_2)$=2.51×8000×1000×（80−70）=2.008×10^8（kJ）

④$t=Q_{总}/\Delta Q$=2.008×10^8×1000/680000×3600≈82（h）

答：加热到80℃需82h。

4. 某罐航煤加剂调和，加剂配方案如下：A：0.005%；B：0.001%；C：0.0004%；收基础油前罐内有成品油100t，收油后罐内油品为1000m^3，调和前ρ_{20}=750.0kg/m^3，油温40℃，VCF=0.9758，问各种添加剂各需加多少？

解：①收基础油后罐内共有油品质量为：

$m=V\times VCF\times(\rho_{20}-1.1)$=1000×0.9758×（750−1.1）=730777（kg）=730.777（t）

②收基础油后，质量增加：

730.777−100=630.777（t）

③添加剂加入量：

A：630.777 × 0.005% × 1000=31.539（kg）

B：630.777 × 0.001% × 1000=6.308（kg）

C：630.777 × 0.0004% × 1000=2.523（kg）

答：需加入A添加剂31.539kg，B添加剂6.308kg，C添加剂2.523kg。

公路（模块）理论知识试题

判断题

1. 可燃气体检测仪宜布置在汽车罐车装卸口的上风侧。（ × ）

正确答案：可燃气体检测仪宜布置在汽车罐车装卸口的下风侧。

2. 汽车灌装降低损耗的方法可采用液下密闭装车。（ √ ）

3. 汽车罐车定量装车系统由批控仪、流量计、气缸阀等组成。（ √ ）

4. 油罐车在装车过程中如果油罐预留安全空间不够，在装油台控制设施出现故障时，易造成冒罐跑油，造成装车现场油气浓度大，引发火灾事故。（ √ ）

5. 汽车罐车装车冒顶的主要原因是罐车容量小、装车流量大。（ × ）

正确答案：汽车罐车装车冒顶的主要原因是装车油量掌握不准。

6. 常压汽车罐车装车过程中发生初期火灾时，相邻罐车可以继续装车，直至装满。（ × ）

正确答案：常压汽车罐车装车过程中发生初期火灾时，相邻罐车应立即停止装车，迅速撤离现场，如一时无法撤离，应对相邻罐车进行冷却。

7. 汽车槽车装车冒顶后，应立即停止装车作业，将现场物料回收处理，罐车内超装部分物料移至其他同品种的空罐车内或进行灌桶。（ √ ）

单选题

1. 不能降低汽车灌装损耗的方法是（ C ）。

A. 装油鹤管插到罐车底部

B. 降低装车流速

C. 提高装车流速

D. 降低油品的温度

2. 汽车罐车自流卸车系统由（ B ）卸车软管、卸油管路及控制阀门构成。

A. 高架油罐　　　　B. 低位罐

C. 立式油罐　　D. 卧式油罐

3. 汽车罐车自流装车系统由（ A ）、过滤器、流量计、输油管路、装车鹤管及控制阀门构成。

A. 高架油罐　　B. 低位罐

C. 立式油罐　　D. 卧式油罐

多选题

1. 可用于汽车罐车装卸现场油气浓度的监测仪器有（ AC ）。

A. 固定式可燃气体检测报警仪

B. 一氧化碳气体检测报警仪

C. 便携式可燃气体检测报警仪

D. 氧分析器

2. 汽车灌装采用液下密闭装车的目的是（ AC ）。

A. 降低油品损耗　　B. 增加油品损耗

C. 减少静电产生　　D. 消除静电

3. 电子汽车衡正确使用方法为（ ABCD ）。

A. 由取得计量员证的专职司磅员进行操作，衡器经计量部门检定合格

B. 使用时开机预热30min，使用结束切断电源

C. 车辆上秤台必须直行，并尽可能停在秤台的中间位置

D. 不得超过系统的最大称量

4. 汽车罐车装车超量或冒顶的原因有（ BD ）。

A. 罐车容量小　　B. 责任心不强，不注意检查

C. 装车流量大　　D. 装车油量掌握不准

5. 汽车槽车装车冒顶后的处理方法主要是（ ABCD ）。

A. 立即停止装车作业，关闭相关阀门

B. 现场设置警戒线

C. 回收现场物料

D. 将罐车内超装部分物料移至其他同品种的空罐车内或进行灌桶

简答题

1. 铁路槽车、汽车罐车灌装易燃油品时，爆炸危险区域是怎样划分的？

答：（1）油罐车内液体表面以上的空间划为0区；

（2）以油罐车灌装口为中心，半径为3m的球形并延至地面的空间划为1区；

（3）以灌装口为中心，半径为7.5m的球形空间和以灌装口轴线为中心线，自地面算起高为7.5m、半径为15m的圆柱形空间划为2区。

2. 汽车罐车泵送方式有何优缺点？

答：泵送是指用油泵将油品直接从储油罐送入汽车罐车的方法。

优点：①发油速度快，油品蒸发损耗小。

②设备少，操作简单。

③占地少，节省投资。

缺点：①管路中压力不均匀，影响计量精度。

②易产生水击现象。

3. 请简述汽车罐车装车过程中着火的原因。

答：汽车罐车装车过程中着火的原因有：

（1）装车时未接好防静电线、装车鹤管未插到槽车底部、装车流速过快而引起静电积聚放电；

（2）装车监护人穿化纤服装、装车时使用非防爆通信工具、装车作业撞击引起火花；

（3）装车冒车、罐车底阀漏油时，又遇附近车打火。

4. 汽车罐车装油时如何防止静电危害？

答：（1）发油前必须将罐车接地，要接在罐车专用接地端子板上，严禁接在装油口1.5m半径范围内，接地夹严禁采用非专用接地夹；

（2）鹤管必须插入距底部不大于0.2m处，严禁喷溅式装油；

（3）限制输油速度，初速度不能大于1m/s，出油口被浸没后，流速不能大于4.5m/s；

（4）发油结束必须静置2min以上，才能提起鹤管，拆除静电接地线；

（5）操作人员应穿防静电工作服，上发油台前应消除人体静电。

5. 汽车罐车装卸系统堵塞的检查处理内容有哪些？

答：（1）检查管线流程是否正确，调整流程；

（2）检查管线流程是否畅通，打开阀门；

（3）检查管线阀门阀芯是否脱落，更换阀门；

（4）检查管线法兰有无盲板，抽除盲板；

（5）检查管线是否冻凝结晶，打开伴热；

（6）检查管线保温是否完好，修复保温层；

（7）检查管线有无杂物，清除杂物。

计算题

1. 从甲地发运一批5辆汽车罐车柴油到乙地，在甲地车上计量数分别为49.324t、49.154t、50.125t、48.987t、50.008t；车到乙地卸车后计量数分别为48.814t、49.084t、50.128t、48.627t、49.805t，卸车损耗率为0.23%。计算这批油的运输损耗和运输损耗率。

解：起运前罐车计量数为：49.324+49.154+50.125+48.987+50.008=247.598（t）

卸车后罐车计量数为：48.814+49.084+50.128+48.627+49.805=246.458（t）

卸车前罐车计量数为：246.458 ÷（1 – 0.23%）=247.026（t）

运输损耗量为247.598 – 247.026=0.572（t）

运输损耗率为0.572 ÷ 247.598 × 100%=0.231%

答：运输损耗量为0.572t，运输损耗率为0.231%。

2. 某甲油库灌装一汽车罐车汽油到某乙油库，油罐付出量为4963kg，汽车罐车计量收油量为4950kg，罐车到乙库计量为4945kg，罐车卸入油罐收油量为4938kg，试求该车装卸油损耗量、装卸油损耗率。

解：在甲库装油损耗量=4963–4950=13（kg）

装油损耗率=13 ÷ 4963 × 100%=0.262%

在乙库卸油损耗量=4945 – 4938=7（kg）

卸油损耗率=7 ÷ 4945 × 100%=0.142%

答：该汽车汽油在甲库装油损耗量为13kg、装油损耗率为0.262%，在乙库卸油损耗量为7kg、卸油损耗率为0.142%。

铁路（模块）理论知识试题

判断题

1. 操作人员在接到作业通知单后，先应认真核对车号、油品名称、规格后，打开禁入信号灯，连接好静电接地线，再谨慎打开罐盖，连接好橡胶管或卸油臂，开启相应的阀门。（√）

2. 采用鹤管真空引油灌泵时，打开真空阀后，操作人员应留在原地，用触摸测听方法确定已产生虹吸引油作用后，应马上关闭真空阀，再进行下一道工序。（√）

3. 球形中心排油阀开启时必须将带有通道的球形阀芯转90度，使阀芯通道和阀体通道贯通，液体即可流出。（×）

正确答案：球形中心排油阀开启时必须将带有通道的球形阀芯转30度，使阀芯通道和阀体通道贯通，液体即可流出。

4. 水环泵是靠泵腔容积的变化来实现吸气、压缩和排气的，因此它属于变容式真空泵。（ √ ）

5. 水环真空泵水环上部内表面与轮壳相切，在后半转过程中，水环内表面逐渐扩大，这样就在进气口吸入空气。（ × ）

正确答案：水环真空泵水环上部内表面与轮壳相切，在后半转的过程中，水环的内表面渐渐与轮毂靠近，叶片间的空间容积随之缩小，叶片间的空气因此被压缩而排出。

6. SZ型水环式真空泵为单级（轴向输入）单作用、卧式结构，出、入口分别对称偏心向上和对称同心向上两种形式。（ √ ）

7. 泵通过弹性联轴器与电动机连接，从驱动端看，泵为逆时针方向旋转。（ × ）

正确答案：泵通过弹性联轴器与电动机连接，从驱动端看，泵为顺时针方向旋转。

8. 水环真空泵在前半转过程中，叶片间的空间容积逐渐缩小，空气因此被压缩而排走。（ × ）

正确答案：水环真空泵在前半转的过程中，水环内表面逐渐与轮毂脱离，因此在叶轮叶片间形成空间并逐渐扩大，这样就在吸气口吸入空气。

9. SZB型水环真空泵的结构简单、紧凑，无机械磨损，设备的使用寿命长，操作简单，转速高，适用于抽无颗粒、腐蚀、不溶于水的气体。（ × ）

正确答案：SZB型水环真空泵的结构简单、紧凑，无机械磨损，设备的使用寿命长，操作简单，转速高，适用于抽无颗粒、无腐蚀、不溶于水的气体。

10. 检修洗槽车若洗完后气体分析不合格，可往罐内吹入空气，直至合格为止。（ × ）

正确答案：检修洗槽车若洗完后气体分析不合格，可继续蒸煮、通风置换，直至合格为止。

11. SZ 3和SZ 4型真空泵在吸入盖内侧壁开有吸气口，与吸气管连通，在排出盖内侧壁开有排气口，与排气管连通。（ × ）

正确答案：SZ 1和SZ 2型真空泵在吸入盖内侧壁开有吸气口，与吸气管连通，在排出盖内侧壁开有排气口，与排气管连通。

12. 水环真空泵水箱底部装有放空管，便于作业完后放尽水箱真空压力。（ × ）

正确答案：水环式真空泵水箱底部装有放空管，便于作业完后放尽水箱中的水。

13. 水环真空泵补水温度越低越好，有利于提高气量和真空度。（ √ ）

14. 水环真空泵叶轮旋转时，水受离心力的作用而在泵体壁上形成旋转水环。（ √ ）

15. 水环真空泵正常工作时注意循环水量要适当，水位高度要保持在中部位置。（ × ）

正确答案：水环真空泵正常工作时注意循环水量要适当，水位高度要保持在泵轴位置。

16. 铁路槽车装车后油品带水的主要原因是油品未分析。（ × ）

正确答案： 铁路槽车装车后油品带水的主要原因是装车管线发生串水、储油罐脱水不净、下雨天装车刮入、槽车内藏水。

17. 换装油品，槽车没有清洗干净是造成铁路槽车装车后油品不合格的原因之一。（ √ ）

18. 环境温度越高，铁路卸油系统发生气阻的可能性越大。（ √ ）

19. 上部卸油是将鹤管端部的橡胶软管或活动铝管从铁路槽车上部的人孔插入车内进行卸油的方法。（ √ ）

20. 卸油系统气阻产生后，不仅延长接卸时间，增大油品挥发损耗，严重时还会导致断流而无法卸油。（ √ ）

21. 卸油系统管路发生气阻时，可照常卸油。（ × ）

正确答案： 卸油系统管路发生气阻时，将大大增加铁路槽车卸油时间，严重时无法正常卸油。

22. 泵内温度过高不会造成水环真空泵真空度不够。（ × ）

正确答案： 泵内温度过高会造成水环真空泵真空度不够。

23. 叶轮在轴套上不能自动调整间隙会造成水环真空泵轴功率过大。（ √ ）

24. 水环真空泵轴功率过大的原因之一是泵内水过少。（ × ）

正确答案： 水环真空泵轴功率过大的原因之一是泵内水过多。

25. 铁路槽车内洗罐工发生皮肤中毒，应迅速脱下受污染衣服鞋袜，并用清水擦洗、除污。（ √ ）

26. 上部卸油法是解决铁路卸油产生气阻的方法。（ × ）

正确答案： 下部卸油法是解决铁路卸油产生气阻的方法。

27. 检修洗槽车若洗完后气体分析不合格，可往罐内吹入空气，直至合格为止。（ √ ）

28. 水环真空泵真空度不够的处理方法之一是开大供水阀门，增加供水量。（ √ ）

29. 水环真空泵不能启动时应向泵内注水，调整向泵注水管路上的球形阀。（ × ）

正确答案： 水环真空泵不能形成水环时应向泵内注水，调整向泵注水管路上的球形阀。

30. 当水环真空泵叶轮与泵体摩擦时，应打开泵盖取下叶轮调整间隙重新装上，使叶轮能在轴上自由移动。（ √ ）

单选题

1. 铁路槽车下部自流卸油系统由下卸器与输油管路等组成（ D ）管道系统。

A. 加压式　　B. 真空式　　C. 开放式　　D. 密闭式

2. 采用虹吸自流卸油，必须具备（ D ）或填充油料的设备以填充鹤管虹吸。

A. 抽真空　　B. 胶管　　C. 阀门　　D. 低位罐

3. 铁路槽车上部泵卸时，必须具备（ D ）的条件。

A. 在泵的顶点和泵吸入系统任何部位不产生气阻

B. 油品在泵内不产生汽蚀

C. 泵系统必须具备自吸能力

D. 其他三条必须同时满足

4. 带压铁路槽车液位计操作时将滑管往上拉到（ A ）处，然后松开阀瓣，露出信号孔。

A. 最高　　B. 中间　　C. 最低　　D. 1/3

5. 球形中心排油阀开启时只需将带有通道的球形阀芯转（ A ）度，使阀芯通道和阀体通道贯通，液体即可流出。

A. 30　　B. 45　　C. 60　　D. 90

6. 水环真空泵在工作中，泵必须不断供给（ C ），以冷却和补充泵内消耗水。

A. 润滑油　　B. 润滑脂　　C. 冷水　　D. 空气

7. 检修洗槽车特洗后气体分析不合格，可往罐内继续（ C ）、通风置换。

A. 冲水　　B. 清洗　　C. 蒸煮　　D. 加洗涤剂

8. 水环真空泵叶轮与泵轴连接，（ C ）安装在泵体内。

A. 中心　　B. 垂直　　C. 偏心　　D. 45度角

9. 水环真空泵水箱由自来水源供水，其上装有（ D ），控制水箱液面在一定高度。

A. 回流管　　B. 截止阀　　C. 止回阀　　D. 溢水管

10. 铁路槽车内洗车人员工作时，含毒液体通过（ D ）接触，直接进入皮脂腺，并被吸收，引起人体中毒。

A. 呼吸道　　B. 衣服　　C. 头发　　D. 人体皮肤

11. 铁路罐车内有毒气体浓度超过2%（V）的情况下需进罐作业时，应佩戴（ C ）。

A. 过滤式防毒面具　　B. 防毒口罩

C. 空气呼吸器　　D. 不需任何防护措施

12. 铁路槽车洗涤时，容易发生人员中毒事故，因此洗槽作业人员进入槽罐内进行清洗作业时，除了佩戴防护面罩外，还应（ A ），便于救护中毒人员。

A. 拴安全绳，由监护人员掌握

B. 监护人佩戴长管式防毒面具

C. 向槽内强制通风

D. 准备空气呼吸器

13. 水环真空泵不能（ A ）时应向泵内注水，调整向泵内注水管路上的球形阀。

A. 形成水环　B. 启动　C. 打开真空破坏阀　D. 水循环

14. 水环真空泵泵内水过多时，应重新调节（ D ）。

A. 闸阀　B. 截止阀　C. 止回阀　D. 球形阀

多选题

1. SZB型水环真空泵性能特点有（ ABCD ）。

A. 结构简单、紧凑，无机械磨损

B. 使用寿命长

C. 操作温度不能大于60℃

D. 操作简单

2. 水环真空泵运行时需不断向泵内补水，是为了（ AB ）。

A. 保持恒定的水环　B. 冷却压缩空气温度

C. 冲洗叶轮内表面　D. 冷却阀室

3. 铁路槽车装车后油品带水的主要原因是（ ABCD ）。

A. 装车管线发生串水　B. 储油罐脱水不净

C. 下雨天装车刮入　D. 槽车内藏水

4. 铁路槽车卸油时，产生气阻的原因有（ ABCD ）。

A. 环境温度过高　B. 当地大气压过低

C. 油品温度高　D. 油品液位低

5. 水环真空泵真空度不够的原因有（ AB ）。

A. 油封漏水　B. 油封漏气

C. 溢流阀漏气　D. 出口阀漏气

6. 新投用的管道或经检修与改造的管道，应经（ ABCD ）验收合格后方可投用。

A. 清洗　B. 吹扫　C. 试压　D. 防腐

7. 铁路槽车装车后油品不合格常用的处理方法是（ AB ）。

A. 产品降级处理　B. 卸回不合格储罐

C. 封车出厂　D. 注入合格品调和

8. 铁路卸车过程中泵入口管路发生气阻的处理方法有（ ABC ）。

A. 降低油品温度　B. 降低流速

C. 降低鹤管阻力　D. 提高油品温度

9. 检修洗槽车气体分析不合格的原因有（ AB ）。

A. 车内油污未清洗干净　　B. 通风时间短

C. 车内未除锈　　D. 槽车未验收

10. 水环真空泵不吸气的处理方法是（ ABCD ）。

A. 降低水温　　B. 调整叶轮与泵盖间隙

C. 消除密封漏气　　D. 向泵内注水

11. 水环真空泵工作有噪声或振动过大的处理方法有（ ABCD ）。

A. 检查或更换叶轮　　B. 检查并拧紧地脚螺栓

C. 更换轴承　　D. 检查、清理泵内杂物

简答题

1. 请简述带压槽车滑杆液位计测量液位的方法。

答：将滑杆液位计适当用力向上拔至装车高度以上，打开阀瓣喷嘴，当喷嘴内喷出无色气体时将滑杆缓慢向下移动，当喷嘴内喷出白色气体时停止移动，记录滑杆液位计高度，重复两次测量值不超过2mm，此时液位即为车内实际装车高度。

2. 请简述带压槽车小修的作业内容。

答：（1） 检查罐体外表面及各附件的腐蚀情况；

（2） 检查罐体及各附件（安全阀、液面计、紧急切断装置、压力表、阀门、管件、连接件等）是否完好、无损、可靠、无泄漏；

（3） 检查中发现的问题应及时妥善处理；

（4） 压力表每半年校正一次。

3. 请简述铁路卸油系统气阻的危害。

答：油品在管道内产生气阻是一个逐渐的变化过程。管道内出现气泡并逐渐增大，流量减少，最后形成断流。因此，管道内发生气阻时，将大大增加油槽车卸油时间，严重时无法正常卸油。

4. 铁路卸油系统的气阻是怎样产生的?

答：铁路卸油系统在输转过程中，管内任意处液体压力达到相应温度下的饱和蒸气压时，所输送液体便会发生沸腾现象，在易于气体积聚的部位聚积汽化气，阻碍甚至完全阻塞液体流动，严重时整个管段都会产生汽化。这种现象称为气阻。

5. 请简述槽车内洗车人员中毒的处理步骤。

答：现场救援：

（1）正确佩戴空气呼吸器进入车内；

（2）将人救出远离危险区至上风口；

（3）进行人工呼吸至专业人员到来。

报警救援：

（1）向上级报警；

（2）向119报警，报警内容（中毒单位、装置名称、中毒部位、中毒介质、有无人员被困或伤亡情况，并派人到相关的路口迎接；

（3）设置警戒区；

（4）阻止无关人员、车辆进入；

（5）疏散无关人员。

6. 如何进行航煤过滤器分离滤芯的淋水试验？

答：通过端盖握住滤芯，让其倾斜一定的角度，慢慢地向整个滤网表面淋水（水应当是自然地流下，不得喷射），淋水高度不得超过7cm。若水分在滤网上聚成珠状，则沿表面顺畅地流下，而且无浸润现象，说明滤网憎水性能良好，可以继续使用。否则应重新清洗，淋水试验合格后才能使用。

水路（模块）理论知识试题

判断题

1. 码头危险点监控的要点是输油臂有否排空和管线油品温度是否过高。 （ × ）

正确答案：码头危险点监控的要点是装卸船时要注意船体接地线连接良好和看压力表管线，输油臂是否超压。

2. 海港油码头应建在位于非油类码头全年最小频率风向的下侧。 （ × ）

正确答案：海港油码头应建在位于非油类码头全年最小频率风向的上侧。

3. 停靠、装卸散装油品的作业区称为油码头。 （ × ）

正确答案：专供油船停靠、装卸散装油类的泊位及装卸作业区称为油码头。

4. 油船抵港时可用拖船协助控制油船靠港速度。 （ √ ）

5. 油品装卸前油船与油码头之间的联络，了解船名、船号、靠港时间、装油品种、数量等。 （ √ ）

6. 输油臂遥控装置采用字母编码技术。 （ × ）

正确答案：输油臂遥控装置采用的是数字编码技术。

7. 输油臂遥控装置中的每一台发射机都对应接收机的多组地址码。 （ × ）

正确答案：输油臂遥控装置中的每一台发射机都对应接收机的一组地址码。

8. 输油臂遥控装置的接收机安装时应远离大型金属物，以免其检修时碰坏接收机。 （ × ）

正确答案： 输油臂遥控装置的接收机安装时应远离大型金属物，以免因信号削弱而无法工作。

9. 全液压输油臂立柱和内、外臂及快速连接器之间是由4个回转接头连接起来的。（ × ）

正确答案： 全液压输油臂立柱和内、外臂及快速连接器之间是由3个回转接头连接起来的。

10. 输油臂液压站手动泵是为了防止一旦油泵出现爆裂情况而设计的。（ × ）

正确答案： 输油臂液压站手动泵是为了防止一旦油泵出现故障和停电而设计的。

11. 在输油臂立柱和内臂间、内臂和外臂间、外臂和三向回转接头间采用轴承回转接头相连，使两相连接件间能相对转动，从而实现与船舶的对接。（ √ ）

12. 电液控制臂组成部分有旋转驱动，钢绳，内、外臂支撑，内、外臂驱动，岸端接口，温度变送器。（ × ）

正确答案： 电液控制臂组成部分有真空短路器、三维接头、空辐绳轮、实辐绳轮、安全梯、复位紧锁装置。

13. 输油臂的一般组成部分有内、外臂，立柱，三向回转接头，内、外臂配重。（ √ ）

14. 输油臂失重的原因主要是管线吹扫不干净，阀门内漏、液压系统中有空气。（ × ）

正确答案： 输油臂失重的原因主要是管线吹扫不干净，阀门内漏、平衡块没调好。

15. 输油臂快速接管器不灵活的主要原因是润滑油变质变干或钢球损坏。（ √ ）

16. 油船在运输过程中，油品在舱内晃动造成电荷聚集，易产生静电。（ √ ）

17. 潮汐是太阳和月亮引力公共作用的结果。（ √ ）

18. 油轮发生火灾事故灭火后，应急处理步骤是用消防水冲洗干净现场。（ × ）

正确答案： 油轮发生火灾事故灭火后，不能用消防水冲洗而应用沙或石板等将泄漏的油品围住，避免油品流入水域造成污染。

19. 油轮发生火灾事故时，应急处理步骤是立即向区调度及港口调度报告，并停止码头装卸作业。（ √ ）

20. 输油臂快速接管器不灵活的处理方法是添加或更换变质的润滑油、更换损坏的钢球。（ √ ）

21. 由于油船的载油量较大，扑救过程中应特别注意船的整体安全。先切断电源和输油管线，保护好船上的重要设备。（ √ ）

22. 漂浮在水面的油火，可直接用泡沫、喷雾水枪等扑救。（ × ）

正确答案： 漂浮在水面的油火，应采用漂浮物堵截或采用水枪拦截，将油品火焰圈围在一处，然后用泡沫、喷雾水枪等扑救。

23. 水面火灾的主要特点是油比水轻，油品在水面上扩散燃烧危害很大。（ √ ）

24. 溺水时主要急救方法为人工呼吸及心肺复苏。（ √ ）

单选题

1. 油品装卸船过程中，对作业环境的危险监控要点是要注意船上、码头有无任何火源或火花和（ D ）。

A. 作业温度是否超高　　B. 作业风向是否正确

C. 作业天气是否晴朗　　D. 有无渔船靠近码头

2. 油船靠泊时，应在舷梯口设置（ B ），凡与油船工作无关人员和未经船长许可者，不准登船。

A. 安全须知牌　　B. 登轮须知牌

C. 安全作业警示牌　　D. 人身静电装置

3. 油船装载油品或油已卸完但油舱内仍有可燃气体时，应按规定（ A ）。

A. 悬挂危险品信号　　B. 鸣笛

C. 立即离港　　D. 加压舱水

4. 油船停泊于油船泊位作业期间，船方甲板（ B ）留人值班。

A. 不需要　　B. 必须　　C. 船方随便安排　　D. 最好

5. 油船在码头或水上装卸设施进行油类装卸作业时，应当布设好（ D ）和备妥其他防污设备及器材。

A. 灭火器　　B. 石棉毯　　C. 黄砂　　D. 围油栏

6. 船岸双方应建立《船岸安全检查表》制度，并严格按照《船岸安全检查表》的内容要求进行检查和填写，同时应接受（ B ）的监督检查。

A. 地方安监部门　　B. 海事管理机构

C. 码头所有者　　D. 上级单位

7. 输油臂报警的处理方法是（ C ）。

A. 检修阀门

B. 添加或更换变质的润滑油

C. 调节船与装卸臂位置，使其在最佳状态

D. 调节平衡块

多选题

1. 消防炮塔的操作步骤是（ ABCD ）。

A. 打开相应消防炮塔的消防水流程

B. 打开相应消防炮塔的泡沫流程

C. 操作消防炮控制台

D. 根据消防灭火需要，调节消防炮塔水炮和泡沫炮的方向

2. 码头危险点监控的要点是（ ABCD ）。

A. 装卸船时要注意船体接地线连接良好

B. 装卸船时，船上、码头无任何火源、火花

C. 装卸船时要注意船体接地线连接良好

D. 检查阀门、管线法兰垫片、输油臂旋转接头等有无泄漏

3. 油码头应在适当位置设置（ ABC ）。

A. 报警系统　　B. 防爆通信器材

C. 人身静电消除装置　　D. 瞭望台

4. 危险化学品码头系指利用码头进行石油及其成品等危险化学品装卸作业的区域，含趸船（ BCD ）等设施。

A. 泵房　　B. 泊位　　C. 锚地　　D. 栈桥

5. 危险品船只在码头停留前需确认（ ABCD ）。

A. 船名　　B. 物料品种

C. 装卸量　　D. 靠港时间

6. 油船装卸作业中应做到（ ABC ）。

A. 装卸闪点60℃以下的油品时，必须通过密闭管道进行，严禁灌舱作业

B. 遇有雷电、大风等恶劣天气或烟囱冒火时，要立即停止作业，关闭封舱

C. 打开观测孔观测后，必须装好铜丝罩

D. 使用金属或尼龙量油尺量油

7. 油船进行油类装卸作业时，须遵守的防污规定是（ ABCD ）。

A. 作业前，堵好甲板排水孔，关好有关通海阀

B. 检查油类作业的有关设备，使其处于良好状态

C. 对可能发生溢漏的地方，要设置集油容器

D. 船、岸双方商定联系信号，双方切实执行

8. 油船在装卸、货舱压载、洗舱或驱气、除气等作业期间不得（ ACD ）。

A. 检修和使用雷达、无线电发报机、卫星船站

B. 维修船体

C. 进行可能产生火花的作业

D. 用供应船进行加油、加水等作业

9. 码头装卸作业引发人身伤亡的因素有（ ABCD ）。

A. 油品泄漏　　B. 火灾爆炸

C. 惰气系统泄漏造成窒息　　D. 人员落水

10. 油轮发生火灾事故时，应急处理步骤是（ ABCD ）。

A. 立即向消防队和区调度报警

B. 关闭装船流程，在确认安全的情况下拆开输油臂，并协助油轮离开码头

C. 开启码头的喷淋系统对周围设备进行冷却，隔绝船上火焰

D. 清理现场，恢复正常生产

11. 输油臂失重的处理方法是（ ACD ）。

A. 检修阀门

B. 重新吹扫输油臂

C. 调节船与装卸臂位置，使其在最佳状态

D. 调节平衡块

12. 溺水人员的抢救方法为（ ABCD ）。

A. 排出体内积水　　B. 清除上呼吸道异物，保持呼吸道畅通

C. 进行心外按摩及人工呼吸　　D. 送医院抢救

简答题

1. 请简述灭火结束后停止泡沫系统的步骤。

答：灭火结束后，人工确认可以停止系统后，按照以下步骤停止系统。首先关闭电动机，停止泡沫泵；其次关闭消防水进水阀和泡沫泵出口电动阀门；最后关闭泡沫泵进液电动阀门。冲洗流程：关闭泡沫液回流阀，泡沫泵进液阀，打开冲洗进、出口阀门进行冲洗。冲洗完成后，关闭冲洗进、出口阀门并打开泡沫液回流阀。

2. 码头危险点监控有哪些要点？

答：（1）装卸船时要注意船体接地线连接良好；

（2）装卸船时，船上、码头无任何火源、火花；

（3）有无渔船靠近码头；

（4）看压力表管线，输油臂是否超压；

（5）阀门、管线法兰垫片，输油臂旋转接头等有无泄漏。

3. 请简述“五不装船”的内容。

答：（1）质量品种、规格不符合标准要求，不允许装船；

（2）未经化验分析或项目不全，不允许装船；

（3）没有产品合格证，出口油品无主管领导签字，不允许装船；

（4）船舱不干净、不对号、无合格证，不允许装船；

（5）未按规定留样，不允许装船。

4. 请简述输油臂遥控装置的工作原理。

答：（1）输油臂遥控装置采用数字编码技术，发射机的编码与接收机的译码电路配对使用。每一台发射机和接收机对应一组地址码，每个功能键对应一组数据码，当按下某一功能键时，编码电路输出相应的编码信号去调制高频载波，然后由射频发射电路通过发射天线将调制信号发射出去，供遥控接收机接收。

（2）当接收机收到发射机发出的编码信号后，先对地址码进行译码比较，当地址码相同时，再比较数据码，然后由逻辑码驱动相应的继电器，去控制电控柜完成相应的指令动作。

5. 请简述全液压输油臂的工作特点。

答：（1）全液压输油臂整个系统包括主机、电气、液压三个部分。

（2）立柱和内、外臂及快速连接器之间是由3个回转接头连接起来的，回转接头采用复列轴承结构，回转接头上装有特殊的密封圈，保证回转接头在回转时的高度密封性能和灵活性。输油臂上的平衡重是保证输油臂在排空状态下内、外臂在任何位置都能达到平衡。

（3）为了适应船舶在水中上下起伏、左右前后漂移的运动状态，整台输油臂合理地组合了三个回转接头，共有六个旋转部分，使设备能顺利地跟随船舶动作，从而使一个刚性设备具有充分的柔性，液压缸驱动装置，借助于平衡重系统的配合克服回转接头的摩擦力，能够轻便、灵活地实现内臂的旋转和外臂伸出和收回及水平的左右回转完成空间六个自由度动作，快速连接器和船舶的输油口法兰面吻合，方便连接，减少受力。

（4）液压系统装置采用浮动油路设计，即臂在装卸油过程中，油缸处在浮动状态，使臂能够随船自由运动，保证装卸作业顺利进行。

6. 请简述双管电液控制臂的组成部分。

答：双管电液控制臂组成部分有立柱，复位紧锁装置，内、外臂，液动快速接头，配重，三维接头，三维接头排空，可卸弯头，操作平台，回气管线，吹扫系统，紧急脱离接头，空辐绳轮，内、外臂支撑，可调支腿，钢绳，安全梯，内、外臂驱动，旋转驱动，实辐绳轮，岸端接口和控制箱。

7. 油船何时容易产生静电？

答：（1）洗舱作业时；

（2）带电云雾中绝缘状态下的导体向船体放电；

（3）未装满压舱水（含油污水）航行中；

（4）污水处理时；

（5）装卸作业时。

8. 请简述潮汐的成因。

答：在宇宙中，由于地球在自转的同时又绕太阳公转，而月球又在以一定的轨道绕地球旋转；在平衡的目的地及月地系统中，地球表面和各海水质点均受到一个因地球绕月地和日地系公共质心做圆周运动而产生的离心力，同时各海水质点所受的惯性离心力与引力的合力称为潮力；在引潮力的作用下，某些地方的海面升高，而另一些地方的海面降低，这样就形成了潮汐。

9. 请简述油船初期火灾的扑救方法。

答：油船的初期火灾，往往是指舱口处燃烧，可利用石棉被和其他覆盖物将舱口盖严或采用舱口盖将舱口盖严，隔绝油舱内的油品蒸气与空气接触使其窒息灭火。若覆盖物在舱口有空隙时，可用泡沫往空隙处射击，加强其封闭效果。舱口或甲板裂口燃烧，也可用直流水枪交叉冲击火焰，水枪先对准火焰根部，使火焰瞬间与油品蒸气分离而熄灭。

10. 请简述油船上大面积火灾的扑救方法。

答：船体爆裂油品外流或重质油品喷溅，造成大面积火灾，可以采用船上的自保灭火设备扑灭火灾。若固定灭火设备损坏，可采用移动式泡沫灭火设备进行扑救。同时对甲板应进行不间断的冷却，以及邻近不能驶离的船舶和建、构筑物进行可靠的防卫。一般情况下甲板上的火灾，可采用覆盖物、泡沫、沙土等扑救。漂浮在水面的油火，应采用漂浮物堵截或采用水枪拦截，将油品火焰圈围在一处，然后用泡沫、喷雾水枪等扑救。重质油品燃烧发生沸溢时应先冷却船体，当温度下降或沸溢停止后，用干粉或泡沫扑灭火灾。

11. 请简述水面大面积火灾的扑救方法。

答：油比水轻，油品在水面上扩散燃烧危害很大。流散油品随着水流向下游移动，严重威胁下游船只、建筑物和水上构筑物。水体表面上的油品火灾，应先采取措施，防止油品四处漂流，把油品围截到安全水面处制止火势扩大，或使用水枪将燃烧油品拦截到靠近岸边的安全地点，然后用干粉或泡沫扑灭油品火焰。由于油船的载油量较大，扑救过程中应特别注意船的整体安全。先切断电源和输油管线，保护好船上的重要设备。重质油品火灾应注意防止水流进入油舱造成沸溢。

四 操作技能鉴定要素细目表

鉴定范围			鉴定点
一级	二级	三级	名称
工种通用操作技能	工艺操作	罐区操作	油品管道自动调和操作
			油品管道自动调和比值控制操作
			管线内油品置换操作
			罐内油品超液位处理
			对温度进行控制操作
	设备使用与维护	设备使用	油罐加热器试压操作
			机械呼吸阀压力试验
			油罐充水试验
			大修后离心泵试运操作
			油罐检修后投用操作
			疏水器异常情况判断处理
			流量计操作
		设备维护	汽(柴)油管线动火检修前处理
			拱顶油罐内动火检修前处理
			离心泵联轴器校正
			离心泵轴振动监测
			人工清洗油罐操作
	事故判断与处理	事故判断	油罐吸瘪原因分析
			油罐胀破原因分析
			油品变质原因分析
			油品漏损原因分析
			油库混油事故原因分析
			水击产生原因分析
			水击现象判断
			离心泵产生汽蚀原因分析
			离心泵汽蚀判断
		事故处理	油罐吸瘪处理
			油罐胀破处理
			埋地管道泄漏事故处理
			油罐底漏油处理
			成品油管线内有水或杂质处理

续表

鉴定范围			鉴定点
一级	二级	三级	名称
工种通用操作技能	事故判断与处理	事故处理	水击处理
			发现管线法兰破裂处理
	绘图与计算	绘图	压缩机工作过程 $P-V$ 图识读
			离心泵管路特性曲线图识读
			零件图阅读
			轻油卸油泵房工艺流程图绘制
罐区模块操作技能	工艺操作	罐区操作	液化气罐倒罐操作
			双泵接力操作
			原料泵切换操作
			引擎泵操作
	设备使用与维护	设备使用	重油螺杆泵开泵操作
			管道泵拆装
		设备维护	液化气储罐安全附件检查操作
			管线壁厚测量
			油罐壁厚测量
			油罐接地电阻值测试
	事故判断与处理	事故判断	螺杆泵流量下降原因分析
			往复式压缩机润滑油系统压力突然下降原因分析
			管道泵运转过程中异常状况判断
		事故处理	螺杆泵流量下降处理
			往复式压缩机润滑油系统压力突然下降处理
			管道泵运转过程中异常状况处理
			施工改造中，管线、设备事故预防
水路装卸模块操作技能	工艺操作	水路装卸操作	油轮离泊解缆操作
			油轮到岸接船操作
	设备使用与维护	设备使用	电液位控制臂操作
		设备维护	电液位控制臂维护
			手动输油臂维护
	事故判断与处理	事故判断	输油臂报警原因分析
			输油臂失重原因分析
			输油臂快速接管器不灵活原因分析
		事故处理	输油臂报警处理方法
			输油臂失重处理
			输油臂快速接管器不灵活处理

续表

鉴定范围			鉴定点
一级	二级	三级	名称
铁路装卸模块操作技能	工艺操作	铁路装卸操作	装卸作业现场油气浓度超标处理
			带压铁路槽车滑杆式液位计操作
			带压铁路槽车的置换物料操作
	设备使用与维护	设备使用	液化气铁路槽车手动机构操纵紧急阀操作
			液化气铁路槽车液压装置操纵紧急阀操作
	事故判断与处理	事故判断	铁路卸油系统产生气阻现象判断
			液化气罐车充装超量判断
		事故处理	喷射泵故障处理
			槽车下卸阀漏油处理
			槽车排油阀漏油处理
			液化气罐车充装超量处理
			铁路卸油系统气阻消除操作
公路装卸模块操作技能	工艺操作	公路装卸操作	汽车罐车装卸现场油气浓度监测仪监测
	事故判断与处理	事故判断	汽车罐车装卸系统管线堵塞原因分析
			汽车罐车装车超量原因分析
			汽车罐车装车过程着火原因分析
			汽车罐车装车冒顶原因分析
			自动发油系统故障判断
		事故处理	汽车罐车装卸系统管线堵塞处理
			汽车罐车装车超量处理
			汽车罐车装车过程着火处理
			汽车罐车灌装液化气时软管破裂处理
			汽车罐车装车冒顶处理
			自动发油系统故障处理

五 操作技能试题

试题1:油品管道自动调和操作

考核时间：15min

序号	考核内容	考核要点	配分	评分标准	检测结果	扣分	得分	备注
1	准备工作	穿戴劳保用品	3	未穿戴整齐扣3分				
2		工具、用具准备	2	工具选择不正确扣2分				
3	操作程序	接到指令，现场对油品调和装置是否具备投用条件进行确认	10	未核实投用条件扣10分				

续表

序号	考核内容	考核要点	配分	评分标准	检测结果	扣分	得分	备注
4	操作程序	检查确认该系统所有阀门的开关情况	10	未检查阀门开关情况扣10分				
5		对汽油调和装置流量计、压力表、温度表进行确认，并记录	15	不检查系统压力表扣5分； 不检查系统温度表扣5分； 不检查系统流量计扣5分				
6		核实收料流程及相关组分油流程泄压阀关闭，打通指定汽油罐收料流程	15	无此项操作扣15分； 不核对泄压阀扣10分； 不打通收料流程扣5分				
7		核对流程无误后，通知中控后，中控汇报调度，由调度协调相关单位进行付料作业	15	未核实扣15分； 操作次序有误扣10分				
8		汽油调和装置投用过程中，现场操作人员需加强巡检，避免现场装置的跑冒滴漏。同时，现场操作人员还需将调节阀开度、流量计示数、压力表和温度表读数及时反馈中控室，并做好相关记录	10	未确认现场有无漏点扣5分； 未确认仪表读数扣5分				
9		中控内操需核实汽油调和界面中各组分油流量瞬时值与计算值是否一致，调和牌号是否为指定牌号，优化调和是否投用、调节阀开度变化是否正常等关键内容	15	无此项操作扣10分； 异常情形不会处理扣5分				
10	使用工具	使用工具	2	工具使用不正确扣2分				
11		维护工具	3	工具乱摆乱放扣3分				
合 计			100					

试题2:管线内油品置换操作

考核时间：15min

序号	考核内容	考核要点	配分	评分标准	检测结果	扣分	得分	备注
1	准备工作	穿戴劳保用品	3	未穿戴整齐扣3分				
2		工具、用具准备	2	工具选择不正确扣2分				
3	操作程序	系统检查确认，确认理化性质，选择置换介质	20	确认理化性质，缺一项扣10分； 选择置换介质错误扣10分				
4		连接临时管线	20	连接错误扣20分				
5		打通置换流程	20	流程错误扣20分				
6		置换操作	20	操作错误扣20分				
7		恢复流程	10	未恢复扣10分				
8	使用工具	使用工具	2	工具使用不正确扣2分				
9		维护工具	3	工具乱摆乱放扣3分				
合 计			100					

试题3:罐内油品超液位处理

考核时间：15min

序号	考核内容	考核要点	配分	评分标准	检测结果	扣分	得分	备注
1	准备工作	穿戴劳保用品	3	未穿戴整齐扣3分				
2		工具、用具准备	2	工具选择不正确扣2分				
3	操作程序	通知、汇报	5	未汇报扣5分				
4		由中控安排切换罐	15	未切换扣15分				
5		关闭超液位罐进料气缸阀	15	未关闭扣15分				
6		组织倒罐，将液位降至正常范围内	15	未倒罐扣5分； 倒罐未使液位降至正常范围内扣10分				
7		完毕后，汇报中控	5	未汇报扣5分				
8		检查确认罐组雨污排阀是否关闭	10	未检查扣10分				
9		检查确认防火堤穿墙管洞眼是否封堵	10	未检查扣10分				
10		组织回收跑出的物料	15	未回收扣15分				
11	使用工具	使用工具	2	工具使用不正确扣2分				
12		维护工具	3	工具乱摆乱放扣3分				
合计			100					

试题4:油罐加热器试压操作

考核时间：15min

序号	考核内容	考核要点	配分	评分标准	检测结果	扣分	得分	备注
1	准备工作	穿戴劳保用品	3	未穿戴整齐扣3分				
2		工具、用具准备	2	工具选择不正确扣2分				
3	操作程序	接到指令，现场对该油罐加热器进行确认	5	未确认扣5分				
4		对加热器下法兰用闷盖闷死，确认压力等级符合试压要求	15	未确认扣15分				
5		对加热器进行边灌水边排气，直至加热器灌满水	20	未按要求操作扣20分				
6		将加热器和打压机进行临时管线连接，临时管线要符合打压压力等级要求	10	未按要求操作扣10分				

续表

序号	考核内容	考核要点	配分	评分标准	检测结果	扣分	得分	备注
7	操作程序	加热器应按照经过审批的打压方案里的打压曲线进行压力试验	10	未按要求操作扣10分				
8		在打压过程中检查密封部位有无渗漏，并且确认现场压力表压力有无变化	15	未确认扣15分				
9		如果有压力表压力下降，应查找原因并进行处理	10	未检查扣10分				
10		工作完毕，进行泄压和拆除临时设施	5	未按要求操作扣5分				
11	使用工具	使用工具	2	工具使用不正确扣2分				
12		维护工具	3	工具乱摆乱放扣3分				
合 计			100					

试题5:油罐充水试验

考核时间：15min

序号	考核内容	考核要点	配分	评分标准	检测结果	扣分	得分	备注
1	准备工作	穿戴劳保用品	3	未穿戴整齐扣3分				
2		工具、用具准备	2	工具选择不正确扣2分				
3	操作程序	接到指令，现场对该油罐进行确认	5	未确认扣5分				
4		充水水源已经落实，水质符合要求并能满足试压要求	10	未确认扣10分				
5		充水前确认油罐内部干净	10	未确认扣10分				
6		充水试验所用的临时管线安装	10	未按要求操作扣10分				
7		油罐进水前打开罐顶透光孔，封闭罐相关开口，所用盲板应满足强度要求	20	未按要求操作扣20分				
8		通过液位计掌握充水的液位	15	未确认扣15分				
9		在充水过程中及时观察各个密封部位有无渗漏	10	未检查扣10分				
10		满水试验后静置24h不渗不漏，为合格	10	未按要求操作扣10分				
11	使用工具	使用工具	2	工具使用不正确扣2分				
12		维护工具	3	工具乱摆乱放扣3分				
合 计			100					

试题6:大修后离心泵试运操作

考核时间：15min

序号	考核内容	考核要点	配分	评分标准	检测结果	扣分	得分	备注
1	准备工作	穿戴劳保用品	3	未穿戴整齐扣3分				
2		工具、用具准备	2	工具选择不正确扣2分				
3	操作程序	接到指令，现场对该离心泵进行确认	5	未确认扣5分				
4		运行前全面检查	10	未检查扣10分				
5		关闭泵的出口阀，打开泵的进口阀，灌泵	10	未按要求操作扣10分				
6		打开压力表阀、泵冷却水阀	5	未按要求操作扣5分				
7		泵的盘车	5	未按要求操作扣5分				
8		启动离心泵，慢慢打开泵出口阀	10	未按要求操作扣10分				
9		检查前后轴承的振动情况	10	未检查扣10分				
10		检查转子	10	未检查扣10分				
11		检查机泵运行情况	15	未检查扣15分				
12		检查流量、压力是否平稳	10	未检查扣10分				
13	使用工具	使用工具	2	工具使用不正确扣2分				
14		维护工具	3	工具乱摆乱放扣3分				
		合 计	100					

试题7:油罐检修后投用操作

考核时间：15min

序号	考核内容	考核要点	配分	评分标准	检测结果	扣分	得分	备注
1	准备工作	穿戴劳保用品	3	未穿戴整齐扣3分				
2		工具、用具准备	2	工具选择不正确扣2分				
3	操作程序	管线检查确认	5	不检查阀门开关扣5分				
			5	不检查管线连接扣5分				
4		储罐检查	15	未检查密封点、排污阀扣5分； 未确认储罐仪表及安全附件投用扣5分； 未确认储罐进出阀门、泄压阀开关扣5分				

续表

序号	考核内容	考核要点	配分	评分标准	检测结果	扣分	得分	备注
5	操作程序	氮封	5	未开氮气阀扣5分				
6		打通流程	10	对应管线、阀门开错扣10分				
7		控制流量	10	未控制流量扣10分				
8		运行过程检查	40	未检查切水口扣10分； 未检查液位扣10分； 不检查人孔、排污孔及通气孔扣10分； 不检查进料管线扣10分				
9	使用工具	使用工具	2	工具使用不正确扣2分				
10		维护工具	3	工具乱摆乱放扣3分				
合 计			100					

试题8:汽(柴)油管线动火检修前处理

考核时间：15min

序号	考核内容	考核要点	配分	评分标准	检测结果	扣分	得分	备注
1	准备工作	穿戴劳保用品	3	未穿戴整齐扣3分				
2		工具、用具准备	2	工具选择不正确扣2分				
3	操作程序	检查确认	5	不检查流程扣5分				
4		确认临时管线接口	5	不确定临时管线接口扣5分				
5		选择置换介质	10	未选择扣10分				
6		接临时管线	10	未接临时管线扣10分				
7		打通流程	10	未打通扣10分				
8		吹扫、置换	20	操作不到位扣20分				
9		系统隔离	15	未关阀门扣5分； 隔离不到位扣10分				
10		分析、交出	10	无此项操作扣10分				
11		不合格继续处理	5	未答此项扣5分				
12	使用工具	使用工具	2	工具使用不正确扣2分				
13		维护工具	3	工具乱摆乱放扣3分				
合 计			100					

试题9：拱顶油罐内动火检修前处理

考核时间：15min

序号	考核内容	考核要点	配分	评分标准	检测结果	扣分	得分	备注
1	准备工作	穿戴劳保用品	3	未穿戴整齐扣3分				
2		工具、用具准备	2	工具选择不正确扣2分				
3	操作程序	接到中控关于罐检修前的工艺处理指令后，检查储罐内的液位、压力、温度，做好记录	10	未核实检查扣5分； 未记录扣5分				
4		提高罐内气相压力，倒尽罐内的物料	10	无此项操作扣10分				
5		关闭罐根部的进、出口阀，做好记录	10	无此项操作扣10分				
6		确认罐内无液相物料，进行气相放空	10	无此项操作扣10分				
7		当罐的气相压力接近零时，进行充氮置换	10	无此项操作扣10分				
8		罐内气体分析合格［可燃气体含量<0.2%（V）］，停止置换	10	不知此项操作扣10分				
9		系统加盲板隔离	10	不知此项操作扣10分				
10		打开罐上的透气孔自然通风	10	不知此项操作扣10分				
11		通知中控，工艺处理完毕	10	未通知中控扣10分				
12	使用工具	使用工具	2	工具使用不正确扣2分				
13		维护工具	3	工具乱摆乱放扣3分				
	合 计		100					

试题10：离心泵联轴器校正

考核时间：15min

序号	考核内容	考核要点	配分	评分标准	检测结果	扣分	得分	备注
1	准备工作	穿戴劳保用品	3	未穿戴整齐扣3分				
2		工具、用具准备	2	工具选择不正确扣2分				
3	操作程序	接到指令，现场对需要进行联轴器校正的泵进行确认	5	未确认扣5分				
4		确认该泵已经停电	10	未确认扣10分				
5		脱开联轴器对轮罩	5	无此项操作扣5分				
6		用平面规和塞尺在联轴器中间分上下左右4点测量间隙的大小	20	无此项操作扣20分				
7		用直角尺放在一个联轴器上另一个联轴器的边缘和直角尺的间隙	20	无此项操作扣20分				
8		连接两联轴器间的螺栓，紧固电动机和泵地脚螺栓，重新检查联轴器	20	无此项操作扣20分				
9		联轴器对轮罩回装	10	无此项扣10分				

续表

序号	考核内容	考核要点	配分	评分标准	检测结果	扣分	得分	备注
10	使用工具	使用工具	2	工具使用不正确扣2分				
11		维护工具	3	工具乱摆乱放扣3分				
合 计			100					

试题11:离心泵轴振动监测

考核时间：15min

序号	考核内容	考核要点	配分	评分标准	检测结果	扣分	得分	备注
1	准备工作	穿戴劳保用品	3	未穿戴整齐扣3分				
2		工具、用具准备	2	工具选择不正确扣2分				
3	操作程序	接到指令，现场对该离心泵进行确认同时确认测振仪的完好	10	未确认扣10分				
4		按正常开泵步骤启动离心泵	10	无此项操作扣10分				
5		测量轴承箱水平、径向和轴向部位	30	无此项操作扣30分				
6		按下轴振动监测仪开关达到规定时间，读取振动监测仪显示值	25	无此项操作扣25分				
7		记录振动数据	5	无此项操作扣5分				
8		振动检测数据与要求比对	10	无此项操作扣10分				
9	使用工具	使用工具	2	工具使用不正确扣2分				
10		维护工具	3	工具乱摆乱放扣3分				
合 计			100					

试题12:油罐吸瘪原因分析

考核时间：15min

序号	考核内容	考核要点	配分	评分标准	检测结果	扣分	得分	备注
1	准备工作	穿戴劳保用品	3	未穿戴整齐扣3分				
2		工具、用具准备	2	工具选择不正确扣2分				
3	操作程序	拱顶罐吸瘪的原因分析	30	罐内压力比罐外压力低，储罐受外部大气压力作用，产生失稳的一种破坏形式；一般发生在罐顶和罐壁板第一、二带板（从罐顶算起）。未分析对扣30分				
4		造成拱顶罐吸瘪情况1	10	在付料过程中，储罐呼吸阀堵塞不能补充气体；未分析对扣10分				

续表

序号	考核内容	考核要点	配分	评分标准	检测结果	扣分	得分	备注
5	操作程序	造成拱顶罐吸瘪情况2	10	有氮气保护的储罐氮气没能及时补充，未分析扣10分				
6		造成拱顶罐吸瘪情况3	20	在夏季高温情况下，罐内温度高，突然下暴雨降温，补气量不够。未答对扣20分				
7		造成拱顶罐吸瘪情况4	20	检修过程中，用水沉降试验或进水清洗排水速度过快。未答对扣20分				
8	使用工具	使用工具	2	工具使用不正确扣2分				
9		维护工具	3	工具乱摆乱放扣3分				
合 计			100					

试题13:油罐胀破原因分析

考核时间：15min

序号	考核内容	考核要点	配分	评分标准	检测结果	扣分	得分	备注
1	准备工作	穿戴劳保用品	3	未穿戴整齐扣3分				
2		工具、用具准备	2	工具选择不正确扣2分				
3	操作程序	在收油过程中，呼吸阀、阻火器、呼吸管路不通畅，操作不当造成油罐超压	40	油罐胀破分析： 无呼吸阀故障扣10分； 无阻火器故障扣10分； 无呼吸管路不通畅扣10分； 无操作不当扣10分				
4		储油过程中，油品的热膨胀及油品的蒸发，使油罐超压	30	无油品的热膨胀扣15分； 无油品的蒸发扣15分				
5		仪表故障造成氮封油罐未及时停止充氮，使油罐超压	20	无此项分析扣20分				
6	使用工具	使用工具	2	工具使用不正确扣2分				
7		维护工具	3	工具乱摆乱放扣3分				
合 计			100					

试题14:油品变质原因分析

考核时间：15min

序号	考核内容	考核要点	配分	评分标准	检测结果	扣分	得分	备注
1	准备工作	穿戴劳保用品	3	未穿戴整齐扣3分				
2		工具、用具准备	2	工具选择不正确扣2分				

续表

序号	考核内容	考核要点	配分	评分标准	检测结果	扣分	得分	备注
3	操作程序	油品变质原因分析：储存温度过高或时间过长	20	无此项分析扣20分				
4		油罐或设备、管线不干净	20	无此项分析扣20分				
5		油品组分不合理、油品储运过程中的轻组分大量挥发或油品添加剂引发质变	30	无油品组分不合理扣10分； 无油品储运过程中的轻组分大量挥发扣10分； 无油品添加剂引发质变扣10分				
6		混油的发生	20	无此项分析扣20分				
7	使用工具	使用工具	2	工具使用不正确扣2分				
8		维护工具	3	工具乱摆乱放扣3分				
合 计			100					

试题15:油品漏损原因分析

考核时间：15min

序号	考核内容	考核要点	配分	评分标准	检测结果	扣分	得分	备注
1	准备工作	穿戴劳保用品	3	未穿戴整齐扣3分				
2		工具、用具准备	2	工具选择不正确扣2分				
3	操作程序	油品漏损原因分析：油罐底板或罐壁腐蚀穿孔漏油	10	无此项分析扣10分				
4		管线腐蚀穿孔漏油	10	无此项分析扣10分				
5		切水阀关不严漏油	10	无此项分析扣10分				
6		阀门压盖或盘根漏油；法兰等接口泄漏	30	无此项分析扣30分				
7		误操作	10	无此项分析扣10分				
8		机泵密封泄漏	10	无此项分析扣10分				
9		管线、设备处理	10	无此项分析扣10分				
10	使用工具	使用工具	2	工具使用不正确扣2分				
11		维护工具	3	工具乱摆乱放扣3分				
合 计			100					

试题16:水击产生原因分析

考核时间：15min

序号	考核内容	考核要点	配分	评分标准	检测结果	扣分	得分	备注
1	准备工作	穿戴劳保用品	3	未穿戴整齐扣3分				
2		工具、用具准备	2	工具选择不正确扣2分				

续表

序号	考核内容	考核要点	配分	评分标准	检测结果	扣分	得分	备注
3	操作程序	蒸气管道产生水击实质是二相流对管道产生的剧烈振动或冲击	30	无此项分析扣30分				
4		在管道冷态下打开阀送气时最易产生。气态水蒸气通过热量传导，冷凝结水，体积急剧缩小，使得流体流动状态受到扰动产生振动	30	无此项分析扣30分				
5		由于水聚集管道弯头等低洼部位被高压气体推动而产生冲击。主要发生在管道弯头、疏水管接管处管道末端	30	无此项分析扣30分				
6	使用工具	使用工具	2	工具使用不正确扣2分				
7		维护工具	3	工具乱摆乱放扣3分				
合 计			100					

试题17:离心泵产生汽蚀原因分析

考核时间：15min

序号	考核内容	考核要点	配分	评分标准	检测结果	扣分	得分	备注
1	准备工作	穿戴劳保用品	3	未穿戴整齐扣3分				
2		工具、用具准备	2	工具选择不正确扣2分				
3	操作程序	入口管路阻力过大	10	未分析扣10分				
4		入口管路有气袋	10	未分析扣10分				
5		出口管路阻力过大或不稳定	10	未分析扣10分				
6		饱和蒸气压过低	10	未分析扣10分				
7		物料密度变化	10	未分析扣10分				
8		物料温度变化	10	未分析扣10分				
9		液位过低	10	未分析扣10分				
10		灌泵或放空不充分	10	未分析扣10分				
11		入口流程不通	10	未分析扣10分				
12	使用工具	使用工具	2	工具使用不正确扣2分				
13		维护工具	3	工具乱摆乱放扣3分				
合 计			100					

试题18:油罐底漏油处理

考核时间：15min

序号	考核内容	考核要点	配分	评分标准	检测结果	扣分	得分	备注
1	准备工作	穿戴劳保用品	3	未穿戴整齐扣3分				
2		工具、用具准备	2	工具选择不正确扣2分				
3	操作程序	发现油罐底泄漏，应及时把泄漏情况汇报车间及调度	10	无此项操作扣10分				
4		立即联系将罐内油品倒入同种油品罐或付料	15	无此项操作扣15分				
5		如罐底漏油较严重，应立即向罐内垫水100~200mm，然后尽快倒出罐内油品	20	无此项操作扣20分				
6		注意检查罐区所有雨污排阀门，确保油品不外排	15	无此项操作扣15分				
7		回收油罐泄漏出的油品	15	无此项操作扣15分				
8		油罐工艺处理合格后交付检修	15	无此项操作扣15分				
9	使用工具	使用工具	2	工具使用不正确扣2分				
10		维护工具	3	工具乱摆乱放扣3分				
合 计			100					

试题19:成品油管线内有水或杂质处理

考核时间：15min

序号	考核内容	考核要点	配分	评分标准	检测结果	扣分	得分	备注
1	准备工作	穿戴劳保用品	3	未穿戴整齐扣3分				
2		工具、用具准备	2	工具选择不正确扣2分				
3	清洗	至排水清澈透明无杂质	15	未清洗扣15分				
4	排水	低点排水向污水系统	15	未排水扣10分； 未排向污水系统扣5分				
5	吹扫	用氮气扫线，结合脉冲吹扫	15	未采用脉冲吹扫扣15分				
6	干燥	连续小流量吹扫	15	未采用小流量吹扫扣15分				
7	分析	漏点	10	未分析扣10分				
8	油头置换	必要时用合格料置换油头	10	未说明置换油头扣10分				
9	采样	油头分析	10	未采样扣10分				
10	使用工具	使用工具	2	工具使用不正确扣2分				
11		维护工具	3	工具乱摆乱放扣3分				
合 计			100					

试题20：水击处理

考核时间：15min

序号	考核内容	考核要点	配分	评分标准	检测结果	扣分	得分	备注
1	准备工作	穿戴劳保用品	3	未穿戴整齐扣3分				
2		工具、用具准备	2	工具选择不正确扣2分				
3	检查管道	检查确认水击的具体管道	10	未检查扣10分				
4		了解水击管道内的介质	10	未了解扣10分				
5	原因分析	压力和压差	5	未分析扣5分				
6		温度变化	5	未分析扣5分				
7		流量和流向	5	未分析扣5分				
8		蒸汽疏水点	5	未分析扣5分				
9		流程是否通畅	5	未分析扣5分				
10	处理	流程调整	10	未调整扣10分				
11		保温	5	未检查扣5分				
12		疏水	10	未疏水扣10分				
13		控制流量	10	未控制流量扣10分				
14		制造正向压力差确保无逆流	10	未做扣10分				
15	使用工具	使用工具	2	工具使用不正确扣2分				
16		维护工具	3	工具乱摆乱放扣3分				
合 计			100					

试题21：埋地管道泄漏事故处理

考核时间：15min

序号	考核内容	考核要点	配分	评分标准	检测结果	扣分	得分	备注
1	准备工作	穿戴劳保用品	3	未穿戴整齐扣3分				
2		工具、用具准备	2	工具选择不正确扣2分				
3	操作程序	发现埋地管道泄漏，应及时把泄漏情况汇报车间及调度	10	无此项扣10分				
4		用水顶管线存油至同种油品罐或用蒸汽吹扫管线存油至同种油品罐	15	无此项扣15分				
5		动土作业，人工开挖找出泄漏点。将带油泥土妥善处理	20	无此项扣20分				

续表

序号	考核内容	考核要点	配分	评分标准	检测结果	扣分	得分	备注
6	操作程序	将与泄漏管线连通所有阀门加盲板	15	无此项扣15分				
7		用蒸汽将泄漏管线吹扫干净	15	无此项扣15分				
8		视泄漏点情况打卡子或动火补焊处理	15	无此项扣15分				
9	使用工具	使用工具	2	工具使用不正确扣2分				
10		维护工具	3	工具乱摆乱放扣3分				
合 计			100					

试题22：离心泵管路特性曲线图识读

考核时间：15min

序号	考核内容	考核要点	配分	评分标准	检测结果	扣分	得分	备注
1	准备工作	穿戴劳保用品	3	未穿戴整齐扣3分				
2		工具、用具准备	2	工具选择不正确扣2分				
3	流量与需要的扬程	流量增加，扬程升高	20	未说明或说错扣20分				
4	离心泵特性曲线	流量增加，扬程降低	20	未说明或说错扣20分				
5	两线同图	画在同一张图上	10	未说明扣10分				
6	工作点	在图上标出工作点	20	未标出或标错扣20分				
7	工作点解说	泵在一定管路上按一定的转速运行只有一个工作点	20	未解说或说错扣20分				
8	使用工具	使用工具	2	工具使用不正确扣2分				
9		维护工具	3	工具乱摆乱放扣3分				
合 计			100					

罐区（模块）操作技能试题

试题1：液化气罐倒罐操作

考核时间：15min

序号	考核内容	考核要点	配分	评分标准	检测结果	扣分	得分	备注
1	准备工作	穿戴劳保用品	3	未穿戴整齐扣3分				
2		工具、用具准备	2	工具选择不正确扣2分				

续表

序号	考核内容	考核要点	配分	评分标准	检测结果	扣分	得分	备注
3	操作程序	开作业票后作业	5	未做扣5分				
4		确认两罐质量相同，切水后倒料	10	未做扣10分				
5		确定倒出罐号、计算液位，设定到量报警	10	未做扣10分				
6		确定倒入罐号、计算罐容，设定到量报警	10	未做扣10分				
7		选择合适的倒料管线	10	未做扣10分				
8		用泵倒料，开泵	10	未按程序做扣10分				
9		罐之间压料，制造压差	10	未按程序做扣10分				
10		按操作手册要求进行倒料操作	10	违反要求扣10分				
11		停泵	5	未做扣5分				
12		恢复流程	5	未做扣5分				
13		记录	5	未记录扣5分				
14	使用工具	使用工具	2	工具使用不正确扣2分				
15		维护工具	3	工具乱摆乱放扣3分				
合 计			100					

试题2:双泵接力操作

考核时间：15min

序号	考核内容	考核要点	配分	评分标准	检测结果	扣分	得分	备注
1	准备工作	穿戴劳保用品	3	未穿戴整齐扣3分				
2		工具、用具准备	2	工具选择不正确扣2分				
3	操作程序	接到指令后，开具作业票，现场对双泵接力操作条件进行确认	10	未核实条件扣10分				
4		检查付料油罐的液位进行确认，确保其液位在控制指标范围内	10	无此项操作扣10分				
5		确认双泵接力操作的付料流量要求	10	无此项操作扣10分				
6		启动付料罐付料流程，并经过两人以上人员确认流程正确	10	无此项操作扣10分				
7		检查接力泵的完好情况，从泵的盘车、润滑、附件等多方面进行检查，确认机泵处于完好备用状态	10	无此项操作扣10分				

续表

序号	考核内容	考核要点	配分	评分标准	检测结果	扣分	得分	备注
8	操作程序	核对流程无误后，通知收料方，确认收料方流程调整完毕	10	未核实流程扣10分； 未确认对方流程调整完成扣5分				
9		启动第一台泵，调整其泵出口阀及其回流阀确保其压力、流量在指标范围内；确定第二台泵入口管线的流量显示正常后立即启动第二台泵，调整其出口阀开度确保其输出流量与第一台泵的输出流量相吻合，以保证输出流量的持续性	15	无此项扣15分； 机泵启动顺序错误扣10分； 异常情形不会处理扣5分				
10		观察机泵运行情况，询问收料方有无异常，正常后方可离开现场	5	无此项扣5分				
11		停止物料输送时，先调整第一台物料泵回流阀以逐步降低物料输送流量，再停止第二台泵的运行	10	无此项扣10分； 操作顺序错误扣10分				
12	使用工具	使用工具	2	工具使用不正确扣2分				
13		维护工具	3	工具乱摆乱放扣3分				
合 计			100					

试题3:重油螺杆泵开泵操作

考核时间：15min

序号	考核内容	考核要点	配分	评分标准	检测结果	扣分	得分	备注
1	准备工作	穿戴劳保用品	3	未穿戴整齐扣3分				
2		工具、用具准备	2	工具选择不正确扣2分				
3	操作程序	接到指令，回电中控确认设备是否作业	10	未落实扣10分				
4		运行前检查	10	1项未落实扣5分，扣完为止				
5		启动	15	1项未落实扣5分，扣完为止				
6		输油流量调整	10	未落实扣10分				
7		运行中检查	15	1项未落实扣5分，扣完为止				
8		机泵的停车	15	1项未落实扣5分，扣完为止				
9		流程及泄压阀调整	10	1项未落实扣5分，扣完为止				
10		回电中控，操作结束	5	未回电中控扣5分				
11	使用工具	使用工具	2	工具使用不正确扣2分				
12		维护工具	3	工具乱摆乱放扣3分				
合 计			100					

试题4:管线壁厚测量

考核时间：15min

序号	考核内容	考核要点	配分	评分标准	检测结果	扣分	得分	备注
1	准备工作	穿戴劳保用品	3	未穿戴整齐扣3分				
2		工具、用具准备	2	工具选择不正确扣2分				
3	操作程序	接到指令，回电中控确认设备是否作业	10	未落实扣10分				
4		对管道的弯头进行比例抽查	15	未落实扣15分				
5		对管道的三通进行比例抽查	20	未落实扣20分				
6		对管道的直径突变处进行比例抽查	20	未落实扣20分				
7		上述被抽查的管件与直管段相连的焊接接头的直管段一侧进行厚度测量，不少于3处。发现问题应扩大抽查范围	20	未落实扣20分				
8		回电中控，操作结束	5	未回电中控扣5分				
9	使用工具	使用工具	2	工具使用不正确扣2分				
10		维护工具	3	工具乱摆乱放扣3分				
	合 计		100					

试题5:油罐接地电阻值测试

考核时间：15min

序号	考核内容	考核要点	配分	评分标准	检测结果	扣分	得分	备注
1	准备工作	穿戴劳保用品	3	未穿戴整齐扣3分				
2		工具、用具准备	2	工具选择不正确扣2分				
3	操作程序	接到指令，回电中控确认设备是否作业，是否可以进行测量	15	未落实扣15分				
4		检测环境确认，雨后不得进行检测，检测仪检测不合格不得检测，接地点与油罐未断开不得检测	15	未落实扣15分				
5		打探棒，探棒入地深度必须超过其四分之三	15	未落实扣15分				
6		连接接地导线，调整倍率，测试后进行复测	15	未落实扣15分				
7		记录接地电阻值	15	未落实扣15分				
8		根据测量结果，做出合格与否的判断	10	未落实扣10分				
9		回电中控，操作结束	5	未回电中控扣5分				

续表

序号	考核内容	考核要点	配分	评分标准	检测结果	扣分	得分	备注
10	使用工具	使用工具	2	工具使用不正确扣2分				
11		维护工具	3	工具乱摆乱放扣3分				
合 计			100					

试题6:管道泵运转过程中异常状况判断

考核时间：15min

序号	考核内容	考核要点	配分	评分标准	检测结果	扣分	得分	备注
1	准备工作	穿戴劳保用品	3	未穿戴整齐扣3分				
2		工具、用具准备	2	工具选择不正确扣2分				
3	操作程序	管道泵润滑油油位正常且无乳化变质、机泵运行声音异常、轴温过高、输出流量较为稳定，判断为机械故障	10	无此项扣10分				
4		管道泵润滑油油位异常、机泵运行声音异常、轴温过高、输出流量较为稳定，判断为润滑油过多或过少	10	无此项扣10分				
5		电机产生异味，电机超温，判断为电机故障	10	无此项扣10分； 未切换机组扣5分				
6		管道泵振动过大，判断为机械故障或安装时进出口或轴向偏离严重	10	无此项扣10分				
7		管道泵输出流量异常、出口压力偏高，判断为收料方流程故障	10	无此项扣10分				
8		管道泵输出流量异常、出口压力偏低、泵有抽空迹象，判断为管道泵入口过滤器脏或付料罐液位过低	10	无此项扣10分； 未切换罐操作扣5分				
9		管道泵输出流量急剧上升，判断为出口回流阀门故障关闭或部分关闭	10	无此项扣10分； 未检查相关阀门状态扣5分				
10		管道泵润滑油油位正常且未乳化变质、轴温过高、输出流量较为稳定，判断为冷却系统故障	10	无此项扣10分； 未检查冷却系统扣5分				
11		管道泵润滑油油位正常但有乳化、机泵运行声音异常、轴温过高、输出流量较为稳定，判断为润滑油不合格	10	无此项扣10分； 未更换润滑油扣5分				
12	使用工具	使用工具	2	工具使用不正确扣2分				
13		维护工具	3	工具乱摆乱放扣3分				
合 计			100					

试题7:往复式压缩机润滑油系统压力突然下降处理

考核时间：15min

序号	考核内容	考核要点	配分	评分标准	检测结果	扣分	得分	备注
1	准备工作	穿戴劳保用品	3	未穿戴整齐扣3分				
2		工具、用具准备	2	工具选择不正确扣2分				
3	操作程序	油路检查：油池油位是否在试镜的2/3处，油位过低会造成油压下降。油位过低时，切换机组后补充润滑油	10	无此项扣10分				
4		润滑油油路检查，检查油路管道的相关阀门、过滤器，管路堵塞会造成油压下降。切换运行过滤器、调整阀门开度	15	无此项扣15分； 有遗漏项扣5分				
5		检查油系统法兰、管线、安全阀，确认有无泄漏。把紧泄漏法兰，泄漏安全阀离线校验，必要时切换机组	10	无此项扣10分				
6		检查润滑油系统是否含有较多的工艺气体，油系统窜入工艺气体会造成油压下降。检修机组	10	无此项扣10分				
7		检查油系统油泵是否存在故障：检查油温是否超高、机组运行声音异常与否、振动情况是否过大、轴瓦磨损情况等。检修机组	15	无此项扣15分				
8		润滑油是否存在乳化变质情况，润滑油变质时更换润滑油	10	无此项扣10分				
9		检查冷却水系统水压、水流量有无异常。冷却故障可能导致油温过高，影响油压。调整冷却水，确保油冷正常运行	10	无此项扣10分				
10		检查仪表系统，确认是否检测、控制单元故障。协助仪表维护系统	10	无此项扣10分				
11	使用工具	使用工具	2	工具使用不正确扣2分				
12		维护工具	3	工具乱摆乱放扣3分				
合 计			100					

试题8:施工改造中,管线、设备事故预防

考核时间：15min

序号	考核内容	考核要点	配分	评分标准	检测结果	扣分	得分	备注
1	准备工作	穿戴劳保用品	3	未穿戴整齐扣3分				
2		工具、用具准备	2	工具选择不正确扣2分				
3	操作程序	制订严格的施工改造方案（含管线/设备的工艺处理方案、管线/设备的改造施工方案、管线/设备的投用方案）	10	无此项扣10分				
4		严格按照制订的相关方案执行	10	无此项扣10分				
5		物料的清空、吹扫以及管线/设备内部取样分析；管线/设备外部环境的取样分析	10	无此项扣10分				
6		施工管线/设备的硬隔离（加插盲板）	10	无此项扣10分				
7		施工过程的监管（项目负责人、作业监护人、分析检测安排等等）	10	无此项扣10分				
8		施工改造后管线/设备的水压试验及检测	10	无此项扣10分				
9		施工改造的项目验收（包括相关的检测报告、尾项消除）	10	无此项扣10分				
10		施工改造后管线/设备的吹扫（必要时干燥处理），气密检查	10	无此项扣10分				
11		管线/设备投用前必要的安全检查、确认以及做好投用前的相关准备工作（包括相关流程确认、阀门调试、置换作业等）	10	无此项扣10分				
12	使用工具	使用工具	2	工具使用不正确扣2分				
13		维护工具	3	工具乱摆乱放扣3分				
合 计			100					

水路装卸(模块)操作技能

试题1:电液位控制臂操作

考核时间：15min

序号	考核内容	考核要点	配分	评分标准	检测结果	扣分	得分	备注
1	准备工作	穿戴劳保用品	3	未穿戴整齐扣3分				
2		工具、用具准备	2	工具选择不正确扣2分				
3	操作程序	接到指令，现场对液压输油臂是否具备投用条件进行确认	5	未核实投用条件扣5分				
4		检查确认该液压输油臂所有阀门的开关情况，关闭液压输油臂根部阀门	10	未检查阀门开关情况扣5分； 未关闭输油臂根部阀门扣5分				
5		检查是否液压泵不出油引起的不动作	10	不检查电机旋转方向扣4分； 不检查吸油管是否漏气扣3分； 不检查液压泵是否卡住扣3分				
6		检查是否液压系统压力、流量不足引起的不动作	10	不检查液压泵状态扣4分； 不检查溢流阀状态扣3分； 不检查零部件是否漏油多扣3分				
7		检查是否油缸运动不正常引起的不动作	10	不检查油缸运动状态扣4分； 不检查油缸内部零件磨损状态扣3分； 不检查油缸是否串腔扣3分				
8		检查是否电磁换向阀不换向引起的不动作	10	不检查电磁换向阀是否有电扣4分； 不检查电磁铁好坏扣3分； 不检查电磁换向阀中是否有污垢而卡死阀芯扣3分				
9		电控箱工作正常，输油臂无动作	15	选臂开关未选择到要操作的臂扣4分； 控制动作的手动球阀未开启扣4分； 未检查驱动阀与浮动阀是否接反扣3分； 未检查电磁阀是否卡死扣4分				
10		遥控器不能正常工作	10	未选在遥控器位置扣5分； 未检查发射器电池是否有电扣5分				
11		蓄能器不能保压	5	蓄能器底座排泄阀没有关闭扣3分； 未检查ERC管线有无泄漏扣2分				
12		回电中控启泵信息	5	未回电中控扣5分				
13	使用工具	使用工具	2	工具使用不正确扣2分				
14		维护工具	3	工具乱摆乱放扣3分				
	合 计		100					

试题2：电液位控制臂维护

考核时间：15min

序号	考核内容	考核要点	配分	评分标准	检测结果	扣分	得分	备注
1	准备工作	穿戴劳保用品	3	未穿戴整齐扣3分				
2		工具、用具准备	2	工具选择不正确扣2分				
3	操作程序	接到指令，现场对液压输油臂是否具备投用条件进行确认	5	未核实投用条件扣5分				
4		检查确认该液压输油臂所有阀门的开关情况，关闭液压输油臂根部阀门	10	未检查阀门开关情况扣5分； 未关闭输油臂根部阀门扣5分				
5		检查是否液压泵不出油引起的不动作	10	不检查电机旋转方向扣4分； 不检查吸油管是否漏气扣3分； 不检查液压泵是否卡住扣3分				
6		检查是否液压系统压力、流量不足引起的不动作	10	不检查液压泵状态扣4分； 不检查溢流阀状态扣3分； 不检查零部件是否漏油多扣3分				
7		检查是否油缸运动不正常引起的不动作	10	不检查油缸运动状态扣4分； 不检查油缸内部零件磨损状态扣3分； 不检查油缸是否串腔扣3分				
8		检查是否电磁换向阀不换向引起的不动作	10	不检查电磁换向阀是否有电扣4分； 不检查电磁铁好坏扣3分； 不检查电磁换向阀中是否有污垢而卡死阀芯扣3分				
9		电控箱工作正常，输油臂无动作	15	选臂开关未选择到要操作的臂扣4分； 控制动作的手动球阀未开启扣4分； 未检查驱动阀与浮动阀是否接反扣3分； 未检查电磁阀是否卡死扣4分				
10		遥控器不能正常工作	10	未选在遥控器位置扣5分； 未检查发射器电池是否有电扣5分				
11		蓄能器不能保压	5	蓄能器底座排泄阀没有关闭扣3分； 未检查ERC管线有无泄漏扣2分				
12		回电中控启泵信息	5	未回电中控扣5分				
13	使用工具	使用工具	2	工具使用不正确扣2分				
14		维护工具	3	工具乱摆乱放扣3分				
		合 计	100					

试题3:手动输油臂维护

考核时间：15min

序号	考核内容	考核要点	配分	评分标准	检测结果	扣分	得分	备注
1	准备工作	穿戴劳保用品	3	未穿戴整齐扣3分				
2		工具、用具准备	2	工具选择不正确扣2分				
3	操作程序	接到指令，现场对手动输油臂是否具备投用条件进行确认	5	未核实投用条件扣5分				
4		检查确认该系统所有阀门的开关情况	5	未检查阀门开关情况扣5分				
5		检查输油臂的外观有无腐蚀，并对腐蚀进行防腐处理	10	未检查输油臂外观腐蚀情况扣5分； 未对腐蚀进行防腐处理扣5分				
6		打开输油臂导淋，检查是否有残液。解开输油臂外臂软绳，人站在偏离输油臂正对面处，试拉一下输油臂外臂，检查是否失重	15	未打开输油臂导淋，检查是否有残液扣5分； 人未站在偏离输油臂正对面处扣5分； 未拉外臂检查有无失重扣5分				
7		检查RC型手动输油臂的钢丝绳的腐蚀及松紧状态，应适度旋紧上绳轮处的调整螺母，将钢丝绳拉紧	10	未检查RC型手动输油臂的钢丝绳的腐蚀情况并处理扣5分； 未调整螺母就拉紧钢丝绳扣5分				
8		对支撑结构上的所有滑动和转动部位进行一次润滑，特别是要保证机械锁定装置滑动自如	10	未对支撑结构上的所有滑动和转动部位进行一次润滑扣5分； 未对机械锁定装置维修及润滑扣5分				
9		旋转接头的保养与维修	10	未对旋转接头进行保养与维修扣10分				
10		上绳轮和转轴箱处的回转支承轴承，每半年需对连接螺栓均匀拧紧一次	5	无此项操作扣5分				
11		检查输油臂的平衡状态，调整配重使输油臂外臂稍稍有向内收的倾向	5	无此项操作扣5分				
12		检查调试输油臂限位报警开关是否正常	10	未检查调试输油臂限位报警扣5分； 操作次序有误扣10分				
13		回电中控输油臂的飘移正常，压力、温度正常，使用正常	5	未回电中控扣5分				
14	使用工具	使用工具	2	工具使用不正确扣2分				
15		维护工具	3	工具乱摆乱放扣3分				
合计			100					

试题4:输油臂快速接管器不灵活原因分析

考核时间：15min

序号	考核内容	考核要点	配分	评分标准	检测结果	扣分	得分	备注
1	准备工作	穿戴劳保用品	3	未穿戴整齐扣3分				
2		工具、用具准备	2	工具选择不正确扣2分				
3	操作程序	接到指令，现场对输油臂是否具备投用条件进行确认	10	未核实投用条件扣10分				
4		检查确认该输油臂根部阀门开关情况，确保输油臂根部阀门处于关闭状态	15	未检查输油臂根部阀门开关情况扣10分				
5		检查输油臂快速接管器转动是否有不灵活现象	15	不检查快速接管器润滑情况转动现象扣5分； 不检查快速接头滚道转动声音，扣5分				
6		检查输油臂快速接管器弧爪转动是否有不灵活现象	15	不检查输油臂快速接管器弧爪转动情况扣5分； 不检查快速接管器弧爪有无变形扣5分； 不检查快速接管器弧爪是否不能定位扣5分				
7		检查输油臂快速接管器铝闷盖是否有变形现象	15	不检查输油臂快速接管器铝闷盖是否有变形扣5分； 不会处理输油臂快速接头不灵活扣5分				
8		检查输油臂快速接管器密封面O形圈是否损坏或变形	15	不检查输油臂快速接管器密封面O形圈扣5分； 未更换损坏的O形圈扣5分				
9		回电中控输油臂快速接管器不灵活处理信息	5	未回电中控扣5分				
10	使用工具	使用工具	2	工具使用不正确扣2分				
11		维护工具	3	工具乱摆乱放扣3分				
合 计			100					

试题5：输油臂失重原因分析

考核时间：15min

序号	考核内容	考核要点	配分	评分标准	检测结果	扣分	得分	备注
1	准备工作	穿戴劳保用品	3	未穿戴整齐扣3分				
2		工具、用具准备	2	工具选择不正确扣2分				
3	操作程序	接到指令，现场对输油臂是否具备投用条件进行确认	10	未核实投用条件扣10分				
4		检查确认该输油臂根部阀门开关情况，确保输油臂根部阀门处于关闭状态	15	未检查输油臂根部阀门开关情况扣15分				
5		检查输油臂是否有失重现象：是否阀门内漏引起、是否吹扫不干净引起	30	未打开输油臂导淋阀检查有无有油扣15分； 不会处理输油臂存油扣15分				
6		检查输油臂是否有失重现象：平衡块未调好引起的失重	30	未重新调整输油臂配重、调试平衡扣15分； 重新调节输油臂的平衡时，未将输油臂外臂稍稍向内收扣15分				
7		回电中控输油臂失重处理信息	5	未回电中控扣5分				
8	使用工具	使用工具	2	工具使用不正确扣2分				
9		维护工具	3	工具乱摆乱放扣3分				
	合 计		100					

试题6：输油臂报警处理方法

考核时间：15min

序号	考核内容	考核要点	配分	评分标准	检测结果	扣分	得分	备注
1	准备工作	穿戴劳保用品	3	未穿戴整齐扣3分				
2		工具、用具准备	2	工具选择不正确扣2分				
3	操作程序	接到指令，现场对输油臂是否具备投用条件进行确认；打开限位报警开关	10	未核实投用条件扣10分				
4		检查确认该输油臂根部阀门开关情况，确保输油臂根部阀门处于关闭状态	15	未检查输油臂根部阀门开关情况扣15分				
5		检查输油臂接口是否有油污漏油现象	20	不检查输油臂接口是否有油污漏油现象扣5分； 不会处理输油臂接口漏油扣15分				
6		检查油船是否漂移；检查输油臂外臂是否超限报警	20	不检查油船是否漂移扣5分； 不检查输油臂外臂是否超限扣15分				

续表

序号	考核内容	考核要点	配分	评分标准	检测结果	扣分	得分	备注
7	操作程序	检查油船是否漂移；检查输油臂水平回装越位是否超限报警	20	不检查油船是否漂移扣5分； 不检查输油臂水平回装越位是否超限报警扣15分				
8		回电中控输油臂报警处理信息	5	未回电中控扣5分				
9	使用工具	使用工具	2	工具使用不正确扣2分				
10		维护工具	3	工具乱摆乱放扣3分				
		合 计	100					

铁路装卸(模块)操作技能试题

试题1:装卸作业现场油气浓度超标处理

考核时间：15min

序号	考核内容	考核要点	配分	评分标准	检测结果	扣分	得分	备注
1	准备工作	穿戴劳保用品	3	未穿戴整齐扣3分				
2		工具、用具准备	2	工具选择不正确扣2分				
3	操作程序	正确使用便携式气体检测仪	10	未正确打开便携式气体检测仪扣10分				
4		正确使用空气呼吸器	5	未检查空气呼吸器的外观及各部件连接情况扣5分				
			10	未打开空气瓶阀门扣10分				
			5	未检查压力是否符合要求扣2分； 口头回答使用压力标准错误扣3分				
			5	未正确背好空气呼吸器扣5分				
			5	面罩佩戴不符合要求有泄漏扣3分； 未收紧面罩扣2分				
			5	拿下面罩未关供气阀扣5分				
			5	不会关空气瓶阀门扣5分				
			5	未泄余压扣5分				
			5	口头回答空气瓶使用撤离压力，不正确扣5分				
5		设置警戒区	10	离液态烃泄漏点100m外设置警戒区，不正确扣10分				
			10	离轻油泄漏点50m外设置警戒区，不正确扣10分				
			10	未汇报泄漏情况扣10分				
6	使用工具	使用工具	2	工具使用不正确扣2分				
7		维护工具	3	工具乱摆乱放扣3分				
		合 计	100					

试题2:带压铁路槽车置换物料操作

考核时间：15min

序号	考核内容	考核要点	配分	评分标准	检测结果	扣分	得分	备注
1	准备工作	穿戴劳保用品	3	未穿戴整齐扣3分				
2		工具、用具准备	2	工具选择不正确扣2分				
3	操作程序	画流程图	10	画出氮气置换流程图，并标明倒淋位置，未画正确扣10分				
4		连接金属软管	10	金属软管连接螺栓未把牢或未把全扣5分				
				连接有泄漏扣5分				
5		软管抖动处理	20	未检查紧急切断阀开启情况扣10分				
				未确认放空流速扣10分				
6		紧急切断阀启动处理	15	未检查油压泵油位是否正常扣5分； 未检查油压泵油路是否漏油扣5分； 未确认置换放空速度是否正常扣5分				
7		置换过程中停氮气的处理	20	未立即关闭槽车放空球阀扣10分； 未关闭氮气控制阀扣5分； 未打开倒淋阀，排空余压扣5分				
8		置换合格标准	15	未回答合格标准氧含量、可燃气浓度均小于0.2%（V）各扣5分； 未回答保压0.05~0.10MPa扣5分				
9	使用工具	使用工具	2	工具使用不正确扣2分				
10		维护工具	3	工具乱摆乱放扣3分				
	合 计		100					

试题3:铁路卸油系统产生气阻现象判断

考核时间：15min

序号	考核内容	考核要点	配分	评分标准	检测结果	扣分	得分	备注
1	准备工作	穿戴劳保用品	3	未穿戴整齐扣3分				
2		工具、用具准备	2	工具选择不正确扣2分				
3	操作程序	气阻的原因分析	10	没说出油品饱和蒸气压低、易挥发扣10分				
			15	没说出油品温度高扣15分				
			10	没说出卸车鹤管最高点的剩余压力小于输送液体的饱和蒸气压扣10分				

续表

序号	考核内容	考核要点	配分	评分标准	检测结果	扣分	得分	备注
4	操作程序	卸车时气阻的特征	15	没有说出卸车泵运行声音异常扣15分				
			15	没说出管线内物料流动声音异常，有气流声扣15分				
			15	没说出卸车鹤管有抖动扣15分				
			10	没说出卸车泵出口压力变化增大扣10分				
5	使用工具	使用工具	2	工具使用不正确扣2分				
6		维护工具	3	工具乱摆乱放扣3分				
合 计			100					

试题4：铁路卸油系统气阻消除操作

考核时间：15min

序号	考核内容	考核要点	配分	评分标准	检测结果	扣分	得分	备注
1	准备工作	穿戴劳保用品	3	未穿戴整齐扣3分				
2		工具、用具准备	2	工具选择不正确扣2分				
3	操作程序	卸车气阻的处理	15	没说出尽量在温度较低的早、晚进行卸车作业扣15分				
			15	没说出可以对槽车进行喷水降温扣15分				
			20	没说出防止卸车系统憋压扣20分				
			20	没说出尽量降低鹤管最高点离液面的高度扣20分				
			20	没说出尽量采取下车口卸车扣20分				
4	使用工具	使用工具	2	工具使用不正确扣2分				
5		维护工具	3	工具乱摆乱放扣3分				
合 计			100					

试题5：液化气罐车充装超量判断

考核时间：15min

序号	考核内容	考核要点	配分	评分标准	检测结果	扣分	得分	备注
1	准备工作	穿戴劳保用品	3	未穿戴整齐扣3分				
2		工具、用具准备	2	工具选择不正确扣2分				

续表

序号	考核内容	考核要点	配分	评分标准	检测结果	扣分	得分	备注
3	操作程序	利用拉杆液位计测量槽车内物料的液位	30	每误差1mm扣5分，误差超过3mm不得分				
4		判断是否超装	20	利用溶剂表计算装车量，计算不准确不得分				
			20	计算槽车核载上限（按容积85%计算），计算不准确不得分				
			20	判断是否超装，不正确扣20分				
5	使用工具	使用工具	2	工具使用不正确扣2分				
6		维护工具	3	工具乱摆乱放扣3分				
		合 计	100					

试题6：液化气罐车充装超量处理

考核时间：15min

序号	考核内容	考核要点	配分	评分标准	检测结果	扣分	得分	备注
1	准备工作	穿戴劳保用品	3	未穿戴整齐扣3分				
2		工具、用具准备	2	工具选择不正确扣2分				
3	操作程序	处理前准备	5	栈台信号灯未开扣5分				
			5	未核算超装量扣5分				
			5	装车臂连接未按要求扣5分				
			5	未检查氮气压力扣5分				
			5	氮气未进行排放扣5分				
			5	未了解球罐压力、管线压力扣5分				
			5	未观察罐车压力扣5分				
			5	罐车未接静电接地线扣5分				
4		打通流程，罐车处理	10	未协调对方打通流程扣5分；处理流程未打通扣5分				
5		动态监控	10	未对罐车压力、液位进行监控扣10分				
			10	未对氮气管线压力进行监控扣10分				
6		罐车核量	5	处理完后未核量扣5分				
7		封车收尾	5	未拆装卸臂扣5分				
			5	静电接地线未收扣5分				
			5	未封车、未收吊梯扣5分				
8	使用工具	使用工具	2	工具使用不正确扣2分				
9		维护工具	3	工具乱摆乱放扣3分				
		合 计	100					

公路装卸(模块)操作技能试题

试题1:汽车罐车装车超量原因分析

考核时间：15min

序号	考核内容	考核要点	配分	评分标准	检测结果	扣分	得分	备注
1	准备工作	穿戴劳保用品	3	未穿戴整齐扣3分				
2		工具、用具准备	2	工具选择不正确扣2分				
3	操作程序	超装原因分析	10	未确定实际流量是否在流量计的工作范围内扣10分				
			10	未确定油品实际密度与设定密度是否一致扣10分				
			10	未确定油品实际温度与设定温度是否一致扣10分				
			10	未确定装车设定量是否超罐车容量扣10分				
			10	未确定气动阀动作是否正常扣10分				
			10	未确定罐车高报联锁是否完好扣10分				
			10	未确定管线内油品充填情况扣10分				
			5	未确定流量计是否完好扣10分				
			5	未确定DCS数据传递是否正常扣10分				
			5	罐车车型识别错误扣5分				
			5	未确定罐车容积表扣5分				
4	使用工具	使用工具	2	工具使用不正确扣2分				
5		维护工具	3	工具乱摆乱放扣3分				
	合 计		100					

试题2:自动发油系统故障判断

考核时间：15min

序号	考核内容	考核要点	配分	评分标准	检测结果	扣分	得分	备注
1	准备工作	穿戴劳保用品	3	未穿戴整齐扣3分				
2		工具、用具准备	2	工具选择不正确扣2分				
3	操作程序	检查核对槽车容积表是否有效，槽车计划量、限载量	15	未检查容积表扣5分； 未检查计划量扣5分； 未检查槽车限载量扣5分				

续表

序号	考核内容	考核要点	配分	评分标准	检测结果	扣分	得分	备注
4	操作程序	查询储罐密度、油温	10	未查询扣10分				
5		根据密度、油温核算计划量与限载量有无超槽车准装容积	15	未核算或核算不准确扣15分				
6		设定量	20	设定输入错误扣20分				
7		设定发油路数	20	设定路数错误扣20分				
8		观察发油机的脉冲是否正常	10	不能发现异常脉冲数扣10分				
9	使用工具	使用工具	2	工具使用不正确扣2分				
10		维护工具	3	工具乱摆乱放扣3分				
		合 计	100					

试题3:自动发油系统故障处理

考核时间：15min

序号	考核内容	考核要点	配分	评分标准	检测结果	扣分	得分	备注
1	准备工作	穿戴劳保用品	3	未穿戴整齐扣3分				
2		工具、用具准备	2	工具选择不正确扣2分				
3	操作程序	发油机检查确认	5	不检查发油机扣5分				
			5	不知Err04是故障扣5分				
4		按钮被按错的检查	20	不知发油机上清除键扣10分； 不会清除扣10分； 双路清除错扣10分				
5		知道可能是按钮故障	10	能大概知道仪表检查每个键的过程扣10分				
6		汇报，仪表处理	10	未汇报扣10分				
7		发油机操作	20	不会操作扣20分，不熟练扣10分				
8		高报故障的检查	20	未检查高位联锁开关的电缆有无绞在一起和损坏扣10分； 未检查高报浮子是否回位扣10分				
9	使用工具	使用工具	2	工具使用不正确扣2分				
10		维护工具	3	工具乱摆乱放扣3分				
		合 计	100					

试题4:汽车罐车装车超量处理

考核时间：15min

序号	考核内容	考核要点	配分	评分标准	检测结果	扣分	得分	备注
1	准备工作	穿戴劳保用品	3	未穿戴整齐扣3分				
2		工具、用具准备	2	工具选择不正确扣2分				
3	操作程序	处理前准备	10	超装罐车未检尺、测温扣10分				
			5	未核算超装量扣5分				
			15	未使用导静电软管扣5分； 软管未进行清洗、干燥扣10分				
			5	未对空罐车进行检查确认扣5分				
			5	罐车未接静电接地线扣5分				
4		罐车处理	15	处理前未进行质量确认扣5分； 未充填软管进行虹吸处理扣10分				
5		动态监控	5	超装罐车未进行液位监控扣5分				
6		罐车核量	5	处理后未检尺、测温扣5分				
			5	处理后未核量扣5分				
7		封车收尾	10	处理后的罐车未封扣10分				
			5	静电接地线未收扣5分				
			5	未收吊梯扣5分				
8	使用工具	使用工具	2	工具使用不正确扣2分				
9		维护工具	3	工具乱摆乱放扣3分				
		合 计	100					

试题5:汽车罐车装车过程着火处理

考核时间：15min

序号	考核内容	考核要点	配分	评分标准	检测结果	扣分	得分	备注
1	准备工作	穿戴劳保用品	3	未穿戴整齐扣3分				
2		工具、用具准备	2	工具选择不正确扣2分				
3	操作程序	停止装车作业	15	未佩戴空气呼吸器扣7分； 未停止作业扣8分				
4		报警	10	报警时未说出着火单位扣3分； 未说出着火装车台扣2分； 未说出着火介质扣2分； 未说出人员被困或伤亡情况扣3分				

续表

序号	考核内容	考核要点	配分	评分标准	检测结果	扣分	得分	备注
5	操作程序	接应消防车	5	未派人到相关的路口迎接消防车扣5分				
6		启动泡沫站泡沫系统	10	未启动泡沫站泡沫系统扣10分				
7		使用1211、干粉、泡沫进行灭火	5	未进行灭火扣5分				
8		现场灭火	10	未正确使用灭火器进行灭火扣10分				
9		冷却	10	未对相邻设备、槽车的本体冷却扣5分； 未正确冷却扣5分				
10		警戒及疏散	15	未设置警戒区扣5分； 未阻止无关人员、车辆进入扣5分； 未进行人员紧急疏散扣5分				
11		中毒预案进行	10	若发生中毒未说出按中毒预案进行扣10分				
12	使用工具	使用工具	2	工具使用不正确扣2分				
13		维护工具	3	工具乱摆乱放扣3分				
合 计			100					

试题6:汽车罐车装车冒顶处理

考核时间：15min

序号	考核内容	考核要点	配分	评分标准	检测结果	扣分	得分	备注
1	准备工作	穿戴劳保用品	3	未穿戴整齐扣3分				
2		工具、用具准备	2	工具选择不正确扣2分				
3	操作程序	停止装车作业	10	未佩戴空气呼吸器扣5分； 未停止作业扣5分				
			10	未说出不得发动汽车扣4分； 未采取围堵措施扣4分； 未关闭雨污排阀扣2分				
4		报警	10	未说出冒车地点扣4分； 冒车介质扣4分； 未说出冒车料程度扣2分				
5		警戒并疏散的要求	20	未设置警戒区扣5分； 未阻止无关人员、车辆进入扣5分； 未进行人员紧急疏散扣10分				

续表

序号	考核内容	考核要点	配分	评分标准	检测结果	扣分	得分	备注
6	操作程序	物料的回收	10	未说出回收工具要防爆扣5分； 未组织回收扣5分				
7		防爆工器具的使用	10	使用非防爆工器具扣5分； 在危险区开停电器设备扣5分				
8		槽车液位的控制	10	在安全的前提下，未将液位控制在正常范围内扣5分； 未使用导静电管扣5分				
9		中毒预案进行	10	若发生中毒未说出按中毒预案进行扣10分				
10	使用工具	使用工具	2	工具使用不正确扣2分				
11		维护工具	3	工具乱摆乱放扣3分				
合 计			100					

第四部分

技师/高级技师

一 国家职业标准（技师工作要求）

职业功能	工作内容	技能要求	相关知识
一、 安全生产	（一） 安全操作	1. 能组织人员安全撤离 2. 能指挥现场应急处置	1. 事故现场情况判断、撤离路线及疏散方式 2. 应急处置预案
	（二） 风险管控与隐患排查	1. 能编制机械伤害事件、事故应急预案 2. 能编制火灾爆炸事件、事故应急预案 3. 能编制中毒事件、事故应急预案 4. 能编制环保异常事件处置预案 5. 能辨识有毒有害介质设备工艺处理的危害因素，编制处理方案 6. 能编制装置高压窜低压异常处置方案 7. 能编制设备故障应急处置方案 8. 能排查隐患	1. 应急预案的编制内容 2. 安全预案的编制要求 3. 环保预案的编制要求 4. 环保预案的编制内容 5. 作业许可管理要求 6. 安全隐患及治理要求
二、 工艺操作	（一） 油品储运	1. 能组织实施新油罐、新机泵的投用 2. 能组织调试自动监控系统 3. 能进行混油的回掺 4. 能组织实施防冻防凝方案 5. 能监督落实技改、检修方案中安全措施 6. 能调试自动收发油系统 7. 能对生产装置自动控制方案提出建议 8. 能对关键点位控制阀门和检测仪表等提出改进建议 9. 能根据装置历史操作记录数据提出操作改进措施 10. 能根据装置历史报警记录数据提出报警改进措施	1. 新油罐、新机泵的投用要求 2. 调试自动监控系统方法 3. 混油的回掺要求 4. 防冻防凝要求 5. 技改、检修方案中安全措施要求 6. 调试自动收发油系统方法 7. 化工生产过程自动化知识 8. 检测仪表与传感器知识 9. 装置出现手动操作的影响因素及分析方法 10. 装置出现报警的影响因素及分析方法
三、 设备使用与维护	（一） 使用设备	1. 能组织设备检修后的验收和试车 2. 能组织实施设备的防冻防凝等措施 3. 能组织实施设备的防腐蚀等措施	1. 设备验收标准 2. 设备的防冻防凝技术要求 3. 腐蚀机理与防腐蚀技术
	（二） 维护设备	1. 能提出设备防腐蚀措施 2. 能对设备维护保养制度制定提出建议 3. 能组织实施储运设备设施维护方案	1. 设备防腐蚀技术 2. 设备保养方案 3. 设备管理的规定、标准
四、 事故判断与处理	（一） 判断事故	1. 能分析工艺参数、设备运行状况等变化趋势，预判可能出现的异常 2. 能分析油罐抽瘪、胀裂、冒顶等事故原因 3. 能分析跑油、窜油、泄漏（如升温器泄漏、浮顶罐中央排水管泄漏等）等事故原因	1. 工艺条件对生产的影响 2. 油罐的结构、安全附件、操作要点
	（二） 处理事故	1. 能组织事故应急预案的演练 2. 能组织应急处理油罐抽瘪、胀裂、冒顶等事故 3. 能组织应急处理跑油、窜油、泄漏（如升温器泄漏、浮顶罐中央排水管泄漏等）等事故	1. 事故应急预案、演练流程 2. 油罐的结构、安全附件、操作要点 3. 油罐抽瘪、胀裂、冒顶等事故处理要点

续表

职业功能	工作内容	技能要求	相关知识
五、绘图与计算	(一)绘图	1. 能绘制技术改进简图 2. 能识读零件图	1. 设计资料 2. 零件图知识
	(二)计算	1. 能进行热量平衡计算 2. 能进行传质计算	热量平衡及传质计算方法
六、管理	(一)质量管理	1. 能组织全面质量管理(QC)小组开展质量攻关活动 2. 能按质量管理体系要求指导生产 3. 能分析生产中的质量事故 4. 能实施产品质量改进方案	1. 全面质量管理方法 2. 质量管理体系运行要求 3. 质量事故分析方法
	(二)生产管理	1. 能组织、指导班组经济活动分析 2. 能应用统计技术对生产工况进行分析 3. 能对装置标定工作提出建议 4. 能组织开展能源管理活动 5. 能落实安全标准化工作	1. 工艺技术管理规定 2. 统计基础常识 3. 能源管理文件要求 4. 装置标定管理规定 5. 安全标准化管理要求
	(三)编写技术文件	1. 能撰写生产技术总结 2. 能审定装置开、停车方案并提出建议	1. 技术总结撰写方法 2. 装置开、停车方案编写方法
	(四)技术改进	1. 能提出技术改进措施 2. 能对技措、技改项目的实施方案进行并提出建议	国内同类装置技术应用信息
七、培训与指导	(一)培训	1. 能培训五级/初级工、四级/中级工、三级/高级工 2. 能制订专项培训方案	1. 培训技巧 2. 培训方案的编写方法
	(二)指导	1. 能总结操作经验和技能 2. 能传授特有的操作经验和技能	1. 操作经验和技能总结方法 2. 操作经验和技能传授技巧

二 国家职业标准(高级技师工作要求)

职业功能	工作内容	技能要求	相关知识
一、安全生产	(一)安全操作	1. 能编制受限空间作业方案 2. 能编制高处作业方案 3. 能编制动火作业方案 4. 能编制能量隔离方案 5. 能组织进行作业安全分析(JSA)、工作危害分析(JHA)	1. 受限空间作业方案的编制内容及要求 2. 高处作业方案的编制内容及要求 3. 动火作业方案的编制内容及要求 4. 能量隔离方案的编制内容及要求 5. 作业安全分析(JSA)、工作危害分析(JHA)等风险辨识与防控分析的方法
	(二)风险管控与隐患排查	1. 能进行特殊作业管理 2. 能组织机械伤害事件、事故应急演练 3. 能组织触电事件、事故应急演练 4. 能组织火灾爆炸事件、事故应急演练 5. 能制订装置密闭吹扫改进方案 6. 能组织环保事件、事故应急演练 7. 能组织对有毒有害介质设备设施进行工艺处理 8. 能组织装置高压窜低压、往复机停机等异常应急处置 9. 能对重大隐患采取防范措施	1. 特殊作业的分级、作业要求、职业禁忌 2. 应急演练的组织程序及要求 3. 装置环保排放要求 4. 隐患治理“五定”要求和隐患整治方案

续表

职业功能	工作内容	技能要求	相关知识
二、工艺操作	（一）油品储运	1. 能编写、审核开、停车方案及网络计划，并组织实施 2. 能对新、改、扩建装置查设计漏项、查工程质量及隐患、查未完工程量并提出建议 3. 能确认新、改、扩建装置开车条件 4. 能指导新装置开车 5. 能指导同类装置的试车、投产 6. 能组织确认装置停车交出条件 7. 能指导同类装置的停车检修 8. 能解决同类装置的工艺技术难题 9. 能对生产工况进行指导优化 10. 能编写冬季防冻防凝方案并组织落实 11. 能编写防洪、防汛方案 12. 能提出同类装置自动控制方案的优化建议 13. 能提出同类装置关键点位阀门和仪表配置的优化建议	1. 装置开、停车方案编制要求 2. 装置开车要求、停车交出要求 3. 装置防冻防凝要求 4. 装置运行工艺指标要求 5. 装置停车检修要求 6. 编写防洪、防汛方案的要求 7. 解决同类装置的工艺技术难题方法 8. 罐区技改方案、现场安全措施要求 9. 同类装置自动控制方案优化的知识 10. 同类装置关键点位选择优化和测量仪表选型优化的知识
三、设备使用与维护	（一）使用设备	1. 能分析设备运行情况并提出操作改进建议 2. 能对机、泵等设备的安装、调试方案提出建议 3. 能对新、改、扩建项目新增设备选型提出建议	1. 设备安装、调试要求 2. 设备选型要求
	（二）维护设备	1. 能制定关键设备长周期运行的维护措施 2. 能提出设备、管道等防腐蚀措施	1. 设备维护要点 2. 金属腐蚀机理
四、事故判断与处理	（一）判断事故	1. 能编写罐区应急预案 2. 能编写铁路装卸区应急预案 3. 能编写公路装卸区应急预案 4. 能编写水路装卸区应急预案 5. 能组织判断工艺异常 6. 能组织判断设备故障 7. 能分析国内外同类装置事故原因	1. 编写事故应急处置方案编写方法和要求 2. 国内外同类装置典型事故案例
	（二）处理事故	1. 能指挥应急处理储罐、管道泄漏事故 2. 能指挥应急处理油罐抽瘪、胀裂、冒顶等事故 3. 能组织处理工艺异常	油罐抽瘪、胀裂、冒顶等事故应急处理要点
五、绘图与计算	（一）绘图	1. 能审定技术改造图并提出建议 2. 能审定联锁逻辑图并提出改进建议	工艺设计要点
	（二）计算	1. 能进行热量平衡计算 2. 能进行传质传热计算	1. 热量平衡计算方法 2. 传质计算方法

续表

职业功能	工作内容	技能要求	相关知识
六、管理	（一）质量管理	1. 能提出产品质量改进方案 2. 能组织实施改进产品质量方案	质量管理知识
	（二）生产管理	1. 能组织实施节能降耗措施 2. 能参与装置经济活动分析 3. 能提出生产管理的建议 4. 能提出能源管理措施 5. 能提出技术改进方案 6. 能完成生产文件的分类和管理工作 7. 能消化吸收新技术、新工艺 8. 能组织安全标准化工作	1. 经济活动分析方法 2. 生产管理内容 3. 能源管理知识 4. 技术改进方案编制知识 5. 生产文件的分类和管理知识 6. 国内外同行业新技术、新工艺应用
	（三）编写技术文件	1. 能撰写技术论文 2. 能对生产方案制订提出建议 3. 能对岗位操作法和工艺技术规程制定提出建议 4. 能对装置标定方案提出建议	1. 技术论文撰写方法 2. 标定报告、技术规程等编写方法
	（四）技术改进	1. 能组织技术改造和技术革新 2. 能对技术改造方案的审定提出改进建议	国内外同类装置工艺、设备、自动化控制等方面的技术发展信息
七、培训与指导	（一）培训	1. 能培训五级/初级工、四级/中级工、三级/高级工、二级/技师 2. 能制订培训计划和大纲 3. 能编写培训教材 4. 能系统培训本工种技能	1. 培训计划和大纲编写方法 2. 培训教材的编写方法
	（二）指导	1. 能传授专业知识和技能 2. 能安排教学内容，选择教学方式	1. 培训技巧 2. 评价技能培训效果的方法

三　理论知识鉴定要素细目表

行业通用理论知识鉴定要素细目表（技师）

鉴定范围			鉴定点	
一级	二级	三级	名称	重要程度
基本要求	基础知识	识图基础知识	设备布置图基础知识	X
			管道布置图基础知识	X
			化工设备图尺寸标注方法	X
			装配图内容	X
		安全环保基础知识	清洁生产审核的实施方法	X
			JHA工作危害分析	X
			安全处理及施工方案的编制方法	X

续表

鉴定范围			鉴定点	
一级	二级	三级	名称	重要程度
基本要求	基础知识	安全环保基础知识	应急预案的编制方法	X
			安全检查表的编制要点	X
			防噪声的技术措施	X
			防噪声的管理措施	X
			国家劳动安全卫生管理体制职责划分的内容	X
			事故风险控制的基本过程	X
		质量基础知识	ISO9000族标准质量管理审核的依据	X
			ISO9001标准质量管理体系的总体思路	X
			顾客满意的概念	X
			现场质量管理的主要内容	X
			控制图的原理	X
			质量改进的概念	X
			质量改进的步骤	X
		计算机基础知识	PowerPoint的基本概念	X
			幻灯片的制作方法	X
			应用母版的内容	X
			应用设计模板的内容	X
			幻灯片动画效果的设置方法	X
			幻灯片放映技巧	X
相关知识	管理知识	生产管理	生产管理理念	X
			设备管理理念	X
			现场管理理念	X
			工艺管理理念	X
		编写技术文件	生产总结报告的常用格式	X
			技术论文的结构内容	X
			技术论文标题拟订的基本原则	X
			技术论文摘要拟订的基本原则	X
			技术论文编写的基本要素	X
			装置标定报告主要内容	X

续表

鉴定范围			鉴定点	
一级	二级	三级	名称	重要程度
相关知识	管理知识	编写技术文件	装置验收报告主要内容	X
			工艺技术规程主要内容	X
			岗位操作法的主要内容	X
			检修方案的主要内容	X
			开工方案的主要内容	X
			停工方案的主要内容	X
		技术改进	技术改造的目的	X
			技术改造的程序	X
			技术改造方案的主要内容	X
			技术改造的有关步骤	X
			技术改造申请书的编写格式	X
			技术革新成果的鉴定知识	X
			技术改造的注意事项	X
			技术革新成果报告的主要内容	X
	培训与指导	培训与指导	专项培训方案制订的要求	X
			培训教学常用方法	X
			培训教案编写的要求	X
			培训教学的组织实施	X
			评估培训效果的意义	X

——行业通用理论知识鉴定要素细目表(高级技师)——

鉴定范围			鉴定点	
一级	二级	三级	名称	重要程度
基本要求	基础知识	识图基础知识	设备布置图基础知识	X
			管道布置图基础知识	X
			化工设备图尺寸标注方法	X
			装配图内容	X
		安全环保基础知识	清洁生产审核的实施方法	X
			JHA工作危害分析	X
			安全处理及施工方案的编制方法	X

续表

鉴定范围			鉴定点	
一级	二级	三级	名称	重要程度
基本要求	基础知识	安全环保基础知识	应急预案的编制方法	X
			安全检查表的编制要点	X
			防噪声的技术措施	X
			防噪声的管理措施	X
			国家劳动安全卫生管理体制职责划分的内容	X
			事故风险控制的基本过程	X
		质量基础知识	ISO9000族标准质量管理审核的依据	X
			ISO9001标准质量管理体系的总体思路	X
			顾客满意的概念	X
			现场质量管理的主要内容	X
			控制图的原理	X
			质量改进的概念	X
			质量改进的步骤	X
		计算机基础知识	PowerPoint的基本概念	X
			幻灯片的制作方法	X
			应用母版的内容	X
			应用设计模板的内容	X
			幻灯片动画效果的设置方法	X
			幻灯片放映技巧	X
相关知识	管理知识	生产管理	生产管理理念	X
			设备管理理念	X
			现场管理理念	X
			工艺管理理念	X
		编写技术文件	生产总结报告的常用格式	X
			技术论文的结构内容	X
			技术论文标题拟订的基本原则	X
			技术论文摘要拟订的基本原则	X
			技术论文编写的基本要素	X
			装置标定报告主要内容	X

续表

鉴定范围			鉴定点	
一级	二级	三级	名称	重要程度
相关知识	管理知识	编写技术文件	装置验收报告主要内容	X
			工艺技术规程主要内容	X
			岗位操作法的主要内容	X
			检修方案的主要内容	X
			开工方案的主要内容	X
			停工方案的主要内容	X
		技术改进	技术改造的目的	X
			技术改造的程序	X
			技术改造方案的主要内容	X
			技术改造的有关步骤	X
			技术改造申请书的编写格式	X
			技术革新成果的鉴定知识	X
			技术改造的注意事项	X
			技术革新成果报告的主要内容	X
	培训与指导	培训与指导	专项培训方案制订的要求	X
			培训教学常用方法	X
			培训教案编写的要求	X
			培训教学的组织实施	X
			评估培训效果的意义	X

——工种理论知识鉴定要素细目表——

鉴定范围			鉴定点	
一级	二级	三级	名称	重要程度
基本要求	基础知识	油罐设计基础知识	油罐基础的技术要求	X
			油罐底板的技术要求	X
			油罐底板的检查方法	X
			油罐罐壁的检查方法	X
			油罐壁板的技术要求	X
			油罐倾斜度的技术要求	X

续表

鉴定范围			鉴定点	
一级	二级	三级	名称	重要程度
基本要求	基础知识	常用分析误差概念	不确定度的概念	X
			随机误差的概念	X
			系统误差的概念	X
		流量计分类知识	流量计基础知识	X
			转子式流量计基础知识	X
			差压式流量计安装知识	X
			旋涡式流量计基础知识	X
		摩擦与润滑知识	物体运动时的摩擦	Y
			摩擦的分类	Y
			物体运动中的磨损	Z
			磨损的分类和形式	Z
			广义的润滑概念	X
			边界润滑的概念	X
相关知识	工艺操作	正常操作	油罐定期检查要点	X
			新油罐投用前的检查内容	Y
			新油罐投用后的检查内容	X
			巡检中对储罐的检查要点	X
			选择扫线介质应考虑的因素	Y
			新油罐投用前的作业要点	X
			新管线投用前的检查内容	X
			新管线投用后的检查内容	X
	设备使用与维护	设备使用	自动计量系统的工作原理	X
			自动监控系统的工作原理	X
			液位计量与运转设备联锁的调试要点	X
			防静电装置与运转设备联锁的调试要点	X
			压力管道检验的方法	X
			管道在线检验的检查内容	X
			管道水压试验的方法	X
			管道气压试验的方法	X
			流量计仪表的选用	X
			电器仪表基础知识	X

续表

鉴定范围			鉴定点	
一级	二级	三级	名称	重要程度
相关知识	设备使用与维护	设备使用	气动执行机构的基础知识	X
			离心泵抗汽蚀性能的措施	X
			离心泵电机的选用	Y
			两台离心泵如何使用获得较大流量	Y
			两台离心泵应如何使用获得较大的扬程	Y
			离心泵的扬程与流量关系	X
			蒸汽往复泵理论与实际的H–N曲线	X
			变频电机的选型	X
			变频电机的工作原理	X
			预防离心泵汽蚀的措施	X
		设备维护	液位计量系统的维护要点	X
			自动监控系统中云台的功能	Y
			摄像机的主要技术参数	Y
			自动监控系统的维护要点	X
			电视监控传输系统的常见故障	Y
			电视监控传输系统常见故障的解决方法	Y
			压力管道的检查方法	X
			压力管道的日常检查要点	X
			压力管道的日常维护要点	X
			流量计的日常维护要点	X
			离心泵选用的原则	Y
			变频电机的维护	X
相关知识	事故判断与处理	事故判断	油罐液位仪表异常情况的判断	X
			自动计量集中控制台出现油罐液位显示异常的原因分析	X
			温度显示仪表故障的判断	X
			事故案例的分析	X
			油泵起火的原因	X
			油罐收付量差超过规定的原因	X
			测量液位仪表异常情况的判断	X
			新温度显示仪表故障的判断	X
			在用温度显示仪表故障的判断	X
		事故处理	油罐液位仪表异常情况的处理方法	X
			温度显示仪表故障的处理方法	X
			仪表冒烟的处理要点	X

续表

鉴定范围			鉴定点	
一级	二级	三级	名称	重要程度
相关知识	事故判断与处理	事故处理	油罐收付量差超过规定的处理要点	X
			应急管理内涵	Y
			应急预案要求	X
			应急预案的组成	X
			应急预案的演练过程	X
			抗震减灾的工作方针	X
			防汛、防台抗灾的工作方针	Z
			应急管理的原则	X
			应急预案编写的要点	X
			应急预案编写的内容	X
			应急演练的方法	X
			事故预防措施制定的要点	Y
			装置应急预案制定的要点	Y
			装置应急预案编写的要点	Y
			离心泵的紧急停车要点	X
	计算与绘图知识	计算知识	泵的扬程的计算	X
			油品移动的算量	X
			离心泵轴功率的计算	X
			离心泵有效功率及效率的计算	X
			离心泵流量的计算	Y
			流量计的计算	X
			调节阀流量的计算	X
			雷诺系数的计算	Z
			阻力的计算	Y
			压强降的计算	Y
			换热器的相关计算	X
			往复泵参数的计算	Y
			保温层厚度的计算	X
			油罐调和喷嘴仰角的计算	Z
			流体的伯努利方程的计算	X
		绘图知识	管道轴侧图的阅读	Y
			化工设备图的标准化零部件	Y

罐区(模块)理论知识鉴定要素细目表

鉴定范围			鉴定点	
一级	二级	三级	名称	重要程度
相关知识	工艺操作	罐区操作	冷凝法油气回收的工艺	X
			冷凝法油气回收的原理	X

续表

鉴定范围			鉴定点	
一级	二级	三级	名称	重要程度
相关知识	工艺操作	罐区操作	吸附法油气回收的工艺	X
			吸附法油气回收的原理	X
			薄膜法选择渗透油气回收的工艺	X
			薄膜法选择渗透油气回收的原理	Y
			吸收法油气回收的工艺	X
			吸收法油气回收的原理	Z
			管输运行安全的控制要求	X
			分输下载的原则	Y
			输油管路混油的切割方法	X
			输油管道减少混油的措施	X
			SCADA 系统的基本概念	Y
			SCADA 系统的基本组成	X
			SCADA 系统的控制级别	X
			油品顺序输送原理	Y
	设备使用与维护	设备使用	呼吸阀的选型方法	X
			火灾探测器的工作原理	X
			灭火用泡沫的质量要求	X
			管道检修后验收的标准	Y
			机泵检修后验收的标准	Y
		设备维护	呼吸阀的压力校验方法	X
			阴极保护的原理	X
			阴极保护的方法	X
	事故判断与处理	事故判断	浮盘工作异常的判断	X
			管输系统故障的判断	X
			油库自动计量系统故障的判断	X
			油库自动监控系统故障的判断	X
			油库污水处理系统故障的判断	Z
			油库事故的特点	X
		事故处理	浮盘工作异常的处理方法	X
			管输系统故障的处理方法	X
			油库自动计量系统故障的处理方法	X

续表

鉴定范围			鉴定点	
一级	二级	三级	名称	重要程度
相关知识	事故判断与处理	事故处理	油库自动监控系统故障的处理方法	X
			油库污水处理系统故障的处理方法	Z
			油罐吸瘪的处理方法	Z
			成品油管内有水或杂质的处理方法	X
			油罐倾斜的处理方法	Z
			下水道着火的处理方案	X
			水封井着火的处理方案	Y
	计算与绘图知识	计算知识	油库消防用水量的计算	X
			油库泡沫液常备量的计算	X
			事故状态下库区最大排水量的计算	X
			库区能耗的计算	X
			油罐加热器加热面积的计算	Y

公路(模块)理论知识鉴定要素细目表

鉴定范围			鉴定点	
一级	二级	三级	名称	重要程度
相关知识	工艺操作	公路装卸管理	公路发油集中控制的工作原理	X
			公路发油分散式控制的工作原理	X
			公路发油分散-集中式控制的工作原理	X
			公路装车系统新投用的检查内容	X
			公路装车系统交出检修的条件确认内容	X
	设备使用与维护	设备使用	汽车发油台下装式系统的构成	X
			汽车发油台下装式系统的工作原理	X
			自动发油系统的工作原理	X
			汽车装车鹤管紧急拉断阀工作原理	Y
			汽车装车鹤管安装要求	X
		设备维护	汽车发油台下装式系统的维护	X
			自动发油系统的维护要点	X
			汽车装车鹤管调试内容	Y
	事故判断与处理	事故判断	汽车罐车装车超量的原因	X
			自动发油系统故障的判断	X
			汽车罐车装车过程泄漏着火的原因	X
			汽车罐车装车过程中管线内压力瞬间升高的原因	X

续表

鉴定范围			鉴定点	
一级	二级	三级	名称	重要程度
相关知识	事故判断与处理	事故处理	汽车罐车装车超量的处理方法	X
			自动发油系统故障的处理	X
			汽车罐车装车过程泄漏着火的应急处置	X
			汽车罐车装车过程中管线内压力瞬间升高的应急处置	X
	绘图与计算	计算题	发油系统水击的计算	X
			油品定额损耗的计算	X

铁路（模块）理论知识鉴定要素细目表

鉴定范围			鉴定点	
一级	二级	三级	名称	重要程度
相关知识	工艺操作	铁路装卸管理	潜油泵的操作方法	X
			潜油泵卸油工艺的特点	X
			铁路定量装车系统的原理	X
			铁路装卸系统新投用的检查内容	X
			铁路装卸系统交出检修的条件确认内容	X
	设备使用与维护	设备使用	气动潜油泵的工作原理	X
			气动潜油泵的结构	X
			液动潜油泵的工作原理	X
			液动潜油泵的结构	X
			潜油泵的性能特点	X
			铁路装车鹤管安装要求	X
			铁路装车鹤管的优缺点	X
		设备维护	气动潜油泵的维护	X
			液动潜油泵的维护	X
			潜油泵运转中的维护方法	X
			铁路装车鹤管调试内容	X
	事故判断与处理	事故判断	潜油泵卸油系统故障的判断	X
			汽蚀的判断	X
			气动潜油泵的故障判断	X
			液动潜油泵的故障判断	X
			铁路罐车装车过程泄漏着火的原因	X
			铁路罐车装车过程中管线内压力瞬间升高的原因	X

续表

鉴定范围			鉴定点	
一级	二级	三级	名称	重要程度
相关知识	事故判断与处理	事故处理	潜油泵卸油系统故障的处理	X
			汽蚀的克服方法	X
			气动潜油泵的故障处理	X
			液动潜油泵的故障处理	X
			铁路罐车装车过程发生火灾的应急处置	X
			铁路罐车装车过程中管线内压力瞬间升高的应急处置	X
	绘图与计算	计算题	潜油泵流量的计算	Y

水路(模块)理论知识鉴定要素细目表

鉴定范围			鉴定点	
一级	二级	三级	名称	重要程度
相关知识	水路装卸管操作	水路装卸操作	装卸油码头的类别	X
			装卸油码头的选址要求	X
			建设油码头的项目审批程序	Y
			油船、油码头防油气中毒规定	Y
	设备使用与维护	设备使用	油库污水处理装置的使用方法	X
			油码头扫舱设备的使用	Y
		设备维护	油库污水处理装置的维护	X
			油码头扫舱设备的维护	X
	事故判断与处理	事故判断	码头跑油事故的分析	X
			油船跑油事故的分析	X
			码头火灾事故的分析	X
		事故处理	码头接卸作业跑油的事故处理	X
			油船跑油的事故处理	X
			码头火灾事故的处理	X
			漏油管线处理方法、步骤	X
			防台、防汛的应急处理	Z
	计算与绘图知识	计算知识	油码头消防冷却水量的计算	X
			绘制油船、油驳装卸油时爆炸危险区域划分	X

四 理论知识试题

——行业通用理论知识试题(技师)——

判断题

1. 零件的每一方向都必须有且只有一个主要基准，可以有也可以没有辅助基准。（√）

2. 在化工设备图中，由于零件的制造精度不高，故允许在图上将同方向（轴向）的尺寸注成封闭形式。（√）

3. 表示设备上各管口以及支座、地脚螺栓等周向安装方位的图样，称为设备安装方位图。（√）

4. 化工行业不适用于清洁生产审核。（×）

正确答案：化工行业适用于清洁生产审核。

5. 在易燃易爆生产装置上进行的技术改造、隐患治理，均应编制安全处理及施工方案。（√）

6. 工作危害分析是消除和控制危害的一种行之有效的方法。（√）

7. 安全检查表分析是基于基本理论的方法。（×）

正确答案：安全检查表分析是基于经验的方法。

8. 建设项目的环境噪声污染防治设施必须与主体工程同时设计、同时施工、同时投入使用。（√）

9. 依据中华人民共和国城市区域环境噪声标准夜间突发的噪声，其最大值不准超过标准值30dB。（×）

正确答案：依据中华人民共和国城市区域环境噪声标准夜间突发的噪声，其最大值不准超过标准值15dB。

10. 在理想情况下，所有的作业都要进行工作危害分析，但首先要确保对关键性的作业实施分析。（√）

11. 事故风险是指事故发生的危害后果。（×）

正确答案：事故风险是事故发生几率及其危害后果的乘积。

12. 事故调查应该在应急救援结束前进行。（×）

正确答案：事故调查应该在应急救援结束后进行。

13. 施工单位必须参与编制安全处理及施工方案。（√）

14. 仪表监控措施是事故预防控制的主要措施之一。（√）

15. 通俗地说，持续改进就是增强满足要求的能力和改进业绩的循环活动。（√）

16. 质量改进是质量管理的一部分，致力于增强满足质量要求的能力。（√）

17. 控制图的上控制限（UCL）和下控制限（LCL）用实线绘制。（×）

正确答案：控制图的上控制限（UCL）和下控制限（LCL）用虚线绘制。

18. ISO9001为质量管理体系规定了要求，ISO9004在质量管理体系更宽泛的目标下，为持续成功和改进绩效提供了指南。（√）

19. 现场质量管理就是要管好现场的人员。（×）

正确答案：现场质量管理就是要管好现场的人员、机器、物料、作业方法和现场环境。

20. 控制图的原理就是3西格玛原理。（√）

21. 顾客满意度是对顾客满意程度的通俗化描述。（×）

正确答案：顾客满意度是对顾客满意程度的定量化描述。

22. 在PowerPoint中利用“模板”可以创建具有一定复杂背景和色彩的演示文稿。（√）

23. 如果演示为PowerPoint文稿设置了动画效果，则在播放时，单击鼠标将显示设置了动画的对象，而不是立即切换到下一张幻灯片。（√）

24. 在PowerPoint中，在备注页编辑区输入的内容将随正文一起播放给观众。（×）

正确答案：在PowerPoint中，在备注页编辑区输入的内容不能随正文一起播放。

25. 工艺技术改进是建立正常的生产秩序和工作秩序、提高企业经济效益、实现企业经营目标、提高企业适应能力的基本手段，是企业进行技术创新、技术发展的基本平台。（×）

正确答案：工艺技术管理是建立正常的生产秩序和工作秩序、提高企业经济效益、实现企业经营目标、提高企业适应能力的基本手段，是企业进行技术创新、技术发展的基本平台。

26. 设备技术规范不属于装置标定报告的内容。（×）

正确答案：设备技术规范属于装置标定报告的内容。

27. 系统流程图不属于岗位操作法的内容。（×）

正确答案：系统流程图属于岗位操作法的内容。

28. 停工组织机构是停工方案的内容之一。（√）

29. 技术论文提纲拟订好后，就可以遵循论文写作的规范和通常格式动笔拟初稿。（√）

30. 能组织完成装置自修项目的验收是技师在开车准备阶段应具备的技能。（√）

31. 生产准备应包括：组织机构（附组织机构图）、人员准备及培训、技术准备及编制《投料试车总体方案》（附投料试车统筹网络图）、物资准备、资金准备、外部条件准备和营销准备。（√）

32. 准备好生活服务工作不属于设备检修准备工作内容。（×）

正确答案：准备好生活服务工作属于设备检修准备工作内容。

33. 设备状况及设备规范是工艺技术规程的内容之一。（√）

34. 在技术改造方案中环境保护设施、道路设施、消防设施、劳动安全和职业卫生设施应按设计要求与主体工程同时设计、同时施工、同时投入使用。（√）

35. 技术改造具有投资少、周期短、见效快的特点。（√）

36. 技术革新包括简单的技术改造。（√）

37. 技术改造项目正式验收后要按照对技术经济指标进行考核标定，编写运行标定报告。（×）

正确答案：技术改造项目正式验收前要按照对技术经济指标进行考核标定，编写运行标定报告。

38. 建设项目中若有少量不影响正常生产的未完工程，在核定投资、限期完成的条件下，亦应进行竣工验收。（√）

39. 申报单位意见、技术部门批复意见和主管部门批复意见是技术改造申请书必须包含的内容。（√）

40. 提纲是培训教案的灵魂，主题是培训教案的血脉，素材是培训教案的血肉。（×）

正确答案：主题是培训教案的灵魂，提纲是培训教案的血脉，素材是培训教案的血肉。

41. 对内容、讲师、方法、材料、设施、场地、报名的程序等方面的评价属于结果层面的评价。（×）

正确答案：对内容、讲师、方法、材料、设施、场地、报名的程序等方面的评价属于反应层面的评价。

42. 教师授课技巧的高低是影响培训效果的关键因素。（√）

单选题

1. 在储罐的化工设备图中，储罐支座上地脚螺栓孔的中心距尺寸表示的是（ C ）尺寸。

A. 特性　　B. 装配　　C. 安装　　D. 总体

2. 关于尺寸基准，下列说法不正确的是（ D ）。

A. 根据零件结构的设计要求而选定的基准为设计基准

B. 根据零件加工、测量的要求而选定的基准为工艺基准

C. 零件的每一个方向都必须有且只有一个主要基准，可以有也可以没有辅助基准

D. 零件的每一个方向的定向尺寸一律从该方向主要基准出发标注

3. 设备布置图中，非定型设备被遮盖的设备轮廓一般不画，如必须表示时，则用（ D ）线表示。

A. 细实　　B. 粗实　　C. 细虚　　D. 粗虚

4. 防治噪声污染最根本的措施是（ D ）。

A. 采用吸声器　　B. 减振降噪

C. 严格控制人为噪声　　D. 从声源上降低噪声

5. （ A ）是判别OHSAS18001职业健康安全管理体系运行是否成功的重要依据。

A. 法规和其他要求　　B. 风险辨识的有效性

C. 预案的可执行性　　D. 风险控制的有效性

6. 职业安全卫生管理体系由（ C ）个二级要素组成。

A. 10　　B. 15　　C. 17　　D. 36

7. 按ISO9001：2015标准建立质量管理体系，采用（ A ）方法，该方法结合了PDCA循环与基于风险的思维。

A. 过程　　B. 改进　　C. 循证决策　　D. 全员参与

8. 质量改进的基本过程是（ B ）。

A. PDPC法　　B. PDCA循环

C. 过程方法　　D. 流程图法

9. 在ISO9000族标准中，可以作为质量管理体系审核依据的是（ A ）。

A. GB/T 19001　　B. GB/T 19000

C. GB/T 19021　　D. GB/T 19011

10. 在ISO9000族标准中，不能作为质量管理体系审核依据的是（ D ）。

A. 质量管理体系文件　　B. 合同

C. GB/T 19001标准及相关法律法规　　D. GB/T 19004标准

11. 有关创建新的PowerPoint的说法，错误的是（ B ）。

A. 可以利用空白演示文稿来创建

B. 在演示文稿类型中，只能选择成功指南

C. 演示文稿的输出类型应根据需要选定

D. 可以利用内容提示向导来创建

12. 在幻灯片中，不能设置的动画效果是（ D ）。

A. 飞入　　B. 空投　　C. 溶解　　D. 向左擦去

13. PowerPoint中，有关备注母版的说法错误的是（ C ）。

A. 备注的最主要功能是进一步提示某张幻灯片的内容

B. 要进入备注母版，可以选择视图菜单的母版命令，再选择“备注母版”

C. 备注母版的页面共有5个设置区：页眉区、页脚区、日期区、幻灯片缩图和数字区

D. 备注母版的下方是备注文本区，可以像在幻灯片母版中那样设置其格式

14. PowerPoint中，下列有关幻灯片母版中页眉页脚的说法错误的是（ D ）。

A. 页眉或页脚是加在演示文稿中的注释性内容

B. 典型的页眉/页脚内容是时间及幻灯片编号

C. 在打印演示文稿的幻灯片时，页眉/页脚的内容也可打印出来

D. 不能设置页眉和页脚的文本格式

15. 在PowerPoint中，单击工具条的“新幻灯片”按钮，则会把一张新幻灯片插入当前幻灯片的（ B ）。

A. 前面　　B. 后面　　C. 文档尾　　D. 文档首

16. PowerPoint2000中，可以修改幻灯片内容的视图是（ A ）。

A. 幻灯片　　B. 幻灯片浏览　　C. 幻灯片放映　　D. 备注页

17. 工业企业生产过程的核心是（ B ）过程。

A. 生产技术准备　　B. 基本生产　　C. 辅助生产　　D. 生产服务

18. 对设备进行局部解体检查和调整、更换或修理磨损部件，属于设备的（ B ）维护保养。

A. 一级　　B. 二级　　C. 三级　　D. 日常

19. 不属于技术论文标题拟订基本要求的是（ B ）。

A. 简短精练　　B. 标新立异　　C. 准确得体　　D. 醒目

20. 头脑风暴法是围绕某个中心议题，毫无顾忌、畅所欲言地发表独立见解的一种（ C ）思想方法。

A. 系统性　　B. 逻辑性　　C. 创造性　　D. 启发性

21. 企业培训的成功有赖于培训（ A ）的指导与规范。

A. 制度　　B. 内容　　C. 计划　　D. 措施

22. 正确评估培训效果要坚持一个原则，即培训效果应在（ B ）中得到检验。

A. 培训过程　　B. 实际工作　　C. 培训教学　　D. 培训评价

多选题

1. 现场目视管理的基本要求是（ ABCD ）。

A. 统一 B. 简约 C. 鲜明 D. 实用

2. 在月度生产总结报告中对工艺指标完成情况的分析应包括（ ABCD ）。

A. 去年同期工艺指标完成情况 B. 本月工艺指标完成情况

C. 计划本月工艺指标情况 D. 未达到工艺指标要求的原因

3. 技术论文摘要的内容有（ ACD ）。

A. 研究的主要内容 B. 研究的目的和自我评价

C. 获得的基本结论和研究成果 D. 结论或结果的意义

4. 在技术改造过程中应注意加强（ ABCD ）的控制。

A. 工程进度 B. 工程质量 C. 工程安全 D. 工程投资

5. 技术革新的内容包括（ ABCD ）。

A. 技术改造 B. 工艺优化

C. 节能降耗措施 D. 小发明、小改进、小窍门

6. 在化工设备图中，可以作为尺寸基准的有（ ABD ）。

A. 设备筒体和封头的中心线 B. 设备筒体和封头时的环焊缝

C. 设备人孔的中心线 D. 管口的轴线和壳体表面的交线

7. 设备布置图必须具有的内容是（ ABD ）。

A. 一组视图 B. 尺寸及标注 C. 技术要求 D. 标题栏

8. 编制应急预案应做的准备工作是（ ABCD ）。

A. 全面分析本单位危险因素，可能发生的事故类型及事故的危害程度

B. 排查事故隐患的种类、数量和分布情况，并在隐患治理的基础上，预测可能发生的事故类型及事故的危害程度

C. 确定事故危险源，进行风险评估，针对事故危险源和存在的问题，确定相应的防范措施

D. 客观评价本单位应急能力，充分借鉴国内外同行业事故教训及应急工作经验

9. 事故的预防控制措施主要包括（ ABCD ）。

A. 工艺安全设计 B. 设备安全措施

C. 仪表监控措施 D. 紧急停车设施

10. PDCA 循环中的处置阶段是 （ BD ）。

A. 肯定成绩 B. 实施标准化

C. 表彰先进　　D. 对没有解决的问题转入下一轮解决

11. 依据ISO9001：2015，组织应确定与其目标和战略方向相关并影响其实现质量管理体系预期结果的各种外部和内部因素。以下说法正确的是（ ABCD ）。

A. 组织应对这些内部和外部因素的相关信息进行监视和评审

B. 这些因素可以包括需要考虑的正面和负面要素或条件

C. 考虑国际、国内、地区和当地的各种法律法规、技术、竞争、市场、文化、社会和经济因素，有助于理解外部环境

D. 考虑组织的价值观、文化、知识和绩效等相关因素，有助于理解内部环境

12. 创建新的PowerPoint可以使用下列哪一项（ ABC ）。

A. 内容提示向导　　B. 设计模板

C. 空演示文稿　　D. 打开已有的演示文稿

13. 设备管理的基本内容包括（ ABC ）。

A. 设备的检查　　B. 设备的维护、保养

C. 设备的修理、检验　　D. 设备的处理

14. 设备的一级维护保养的主要内容是（ ABCD ）。

A. 彻底清洗、擦拭外表　　B. 检查设备的“内脏”

C. 检查油箱油质、油量　　D. 局部解体检查

15. “三级验收”是指（ BCD ）验收。

A. 个人　　B. 班组　　C. 车间　　D. 厂部

简答题

1. 通常情况下技术论文的结构是怎样的?

答：在通常情况下技术论文的正文结构应该是按提出问题—分析问题—提供对策来布置的。

（1）要概括情况、阐述背景、说明意义、提出问题。

（2）在分析问题时必须观点明确，既要抓住矛盾的主要方面，又不能忽视次要方面，析因探源，寻求出路。

（3）要概括前文，肯定中心论点，提出工作对策。提供的对策要有针对性和必要的论证。

2. 清洁生产审核有哪几个阶段?

答：（1）筹划与组织。

（2）预评估。

（3）评估。

（4）方案产生和筛选。

（5）可行性分析。

（6）方案实施。

（7）持续清洁生产。

3. 工作危害分析的主要步骤是什么？

答：（1）确定（或选择）待分析的作业。

（2）将作业划分为一系列的步骤。

（3）辨识每一步骤的潜在危害。

（4）确定相应的预防措施。

4. 生产管理的原则有哪些？

答：（1）讲求经济效益。

（2）实行科学管理。

（3）坚持以销定产。

（4）组织均衡生产。

（5）实现清洁生产。

5. 工艺技术管理的方法有哪些？

答：（1）程序分析法。

（2）动作分析法。

（3）环境因素分析法。

（4）行为因素分析法。

（5）生理因素分析法。

（6）现场控制法。

（7）实施现代化管理离线统计分析法。

（8）过程能力标定法。

6. 在培训教学的组织实施与管理的前期准备阶段，主要的工作有哪些？

答：（1）确认和通知参加培训的学员。

（2）培训后勤准备。

（3）确认培训时间。

（4）教材的准备。

（5）确认理想的讲师。

7. 岗位操作法应包括哪些内容？

答：（1）名称。

（2）岗位职责和权限。

（3）本岗位与上、下游的联系。

（4）设备规范和技术特性，原料产品的物、化性质。

（5）开工准备。

（6）开工操作步骤。

（7）典型状况下投、停运方法和步骤。

（8）事故预防、判断及处理。

（9）系统流程图。

（10）运行参数正常范围和各种试验。

8. 在开车准备阶段技师应具备哪些技能要求？

答：（1）能完成开车流程的确认工作。

（2）能完成开车化工原材料的准备工作。

（3）能按进度组织完成开车盲板的拆装操作。

（4）能组织做好装置开车介质的引入工作。

（5）能组织完成装置自修项目的验收。

（6）能按开车网络图计划要求，组织完成装置吹扫、试漏工作。

（7）能参与装置开车条件的确认工作。

行业通用理论知识试题(高级技师)

判断题

1. 装配图中，当序号的指引线通过剖面线时，指引线的方向必须与剖面线平行。 （ × ）

正确答案：装配图中，当序号的指引线通过剖面线时，指引线的方向必须与剖面线不平行。

2. 化工行业不适用于清洁生产审核。 （ × ）

正确答案：化工行业适用于清洁生产审核。

3. 关闭阀门是有效的安全隔离措施。 （ × ）

正确答案：关闭阀门不是有效的安全隔离措施，加堵盲板是有效的安全隔离措施。

4. 事故调查应该在应急救援结束前进行。 （ × ）

正确答案：事故调查应该在应急救援结束后进行。

5. 安全检查表分析是将一系列项目列出检查表并进行分析，以确定系统、场所的状态，这些项目可以包括场地、周边环境、设施、设备、操作、管理等各方面。 （ √ ）

6. 安全检查表分析是进行安全检查，发现潜在危险的一种实用而简单可行的方法。 （ √ ）

7. 防治噪声污染最根本的措施是采用吸声器。 （ × ）

正确答案：防治噪声污染最根本的措施是从声源上降低噪声。

8. 建设项目的环境噪声污染防治设施必须与主体工程同时设计、同时施工、同时投入使用。 （ √ ）

9. 识别事故风险是消除事故风险的过程。 （ × ）

正确答案：识别事故风险是确定事故风险存在及其特性的过程。

10. 顾客满意就是顾客对其要求已被满足的程度的感受。 （ √ ）

11. 现场质量管理就是要做好现场“5S”管理。 （ × ）

正确答案：现场质量管理就是要管好现场的人员、机器、物料、作业方法和现场环境。

12. 控制图的原理就是3西格玛原理。 （ √ ）

13. 质量改进是质量管理的一部分，致力于增强满足质量要求的能力。 （ √ ）

14. 在PowerPoint中利用“模板”可以创建具有一定复杂背景和色彩的演示文稿。 （ √ ）

15. 坚持以销定产是生产管理的原则之一。 （ √ ）

16. 流水生产是一种对象专业化的生产组织形式。 （ √ ）

17. 关键词是为了文献标引工作，从论文中选取出来，用以表示全文主要内容信息款目的单词或术语，一般选用10～15个词作为关键词。 （ × ）

正确答案：关键词是为了文献标引工作，从论文中选取出来，用以表示全文主要内容信息款目的单词或术语，一般选用3～8个词作为关键词。

18. 技术论文的摘要是对各部分内容的高度浓缩，可以用图表和化学结构式说明复杂的问题，并要求对论文进行自我评价。 （ × ）

正确答案：技术论文的摘要是对各部分内容的高度浓缩，在摘要中不可以用图表和化学结构式，不要对论文进行自我评价。

19. 设备技术规范不属于装置标定报告的内容。 （ × ）

正确答案：设备技术规范属于装置标定报告的内容。

20. 安全计划要求不属于工艺技术规程的内容。 （ × ）

正确答案：安全计划要求属于工艺技术规程的内容。

21. 岗位职责和权限是岗位操作法的内容之一。 （ √ ）

22. 准备好生活服务工作不属于设备检修准备工作内容。 （ × ）

正确答案：准备好生活服务工作属于设备检修准备工作内容。

23. 开工过程中安全分析及防范措施不属于开工方案的内容。（ × ）

正确答案： 开工过程中安全分析及防范措施属于开工方案的内容。

24. 停工过程中安全分析及防范措施不属于停工方案的内容。（ × ）

正确答案： 停工过程中安全分析及防范措施属于停工方案的内容。

25. 技术改造的过程中竣工验收时应以基础设计为依据。（ × ）

正确答案： 技术改造的过程中竣工验收时的依据是批准的项目建议书、可行性研究报告、基础设计（初步设计）、有关修改文件和专业验收确认的文件。

26. 安全环保措施不属于技术改造方案的主要内容。（ × ）

正确答案： 安全环保措施属于技术改造方案的主要内容。

27. 技术改造验收报告包括项目的安全环保措施。（ √ ）

28. 申报单位意见、技术部门批复意见和主管部门批复意见是技术改造申请书必须包含的内容。（ √ ）

29. 在技术改造施工过程中，管理方应加强质量监督并进行实施阶段的设计协调工作，但对检查发现的工程质量问题无权处理。（ × ）

正确答案： 在技术改造施工过程中，管理方应加强质量监督并进行实施阶段的设计协调工作，但对检查发现的工程质量问题有权责令改正。

30. 技术革新的特点是改进的难度小、费用少、风险小、周期短，但效果不明显。（ × ）

正确答案： 技术革新的特点是改进的难度小、费用少、风险小、周期短，但效果明显。

31. 提纲是培训教案的灵魂，主题是培训教案的血脉，素材是培训教案的血肉。（ × ）

正确答案： 主题是培训教案的灵魂，提纲是培训教案的血脉，素材是培训教案的血肉。

32. 在培训活动中，学员不仅是学习资料的摄取者，同时也是一种可以开发利用的宝贵的学习资源。（ √ ）

33. 对内容、讲师、方法、材料、设施、场地、报名的程序等方面的评价属于结果层面的评价。（ × ）

正确答案： 对内容、讲师、方法、材料、设施、场地、报名的程序等方面的评价属于反应层面的评价。

单选题

1. 设备布置图中，用（ B ）线来表示设备安装基础。

A. 细实　　B. 粗实　　C. 虚　　D. 点划

2. 在储罐的化工设备图中，储罐的筒体内径尺寸 ϕ 2000表示的是（ A ）尺寸。

A. 特性　　B. 装配　　C. 安装　　D. 总体

3. 工作危害分析工作中，制定消除或控制危害的对策中最优先考虑的是（ A ）。

A. 消除危害　　B. 控制危害　　C. 修改作业程序　　D. 减少暴露

4. 职业安全卫生管理体系由（ C ）个二级要素组成。

A. 10　　B. 15　　C. 17　　D. 36

5. 在ISO9000族标准中，可以作为质量管理体系审核依据的是（ A ）。

A. GB/T 19001　　B. GB/T 19000　　C. GB/T 19021　　D. GB/T 19011

6. ISO9001：2015标准的理论基础是（ C ）。

A. 持续改进原理　　B. 系统理论

C. 七项质量管理原则　　D. 质量管理体系基础

7. 质量改进的重点是（ A ）。

A. 提高质量保证能力　　B. 防止差错或问题的发生

C. 日常的检验、试验　　D. 配备相关的资源

8. 在PowerPoint2000中，将演示文稿打包为可播放的演示文稿后，文件类型为（ D ）。

A. PPT　　B. PPZ　　C. PSP　　D. PPS

9. 有关创建新的PowerPoint幻灯片的说法，错误的是（ B ）。

A. 可以利用空白演示文稿来创建

B. 在演示文稿类型中，只能选择成功指南

C. 演示文稿的输出类型应根据需要选定

D. 可以利用内容提示向导来创建

10. 在PowerPoint中，有关幻灯片母版中的页眉和页脚下列说法错误的是（ D ）。

A. 页眉或页脚是加在演示文稿中的注释性内容

B. 典型的页眉/页脚内容是日期、时间以及幻灯片编号

C. 在打印演示文稿的幻灯片时，页眉/页脚的内容也可打印出来

D. 不能设置页眉和页脚的文本格式

11. 在PowerPoint中，有关备注母版的说法错误的是（ C ）。

A. 备注的最主要功能是进一步提示某张幻灯片的内容

B. 要进入备注母版，可以选择视图菜单的母版命令，再选择“备注母版”

C. 备注母版的页面共有5个设置区：页眉区、页脚区、日期区、幻灯片缩图和数字区

D. 备注母版的下方是备注文本区，可以像在幻灯片母版中那样设置其格式

12. 在幻灯片中，不能设置的动画效果是（ D ）。

A. 飞入　　B. 空投　　C. 溶解　　D. 向左擦去

13. 在幻灯片播放过程中，若单击鼠标左键不能立即显示出下一张内容，是因为（ C ）。

A. 已到了演示文稿的末尾　　B. 下一张幻灯片设置了切换方式

C. 幻灯片设置了动画效果　　D. 下一张幻灯片设置了放映方式

14. 生产管理在企业中处于（ C ）地位。

A. 决策　　B. 指挥　　C. 中心　　D. 一般

15. 装置和设备检修“三不交工”是指（ B ）。

A. 工程未完成不交工、没有检修记录不交工、卫生不合格不交工

B. 不符合质量标准不交工、没有检修记录不交工、卫生不合格不交工

C. 工程未完成不交工、没有检修记录不交工、安全没有保证不交工

D. 不符合质量标准不交工、没有检修记录不交工、安全没有保证不交工

16. “实行标准化，消除五花八门的杂乱现象”体现现场目视管理的（ A ）要求。

A. 统一　　B. 简约　　C. 严格　　D. 实用

17. 下列属于工艺技术管理范围的是（ C ）。

A. 制定、完善并实施岗位管理规章制度

B. 编制工作总结

C. 制定、完善并实施装置工艺技术操作规程

D. 制订工作计划

18. 不属于技术论文标题拟订基本要求的是（ B ）。

A. 简短精练　　B. 标新立异　　C. 准确得体　　D. 醒目

19. 不属于技术论文特点的是（ C ）。

A. 客观性　　B. 理论性　　C. 通用性　　D. 创见性

20. 下列选项中，（ B ）不是岗位操作法中必须包含的部分。

A. 事故处理　　B. 生产原理　　C. 投、停运方法　　D. 运行参数

21. 在技术改造过程中（ D ）的项目不应该优先申报。

A. 解决重大安全隐患　　B. 生产急需

C. 效益明显　　D. 技术成熟

22. 技术革新成果鉴定的必要条件是（ C ）。

A. 进度　　B. 投资　　C. 质量　　D. 效果

23. 在培训教学中，制定培训规划的原则不包括（ D ）。

A. 政策保证　　B. 系统完美　　C. 务求实效　　D. 目的明确

24. 在培训教学中，案例法有利于参加者（ D ）。

A. 提高创新意识　　B. 系统接受新知识

C. 获得感性知识　　D. 培养分析解决实际问题能力

25. 培训效果的有效性是指（ B ）。

A. 培训工作带来的经济效益　　B. 培训工作对培训目标的实现程度

C. 培训工作带来的社会效益　　D. 培训工作带来的全部效益

26. 培训效果的评估不包括（ C ）等层面。

A. 反应　　B. 学习　　C. 内容　　D. 结果

27. 在评估培训效果时，行为层面的评估，不包括（ A ）等内容。

A. 投资回报率　　B. 客户的评价　　C. 同事的评价　　D. 主管的评价

28. 培训过程不含（ B ）阶段。

A. 识别培训需要　　B. 编制培训程序文件

C. 提供培训　　D. 评价培训有效性

29. 企业培训的成功有赖于培训（ A ）的指导与规范。

A. 制度　　B. 内容　　C. 计划　　D. 措施

30. 培训教案的实质性内容是（ A ）。

A. 确立培训主题　　B. 材料整理　　C. 材料搜集　　D. 构思培训提纲

多选题

1. 在化工设备图中，可以作为尺寸基准的有（ AB ）。

A. 设备筒体和封头的中心线　　B. 设备筒体和封头时的环焊缝

C. 设备法兰的密封面　　D. 设备支座的底面

2. 防止噪声危害的措施通常有（ ABC ）。

A. 控制和消除噪声源　　B. 控制噪声的传播

C. 个人卫生保健　　D. 设备紧固

3. 编制应急预案应做的准备工作是（ ABCD ）。

A. 全面分析本单位危险因素，可能发生的事故类型及事故的危害程度

B. 排查事故隐患的种类、数量和分布情况，并在隐患治理的基础上，预测可能发生的事故类型及事故的危害程度

C. 确定事故危险源，进行风险评估，针对事故危险源和存在的问题，确定相应的防范措施

D. 客观评价本单位应急能力，充分借鉴国内外同行业事故教训及应急工作经验

4. 分析、评估事故风险时，必须考虑（ ABCD ）。

A. 法规、标准要求 B. 典型事故案例

C. 固有的安全措施 D. 物质能量的安全特性

5. 编制安全隔离措施时，必须考虑哪些要素（ ABCD ）。

A. 工艺流程 B. 盲板材质

C. 盲板规格 D. 加堵人和确认人

6. 依据ISO9001：2015，组织应确定与其目标和战略方向相关并影响其实现质量管理体系预期结果的各种外部和内部因素。以下说法正确的是（ ABCD ）。

A. 组织应对这些内部和外部因素的相关信息进行监视和评审

B. 这些因素可以包括需要考虑的正面和负面要素或条件

C. 考虑国际、国内、地区和当地的各种法律法规、技术、竞争、市场、文化、社会和经济因素，有助于理解外部环境

D. 考虑组织的价值观、文化、知识和绩效等相关因素，有助于理解内部环境

7. 现场质量管理就是要管好现场的（ ABC ）。

A. 人员、机器设备 B. 原料、半成品和成品

C. 作业方法与现场环境 D. 5S

8. 控制图上的控制界限（ BD ）。

A. 可用于区分合格和不合格 B. 可用于区分正常波动与异常波动

C. 可以用规范界限来代替 D. 不可以用规范界限来代替

9. 质量改进步骤中拟定并实施的对策有（ AD ）。

A. 解决现象 B. 确认效果

C. 验证假说 D. 消除引起结果的原因，防止其再发生

10. PowerPoint中，有关设置文本字体的叙述，正确的有（ AD ）。

A. 设定文本字体之前必须先选定文本或段落

B. 文字字号中66号字比72号字大

C. 设置文本的字体时，从菜单栏的“插入”菜单开始

D. 选择设置效果选项可以加强文字的显示效果

11. 设备的一级维护保养的主要内容是（ ABCD ）。

A. 彻底清洗、擦拭外表 B. 检查设备的“内脏”

C. 检查油箱油质、油量 D. 局部解体检查

12. 生产计划是指对产品生产的计划工作和计划任务的分配工作，主要包括（ ABD ）

等环节。

A. 编制生产计划　　B. 编制作业计划

C. 编制改造计划　　D. 进行作业分配

13. 技术论文标题拟订的基本要求是（ BCD ）。

A. 标新立异　　B. 简短精练　　C. 准确得体　　D. 醒目

14. 技术论文摘要的内容有（ ACD ）。

A. 研究的主要内容　　B. 研究的目的和自我评价

C. 获得的基本结论和研究成果　　D. 结论或结果的意义

15. 国家标准技术论文不包括（ BD ）。

A. 关键词　　B. 声音文件　　C. 附录　　D. 目录

16. 下列选项中，属于竣工验收报告内容的有（ ABCD ）。

A. 工程设计　　B. 竣工决算与审计

C. 环境保护　　D. 建设项目综合评价

17. 技术革新的内容包括（ ABCD ）。

A. 技术改造　　B. 工艺优化

C. 节能降耗措施　　D. 小发明、小改进、小窍门

18. 在技术改造过程中（ ABC ）的项目应该优先申报。

A. 解决重大安全隐患　　B. 生产急需

C. 效益明显　　D. 技术成熟

19. 在技术改造方案中（ ABC ）设施应按设计要求与主体工程同时建成使用。

A. 环境保护　　B. 交通　　C. 消防　　D. 劳动安全卫生

20. 在培训教学中，制定培训规划的原则是（ ABC ）。

A. 政策保证　　B. 系统完美　　C. 务求实效　　D. 目的明确

简答题

1. 工作危害分析的主要步骤是什么?

答：（1）确定（或选择）待分析的作业。

（2）将作业划分为一系列的步骤。

（3）辨识每一步骤的潜在危害。

（4）确定相应的预防措施。

2. 企业如何实施清洁生产?

答：（1）清洁生产审核。

（2）开发长期的企业清洁生产战略计划，有步骤地实施清洁生产方案以实现清洁生产的目标。

（3）对职工进行清洁生产的教育和培训。

（4）进行产品全生命周期分析。

（5）进行产品生态设计。

（6）研究清洁生产的替代技术。

（7）进行企业清洁生产审核是推行企业清洁生产的关键和核心。

3. 控制图的构造是什么？

答：控制图有用实线绘制的中心线（CL）。用虚线绘制的上控制限（UCL）和下控制限（LCL）。图中有按时间顺序抽取的样本统计量数值的描点序列，各点之间用直线相连，以便看出各点的变化趋势。

4. 简述生产现场“一平二净三见四无五不缺”的具体含义。

答：“一平”即地面平整。“二净”即门窗玻璃净、四周墙壁净。“三见”即沟见底、轴见光、设备见本色。“四无”即无垃圾、无杂草、无废料、无闲散器材。“五不缺”即保温油漆不缺、螺栓手轮不缺、门窗玻璃不缺、灯泡灯罩不缺、地沟盖板不缺。

5. 生产管理的原则有哪些？

答：（1）讲求经济效益。

（2）实行科学管理。

（3）坚持以销定产。

（4）组织均衡生产。

（5）实现清洁生产。

6. 设备润滑的“五定”指哪些内容？

答：（1）定点：规定每台设备的润滑部位及加油点。

（2）定人：规定每个加、换油点的负责人。

（3）定质：规定每个加油点的润滑油品牌号。

（4）定时：规定加、换油时间，定时进行油质分析。

（5）实现清洁生产定量：规定每次加、换油数量。

7. 简述生产过程的基本内容。

答：（1）生产准备过程。

（2）基本生产过程。

（3）辅助生产过程。

（4）生产服务过程。

8. 在竣工验收报告中关于工程建设应包括哪些内容？

答：（1）工程建设概况。

（2）工程建设组织及总体统筹计划。

（3）工程进度控制。

（4）工程质量控制。

（5）工程安全控制。

（6）工程投资控制。

（7）未完工程安排。

（8）工程建设体会。

9. 停工方案应包括哪些内容？

答：（1）设备运行情况。

（2）停工组织机构。

（3）停工的条件确认。

（4）停工前的准备条件。

（5）停工的步骤及应注意的问题。

（6）停工后的隔绝措施。

（7）停工过程中事故预防和处理。

（8）停工过程中安全分析及防范措施。

（9）附录、重要的参数和控制点。

10. 技术革新成果的主要内容是什么？

答：技术革新成果的主要内容是：

（1）项目编号、成果名称、完成单位、申报日期、项目负责人、主要完成人、工作起止时间。

（2）系统原始状况和技术难点。

（3）实施报告，包括方案、措施、完成时间、取得成果（附图纸、资料、技术说明）。

（4）社会、经济效益。

（5）申报车间审核意见、技术主管部门审核意见、专业评审小组意见和企业主管领导意见。

11. 技术改造的前期准备工作有哪些？

答：通过选题和论证确定技术改造的项目和内容，提出立项申请和改造方案。经领导和专家批准后，进行改造设计和设计审查。改造项目确定后，需及时落实资金，完成设备、材料的采购，落实施工单位，组织设计交底。

12. 在培训教学的组织实施与管理的前期准备阶段，主要的工作有哪些?

答：（1）确认和通知参加培训的学员。

（2）培训后勤准备。

（3）确认培训时间。

（4）教材的准备。

（5）确认理想的讲师。

——工种理论知识试题

判断题

1. 油罐基础从下至上依次是：素土层、灰土层、砂垫层、沥青砂垫层。（√）

2. 正常情况下油罐的底板不受力，故一般油罐底板厚度不作强制要求。（×）

正确答案：正常情况下，油罐底板仅起传递油品和罐体作用下的重力，故一般底板厚度在5~12mm。

3. 在油罐底板厚度检测时，一般用测厚仪在每块钢板上各测2个点。（×）

正确答案：在油罐底板厚度检测时，一般用测厚仪在每块钢板上各测3个点。

4. 对罐底发现的裂缝、砂眼等缺陷，必须限期清罐修理。（√）

5. 地面油罐壁检查主要采用超声波进行检测，效率较高。（√）

6. 对新建或者修好的油罐进行充水试验，检测油罐罐壁是否严密，并对油罐壁板和焊缝进行外观检查。（√）

7. 为避免壁板对软密封的破坏，浮顶罐罐体各圈板必须采取对接焊接。（×）

正确答案：为避免壁板对软密封的破坏，采用直线式罐壁，壁板必须采取对接焊接。

8. 油罐壁板的厚度从上而下逐渐增大，上部厚度不应小于6mm。（√）

9. 在数字修约时，可以一次修约，也可以逐次修约。（×）

正确答案：在数字修约时，只能进行一次性修约，而不能逐次修约。

10. 对随机误差来说，无限次测量一般做不到，只能做有限次测量，故可确定的只是随机误差的估计值。（√）

11. 为了降低机械在运转中的摩擦，减少磨损，最广泛采用的措施就是润滑。（√）

12. 润滑油中分子之间的摩擦属于外摩擦。（×）

正确答案：润滑油中分子之间的摩擦属于内摩擦。

13. 在接触应力一定的条件下，表面粗糙度值越小，抗疲劳磨损能力越高；当表面粗糙度值小到一定值后，对抗疲劳磨损能力的影响减小。（√）

14. 广义的润滑是指一种减少摩擦和磨损的技术，还包括对摩擦副材料的表面改性以及采用自润滑性的摩擦副等技术。（√）

15. 球罐投用前应组织工艺、设备、仪表、安全等相关专业开展投用确认检查并按规定填写PSSR投用确认表。（√）

16. 伺服式液位计因其检测浮子较小，张力丝较细，因此，在储罐投用时，进料速度尽可能慢，防止损坏液位计。（√）

17. 对输送，储存易燃易爆物料的设备，管线进行检修时，有关系统进行处理时应用惰性气体吹扫置换。（√）

18. 差压式液位计系统中的差压变送器数值不能反映容器液位的高度。（×）

正确答案：差压式液位计系统中的差压变送器数值反映容器液位的高度。

19. 雷达液位计的原理与超声波液位计的原理基本相同，两者用的都是超声波。（×）

正确答案：雷达液位计的原理与超声波液位计的原理不同，雷达液位计用的是电磁波，超声波液位计用的是超声波。

20. 防静电装置与运转设备联锁调试时应首先断开与PC机连接控制线，再送电，检查正常工作指示灯是否亮。（√）

21. 在巡检中对油罐的检查项目之一是检查油罐液位、温度、压力的变化情况。（√）

22. 由于油罐付油前已进行了流程的检查，所以在巡检中不必再检查储罐运行状况流程是否正确。（×）

正确答案：虽油罐付油前已进行了流程的检查，但在巡检中仍需检查储罐运行状况流程是否正确。

23. 水压试验中严密性试验要求各焊缝及管道附件不得有渗漏方为合格。（√）

24. 管道在线检验时应重点检查支吊架损坏部位附近的管道组成件以及焊接接头。（√）

25. 特种设备使用单位应当对在用特种设备进行经常性日常维护保养，并定期自行检查。（√）

26. 某气缸阀在停电停气时自动关闭，该气缸阀属于单作用式。（√）

27. 气缸阀开关动作都通过气源来驱动执行，停电停气都是保持原位，该气缸阀属于双

作用式。（ √ ）

28. 离心泵配用电机选择时，应根据泵工作点的轴功率，并放大一定的余量，然后，再按照放大余量后的功率数据向电动机的功率等级靠挡，选择电机的额定功率。（ √ ）

29. 当两台或两台以上离心泵并联时，其系统的扬程无大改变，流量叠加，但总流量小于各单泵的流量之和。（ √ ）

30. 当两台或两台以上离心泵串联时流量并无大的改变，而扬程叠加，但总扬程小于各单泵的扬程之和。（ √ ）

31. 用离心泵输送密度比水大的液体时，泵的扬程会降低。（ × ）

正确答案：用离心泵输送密度比水大的液体时，泵的扬程会升高。

32. 变频电动机的主磁路一般设计成饱和状态，一是考虑高次谐波会减少磁路饱和，二是考虑在低频时，为了提高输出转矩而适当降低变频器的输出电压。（ × ）

正确答案：变频电动机的主磁路一般设计成不饱和状态，一是考虑高次谐波会加深磁路饱和，二是考虑在低频时，为了提高输出转矩而适当提高变频器的输出电压。

33. 变频器输出频率大于50Hz时，电机产生的转矩要以和频率成正比的线性关系上升。（ × ）

正确答案：变频器输出频率大于50Hz时，电机产生的转矩要以和频率成反比的线性关系下降。

34. 如果仅改变频率而不改变电压，频率升高时会使电机处于过电压（过励磁），导致电机可能被烧坏。因此变频器在改变频率的同时必须同时改变电压。（ × ）

正确答案：如果仅改变频率而不改变电压，频率降低时会使电机处于过电压（过励磁），导致电机可能被烧坏。因此变频器在改变频率的同时必须同时改变电压。

35. 若离心泵的实际安装高度大于允许安装高度，在操作中会发生汽蚀现象。（ √ ）

36. 云台中一般安装有两台电动机，承载摄像机分别向水平和垂直两个方向的转动。（ √ ）

37. 摄像机CCD的像素决定了显示图像的清晰程度。像素越高，细节表现越清晰。（ √ ）

38. 电视监控传输系统常见故障之一是监视器的画面上出现一条黑杠或白杠，并且向上或向下慢慢滚动。（ √ ）

39. 压力管道的检查分为外部检查、重点检查和全面检查。（ √ ）

40. 管道的外部检查只需岗位操作人员进行随机检查。（ × ）

正确答案：管道的外部检查需要岗位操作人员日常巡检进行检查。

41. 管道及附件检查应作为岗位操作人员巡回检查的一项重要内容，定时巡回检查。(√)

42. 带压堵漏技术是设备在检修中的常用检修手段，压力管道上的带压堵漏卡具在管线下次的切出检修，不必拆除，可以继续使用。(×)

正确答案：压力管道上的带压堵漏卡具在管线下次切出检修时，必须拆除，而且原来的漏点必须根除。

43. 云台仪是承载摄像机向水平方向转动的装置。(×)

正确答案：云台是承载摄像机进行水平和垂直两个方向转动的装置。

44. 流量计的精度与被测介质的黏度无关。(×)

正确答案：流量计的精度与被测介质的黏度有关。

45. 泵效率是衡量泵工作是否经济的指标。(√)

46. 变频器最好安装在控制柜内的中部；变频器要水平安装，正上方和正下方要避免安装可能阻挡排风、进风的大元件。(×)

正确答案：变频器最好安装在控制柜内的中部；变频器要垂直安装，正上方和正下方要避免安装可能阻挡排风、进风的大元件。

47. 用蒸汽进行设备管线吹扫时，相应邻位的仪表引线阀必须关死，防止损坏仪表。(√)

48. 管道上法兰可以埋在地下。(×)

正确答案：原则上管道上法兰不可以直埋在地下。因为出现泄漏无法及时被发现。

49. 高温油泵泄漏后更容易着火的原因是高温油品泄漏后自燃。(√)

50. 油罐液位仪表系统中带负迁移的仪表示值跑到最大，发现正压侧泄漏，要立即采取措施。(×)

正确答案：油罐液位仪表系统中带负迁移的仪表示值跑到最大，发现负压侧泄漏，要立即采取措施。

51. 油罐液位仪表系统中仪表液面指示与实际不符，应将系统切换为自动后进行参数设置。(×)

正确答案：油罐液位仪表系统中仪表液面指示与实际不符，应将系统切换为手动后进行参数设置。

52. 正在收料作业的油罐，因液位仪表故障，无法准确判断液位变化情况时，可以根据经验继续收料。(×)

正确答案：正在收料作业的油罐，因液位仪表故障，无法准确判断液位变化情况时，应立即停止收料。

53. 在用油罐温度显示仪表故障需更换现场表头时，应注意有无套管，防止直接测温表更换时引起物料泄漏。 （ √ ）

54. 立式拱顶油罐收付量差超过规定时应排查罐底沉积物对检尺准确性的影响。 （ √ ）

55. 浮顶油罐收付量差超过规定应检查计算收付料时有没有考虑浮盘重量的影响。 （ √ ）

56. 应急管理是对重大事故的全过程管理，贯穿于事故发生过程中。 （ × ）

正确答案：应急管理是对重大事故的全过程管理，贯穿于事故发生前、中、后的各个过程。

57. 应急预案的总则是明确各组织机构的职责、权利和义务的。 （ × ）

正确答案：应急预案的总则说明编制预案的目的、工作原则、编制依据、适用范围等。

58. 在火灾现场扑救时，任何人都有权使用各种水源，截断电力、可燃气的输送，实施局部交通管制。 （ × ）

正确答案：在火灾现场扑救时，火场总指挥有权使用各种水源，截断电力、可燃气的输送，实施局部交通管制。

59. 各单位均应编制可靠的防范措施和应急预案，确保突发事故和可能引发事故的险情发生时，能迅速有效地加以组织落实。 （ √ ）

60. 应急管理的目的是适应政府和上级单位的要求，与他们的应急预案相互回应。 （ × ）

正确答案：应急管理的目的是提高预防和处置突发事件的能力。

61. 应急预案本身就是规范性文件，因此预案的编制程序、体例格式等方面应力求规范、标准。 （ √ ）

62. 企业应成立应急救援指挥部，依据企业自身情况，车间可成立二级应急救援指挥机构，生产工段可成立三级应急救援指挥机构。 （ √ ）

63. 桌面推演是指将突发事件所需的应急预案用口头演练的方式在模拟情景中表现出来，用以检验预控预防措施是否具有可操作性。 （ √ ）

64. 现场处置方案是针对具体的装置、场所或设施、重点岗位所制定的应急处置措施。 （ √ ）

65. 专项应急预案是针对具体的事故类别（如火灾爆炸、危险化学品泄漏等事故）、危险源和应急保障而制订的计划或方案。 （ √ ）

66. 新温度显示仪表中热电偶与补偿导线极性接反应重新连接。 （ √ ）

67. 零件图用视图、剖视图、剖面图及其他各种表达方法，正确、完整、清晰地表达零件的各部分形状和结构。（ √ ）

单选题

1. 油罐罐壁板的厚度与（ D ）直接相关。

A. 储存介质的黏度　　B. 储存介质的温度

C. 储存介质的闪点　　D. 储存介质的相对密度

2. 测量误差是以（ A ）为中心的，它说明测量结果与真值的差异程度。

A. 真值　　B. 估计值　　C. 测量结果　　D. 平均值

3. 按照表现的特性可以把误差分为系统误差、随机误差和（ C ）。

A. 环境误差　　B. 测量误差　　C. 粗大误差　　D. 恒定误差

4. 质量流量计是由传感器和（ D ）两部分组成。

A. 变压器　　B. 互感器　　C. 电感器　　D. 变送器

5. 在管道上安装孔板时，如果将方向装反了会造成（ B ）。

A. 差压计倒指示　　B. 差压计指示变小

C. 差压计指示变大　　D. 对差压计指示没影响

6. 按发生摩擦的物体部位，摩擦分为外摩擦和内摩擦。外摩擦与（ D ）作用有关。

A. 外力　　B. 物体内部状态　　C. 摩擦力　　D. 接触表面

7. 水压试验中管道的严密性试验的检查时间应不少于（ B ）h。

A. 0.5　　B. 1　　C. 1.5　　D. 2

8. 管道水压试验的压力为其工作压力的（ B ）倍。

A. 1　　B. 1.5　　C. 2　　D. 2.5

9. 交流电流表或电压表指示的数值是（ D ）。

A. 平均值　　B. 最小值　　C. 最大值　　D. 有效值

10. 低压配电网络和电力拖动系统中常用的自动空气开关又称为（ D ）。

A. 行程开关　　B. 刀开关　　C. 熔断器　　D. 低压断路器

11. 两台性能相同的泵并联后（ D ）。

A. 总流量等于单泵工作时流量的两倍

B. 总扬程等于单泵工作时的扬程

C. 总流量大于单泵工作时流量的两倍

D. 总流量小于单泵工作时流量的两倍

12. 两台性能相同的泵串联后（ D ）。

A. 总扬程等于单泵工作时的两倍

B. 总流量等于单泵工作时的流量

C. 总扬程小于单泵工作时的两倍

D. 总扬程大于单泵工作时的两倍

13. 往复泵的性能参数中，不受输送液体黏度影响的是（ B ）。

A. 流量　　B. 扬程　　C. 功率　　D. 效率

14. 变频电动机的主磁路一般设计成不饱和状态，一是考虑高次谐波会（ A ）磁路饱和，二是考虑在低频时，为了提高输出转矩而适当（ A ）变频器的输出电压。

A. 加深、提高　　B. 减少、提高　　C. 减少、降低　　D. 加深、降低

15. 变频器工作时，电机频率降低，则电压将（ A ）。

A. 升高　　B. 降低　　C. 不变　　D. 无法确定

16. 为避免离心泵的汽蚀发生，可采用（ D ）。

A. 增加吸入高度　　B. 增加流量

C. 提高吸入液体的温度　　D. 降低吸入液体的温度

17. 用户通过摄像机能看清多么远的物体或能看清多么宽的场景主要取决于摄像机（ B ）。

A. 镜头的相对孔径　　B. 镜头的焦距

C. 大小　　D. 像素

18. 工业管道（ C ）故障一般重点检查压力源、温度源的影响，安全泄压装置、减压装置是否有效，压力表、温度计是否完好。

A. 泄漏　　B. 超温　　C. 超压　　D. 振动

19. 流量计定期进行零点检查和调整，调整时应使流量计内确定（ B ）的状态下进行。

A. 有流体流动　　B. 无流体流动

C. 有电流　　D. 无电流

20. 孔板流量计测量时流量增大，则孔板前后的压差（ B ）。

A. 减少　　B. 增大　　C. 不变　　D. 因流体性质而定

21. 油库中离心泵选择不需要考虑的是（ C ）。

A. 防爆要求　　B. 使用地点的气压

C. 油品的密度　　D. 使用地点气温的变化

22. 为提高离心泵的经济指标，宜采用（ B ）叶片。

A. 前弯　　B. 后弯　　C. 垂直　　D. 水平

23. 油罐液位仪表系统中液面记录值出现跑向最大或最小值的异常情况，对照一、二次表数值一致，手控制调节阀检查液面无变化，则一般表明（ A ）出现问题。

A. 仪表　　B. 调节阀

C. 油罐工艺管路　　D. 仪表信号管路

24. 温度显示仪表正常的指示值为满量程的（ D ）。

A. 1/4 ~ 2/3　　B. 1/3 ~ 3/4　　C. 1/2 ~ 2/3　　D. 1/2 ~ 3/4

25. 应对应急演练的结果进行（ D ），分析应急预案存在的不足，并予以改进和完善。

A. 评价　　B. 应急策划　　C. 策划　　D. 评估

26. 我国抗震减灾的工作方针是（ A ）。

A. 预防为主、平震结合、常抓不懈

B. 预防为主、防消结合、常抓不懈

C. 安全第一、常备不懈、以防为主、全力抢险

D. 安全第一、预防为主、全员动手、综合治理

27. 我国的防汛防台风工作方针是（ C ）。

A. 预防为主、平震结合、常抓不懈

B. 预防为主、防消结合、常抓不懈

C. 安全第一、常备不懈、以防为主、全力抢险

D. 安全第一、预防为主、全员动手、综合治理

28. 应急管理的原则是（ B ）。

A. 预防为主、平震结合、常抓不懈

B. 统一协调、组织实施、全员动手、抢险救灾

C. 安全第一、常备不懈、以防为主、全力抢险

D. 安全第一、预防为主、全员动手、综合治理

29. 有一台直流电动机，其输入功率为6kW，输出功率为5kW，则该电机的效率是（ B ），损耗为（ B ）。

A. 100%，1kW　　B. 83%，1kW　　C. 80%，1kW　　D. 90%，1kW

30. 管道轴测图上应该画出与设备布置图等方向一致，又兼安装方位标作用的方向标。一般采用（ A ）为北向。

A. 左上方或右上方　　B. 左下方或右下方

C. 左上方或左下方　　D. 右上方或右下方

31. 关于零件图和装配图的表述，下列说法错误的是（ C ）。

A. 零件图表达零件的大小、形状及技术要求

B. 装配图是表示装配及其组成部分的连接、装配关系的图样

C. 零件图和装配图都用于指导零件的加工制造和检验

D. 零件图和装配图都是生产上的重要技术资料

多选题

1. 在油罐定期清洗时，可用（ AB ）检查罐壁的剩余厚度。

A. 探针　　B. 超声波测厚仪

C. 游标卡尺　　D. 千分尺

2. 确定油罐罐壁板设计厚度的因素包括（ ABC ）。

A. 油罐直径　　B. 油罐高度　　C. 钢板的许用应力　　D. 油罐容积

3. 油罐体由圈板组装而成，每层圈板采用焊接方式连接，圈板之间的排列方式有（ ABCD ）。

A. 交互式　　B. 套筒式　　C. 对接式　　D. 混合式

4. 随机误差一般由许多微小变化的因素造成，这些微小因素包括（ ACD ）。

A. 计量器具固有（基本）误差　　B. 方法的误差

C. 环境条件偏离　　D. 人员读数偏差

5. 下列流量计中，属于按照力学原理分类的流量计的是（ ABC ）。

A. 利用动量定理的冲量式、可动管式

B. 利用牛顿第二定律的直接质量式

C. 利用角动量定理的涡轮式

D. 热学原理测量流量的有热量式

6. 物体运行时的摩擦与（ AB ）有关。

A. 压力　　B. 接触面粗糙程度

C. 接触面积大小　　D. 物体的形状

7. 在两物体的摩擦表面被一层连续的流体润滑剂薄膜完全隔开时的摩擦称为流体摩擦，这个摩擦阻力由（ ACD ）所决定。

A. 流体黏性阻力　　B. 边界摩擦阻力

C. 黏性阻力　　D. 流变阻力

8. 按摩擦副的运动形式摩擦分为（ ABD ）。

A. 滑动摩擦　　B. 滚动摩擦　　C. 移动摩擦　　D. 转动摩擦

9. 一般润滑所采取的方式主要有（ ABC ）及其他润滑。

A. 脂润滑　　B. 油润滑　　C. 固体润滑　　D. 边界润滑

10. 边界润滑是介于流体动力润滑和固体摩擦之间的一种润滑状态，是一种（ ABD ）的润滑状态。

A. 油膜不完整　　B. 油膜很薄　　C. 油膜完整　　D. 部分固体直接接触

11. 球罐投用前应进行系统投用确认，办理投用确认表。下列哪些检查是必需的（ ABCD ）。

A. 安全阀前后控制阀是否处于全开启状态

B. 排污阀门是否处于关闭状态

C. 现场和二次仪表零点校准

D. 系统隔离盲板是否拆除

12. 球罐投料后应进行检查，（ ABCD ）检查是必需的。

A. 法兰阀门等处有无泄漏

B. 流量是否有异常

C. 现场压力、液位、温度和二次仪表核对

D. 联锁报警是否投用

13. 在巡检过程中需要对储罐进行哪些检查？（ ABCD ）

A. 法兰阀门等处有无泄漏

B. 流程是否正确

C. 现场压力、液位、温度和前个时点核对

D. 有无异常声响

14. 工艺管道扫线作业是一项经常性生产作业，使用何种扫线介质主要考虑如下几种因素（ ABCD ）。

A. 物料的理化特性

B. 吹扫介质的可获得性和成本

C. 是否具有足够的吹扫动力

D. 吹扫过程及对管道设备的安全性

15. 新油罐投用前的工艺确认内容包括（ ABCD ）。

A. 新油罐所属罐区和罐号、储油品种

B. 输转泵、入泵线

C. 与油罐相连管线号

D. 装车线

16. 新油罐投用前需要检查的内容包括（ ABCD ）。

A. 清罐和管线吹扫情况

B. 泡线及泡线时间

C. 顶线及顶线量

D. 储罐、管线处理后必须检查合格后方可使用

17. 超声波液位计的工作原理是利用声波在空气中的（ AB ），计算出容器内的空高h，再根据已知容器高度L减去空高h而得液位高度H。

A. 传播速度　B. 反射时间　C. 飞行时间　D. 波长

18. 防静电装置与运转设备联锁调试过程中测试PC控制线状态时，应（ ABCD ）。

A. 取下静电接地夹，检查指示灯是否闪烁

B. 连接静电接地夹，检查指示灯是否停止闪烁

C. 断开静电接地夹，检查指示灯是否闪烁

D. 测试正常后断电，将PC控制线接入第三方控制系统

19. 对高黏度流体进行测量可以选用下列哪些类型的流量计（ ABD ）。

A. 腰轮流量计　B. 椭圆齿轮流量计

C. 文丘里管流量计　D. 靶式流量计

20. 工作电压在（ BD ）V以下均称为低压电器。

A. 交流220　B. 交流1200　C. 直流250　D. 直流1500

21. 保护电器在电路中主要起到（ AD ）保护作用。

A. 短路　B. 高温　C. 触电　D. 过载

22. 气动薄膜调节阀的气动机构包括（ ABC ）。

A. 膜盒（气室）　B. 膜片　C. 弹簧　D. 阀体

23. 提高离心泵本身抗汽蚀性能的措施有（ ABCD ）。

A. 采用双吸叶轮　B. 较低的叶轮入口速度

C. 加大叶轮入口直径　D. 适当增大叶片入口边宽度

24. 提高汽蚀防护能力的主要方法有（ ABCD ）等。

A. 化学涂层　B. 表面化学热处理

C. 层与补焊　D. 采用耐汽蚀破坏的材料

25. 离心泵的配用电机选用时，需考虑（ ABCD ）等。

A. 配用机泵功率　B. 电压

C. 转速　D. 安装环境

26. 变频器主要由（ ABCD ）和驱动单元、检测单元、微处理单元等组成。

A. 整流（交流变直流）　B. 滤波

C. 再次整流（直流变交流）　D. 制动单元

27. 预防离心泵汽蚀，泵本身的结构改进措施有（ ABCD ）。

A. 采用双吸叶轮，以减小经过叶轮的流速

B. 在大型高扬程泵前装设增压前置泵，以提高进液压力

C. 叶轮特殊设计，以改善叶片入口处的液流状况

D. 在离心叶轮前面增设诱导轮，以提高进入叶轮的液流压力

28. 选择电视监控系统的摄像机，一般要看（ ABC ）等主要参数。

A. 分辨率　　B. 最低照度　　C. 信噪比　　D. 储存容量

29. 压力管道在水压试验的保压期间，不允许（ ABCD ）。

A. 采取连续加压以维护试验压力

B. 带压紧固螺栓

C. 保压时间不到30min就停止试验放水

D. 现场无警示标志，无监护人

30. 压力管道日常检查的项目有（ ABC ）。

A. 压力表，温度表是否完好　　B. 安全阀有无跑冒

C. 有保温的保温层　　D. 管道支架是否需要更换

31. 定期全面检查维护流量计的（ ABCD ）。按国家规定的时间进行流量计的周期检定。

A. 传感器外观　　B. 安装牢固程度

C. 工艺管线的振动　　D. 变送器和显示仪表的指示

32. 油罐液位仪表故障可通过（ ABC ）方法判断。

A. 同一油罐其他液位表测量值比对

B. 收料付量与进出料流量计比对

C. 压力罐压力的变化

D. 油罐温度的变化

33. 油罐接卸油品后，经自动计量装置检查卸入罐中油品的数量比应卸油量少，可能是（ ABCD ）。

A. 发生窜油　　B. 槽车没卸干净

C. 液位计显示不正常　　D. 油罐或管路发生泄漏

34. 温度显示仪表的常见故障有（ ABCD ）。

A. 指针突然跑到最大　　B. 指针突然跑到最小

C. 记录指针快速振荡　　D. 记录指针大幅度波动

35. 在事故统计中，直接经济损失的统计范围包括（ ABC ）。

A. 人身伤亡后所支出的费用　　B. 善后处理的费用

C. 财产损失价值　　D. 停工停产损失价值

36. 在事故统计中，间接经济损失的统计范围包括（ ABCD ）。

A. 停产、减产损失价值　　B. 工作损失价值

C. 资源损失价值　　D. 处理环境污染的费用

37. 常温油泵泄漏起火的点火源有（ ABCD ）等。

A. 安装不当造成泵轴高温　　B. 泄漏导致的静电

C. 电机及周边设施火花　　D. 现场人员带有非防爆电气

38. 油罐收付量差超过规定的原因有（ ABC ）。

A. 收付前后检尺、检温的误差　　B. 扫线不干净

C. 输送过程串线　　D. 油品温度的变化

39. 事故应急救援的基本任务包括（ ABCD ）。

A. 立即营救受害人员，组织撤离或者采取其他措施保护危害区域内的其他人员

B. 迅速控制事态，并对事故造成的危害进行检测、监测。测定事故的危害区域、危害性质及危害程度

C. 消除危害后果，做好现场恢复

D. 查清事故原因，评估危害程度

40. 通过消防演练，义务消防队员要做到（ ABCD ）。

A. 会报警　　B. 会使用消防器材

C. 会扑救初起火灾　　D. 会使用防护器具和自救

41. 装置应急处置方案中事故风险分析主要包括（ ABCD ）等内容。

A. 事故类型

B. 事故发生的区域、地点或装置的名称

C. 事故发生的可能时间、事故的危害严重程度及其影响范围

D. 事故前可能出现的征兆，事故可能引发的次生、衍生事故

42. 法兰连接是可拆接的一种。炼化设备用标准法兰有（ AB ）两类。

A. 管法兰　　B. 压力容器法兰

C. 平焊法兰　　D. 对焊法兰

简答题

1. 请简述油罐罐壁的检查方法。

答：（1）罐壁的检查，在油罐定期清洗时，可用探针或超声波测厚仪检查罐壁的剩余厚度；

（2）底部圈板和顶部圈板更应严格检查，局部腐蚀严重的壁板，其麻点深度不得超过标准值；

（3）使用20年以上的油罐，钢板腐蚀余量基本耗尽时，要采取防护措施。

2. 请简述系统误差的概念。

答：在重复性条件下，对同一被测量值进行无限多次测量所得结果的平均值与被测量值的真值之差。

3. 请简述随机误差的概念。

答：测量结果在重复性条件下，对同一被测量值进行无限多次测量所得结果的平均值之差。

4. 什么是涡街式流量计并简述其工作原理。

答：涡街式流量计是利用流体自然振荡的原理制成的一种旋涡分离型流量计。当流体以足够大的流速流过垂直于流体流向的物体时，若该物体的几何尺寸适当，则在物体的后面，沿两条平行直线上产生整齐排列、转向相反的涡列。涡列的个数，即涡街频率，和流体的流速成正比。因而通过测量旋涡频率，就可知道流体流速，从而测出流体的流量。

5. 请简述什么是静摩擦和动摩擦。

答：静摩擦是当物体在外力作用下对另一物体产生微观弹性位移，但尚未发生相对运动时的摩擦；动摩擦是当物体在外力作用下对另一物体表面相对运动时的摩擦。

6. 请简述磨损的广泛定义。

答：磨损是固体与其他物体或介质相互间发生机械作用时其表面的破坏过程。

7. 球罐定期检查的内容是什么？

答：(1) 安全阀、爆破片定压值是否符合规范，铅封是否完好，控制阀是否全部开启；

(2) 现场和二次仪表是否完好，是否在检定周期内，量程符合规范要求；

(3) 腐蚀情况；

(4) 静电接地是否完好；

(5) 支柱易熔塞完好；

(6) 操作平台完好；

(7) 阀门操作灵活；

(8) 消防和冷却喷淋及回水设施完好；

(9) 取样设施完好；

(10) 切水及排污设施完好；

(11) 紧急泄放和压力平稳设施完好；

(12) 绝热保温完好；

(13) 接管均为挠性连接。

8. 内浮顶罐定期检查的内容是什么？

答：(1) 通气孔或呼吸阀（有氮封的罐）完好；

（2）现场和二次仪表是否完好，是否在检定周期内，量程符合规范要求；

（3）腐蚀情况；

（4）静电接地和人体导静电设施是否完好；

（5）浮盘运行情况；

（6）罐顶检尺操作平台和扶梯完好；

（7）阀门操作灵活；

（8）消防设施完好；

（9）取样设施完好；

（10）切水及排污设施完好；

（11）紧急泄放和压力平稳设施完好；

（12）绝热保温及管线伴热完好；

（13）氮封设施完好；

（14）与管线间的金属软管连接完好，金属软管定期试压；

（15）加热器完好。

9. 新建油罐在投产前或清罐检修后重新投用的准备工作包括哪些内容？

答：（1）符合原设计规定和安装技术要求，经过外观检查，压力、真空试验合格，沉降稳定不超标，并经验收合格；

（2）附件质量合格安装正确，阀门启闭操纵灵活，管道及其与罐体连接处焊接严密无渗漏；

（3）连通管线、油泵和输转设备、消防、加热保温等配套设备，经过试运转成功；

（4）防火堤以及罐区内部整洁、无杂草杂物，排水渠道畅通，排水阀门启闭灵活；

（5）经过测量检定编制了容积表；

（6）油罐资料齐全。

10. 在巡检中对油罐做哪些检查？

答：（1）检查储罐液位、温度、压力的变化情况；

（2）检查储罐运行状况流程是否正确；

（3）检查储罐附件是否完好；

（4）检查储罐是否跑、冒、滴、漏；

（5）冬季检查冻凝情况及伴热、排凝情况。

11. 请简述选择扫线介质应考虑的因素。

答：（1）扫线介质与油品混合后，不产生易燃易爆气体；

（2）扫线后，介质或介质与油品混合物便于处理；

（3）扫线介质与油品接触不发生冷凝堵塞现象；

（4）扫线介质压力必须大于油品在管线内流动阻力；

（5）扫线介质来源可靠，扫线去向合理。

12. 能用压缩空气清除或置换设备管线中的可燃物料吗？

答：炼油生产过程中使用的绝大多数物料是易燃、易爆和有毒的，因此在检修管线设备时，必须事先将物料放净，尤其是弯头等死角，然后用氮气、二氧化碳、蒸汽进行置换，而严禁用压缩空气吹扫置换，否则设备、管线中积存的易燃、易爆气体就会与空气形成爆炸性的混合物，检修过程中一旦碰到明火必然要发生爆炸事故。

13. 自动计量系统的工作原理是什么？

答：自动计量系统通过现场一次仪表（液位计）采集油罐液位高度、温度、视密度等信息，通过专用模数转换模块，将液位、温度、视密度等信号转换为数字信号，然后远程传送到中控装置（计算机或在现场显示），计算机收集实时采集到的上述信号，通过储存在计算机中的油罐容积表，计算油罐中的储油量、显示高度，提供液位报警等，实现远距离安全作业。

14. 确定油罐安全高度考虑哪些因素？

答：油罐安全高度的确定应考虑以下因素：

（1）储存油品因升温时，体积膨胀所引起的液位升高；

（2）油面上留有一定的空间，以备油罐着火，可建立足够的泡沫覆盖层；

（3）用压缩空气调和油品时，留有液面起伏波动的高度；

（4）考虑进油的速度及关闭进油阀所需时间内的液位升高。

15. 管道在线检验时，应重点检查哪些部位？

答：（1）压缩机、泵的出口部位；

（2）补偿器、三通、弯头（弯管）、大小头、支管连接及介质流动的死角等部位；

（3）支吊架损坏部位附近的管道组成件以及焊接接头；

（4）曾出现过影响管道安全运行的部位；处于生产流程要害部位的管段以及与重要装置或设备相连接的管段；

（5）工作条件苛刻及承受交变载荷的管段。

16. 请简述管道气压试验的方法。

答：采用气压试验前需有安全措施。介质可以是压缩空气、蒸汽。强度试验压力为管道工作压力的1.1倍，压力保持稳定5分钟不变。严密性试验压力为管道工作压力，时间不少于30分钟。用肥皂水检查焊缝和管道附件不渗漏为合格。气压试验压力最低不小于0.2MPa。试压完毕应在高点放压排空。

17. 管道系统试压前应具备的条件是什么？

答：管道系统试压前应具备的条件是：（1）检查该系统的管道与设备完成情况；（2）施工应符合设计和相应的施工及验收规范等规定与要求；（3）支、吊架紧固可靠；（4）管线上所有临时用的堵板、夹具已清楚等；（5）试验用的临时加固措施安全可靠；（6）焊接外观检查和为无损探伤合格，焊缝及检查的部位未刷漆和绝热；（7）将不能参与的设备、仪表、附件与试验系统隔离或拆除，如安全阀、爆破片等；（8）试验用的压力表必须是经校验合格的压力表，表的精度不低于1.5级，表的最大值为被测压力的（最大压力）1.25倍，压力表不少于2块；（9）具有批准的实验方案；（10）确认无问题时，才能开始进行试压。

18. 选用流量计仪表时，一般需要考虑哪些因素？

答：（1）被测流体的种类，操作条件，流动工况，物理性质；

（2）仪表功能；

（3）流量范围；

（4）流体的测量精度要求；

（5）现场安装和使用条件；

（6）经济性。

19. 怎样提高离心泵抗汽蚀能力？

答：提高离心泵的抗汽蚀能力的措施有：（1）提高吸入装置的有效汽蚀余量：增加罐液面的压力；减小泵的安装高度；减小泵的吸上真空度；减小泵吸入管路的助力损失；降低液体的饱和蒸气压。（2）提高泵本身有效抗汽蚀性能：改进泵入口的结构设计；采用双吸式叶轮；采用前置诱导轮；采用抗汽蚀材料。

20. 离心泵电机是怎样选用的？

答：（1）计算泵的轴功率。

（2）据泵轴功率按下列安全系数推荐表选安全系数：轴功率千瓦＜22，22～75，>75；安全系数：1.25，1.15，1.10。

（3）求出电机功率：电机功率等于泵轴功率乘以安全系数。

（4）根据工作条件选用适当的电机。

21. 如何判断“汽蚀”现象？可采取哪些预防措施？

答：（1） 从声音上判断：一般性“汽蚀”时会有“空通空通”的声音，严重时会出现尖锐的呼啸声。

（2） 噪声比正常输油情况下加大。

（3） 根据真空表读数进行判断，如泵的读数小于泵的汽蚀余量，就可能产生汽蚀。

可采取以下措施来预防“汽蚀”现象的发生：

（1） 尽可能避免油泵高温时进行作业，必须作业时可采取必要的降温措施。

（2） 降低管路的摩阻损失，如增大吸入管径，缩短吸入管路距离，减少弯管、管件，降低泵的安装高度等。

（3） 尽可能选用汽蚀余量小的双吸泵。

（4） 如发生“汽蚀”现象时，可调泵的出口阀，使泵的系统流量减少；亦可考虑临时将过滤器的滤网取出，或换孔径较大的滤网。

（5） 可考虑采用多个鹤管卸油。

22. 电视监控传输系统的常见故障有哪些？

答：常见故障有：

（1）监视器的画面上出现一条黑杠或白杠，并且向上或向下慢慢滚动；

（2）监视器上出现木纹状的干扰；

（3）监视器上产生较深较乱的大面积网纹干扰，以致图像全部被破坏，形不成图像和同步信号；

（4）监视器的画面上产生的若干条间距相等的竖条干扰。

23. 管道日常工作中检查的要点有哪些？

答：管道日常工作中检查的要点有：

（1）管道及附件检查应作为岗位操作人员巡回检查的一项重要内容，定时巡回检查；

（2）岗位操作人员巡回检查中发现问题应及时处理或联系处理，及时汇报相关部门和岗位，维护好现场，并做好记录；

（3）管道输油开始前，应沿流程仔细检查阀门开关是否正确；

（4）管道输油作业过程中，应重点检查各法兰、接头、焊缝及其他附件是否完好，有无渗漏或跑油。

24. 管道日常工作中维护的要点有哪些？

答：管道日常工作中维护的要点有：

（1）检查管道保温是否完好；

（2）油漆是否脱落；

（3）管道支撑有无掉离支座或扭曲变形；

（4）法兰严禁埋在地下，对废弃不用的与管道相连的管段，应及时拆除或断开，防止发生窜油或跑油；

（5）为便于识别与管理，管道应加以标色。

25. 请简述流量计日常维护的要点。

答：（1）定期进行零点检查和调整；

（2）定期检查流量计密封性能；

（3）定时检查流量计工作参数；

（4）定期观察流量计的故障指示；

（5）定期检查维护传感器外观、安装牢固程度、工艺管线的振动、变送器和显示仪表的指示；

（6）按周期进行流量计的检定；

（7）建立流量计的档案。

26. 除哪些情况以外，应尽可能选用离心泵？

答：（1）有计量要求时，选用计量泵；

（2）扬程要求很高，流量很小且无合适小流量高扬程离心泵可选用时，可选用往复泵，如汽蚀要求不高时也可选用旋涡泵；

（3）扬程很低，流量很大时，可选用轴流泵和混流泵；

（4）介质黏度较大（大于650~1000mm^2/s）时，可考虑选用转子泵或往复泵（齿轮泵、螺杆泵）；

（5）介质含气量75%，流量较小且黏度小于37.4mm^2/s时，可选用旋涡泵；

（6）对启动频繁或灌泵不便的场合，应选用具有自吸性能的泵，如自吸式离心泵、自吸式旋涡泵、气动（电动）隔膜泵。

27. 自动计量集中控制台出现油罐液位显示不正常，应从哪几个方面判断故障原因？

答：判断故障应遵循由近及远，由易到难的判断原则。

（1）检查控制台到液位计的通信线是否正常，包括线路绝缘情况，屏蔽接地，电源等；

（2）判断液位计机械装置是否工作正常；

（3）判断液位计信号采集装置是否正常；

（4）判断液位计输出信号部分是否正常。

28. 事故案例分析的基本步骤是什么？

答：（1）整理和阅读事故调查材料，了解事故经过；

（2）分析伤害方式，从以下几方面进行分析：受伤部位，受伤性质，起因物，致害物，伤害方式，不安全行为，不安全状态等；

（3）确定事故的直接原因和间接原因；

（4）划分事故责任，提出处理意见；

（5）提出防止同类事故的措施。

29. 油泵起火有哪些原因？

答：油泵在正常运转情况下，不易发生火灾，当出现下列情况时，才有可能发生火灾：

（1）盘根安装过紧，致使过热冒烟，而引燃泵房中积聚的油蒸汽；

（2）油泵空转造成泵壳高热；

（3）离心泵导管中有空气穴，导管剧烈跳动，甚至折断跑油遇火燃烧；

（4）静电导线电阻过大（>100Ω）或导线折断失效；

（5）使用非防爆型电机、电器、灯具时漏电打火；

（6）铁器撞击或外来飞火。

30. 请简述测量液位仪表异常情况的判断步骤。

答：发现测量液位仪表异常时，进行判断的程序如下：（1）对可疑储油罐进行人工检尺；（2）选用有资格检尺人员；（3）检查量油尺有效；（4）实际检尺，计算检尺液位高度；（5）收集检尺数据和测量液位仪表数据；（6）对收集的数据进行比对和判断；（7）得出液位仪表是否异常的结论；（8）做好记录。

31. 罐收付量差超过规定的处理要点。

答：（1）油罐收油前后要按规定认真检尺、检温；

（2）输油完后输油管线要彻底扫线；

（3）检查输油管线与其他管线、油罐相连接的阀门是否关严或内漏；

（4）重新计算油品收付量；

（5）检查有关容积表是否有误或油罐要定期检定。

32. 请简述我国防震减灾工作的指导思想。

答：坚持减灾工作与经济建设一起抓，实行预防为主、防御与救助相结合，动员社会各方面力量，依靠法制和科技，提高大中城市、人口稠密和经济发达地区尤其是地震重点监视防御区的应急救助和抗震能力，有效减轻地震灾害，保护人民生命安全，维护社会稳定。

33. 请简述防汛抗灾有效的防御措施。

答：认真贯彻执行《水法》《防洪法》和《防汛条例》等有关法规，提高全社会的防洪减灾意识；严格实行防汛工作行政首长负责制，对汛前准备、汛期抗洪抢险、汛后水毁工程修复全过程负责，并层层落实各项防汛责任制；认真开展汛前检查，切实做好汛前各项准备工作，做到思想认识到位、防汛责任到位、组织措施到位、工程措施到位、通信设施到位、防汛物资到位、预案落实到位；划分事权，分级管理，分级负责，加大投入，提高防洪工程标准，尽快处理工程隐患，保证水利工程安全度汛；全面掌握雨情、水情、工情、灾情等信息，搞好预测预报，进行科学决策，充分发挥水利工程抗灾效益；一旦出现险情，采取果断措施，全力组织抢险，尽量减轻灾害损失；及时修复水毁工程，开展灾后救助，尽快恢复生产；讲大局，讲纪律，统一指挥，协同作战，团结抗灾；坚持防汛抗旱两手抓，做到两不误。

34. 防汛、防台的根本任务是什么?

答: 防汛、防台的根本任务是积极有效地采取防御措施，最大限度地减轻台风、暴雨、洪水等自然灾害造成的影响和损失，保障区域经济的顺利发展和人民群众的生命财产安全。

35. 应急预案的主要编写内容有哪些?

答: 总则、组织体系及职责、预警和预防机制、应急响应、后期处置、保障措施、附则及附录等。

36. 应急预案常用的几种演练方法是什么?

答: 桌面演练、功能演练、全面演练。

37. 制定事故预防措施应注意哪些事项?

答:（1）通过合理的设计和管理，从根本上消除危险、有害因素；

（2）采取预防性的技术措施，预防危险、危害发生，如安全阀、漏电保护等；

（3）采取减轻危险危害因素的措施，如排风装置、消防静电装置、减振装置等；

（4）将工作人员与危险危害因素隔开，并将不能共存的物质分开，如遥控作业、安全罩、防护服等；

（5）在易发生故障和危险性较大的位置配置醒目的安全色和安全标志，设置声、光或声光组合报警装置。

38. 简述装置应急预案编写的内容并举例。

答: 装置应急预案编写主要内容如下：

（1）应急组织机构与职责，如紧急情况下的指挥抢险机构和职责；

（2）应急原则，如火灾时先救人后救火等；

（3）应急联络，如内部报警程序方式和外部的联络方式；

（4）应急设备设施，如事故区域的应急设备设施的名称数量分布等；

（5）工艺设备紧急处理措施，如油罐火灾时油品的倒空、切断等操作措施；

（6）现场急救，如紧急疏散，注明常用火警、报警、关键电话，现场急救人工呼吸方法，灭火器使用方法。

39. 离心泵在什么紧急情况下要立即停车?

答:（1）发生需要停车处理的人身事故；

（2）电动机绕组或其他启动装置冒烟；

（3）产生剧烈震动影响电机正常运转；

（4）电动机所带的机械损坏；

（5）轴承温度急剧上升；

（6）电机超温；

（7）泵体的其他机械故障。

计算题

1. 某离心泵输送密度为600kg/m³的物料时，扬程为90m，输送流量为60m³/h，求泵的有效功率。

解：$N_e=QH\rho g=\frac{60}{3600}\times 90\times 600\times 9.81=8829$（W）≈8.83（kW）

答：泵的有效功率为8.83kW。

2. 现有一泵，其扬程为42m，输送密度为720kg/m³的物料，若泵的输出功率为2.8kW，则泵的流量为多少？

解：根据$N_e=QH\rho g$，其中ρ的单位为t/m³，

则$Q=\frac{N_e}{H\rho g}\times 3600$

$=\frac{2.8}{42\times 720\times 10^{-4}\times 9.81}\times 3600$

=33.98（m³/h）

答：泵的流量为33.98m³/h。

3. 已知某工厂采用半月形容积V_0=0.002m³的椭圆齿轮流量计输转基础油，测得其体积流量为30m³/h，求出该工作状态下流量计的齿轮旋转速度是多少r/min？

解：① $Q=4nV_0$

② 代入数据，30÷60=4×n×0.002

③ n=62.5（r/min）

答：该工作状态下流量计的齿轮旋转速度是62.5r/min。

4. 若某调节阀的流量系数K_v为70，当阀前后压差为20×100kPa，流体重度为0.81gf/cm³时，所能通过的最大流量是多少？

解：体积流量：$Q=K_v\sqrt{(\Delta P/r)}=70\times\sqrt{20/0.81}\approx 347.9$（m³/h）

答：所能通过的最大流量是347.9m³/h。

5. 某种油品在DN150的无缝钢管中流动，已知油的运动黏度v=90cst、密度ρ=910kg/m³，流量Q=90t/h，若滞流时Re的临界值为2000，试确定油品在管道内的流型。

解：①由于运动黏度$v=\mu/\rho$，所以$\mu=v\rho$

②计算流速：$u=Q/(3600\rho S)=90/(3600\times 0.91\times 0.785\times 0.15\times 0.15)=1.55$（m/s）

③ $Re=du\rho/\mu=du\rho/v\rho=du/v=0.15\times1.55/(9\times10^{-5})=2583>2000$。

答：管道内油品为湍流。

6. 20℃的基础油（此时油的物理常数为 $\rho=858.0\text{kg/m}^3$，$\mu=103\text{mPa·s}$）在内径为20mm的直管内流动，流速为4m/s。计算直管内流动阻力。

解：① $Re=du\rho/\mu$

② 代入数据，得到 $Re=(0.02\times4\times858)/(103\times10^{-1})=666.4$

③ 生产操作条件下，通常 $Re\leqslant2000$ 时流体的流动类型为滞流，$Re>4000$ 时流体的流动类型为湍流。本次 $Re=666.4\leqslant2000$，因此流体的流动类型为滞流

④ 所以 $\lambda=64/Re$

⑤ 代入数据，$\lambda=64/666.4=0.096$（N）

答：直管内流动阻力为0.096N。

7. 某密度为750kg/m³的液体以2m/s的流速在一根长50m，内径38mm的水平直管线内流动，液体的平均温度为25℃，此时的黏度为0.8mPa·s，管路的摩擦系数为0.021。求压强降。

解：① $hf=\lambda\cdot l\cdot u^2/\text{d}\cdot2g=0.021\times50\times4/38\times2\times9.81=5.63$（m）

② $\Delta p=hf\rho g=5.63\times750\times9.81=41.42$（kPa）

答：压强降为41.42kPa。

8. 某密度为820kg/m³的液体以2m/s的流速在一根长50m，内径48mm的水平直管线内流动，液体的平均温度为28℃，此时的黏度为2.3mPa·s，管路的摩擦系数为0.037。求压强降。

解：① $hf=\lambda\cdot l\cdot \text{u}^2/d\cdot2\text{g}=0.037\times50\times4/48\times2\times9.81=7.85$（m）

② $\Delta p=hf\rho g=7.85\times820\times9.81=63.21$（kPa）

答：压强降为63.21kPa。

9. 某拱顶罐带有氮封系统，正常工作时表压为 1.0×10^3Pa，当罐内储存有密度 $0.9\times10^3\text{kg/m}^3$ 的液体，液位高度为9.5m时，则油罐底表面平均压力为多少？已知大气压为 1.01×10^5Pa，重力加速度为9.8m/s²。

解：①油罐底表面压力由氮封压力、介质压力和大气压力三部分组成

即 $P=P_{N_2}+P_{介}+P_{大}$ 其中 P_{N_2} 为氮封压力，$P_{介}$ 为介质压力，$P_{大}$ 为大气压力

② $P_{介}=\rho_{介}gh=0.9\times10^3\times9.8\times9.5=0.84\times10^5$（Pa）

③ $P=P_{N_2}+P_{介}+P_{大}=1.0\times10^3+0.84\times10^5+1.01\times10^5=1.86\times10^5$（Pa）

答：油罐底表面平均压力为 1.86×10^5Pa。

10. 在一传热面积为15.8m²的逆流套管换热器中，用冷水冷却油。油的流量为2.85kg/s，进口温度为110℃；水的流量为0.667kg/s，进口温度为35℃。油和水的平均比热为1.9和

4.18kJ（kg·℃）。换热器的总传热系数为320W/（m·℃），ε=0.73。试求水的出口温度。

解：① 高温流体 W_{cp}=2.85×1900，低温流体 W_{cp}=0.667×4180

② 所以冷流体为最小值流体，C_{min}/C_{max}=2788/5415=0.515

③ （NTU）$_{min}$=KS/C_{min}=320×15.8/2788=1.8

④ ε=（t_2−t_1）/（T_2−t_1）

⑤ 代入数据，t_2=0.73×（110−35）+35=89.8（℃）

答：水的出口温度为89.8℃。

11. 换热器中用导热油加热基础油，基础油流量为15t/h，从30℃加热到85℃，基础油的比热容C=3kJ/（kg·℃），试计算换热器的热负荷（忽略热损失）。

解：①据 $Q=GC$（T_2-T_1）

②代入数据，Q=（15×1000/3600）×3×（85−30）=687.5（kJ/s）

答：换热器的热负荷为687.5kJ/s。

12. 换热器中用导热油加热基础油，基础油流量为10t/h，从30℃加热到85℃，基础油的比热容C_1=3kJ/（kg·℃），换热器的热负荷为kJ/s；导热油出口温度为100℃，导热油流量为5kg/s，导热油比热容C_2=5kJ/（kg·℃），换热过程中热损失率为2.5%，求导热油进口温度应加热到多少摄氏度？

解：据 Q_1=Q_2，

（1）$G_1 \times C_1 \times$（t_2-t_1）=$G_2 \times C_2 \times$（T_2-T_1）×η

（2）代入数据，（10×1000/3600）×3×（85−30）=5×5×（T_2−100）×（1−2.5%）=118.8（℃）

答：导热油进口温度应加热到118.8℃。

13. 某换热器用0.12MPa的饱和水蒸气加热苯，苯的流量为5m³/h，从20℃加热至70℃，查得苯在45℃时$C_{苯}$=1.756kJ/kg·K，ρ=879kg/m³，设备的热损为$Q_{冷}$的8%，试求热负荷及蒸汽用量。(查得0.12MPa的饱和水蒸气冷凝潜热：$r_{汽}$=2246.8kJ/kg)

解：①热负荷 Q'=$Q_{冷}$=$\omega_{苯}C_{苯}$（t_2−t_1）=5/3600×879×1.756×（70−20）=107.2（kW）

②蒸汽用量：$Q_{热}$=Q'+$Q_{损}$=1.08，$Q_{冷}$=115.776/2246.8=0.051kg/s=185.5（kg/h）

答：热负荷为107.2kW，蒸汽用量为185.5kg/h。

14. 已知单动往复泵活塞的直径为160mm，冲程为200mm，用来将密度为930kg/m³的液体从敞口罐中输送到调和釜中，液体输送流量为25.8m³/h，泵的容积效率为0.85，求此泵的活塞每分钟往复次数。

解：① 往复泵的理论排量 $QT=ASn$

② 依题意得，实际排量为 $Q=0.85Q_T=0.85ASn$，因此 $n=Q/0.85AS$

③ 代入数据，$n=25.8/(60\times0.16^2\times0.2\times0.85\times\pi/4)=126$（次/min）

答：此泵的活塞每分钟往复次数为126次。

15. 有一台往复泵，其功率为117.6kW，总效率为0.75，最大允许泵压为47MPa，求在最大允许泵压下的输出功率。

解：$N_e=N\times\eta=117.6\times0.75=88.2$（kW）

答：在最大允许泵压下的输出功率为88.2kW。

16. 有一往复泵，活塞面积为0.01m^2，冲程长度为0.011m，活塞数共20，往复次数为10000次/h，则理论流量为多少？

解：理论流量=活塞面积×冲程长度×活塞数×往复次数=0.01×0.011×20×10000=22（m^3/h）

答：理论流量为22m^3/h。

17. 某活塞式压缩机一级气缸直径ϕ250、二级气缸直径ϕ150，一级出口压力0.2MPa，二级出口压力0.8MPa，机组冲程110mm，机组转速740r/min。已知空气的排气系数$\gamma=0.75$，问该机组每分钟的排气量为多少？

解：①机组的排气量以一级吸气量为准

②一级气缸的容积为 $V=3.14\times(250\div2)\times(250\div2)\times110=5.4$（dm^3）

③机组每转的排气量 $q=2\times V\times\gamma=10.8\times0.75=8.1$（dm^3）

④该机组每分钟的排气量 $Q=740\times q=740\times8.1=5994$ dm$^3\approx6$（m^3）

答：机组每分钟的排气量为6m^3。

18. 在外径为140mm的蒸汽管道外包扎保温材料，以减少热损失。蒸汽管外壁温度为390℃，保温层外表面温度不大于40℃。保温材料的λ与t的关系为$\lambda=0.1+0.0002t$ [t的单位为℃，λ的单位为W/（m·℃）]。若要求每米管长的热损失不大于450W/m，求保温层的厚度。

解：① $\lambda=0.1+0.0002(390+40)/2=0.143$W/（m·℃）

②据 $\ln(r_3/r_2)=2\pi\lambda(t_2-t_3)/(Q/L)$

③代入数据，$\ln(r_3/0.07)=2\pi\times0.143(390-40)/450$，$\ln(r_3/0.07)=0.698$，$r_3=0.141$（m）

④保温层的厚度为 $b=r_3-r_2=0.141-0.07=0.071$（m）=71（mm）

答：保温层的厚度为71mm。

19.某柴油调和油罐调和密度$\rho=845$kg/m^{3}的柴油时，调和喷嘴的喷射压头$h=8.6$m，已知喷嘴的出口直径$d=80$mm，试求调和油泵的出口流量。(重力加速度$g=9.81$m/s^2)

解：①根据调和喷嘴的喷射压头求出喷嘴的出口流速：$h=v^2/2g$

②$v=\sqrt{2gh}=\sqrt{2\times9.81\times8.6}\approx12.99$（m/s）

③$Q=\pi(d/2)^2v=\pi\times0.04^2\times12.99\times3600\approx235$（$m^3/h$）

答：调和油泵的出口流量约为235m^3/h。

20. 某调和油罐，调和时所需压头h=7.35m，配备的调和油泵流量Q为322m^3/h，试求调和喷嘴出口的直径d。（重力加速度$g=9.81m/s^2$）

解：①根据调和喷嘴压头，求出调和喷嘴的流速v，$h=v^2/2g$

②得：$v=\sqrt{2gh}=\sqrt{2\times9.81\times7.35}\approx12$（m/s）

③再根据泵的流量求调和喷嘴的出口直径：

$$d=1.16\sqrt{\frac{Q}{v}}=1.16\sqrt{\frac{322}{3600\times12}}\approx0.1\text{（m）}=100\text{mm}$$

答：调和喷嘴出口的直径为100mm。

21. 现有11000m^3调和油罐一座，需要安装一个锥形喷嘴，喷嘴上面的最高油位为14.2m，油罐的直径为31.8m，求喷嘴仰角的大小。

解：①根据$\tan\theta=S/(D\times2/3)=14.2/(31.8\times2/3)\approx0.6698$；

② $\theta=\arctan\theta=59°$

答：喷嘴的仰角为59°。

22. 某柴油调和油罐调和密度$\rho=735kg/m^3$的柴油时，调和喷嘴的喷射压头h=7.5m，已知喷嘴的出口直径d=80mm，试求调和油泵的出口流量。（重力加速度$g=9.81m/s^2$）

解：①根据调和喷嘴的喷射压头求出喷嘴的出口流速：$h=v^2/2g$

②$v=\sqrt{2gh}=\sqrt{2\times9.81\times7.5}\approx12.13$（m/s）

③$Q=1/4(\pi d^2v)=1/4(\pi\times0.082\times12.13\times3600)\approx219$（$m^3/h$）

答：调和油泵的出口流量约219m^3/h。

23. 用液化气输送泵从储罐向装置付料，罐内界面恒定，气相压力0.55MPa。泵位于罐液面以下2.0m处。吸入管的全部压头损失8.5m。液化气在输送条件下密度为550kg/m^3，饱和蒸气压为0.50MPa。查得泵在输送条件下的允许汽蚀余量经修正为3.15m。判断该泵不能正常工作。

解：①需计算允许安装高度

②$Hg=(p_0-p_v)/\rho g-\Delta h-H_f$，式中，$p_0=5.5\times10^5N/m^2$，$p_v=5.0\times10^5N/m^2$，$H_f$=8.5m，$\Delta h$经修正为3.15m

③代入计算 Hg=−2.38m 低于实际安装高度−2.0m。

答：故不能正常工作。

罐区（模块）理论知识试题

判断题

1. 吸附法油气回收是利用制冷剂通过热交换器进行冷凝，可直接回收油品。（ × ）

正确答案：冷凝法油气回收是利用制冷剂通过热交换器进行冷凝，可直接回收油品。

2. 油气吸附法回收采用活性炭解吸宜用真空解吸。该方法解吸时间短，适用于大吸附量解吸，可以克服传统的水蒸气变温解吸带来的许多缺点。（ √ ）

3. 活性炭吸附高浓度油气时存在床层温度过高风险，在活性炭上的C8以上烷烃和聚合烯烃容易解吸。（ × ）

正确答案：活性炭吸附高浓度油气时存在床层温度过高风险，在活性炭上的C8以上烷烃和聚合烯烃难以解吸。

4. 膜分离装置对尾气压力、流量无要求。（ × ）

正确答案：膜分离装置要求稳流、稳压气体。

5. 尾气回收系统投用前必须用氮气吹扫至氧含量合格后方可投用。（ × ）

正确答案：尾气回收系统投用前无须用氮气吹扫至氧含量合格。

6. 吸收法油气回收的基本原理是油气进入吸收塔，被从塔顶喷淋的吸收剂吸收。（ √ ）

7. 管输运行流程操作遵循“先关后开”的原则，即切断原流程后再导通新流程。（ × ）

正确答案：管输运行流程操作遵循“先开后关”的原则，即保持新流程畅通后再切断原流程。

8. 输油泵机组启停前，只要站长下达命令就可以切换，不必与调度、上下站及本站其他岗位联系。（ × ）

正确答案：输油泵机组启停前，接到站长下达命令后，需与调度、上下站及本站其他岗位联系确认后方可以操作。

9. 在管输系统中，分输下载时，流程操作应遵循“先开后关”的原则，即确认新流程已经导通后，方可切断原流程。（ √ ）

10. SCADA是控制系统，它是基于硬件之上的纯软件包。（ × ）

正确答案：SCADA是集中监控系统，它是基于硬件之上的纯软件包。

11. 工程师工作站，负责系统的组态、画面制作和系统的各种维护等。（√）

12. 机械呼吸阀和液压安全阀的孔径应略大于进出油管内径。（√）

13. 呼吸阀的排气压力应大于储罐的设计正压力。（×）

正确答案：呼吸阀的排气压力应小于储罐的设计正压力。

14. 火灾探测器是消防火灾自动报警系统中，对现场进行探查，发现火灾的设备。（√）

15. 感烟火灾探测器是一种响应燃烧或热解产生的固体或液态微粒的火灾探测器，是使用量最大的一种火灾探测器。（√）

16. 蛋白泡沫液密度越大，所含水解蛋白也越多。（√）

17. 泡沫液用于灭火时与水混合的质量百分数叫泡沫灭火剂的混合比。（×）

正确答案：泡沫液用于灭火时与水混合的体积百分数叫泡沫灭火剂的混合比。

18. 油罐区内使用的管线及附件，如果腐蚀不严重，可不作刷漆防腐。（×）

正确答案：油罐区内使用的管线及附件，如果出现腐蚀，都需刷漆防腐。

19. 长输管线阴极保护设施的原理是：对被保护金属施加直流负电流，通过阴极极化使其电极电位移至金属的平衡电位，从而抑制金属腐蚀的保护方法称为阴极保护。（√）

20. 大型储罐防腐蚀方法可采用防腐层保护法、牺牲阳极保护法、外加电流阴极保护法。（√）

21. 外浮顶油罐浮盘两根接地线有一根断了，可接起来继续用。（×）

正确答案：外浮顶油罐浮盘两根接地线有一根断了，必须更换接地线。

22. 液击会引起长输管道的爆管。（√）

23. 隔油池主要利用油的密度小于水的密度，在水中的油颗粒会因水的浮力而从水中慢慢升到水面上，然后将水面上的浮油收集起来送至污油罐中。（√）

24. 油库事故可分为火灾爆炸事故、跑（漏、冒）油事故、油品变质事故、设备损坏事故、人身伤亡事故等五类。（√）

25. 油罐倾斜复位后，只需对罐底板进行有无渗漏检查。（×）

正确答案：油罐倾斜复位后，除对罐底板进行有无渗漏检查外，还需检查油罐接口、附件等有无渗漏。

26. 管输系统安装高精度密度仪在顺序输送油品时可以减少混油量。（√）

27. 注水补压法： 经进料管向封闭的储罐内注水， 随着罐内水位的升高，罐内气相空间减小，罐内压力升高，直到失稳变形复原，达到修复目的。（√）

28. 充气补压法是指向密闭的储罐内充入压缩空气或氮气，或加热罐内气体，增大罐内

压力使变形修复。（ √ ）

29. 成品油管线内有水或杂质的处理，若用油顶，则一般选择温度低的油品处理管线。（ × ）

正确答案：成品油管线内有水或杂质的处理，若用油顶，则一般选择成本低的油品处理管线。

30. 水封井的功能是当发生火灾事故或其他意外事故时，限制火灾燃烧面积和影响区域。（ √ ）

31. 根据油库的设计规范，初期雨水应该切换至污水处理系统进行处理，其水量一般是按照最大水量的前30min或者按照库区的地表径流进行计算。（ × ）

正确答案：根据油库的设计规范，初期雨水应该切换至污水处理系统进行处理，其水量一般是按照最大水量的前10～15min或者按照库区的地表径流进行计算。

单选题

1. 冷凝法回收油气时，如果要求排放的油气浓度很低，则需要对油气进行三级冷却，三级冷却是采用（ C ）深度冷凝。

A. 工业乙醇　　B. 氟利昂　　C. 液氮　　D. 干冰

2. 浮盘边缘堰板与油罐内壁间隔偏差不大于（ C ）mm，同时要求浮盘无渗漏，环状密封工作良好，无破损浸油，无翻折脱落现象。

A. 20　　B. 30　　C. 40　　D. 50

3. 油气吸附法回收采用活性炭解吸时宜用（ B ）解吸。该方法解吸时间短，适用于大吸附量解吸，可以克服传统的水蒸气变温解吸带来的许多缺点。

A. 常压　　B. 真空　　C. 高压　　D. 中压

4. 管输系统中，主输泵停运时，应遵循（ B ）的原则。

A. 从前向后依次停运　　B. 从后向前依次停运

C. 同时停运　　D. 没有次序

5. 管输系统中，主输泵启动时，应按照泵的序号，遵循（ A ）的原则。

A. 从前向后依次启动　　B. 从后向前依次启动

C. 同时启动　　D. 都可以

6. SCADA系统中，字母C表示的意思是（ D ）。

A. 数据　　B. 采集　　C. 集中　　D. 控制

7. 拱顶油罐在实际工作中，常根据油罐收发油作业的（ A ）来选择呼吸阀的数量和口径大小。

A. 流量　　B. 速度　　C. 管线的管径　　D. 时间

8. 泡沫液应储存在环境温度为0～40℃的室内，每年抽检（ A ）次泡沫质量。

A. 1　　B. 2　　C. 3　　D. 4

9. 泡沫灭火剂的指标中，（ D ）的高低对泡沫的稳定性和灭火性能都有一定的影响。

A. 密度　　B. 黏度　　C. pH值　　D. 发泡倍数

10. 螺杆泵密封处大量漏油，故障原因是螺杆泵的（ C ）。

A. 螺杆与衬套内严重磨损　　B. 电机转数不够

C. 动环和静环密封圈损坏　　D. 吸入管路堵塞或阀门没有打开

11. 浮盘渗漏油，以下处理方法不正确的是（ D ）。

A. 需清罐

B. 需清扫浮盘、浮舱

C. 全面检查，对损坏部分进行修复

D. 将罐内油品倒低于起浮高度即可修理

12. 流量计定期进行零点检查和调整，调整时应使流量计内确定（ B ）的状态下进行。

A. 有流体流动　　B. 无流体流动　　C. 有电流　　D. 无电流

13. 成品油管线内有水或杂质的处理，应首先用（ C ）往杂油罐内顶线。

A. 水　　B. 蒸汽

C. 同品种成品油　　D. 压缩风

14. 储罐区消防用水量应为扑救油罐火灾配制泡沫的（ A ）和冷却油罐（ A ）的总和。

A. 最大用水量，最大用水量　　B. 最大用水量，最小用水量

C. 最小用水量，最大用水量　　D. 最小用水量，最小用水量

多选题

1. 油气进入冷却器经过（ AB ）冷却，可以使大部分挥发性有机化合物冷凝后成为液体回收。

A. 一级　　B. 二级　　C. 三级　　D. 四级

2. 活性炭饱和吸附率与（ ABC ）有关，并随吸附操作温度计使用次数增大而降低。

A. 活性炭材质　　B. 表面结构　　C. 制造工艺　　D. 数量

3. 膜分离技术是传统的（ ABD ）技术的结合。

A. 压缩　　B. 冷凝法　　C. 吸收法　　D. 选择性渗透膜

4. 吸收法油气回收的特点有（ ABCD ）。

A. 工艺简单，投资成本低　　B. 回收率低

C. 设备占地面积大　　D. 能耗高

5. 油库的输油管道应采取（ ABCD ）措施来减少混油。

A. 胀油管阀门要做到“静开动关”

B. 顺序输送安装高精度密度仪

C. 不同油品连通管道阀门关闭并加插盲板

D. 作业流程双人操作、确认

6. SCADA几个字母的含义是（ ABCD ）。

A. 数据　　B. 采集　　C. 集中　　D. 控制

7. SCADA系统的控制级别共有三级，分别为（ ABC ）。

A. 调度中心控制　B. 站库控制　　C. 现场就地控制　D. 分流控制

8. 呼吸阀在选型时主要考虑（ ABCD ）。

A. 火灾时罐体受热引发的管内液体蒸发量增加造成的呼出量

B. 气候影响下，罐体内蒸汽压的增加减少，造成的热效应呼吸量

C. 北方寒冷地区选型应选用防水型呼吸阀

D. 进出罐的最大液体量

9. 齿轮泵体发热时，可能由于（ BCD ）。

A. 泵内严重磨损　　B. 机械密封回油孔堵塞

C. 油温过高　　D. 出口阀开度小

10. 呼吸阀常见故障有（ ABCD ）。

A. 漏气　　B. 卡死

C. 黏结、冻结　　D. 梗塞

11. 外浮顶罐验收检查时应对其外浮盘检查（ AB ）。

A. 中央排水管　B. 呼吸阀　　C. 温度计　　D. 液位计

12. 管输管道常见的事故是爆管，引起爆管的原因主要有（ ABCD ）。

A. 温度应力　　B. 管材质量

C. 施工质量　　D. 地质构造和水锤等

13. （ ABC ）是油罐收付量差超过规定的原因。

A. 油品计量误差　　B. 油罐容积表有误

C. 油品密度的变化　　D. 油罐超过检定日期使用

14. 影响质量流量计计量准确性的因素是（ CD ）。

A. 流量计前未加过滤器　　B. 流量计前后直管段不够

C. 流量计内存在气、液两相　　D. 管线震动大

15. 采用正压法修复吸瘪罐顶，应考虑（ ABCD ）。

A. 拱顶所能承受的内压　　B. 罐顶与罐壁连接结构稳定性

C. 修复压力　　D. 注水量

16. 事故状态下库区最大排水量的计算从（ ABC ）方面考虑。

A. 库区最大罐容积　　B. 消防水量

C. 平均日降水量　　D. 初期雨水

简答题

1. 请简述冷凝法油气回收的原理。

答：利用烃类物质在不同温度下的蒸汽压差异，通过降温使油气中一些烃类蒸汽压达到过饱和状态，过饱和蒸汽冷凝成液态。一般采用多级连续冷却方法降低油气的温度，使之凝聚为液态回收，根据挥发气的成分、要求的回收率及最后排放到大气中的尾气中有机化合物浓度限值，来确定冷凝装置的最低温度。

2. 请简述膜分离技术的原理。

答：由于油气与空气混合物中烃分子与空气分子的大小不同，在某些薄膜中的渗透速率差异极大，膜分离技术就是利用薄膜这一物理特性来实现烃蒸气与空气的分离。

3. 请简述常压常温吸收法的概念。

答：常压常温吸收法是在常压常温下，利用馏出轻组分的汽油（或废油）、煤油系溶剂、轻柴油、特制有机溶剂等易吸收油气的吸收液，在吸收塔内与混合气喷淋接触以溶解吸收其中的油气。

4. 长输管线首次投用的操作要点。

答：（1）计算付料方至罐之间管道容积，了解对方输送泵的流量，估算出油到罐的时间；

（2）输油方和收油方应加强协调，确定双方的总联络人及联络方式；

（3）管线内残余的试压用水及杂质等应尽可能不排入罐内，应配临时管线，尽量排入合适的地方；

（4）排水、排气点收付双方应安排人员监控，见水后安排取水样分析，若水分析不合格，暂停送油，考虑水进罐；

（5）收油方应安排专人巡查储罐及管道的运行情况；

（6）提前打通收料流程，关闭排水点的控制阀；

（7）储罐收料时应派专人在现场巡检；

（8）切换罐时应严格执行“先开后关”的原则。

5. 混油有哪些处理方法？

答：混油的处理方法一般有两种：一种是重新加工；另一种是掺混后供用户使用。非常情况下降级处理。

6. 管道输送为何会产生混油现象？

答：油品在管道中运移时由于相邻油品的性质不同会产生混油；混油界面经过泵站时会由于泵的搅动产生混油；泵站进行油品切换也会造成一段初始混油；停输也会造成混油的增加。

7. 输油管路混油有哪些切割方法？

答：主要有三种。两段切割：用于相同品种不同牌号油品；三段切割：用于不同品种少量混油情况；四段切割：用于不同品种大量混油情况。

8. 油库的输油管道应采取哪些措施来减少混油？

答：(1) 所有的输油管道，在没有输油作业任务时，除了胀油管阀门应保持常开外，其他阀门都应该关闭；

(2) 关键部位和靠近油罐第一个进出油阀门应该上锁；

(3) 每次装卸输转作业前，主管人员应该把任务内容、油品流向、阀门启闭编号等随同操作注意事项一并向操作人员交代清楚，并在操作中加以复核；

(4) 装卸输转作业过程中，严禁有关操作人员脱离岗位；

(5) 日常检查中注意检查油罐间相通管线上的阀门以及关键部位的阀门是否有效、可靠，及时维修，防止互相窜油；

(6) 用非专用管线交替输送不同油品时，必须把管线存油处理干净，油罐换装不同品种油品时，必须按规程规定的技术要求进行清洗。

9. 输油管道SCADA系统是由哪些部分组成的？

答：简单来说，主要由控制中心构成，控制中心包括数据服务器与站控PLC。控制中心的所有现场实时数据都是通过数据服务器与PLC进行通信读取获得的，所有的控制命令都是通过数据服务器发送给站控PLC来完成的。

10. SCADA系统具有哪些功能？

答：SCADA系统具有对远程、分散的站点，在线实时数据采集、处理、计算、分析、存储、显示、控制等功能。SCADA系统根据系统采集、控制点数的多少有系统规模的大小之分，小到只有一台计算机组成一个小型SCADA系统；大到由多台服务器和若干台工作站协同组成大型SCADA系统。工业上，SCADA系统广泛应用于远程通信、供水与污水处理、化工、能源、电力、冶金、油气输送等领域。

11. SCADA系统的控制级别分为哪几级?

答: 共分三级。第一级：调度中心控制；第二级：站库控制；第三级：现场就地控制。三级控制方式采用无扰动切换。

12. 机泵检修后试车前需做哪些准备?

答:（1）检查检修记录，确认检修数据正确；

（2）单试电机合格，确认转向正确；

（3）热油泵需提前暖泵，预热速度不得超过50℃/h，每半小时盘车180°；

（4）润滑油，封油、冷却水等系统正常，零附件齐全好用；

（5）盘车无卡涩现象和异常声响，轴封渗漏符合要求。

13. 管道腐蚀的类型有哪些?

答:（1）管路腐蚀按照腐蚀破坏作用的性质，可分为化学腐蚀和电化学腐蚀两种；

（2）管路腐蚀按腐蚀环境的不同，主要分为大气腐蚀、水腐蚀、土壤腐蚀三种。

14. 阴极保护的原理是什么?

答: 埋地管道的腐蚀主要是电化学腐蚀，对电化学腐蚀的金属管道除了物理绝缘防腐之外，更普遍采用电化学阴极保护的方法来防腐。阴极保护就是使金属构件作为阴极，对其施加一定的直流电流，使其产生阴极极化，当金属的电位负于某一电位值时，该金属表面的电化学不均匀性得到消除，腐蚀的阴极溶解过程得到有效抑制，达到保护的目的。

15. 浮盘上部空间油蒸气浓度大的原因是什么？应怎样处理?

答: 原因：浮盘与罐壁间的密封圈破裂或老化，浮盘或罐体过大的椭圆度，浮盘不平或过大的偏移，罐体局部过大的粗糙度等，这些都可能导致密封不好，使油蒸气聚积到浮盘上；浮盘工作在起浮高度，自动通气阀常开。

处理方法：检修浮盘密封圈，检查油罐和浮盘的椭圆度和平整度，检查油罐内壁的光滑度；浮盘一般不能工作在起浮高度，除非对浮盘进行检修时。

16. 请简述自动调和系统运行过程中流量不正常，确定流量计出现故障的处理方法。

答: 打开流量计变送单元盖查看状态指示灯是否正常（指示灯间隔一秒闪烁为正常）连续快闪不正常，将流量计断电后，重新送电后一般流量计指示灯恢复正常闪烁。如果在满足流量计计量的条件下不正常指示则为流量计故障，需要重新检定流量计合格后方可使用。

17. 在管输系统中，为了减少混油量，应采取哪些措施?

答:（1）确定输送次序时，应尽量选择性质相近的两种油品互相接触，以减少混油损失；

（2）在保证操作要求的前提下，尽量采用最简单的流程，以减少基建投资与混油损失；

（3）顺序输送管道尽量不采用副管；

（4）管道沿线尽量在满管状态下运行；

（5）更换所输油品前应做好周密的准备，油品交替时尽量中途不停输；

（6）在起终点、分油点、进油点储蓄容量允许的前提下，尽量加大每种油品的一次输送量；

（7）采取专门措施减少混油量，例如使用机械隔离器或液体隔离塞分隔两种油品等。

18. 油库污水处理系统的处理方法有哪些？

答：物理处理法：吹脱、汽提法；化学处理法：混凝、中和、氧化还原；生物处理法：活性污泥法、生物膜法、厌氧生物处理法。

19. 油罐顶吸瘪后如何修复？

答：油罐顶吸瘪后，主要有注水压气法和垫水充气法两种方法。

（1）注水压气法是先往油罐充入一定高度的水，然后密闭油罐，再往罐内注水压缩罐内空气，罐内气体空间压力增大，使变形罐顶复原的办法；

（2）垫水充气法是先往罐内注水，然后密闭油罐，再往罐内气体空间充气，逐步增加气体空间压力，使变形罐顶复原的办法。

20. 水封井油料着火如何扑救？

答：由于油库设备漏油或排水带油，油蒸气常在水封井、管沟等低洼地方积聚；遇到明火即会发生爆炸或燃烧，火势蔓延很快。其扑救方法如下：

（1）用湿棉被、砂土、水枪等卡住水封井、管沟两头，防止火势向外蔓延；

（2）火势较大时，应冷却保护邻近的物质和设施；

（3）用泡沫或二氧化碳灭火。

计算题

1. 已知一组地上汽油罐有6个，其直径都是10.6m，罐与罐之间距离为15m，假设其中一个油罐起火，试计算冷却用水量。计算时对着火罐壁周长全部冷却，距着火罐15m的3个相邻油罐均需冷却其罐周长的一半。

解：①求冷却着火油罐用水量

$Q_1=D_q=3.14\times10.6\text{m}\times0.8\ \text{L/（s·m）}=26.6272\text{（L/s）}$

②邻近油罐冷却用水量

$$Q_2=3\times\left(\frac{1}{2}\times\pi Dq\right)=3\times\left(\frac{1}{2}\times3.14\times10.6\times0.8\right)=39.941\text{（L/s）}$$

③求每秒钟冷却用水量

$Q_3=Q_1+Q_2=66.5682\text{（L/s）}$

④计算冷却用水总量

$Q = Q_3$ × 冷却延续时间 =66.5682 L/s × 4h × 60min × 60s=958.579（m^3）

答：冷却用水量为958.579m^3。

2. 有一个油罐区，共有两个地上钢质油罐，分别储存汽油和柴油，容量各为2000m^3，直径各为16m，油罐间距为16m。采用固定空气泡沫灭火系统，试计算灭火泡沫液常备量。[不考虑管道内储量。汽油罐的泡沫供给强度采用q_1=1.25 L（s·m^2），柴油罐采用q_2=0.80 L（s·m^2）。拟采用PC16型泡沫发生器，混合液流量为15.14 L/s。泡沫常备量按30min供给时长、泡沫液按6%配比计算]

解：①油罐液面积

$A=\pi D^2/4$=3.1416 × 162≈200（m^2）

②需要泡沫量

汽油罐的泡沫量：$Q=Aq_1$=200 × 1.25=250（L/s）

柴油罐泡沫量：$Q=Aq_2$=200 × 0.8=160（L/s）

③空气泡沫发生器数量

PC16型泡沫发生器泡沫发生量100L/s

汽油罐的泡沫发生器数：$N=Q/q_3$=250/100≈3（个）

柴油罐的泡沫发生器数：$N=Q/q_3$=160/100≈2（个）

④混合液量

汽油罐混合液量：$Q_{混}=Nq_{混}$=3 × 15.14=45.42 （L/s）

柴油罐混合液量：$Q_{混}=Nq_{混}$=2 × 15.14=30.28 （L/s）

泡沫液常备量应按最大罐（本题按汽油罐）确定，按30min计算，泡沫液的常备量为：$Q_{液}$=6% × 30 × 60 × $Q_{混}$=0.108 × 45.42 = 4.9（m^3）

答：泡沫液常备量为4.9m^3。

3. 有一列管式换热器，其传热面积S=100m^2，用柴油和原油换热。原油在管内流过，进出口温度分别为：t_1=81℃，t_2=102℃；柴油在管束间流过，进出口温度分别为：T_1=249℃，T_2=129℃。原油流量为G=70000kg/h，其比热C=2.177kJ/（kg·℃）。求传热系数K值。

解：①柴油与原油换热，为逆流流动，每小时的传热量：

$Q=GC$（t_2-t_1）

=70000 × 2.177 × （102−81）

=3200190（kJ/h）

=8.889 × 10^5（W）

②对数平均温度：

$$\Delta t_m=\frac{(T_1-t_2)-(T_2-t_1)}{\ln\left(\frac{T_1-t_2}{T_2-t_1}\right)}=\frac{(249-102)-(129-81)}{\ln\left(\frac{249-102}{129-81}\right)}=88.4(℃)$$

③传热系数：

$K=Q/(S\Delta t_m)=8.889\times10^5/(100\times88.4)=100.55$ [W/(m^2·℃)]

答：传热系数K值为100.55W/(m^2·℃)。

公路（模块）理论知识试题

判断题

1. 自动发油系统是一种自动实现油品定量装车过程的控制系统。（√）

2. 公路发油集散式发油系统中以单片机为控制中心的防爆显示控制仪，直接控制阀门和电机接收流量计的脉冲数字信号，但不可以接收静电接地、溢油的保护信号。（×）

正确答案：公路发油集散式发油系统中以单片机为控制中心的防爆显示控制仪，直接控制阀门和电机接收流量计的脉冲数字信号，同时接收静电接地、溢油的保护信号。

3. 底部灌装输油臂和顶部灌装输油臂有一些共同的特征，旋转接头、管子、弯管和法兰都用于这两种输油臂。（√）

4. 汽车发油台下装式系统在装车过程中油品易蒸发损耗。（×）

正确答案：汽车发油台下装式系统在装车过程中可以减少油品蒸发。

5. 汽车发油台下装式系统要经常检查与汽车罐车连接部分的密封圈是否损坏、老化、破损。（√）

6. 做好自动发油系统计算机防病毒工作不是系统维护的要点。（×）

正确答案：做好自动发油系统计算机防病毒工作是系统维护的要点。

7. 自动发油系统的维护包括对计算机和常用外设备的保养，操作面板和电液阀的维护，及时清洗过滤器，信息传递设备检查，强制检定设备的检定等。（√）

8. 定量自动装汽车罐车不会造成超量或冒顶。（×）

正确答案：定量自动装汽车罐车失灵等原因会造成超量或冒顶。

9. 汽车罐车装车超量后可直接过衡计量出厂。（×）

正确答案：汽车罐车装车超量后应将超出量倒出，使之满足罐车的载重限量等要求，方可计量出厂。

10. 水击是在有压管道中，液体流速发生急剧变化所引起的压强大幅度波动的现象。（√）

单选题

1. （ B ）不是汽车发油台下装车系统日常维护。

A. 防溢油系统定期测试　　B. 现场保持整洁

C. 发油流量计定期检定　　D. 发油泵入口滤网定期清洗

2. 不是自动发油系统常见故障是（ D ）。

A. 验卡开票故障　　B. 阀门、泵打开无流量信号

C. 控制机与发油台通信受阻　　D. 管线内超压

3. 公路发油工业控制机管理可以分为（ D ）两大类，并通过工程机的COM端口，传送到上一级网络站中去。

A. 逻辑查询和会计报表　　B. 逻辑查询和统计报表

C. 数据查询和会计报表　　D. 数据查询和统计报表

多选题

1. 汽车发油台下装式系统输油臂平衡方式有（ ABC ）。

A. 重力平衡　　B. 线性弹簧　　C. 扭力弹簧　　D. 手动平衡

2. 汽车发油台下装车系统日常维护包括（ ABC ）。

A. 发油泵入口滤网定期清洗　　B. 防溢油系统定期测试

C. 发油流量计定期检定　　D. 现场保持整洁

3. 自动发油系统常见故障包括（ AC ）。

A. 验卡开票故障　　B. 装车鹤管升降故障

C. 控制机与发油台通信受阻　　D. 管线内超压

4. 公路定量密闭装车系统的防溢油措施是（ AC ）。

A. 设置高液位联锁　　B. 现场可燃气体报警仪

C. 发油量的准确设定　　D. 控制装车流速不大于4.5m/s

5. 自动发油系统联锁保护主要包括(ABCD)。

A. 工艺联锁　　B. 机组联锁

C. 程序联锁　　D. 各种泵类的启动（即单机的开、停车）

简答题

1. 请简述公路发油集散式（集中分散式）控制系统的优点。

答：现场某一鹤位无法发油，不影响其他鹤位，鹤位之间互为备用； DCS或者PLC控制系统集中监控，与油气回收、可燃气报警等逻辑实现联锁功能。

2. 汽车发油台下装式系统主要有哪些优点?

答:汽车发油台下装式系统的优点主要有：防火、防溢油、减少操作人员的劳动强度、油气回收、减少环境污染、提高装卸速度、提高操作人员的安全系数。

3. 请简述保护作用信号的含义。

答:用以表示某自动保护或联锁装置工作状况的信息，当工艺变量不等于规定数值时报警。这类信号分两种：一种叫报警信号，即被监督的变量超出其正常值，但尚未超出允许值；另一种叫事故信号，即被监督变量已超出其允许值。前一种信号要求操作者引起注意，常以灯光、音响表现出来。后一种信号要求立即采取措施，常常伴随联锁系统也起作用。

4. 自动发油系统由哪些部分组成?

答:自动发油系统的整机由微机单元、显示器单元、键盘单元、接口单元和电源单元共5个部分组成。现场配备流量传感器、温度传感器、电磁(液)阀、声光报警器、电机等可组成开环控制系统。

5. 汽车发油台下装车系统日常如何维护?

答:（1）定期检查、清洗泵入口滤网；

（2）发油流量计按规定定期检定；

（3）静电接地、防溢油系统定期测试其完好情况；

（4）发油泵每日盘泵，定期检查；

（5）装车鹤管定期保养；

（6）现场设备、设施日常检查，确保完好。

6. 请简述自动发油系统的维护内容?

答:计算机和常用外设备的保养；操作面板和电液阀的维护；及时清洗过滤器，更换滤网；信息传递设备检查；强制检定设备的检定等。

7. 请简述汽车罐车灌装操作的注意事项。

答:（1）灌装前检查汽车排气管消火装置是否佩戴；静电接地线是否连接可靠，罐内是否洁净，罐体有无明显损漏迹象；检查汽车罐车底阀是否关闭。

（2）鹤管插入距罐车底部不高于200mm处并注意控制流速。

（3）装油过程中，器具都应轻拿轻放，勿使铁器敲击碰撞。

（4）雷雨大风天气禁止作业。

8. 汽车罐车装车超量的原因有哪些?

答:（1）瞬时流量超过流量计的量程范围；

（2）油品密度设置有误；

（3）油品温度设置有误；

（4）设定量过大；

（5）控制阀失灵；

（6）流量计故障；

（7）高报联锁故障；

（8）批控仪故障。

9. 请简述自动发油系统的主要故障。

答：（1）机器接通电源后无任何显示，键盘操作无效；

（2）开机后显示缺笔画；

（3）汉字操作屏提示错误；

（4）阀门、泵打开无流量信号；

（5）刚发油，屏幕很快显示到应发量；

（6）阀门、泵打不开或打开又自动关闭；

（7）阀门关不严，过冲量较大；

（8）发油数量或多或少；

（9）温度不准确；

（10）通信故障、电源故障。

10. 处理汽车罐车装车冒顶的注意事项有哪些？

答：（1）不要惊慌，处理事故井然有序；

（2）及时处理冒出油品；

（3）疏散无关人员及车辆，对油库进出口进行警戒；

（4）将汽车罐车推出卸油场地至安全区域；

（5）防止发生污染或着火事故；

（6）检查操作井内、地沟、水封井等是否有残留油品；

（7）防止其他突发事故。

11. 请简述汽车罐车装车超量物料移至同品种空罐车的处理步骤。

答：（1）核算超装量；

（2）对空槽车进行检查确认；

（3）汽车罐车接静电接地线；

（4）使用导静电胶管连接；

（5）监控超量汽车罐车液位；

（6）处理后核量；

（7）拆除连接，收回静电接地，盖好车盖。

12. 请简述定量装车过程中水击现象产生的原因及预防措施。

答：（1）在定量装车过程中，由于到量后，装车气缸阀突然关闭，使流体流速在很短时间内急速变小，管内压力会在瞬间急剧增高，产生水击现象。定量装车过程中的水击现象，会使水击压力作用在流量仪表、管线和其他设备上，造成管线、设备损坏及计量误差，危害极大。

（2）防止和减少水击的措施有：①装车气缸阀的选用多段电磁阀，做到缓慢关闭，必须满足 $t_{关}>t_0$。其中 $t_{关}$为关闭阀门时间，单位s，$t_0=2L/C$，L为管段长度，单位为m，C为水击压力波传播速度，单位为m/s。②安装缓冲装置，如水击缓冲器等。

计算题

1. 某石油库油罐至发油台的最短距离为750m，管道为$\phi 159\times 4.5$，流量Q=44m^3/h，汽油密度为730kg/m^3，试计算电磁阀关阀时间从0.5s延长到2s时，水击压力之差。

解：①求油品流速：

$V_0=4Q/\pi d^2=4\times 44/(3600\times \pi \times 0.15^2)=0.69$（m/s）

②当关阀时间为0.5s时，水击压力为：

$$H_1=\frac{2vL}{gT_1}=2\times 0.69\times 750\div (9.81\times 0.5)=211\text{（m）}$$

③当关阀时间为2s时，水击压力为：

$$H_2=\frac{2vL}{gT_2}=2\times 0.69\times 750\div (9.81\times 2)=53\text{（m）}$$

④关阀时间延长，减少的水击压力为：

$\Delta H=H_1-H_2=211-53=158$（m）

$\Delta P=158\times \rho g=158\times 730\times 9.81=1.12\times 10^6$（Pa）=1.13（MPa）

答：水击压力之差为1.13MPa。

2. 某润滑油厂一月份出液压油500t，收率为98%，二月份出液压油480t，收率为96%，三月份出液压油600t，收率为95%，则一季度产品损耗率为多少？

解：①据损耗量＝总投入量－总成品量

②代入数据，损耗量＝（500/0.98+480/0.96+600/0.95）－（500+480+600）＝61.78（t）

③损耗率=损耗量/总投入量=61.78/（500/0.98+480/0.96+600/0.95）=3.76%

答：一季度产品损耗率为3.76%。

铁路（模块）理论知识试题

判断题

1. 潜油泵卸油过程中，当压力表压力超过最高工作压力时，应立即停泵进行检查，故障排除后，才可重新启泵。（√）

2. 使用液动潜油泵卸油即将完毕时，应根据流量缓慢调节溢流阀压力至最高，使液压油直接回油箱，再关闭管线输油闸阀，再关闭液压站电机。（×）

正确答案：使用液动潜油泵卸油即将完毕时，应根据流量缓慢调节溢流阀压力至最低，使液压油直接回油箱，再关闭管线输油闸阀，再关闭液压站电机。

3. 潜油泵卸油工艺有两个方案：一是低扬程潜油泵与主输油泵串联工作的卸油工艺。二是高扬程潜油泵直接卸油进罐的工艺。（√）

4. 潜油泵可与离心泵、容积式泵并联使用，既可作卸油用，亦可打开裤形管两侧盖板，作灌装油用。（×）

正确答案：潜油泵可与离心泵、容积式泵串联使用，亦可单独使用，无须再建泵房；既可作卸油用，亦可打开裤形管两侧盖板，作发油设备用。

5. 使用潜油泵卸油消除了鹤管的汽蚀现象。（×）

正确答案：使用潜油泵卸油消除了鹤管的汽阻现象。

6. 气动潜油泵可以用于铁路槽车或储罐中卸送低闪点汽油、煤油、柴油、丙烷、苯酚、液态烃、丙酮等。（√）

7. 气动潜油泵直接放置在低闪点油液中，用压缩氮气作动力源，驱动气动马达，卸送油液。（×）

正确答案：气动潜油泵直接放置在低闪点油液中，用压缩空气作动力源，驱动气动马达，卸送液体。

8. 气压潜油泵以压缩空气作动力源，工作现场无电源，安全可靠。（√）

9. 液动潜油泵装在鹤管头部，潜没在油液下工作，使油液在管路中以较高的负压输送。（×）

正确答案：液动潜油泵装在鹤管头部，潜没在油液下工作，使油液在管路中以较高的正压输送。

10. 液动潜油泵工作原理是把电能转换成液压能驱动液压马达，即由液压油泵输出的压力油经止回阀驱动液压能驱动液压马达旋转，再传递到叶轮。（×）

正确答案：液动潜油泵工作原理是把电能转换成液压能驱动液压马达，即由液压油泵输出的压力油经溢流阀驱动液压马达旋转，再传递到叶轮。

11. 液压潜油泵采用铝合金制造，重量轻，导静电性好，安装简单、运转平稳、可靠，附件少、效率高、噪声小。（√）

12. 潜油泵如不及时使用或较长时间停用，应在马达内部灌入防锈油，外露部分涂防锈油脂，并妥善保存。（√）

13. 液动潜油泵在试运转中，要仔细检查整个系统有无漏气、漏液，性能是否符合要求，机组有无较大的振动和不正常的响声，检查合格后，方可正式投入运转。（√）

14. 液动潜油泵管路漏气，液压油中混入空气，将使马达产生很大噪声，但不会影响系统工作。（×）

正确答案：液动潜油泵管路漏气，液压油中混入空气，将使马达产生很大噪声，不但影响系统工作，还影响马达、液压泵的使用。

15. 液动潜油泵油箱内的液压油，应根据使用的频率定期检查，若油液不足应及时补充。（√）

16. 潜油泵应在空载状态下缓慢启动或关闭，严禁带负载启动。（√）

17. 液动潜油泵装置机组运转时，应多检查油箱内的油温与电动机的温升，运转时电机轴承温升一般不超过55℃。（×）

正确答案：液动潜油泵装置机组运转时，应多检查油箱内的油温与电动机的温升，运转时电机轴承温升一般不超过70℃。

18. 气压元件泄漏，工作气压下降不属于气动潜油泵故障。（×）

正确答案：气压元件泄漏，工作气压下降属于气动潜油泵故障。

19. 潜油泵的滤油器堵塞必须更换滤油器。（×）

正确答案：潜油泵的滤油器堵塞必须清洗滤油器。

20. 尽量开大出口阀门可防止离心泵发生汽蚀。（×）

正确答案：尽量开大泵入口阀门可防止离心泵发生汽蚀。

21. 汽蚀的克服方法是减少吸入管路阻力损失，降低液面的汽化压力，都可以提高有效汽蚀余量。（√）

22. 不能用水测试潜油泵，必须以实际使用的燃油试机，可以点动潜油泵进行短时间的空载试机。（√）

单选题

1. 检修车刷洗后要无油底、（ A ）、木屑等杂物，用抹布擦拭检查无油迹。

A. 泥沙　　B. 锈皮　　C. 锈渣　　D. 水珠

2. 液动潜油泵如不使用，或较长时间停用，应在（ B ）内部灌入防锈油，外露部分涂防锈油脂，并妥善保存。

A. 油箱　B. 马达　C. 滤油器　D. 叶轮

3. 某潜油泵的流量为60m³/h，用该潜油泵卸一个槽车的柴油大约要（ A ）h。

A. 1　B. 2　C. 0.2　D. 0.5

4. 机泵密封处大量漏油，故障原因是螺杆泵的（ C ）。

A. 螺杆与衬套内严重磨损　B. 电机转数不够

C. 动环和静环密封圈损坏　D. 吸入管路堵塞或漏气

多选题

1. 潜油泵卸油过程中，当（ ABC ）时，应立即停泵进行检查，故障排除后，才可重新启泵。

A. 压力表压力超过最高工作压力　B. 电机和泵发出异常声响

C. 电机和泵强烈振动　D. 电机和泵运行正常

2. 使用潜油泵卸油消除了（ ABD ）现象。

A. 鹤管的气阻　B. 离心油泵的汽蚀

C. 离心油泵的水击　D. 鹤管的汽蚀

3. 气动潜油泵运转但不出油或流量低的原因是（ ABCD ）。

A. 气压不足　B. 单向阀没有打开

C. 油液位低于泵叶轮　D. 入口堵塞

4. 液压潜油泵鹤管主体分为（ ABC ）部分。

A. 鹤管　B. 液压泵站　C. 液动潜油泵　D. 气动潜油泵

5. 气动潜油泵在试运转中，要仔细检查（ ABCD ），检查合格后，方可正式投入运转。

A. 性能是否符合要求　B. 机组有否较大的振动

C. 整个系统有无漏气、漏液　D. 是否有不正常的响声

6. 液动潜油泵在试运转中，要仔细检查（ ABCD ），检查合格后，方可正式投入运转。

A. 整个系统有无漏气、漏液　B. 性能是否符合要求

C. 机组有否较大的振动　D. 是否有不正常的响声

7. 液动潜油泵装置要定期清洗油箱内的（ AB ），如发现有破损现象，应及时更换。

A. 过滤器　B. 滤油器　C. 电机　D. 叶轮

8. 铁路卸车过程中泵入口管路发生气阻的处理方法有（ ABC ）。

A. 降低油品温度　B. 降低流速

C. 降低鹤管阻力　D. 提高油品温度

9. 汽蚀的危害有（ ABCD ）。

A. 产生噪声和振动　　B. 流量、扬程、效率降低

C. 金属疲劳破坏　　D. 气泡凝结放热引起化学腐蚀

10. 影响轻质油品定量装车准确性的主要因素有（ AB ）。

A. 管道未充满　　B. 流量计的精度　C. 油品温度　　D. 油品初速度

简答题

1. 请简述液压潜油泵的操作步骤。

答：（1）将装有卸槽泵的鹤管放入油槽车；

（2）启动液压站电动机，开始卸槽作业；

（3）当油品快卸完时，把卸槽泵进口对准槽车底部的油窝内，进行扫舱作业；

（4）扫舱结束后，提起鹤管，关闭液压站电动机。

2. 请简述潜油泵卸油的工艺特点。

答：（1）克服了已有卸油设备存在“气阻”的缺点，不受地理位置的限制，能够在全气候条件下作业；

（2）减少油品的浪费，提高卸油的效率；

（3）同时，它可以同铁路系统已有的卸油槽鹤管配套使用，节省投资、方便用户。

3. 请简述液压潜油泵鹤管的工作原理。

答：压潜油泵鹤管是将潜油泵安装在鹤管端部，浸没在油品中工作。由电机驱动液压泵，液压泵输出压力油经溢流阀驱动油马达，油马达带动油泵叶轮旋转，发挥输送轻质油品的作用。由于潜油泵在垂管底部，起到增压的作用，使进油管路在正压下输油，消除了鹤管的气阻现象。

4. 请简述潜油泵和自吸泵的区别。

答：潜油泵安装在鹤管顶部，浸入油中，由正压推送，解决了气阻现象；自吸泵安装在管路中，机泵运行中管道内处在负压状态，容易生成油气形成气阻，在高温环境、高扬程、远距离条件下，容易出现气液两相、环境污染甚至不出油的现象。

5. 采用上部卸油方式管路气阻的消除办法有哪些？

答：（1）增大油罐车液面上的压力；

（2）减小鹤管中油料的流速；

（3）降低管路的阻力损失；

（4）通过降低油温来降低油品的饱和蒸气压；

（5）采取倒序混层卸油法，按照油罐车油温上高下低的规律，先卸上层高温油，后卸下层低温油。

6. 液化烃铁路罐车加压法卸车可采用什么方式加压？

答：（1）对氮气压力大于所卸物料饱和蒸气压时，可采用氮压法，将氮气从铁路罐车的气相充入罐车，将铁路罐车与物料系统连接，达到卸车目的；

（2）采用增压器增压法，将被卸物料的一部分送入增压器，通过蒸汽对增压器加热，提高物料气相压力，达到卸车的目的。

计算题

1. 用100Y–60型离心泵将原油从油罐甲送到油罐乙。已知：输油时该泵的允许汽蚀余量［Δh_r］=4.8m油柱，原油的密度 ρ =905kg/m³，饱和蒸气压 P_y=0.08MPa油柱，吸入管径的阻力损失 h_w=1.1m油柱，泵的几何安装高度 H_g=4m，原油罐液面压力 P_0=0.1MPa。问：［Δh_r］不考虑校正时，该泵会不会发生汽蚀？

解：泵的有效汽蚀余量为：

$$\Delta h_a=(\frac{P_0-P_y}{\rho})\times 100-H_g-h_w$$

$$=(\frac{0.1-0.08}{905\times 100^{-3}})\times 100-4-1.1$$

$$=-2.89\text{（m）}$$

因 $\Delta h_a<$［Δh_r］，故［Δh_r］不考虑校正时，该泵不会发生汽蚀。

答：［Δh_r］不考虑校正时，该泵不会发生汽蚀。

水路（模块）理论知识试题

判断题

1. 码头原油及成品油装卸作业结束后，管线内的剩油只能扫回油罐。 （ × ）

正确答案：码头原油及成品油装卸作业结束后，输油臂内的剩油扫回油船。

2. 在油船上，当船舱油位低于一定高度时，必须利用扫舱系统继续完成卸油工作。 （ √ ）

3. 扫舱系统主要有自动扫舱系统和独立式扫舱系统两种。 （ √ ）

4. 油库附近水面上的油迹，可喷洒消油剂进行处理。 （ × ）

正确答案：油库附近水面上的油迹，应想办法捞回处理。

5. 油品装卸船过程中，输油臂的危险监控要点是注意输油臂是否超温。 （ × ）

正确答案：油品装卸船过程中，输油臂的危险监控点是注意输油臂是否超压或旋转接头等有无泄漏。

6. 为防止码头泄漏油品漫延，装卸作业时在码头下游设置围油栏。（ √ ）

7. 汛期会造成集油井内污油溢出、扩散，造成环境污染，增加火险隐患。（ √ ）

8. 码头实际风力大于6级及浪高大于1.2m时，应立即停止装卸油作业。（ √ ）

9. 油码头的消防设施，应根据油品的火灾危险性、油码头的等级、临近单位、油船的类型及水文、气象、地理自然条件等因素，经技术、经济比较后，综合考虑而确定。（ √ ）

10. 油码头的消防，应能满足扑救码头装卸区的油品泄漏火灾；或当设计中停泊的油船无消防设施时，扑救该船最大一个油舱火灾的消防能力的要求。（ √ ）

单选题

1. 在内陆中小型河流及湖泊中宜建（ A ）。

A. 近岸式固定码头　　B. 近岸式浮码头

C. 栈桥式固定码头　　D. 栈桥式浮码头

2. 码头连接软管设余量是（ B ）的需要。

A. 方便操作　　B. 防止浪涌避免跑料事故

C. 码头　　D. 接卸油

3. 在输油管道位于岸边的（ D ）位置，应设紧急关闭阀。

A. 指定　　B. 便利　　C. 安全　　D. 适当

4. 对油船甲板裂口初期火灾，可采用（ A ）方法进行灭火。

A. 水枪冲击　　B. 覆盖窒息

C. 泡沫覆盖　　D. 沙土覆盖

5. 对于漂浮在水面上的油火应（ B ）。

A. 先扑灭，后回收　　B. 先控制，后扑灭

C. 先侦察，后决定　　D. 其他三项都不对

多选题

1. 油船、油码头应按规定配备足够的、经专职部门检验认可的（ ABC ），要求正确使用，按时监测，并做好记录。

A. 氧气监测器　　B. 油气监测器　　C. 油气报警仪　　D. 液位报警仪

2. 船用的（ BCD ）必须经过处理、达到现行的国家排放标准才能排放。

A. 生活用水　　B. 冷却水　　C. 压舱水　　D. 洗舱水

3. 以下现象中，可能发生跑油事故的有（ ABCD ）。

A. 船舶或趸船移泊　　B. 输油管线或其附件腐蚀、破损

C. 操作失误　　D. 船舶扫舱及管道排空不彻底

4. 溢油抢险方案实施原则中“优先保护原则”指的是（ ABCD ）。

A. 保护生命和财产安全

B. 控制污染源，围控海上溢油，避免或减少进一步污染的威胁

C. 避免或减轻对环境的损害威胁，特别是对环境资源敏感区域的损害威胁

D. 实施溢油清除行动

5. 重质油品装船过程中发生突沸跑油的处理措施有（ ABCD ）。

A. 停止装船作业　　B. 船体降温

C. 采用漂浮物堵截水上浮油　　D. 回收甲板上的油

6. 油船发生跑油事故后要采取的措施有（ ABCD ）等。

A. 立即停止装卸船作业　　B. 水面有漂浮物拦截、回收浮油

C. 禁止一切火源　　D. 禁止渔船靠近码头

7. 发现输油码头有火情时，应采取（ CD ）的报警形式。

A. 用手机报警　　B. 跑到办公室报警

C. 大声呼喊　　D. 启用火灾报警按钮

8. 对油船甲板火灾，应采用（ BCD ）方法进行灭火。

A. 水枪冲击　　B. 覆盖窒息　　C. 泡沫覆盖　　D. 沙土覆盖

9. 对油船舱口初期火灾，可采用（ AB ）法进行灭火。

A. 水枪冲击　　B. 覆盖窒息　　C. 泡沫覆盖　　D. 干粉冷却

10. 可用于判断管线漏油的依据是（ ABCD ）。

A. 水面有油污　　B. 输油管线有异常声音

C. 管线周围有油气　　D. 损耗异常

11. 油船、油轮常用的管系有（ ABCD ）。

A. 输油管系　　B. 清舱管系　　C. 通气管系　　D. 洒水管系

12. 在（ ABCD ）时，原油船舶严禁靠平台。

A. 气象预报作业海区未来6h内有大风警报

B. 风力大于6级或浪高大于1.0m

C. 视线不良或能见度小于5级

D. 通信不畅通

简答题

1. 请简述含油污水中油品四种分离方法的原理。

答：（1）隔油：利用物理方法，将污水中的深油分离出来。

（2）浮选：向含油污水中通入空气，使污水中的乳化油黏附在气泡上，随气泡一起升至水面，为了提高浮选效果，还可向污水中投入少量浮选剂，以降低污水表面张力。

（3）絮凝：向污水中投入电解质（混凝剂）压缩油粒的双电层，使其达到电中性而促使油粒相互凝聚。

（4）过滤：含油污水经过隔油池后，往往采用滤池来处理污水中的剩余油分。

2. 油轮清舱管系有何要求？

答：（1）清舱管系敷设在油舱底部，由管径较小的管系组成，吸油口极低；

（2）清舱油泵一般使用往复泵。

3. 请简述扫舱泵的作用。

答：扫舱泵的作用是抽除货油舱内的残油，货油总管内的油，Ⅰ、Ⅱ级污油水舱内的污油，货油泵排出总管内的油，货油设备的泄放油，泵舱舱底水和海水（如兼洗舱）等。

4. 在油船装卸油品时，为防止溢油扩散、污染水面和火灾的蔓延，应配备哪些设备工具？

答：应配备：围油栏，消油剂，吸附材料和吸油、捞油工具。

5. 当发生水上溢油时，应采取什么控制和清污措施？

答：（1）切断溢油源。溢油事件发生后，首先以果断的措施切断溢油源。

（2）溢油的围控。只要水况允许，用最快速度利用围油栏进行围控，根据具体情况立即布放一道或数道围油栏，防止溢油继续漂移扩散。

（3）水面溢油回收。尽可能依靠机械的方法将围控的浮油回收，回收时可用浮油回收船、撇油器、油拖网、油拖把、吸油材料以及人工捞取等。

（4）残余溢油强制消除。使用消油剂和现场焚烧法将残余溢油强制消除。

6. 码头火灾现场处置方案有哪些注意事项？

答：（1）佩戴个人防护器具；

（2）使用抢险救援器材；

（3）采取救援对策或措施；

（4）现场自救和互救；

（5）现场应急处置能力确认和人员安全防护等；

（6）应急救援结束；

（7）其他需要特别警示的事项。

计算题

1. 油码头消防冷却水大小与冷却范围有关，试写出冷却范围的计算公式。

答：$F=3LB-f_{max}$

式中 F——冷却范围，m^2；

L——最大舱的纵向长度，m；

B——最大船宽，m；

f_{max}——最大舱面积，m^2。

五 操作技能鉴定要素细目表

鉴定范围			鉴定点	
一级	二级	三级	名称	鉴定范围
工种通用操作技能	绘图知识	绘图知识	技改简图绘制	X
			油罐、管线单体图绘制	Y
			油罐、管线配管图绘制	Y
	培训与管理	培训与管理	课件制作	X
			HSE作业指导书编写	Y
罐区模块操作技能	工艺操作	罐区操作	油罐投用方案制订	X
			油罐基础沉降检测	X
			机械呼吸阀调试	X
			油库自动发油系统调试	X
			油库自动计量系统调试	X
			油库自动监控系统调试	Y
	设备使用与维护	设备使用	检修管道清洗、吹扫操作	X
			管道大修方案制订	X
			泵大修方案制订	X
			油罐大修方案制订	X
		设备维护	油库自动发油系统维护	X
			油库自动计量系统维护	X
			油库自动监控系统维护	Y
	事故判断与处理	事故判断	油品质量事故原因分析	Y
			罐区隐患点查找	X
			油泵站隐患点查找	X
			电机故障判断	X
		事故处理	油品质量事故处理	Y
			自动计量系统故障处理	X
			自动监控系统故障处理	Y
			库区混油应急预案制定	X
铁路装卸模块操作技能	工艺操作	铁路装卸操作	潜油泵拆装	X
			鹤管旋转接头拆装	X
	事故判断与处理	事故处理	接卸系统跑、冒油应急预案制定	X

续表

鉴定范围			鉴定点	
一级	二级	三级	名称	鉴定范围
公路装卸模块操作技能	工艺操作	公路装卸操作	流量计选型	X
	设备使用与维护	设备使用	油气回收系统使用	Y
		设备维护	油气回收系统维护	Y
	事故判断与处理	事故判断	流量计故障判断	X
			防静电设备故障判断	X
			防溢油设备故障判断	X
		事故处理	流量计故障处理	X
			防静电设备故障处理	X
			防溢油设备故障处理	X
水路模块操作技能	设备使用与维护	设备使用	船岸对接系统使用	X
		设备维护	船岸对接系统维护	X
	事故判断与处理	事故判断	船岸对接系统故障判断	X
		事故处理	船岸对接系统故障处理	Y

六 操作技能试题

试题1：技改简图绘制

考核时间：15min

序号	考核内容	考核要点	配分	评分标准	检测结果	扣分	得分	备注
1	准备工作	穿戴劳保用品	3	未穿戴整齐扣3分				
2		工具、用具准备	2	工具选择不正确扣2分				
3	绘制出罐、泵、控制阀	绘制出包括罐、泵、阀在内的完整图形	20	未绘制完整扣10分，流程错误扣10分				
4		图形表达正确	10	未绘制完整扣10分				
5	绘制调节控制点	绘制出孔板流量计、调节阀、控制器	5	每少一项扣2分				
6		绘制出质量流量计	5	每少一项扣2分				
7		绘制出压力表、液位计	5	每少一项扣2分				
8	说明控制原理	画出负反馈控制	10	未画出扣10分				
9	说明控制参数	说明控制参数值	5	未说明扣5分				
10	绘制泄压阀	绘制出先导式泄压阀	10	未绘制扣10分				
11	说明注意点	说明控制参数值	10	未说明扣10分				

续表

序号	考核内容	考核要点	配分	评分标准	检测结果	扣分	得分	备注
12	图形美观	图形清楚、明了，字体符号表达正确	10	不清楚、明了扣10分				
13	使用工具	使用工具	2	工具使用不正确扣2分				
14		维护工具	3	工具乱摆乱放扣3分				
		合 计	100					

试题2：拱顶罐单体图绘制

考核时间：15min

序号	考核内容	考核要点	配分	评分标准	检测结果	扣分	得分	备注
1	准备工作	穿戴劳保用品	3	未穿戴整齐扣3分				
2		工具、用具准备	2	工具选择不正确扣2分				
3	绘制出罐体及接口、附件	绘制出包括罐、呼吸阀人孔、透光孔、检尺口、排污口、进出料接口、仪表接口在内的完整图形	30	每绘制一项加3分				
4		绘制出加热器	20	未绘制扣20分				
5		图形表达正确	20	罐体未绘制完整扣20分				
6	标出罐名称、容积	标出罐名称、容积	10	每少一项扣5分				
7	图形美观	图形清楚、明了，字体符号表达正确	10	不清楚、明了扣10分				
8	使用工具	使用工具	2	工具使用不正确扣2分				
9		维护工具	3	工具乱摆乱放扣3分				
		合 计	100					

试题3：课件制作

考核时间：15min

序号	考核内容	考核要点	配分	评分标准	检测结果	扣分	得分	备注
1	准备工作	穿戴劳保用品	3	未穿戴整齐扣3分				
2		工具、用具准备	2	工具选择不正确扣2分				
3	绘制出罐体及管线接口、附件	绘制出包括罐、透气孔、透光孔、检尺口、排污口、进出料接口、仪表接口在内的完整图形	40	每绘制一项加3分				
4		绘制出加热器	10	未绘制扣10分				
5		绘制出金属软管	10	未绘制扣10分				
6		图形表达正确	10	罐体未绘制完整扣10分				

续表

序号	考核内容	考核要点	配分	评分标准	检测结果	扣分	得分	备注
7	标出罐名称、容积	标出罐和管线名称、罐容、管线尺寸	10	每少一项扣2分				
8	图形美观	图形清楚、明了，字体符号表达正确	10	不清楚、明了扣10分				
9	使用工具	使用工具	2	工具使用不正确扣2分				
10		维护工具	3	工具乱摆乱放扣3分				
合 计			100					

罐区(模块)操作技能试题

试题1:油罐投用方案制订

考核时间：15min

序号	考核内容	考核要点	配分	评分标准	检测结果	扣分	得分	备注
1	准备工作	穿戴劳保用品	3	未穿戴整齐扣3分				
2		工具、用具准备	2	工具选择不正确扣2分				
3	方案内容	投用方案应包括投用小组成立情况	10	无此项操作扣10分				
4		施工交接检查（包括防腐、浮盘试浮及密封检查、罐内卫生检查等内容）	10	无此项操作扣10分				
5		储罐进油前准备（包括伴热检查、取样器安装状况检查、呼吸阀检查、仪表内容检查储罐氮封、油罐其他附件检查等等）	15	无此项操作扣15分				
6		相关调节阀的调试工作	10	无此项操作扣10分				
7		储罐投用流程检查（前期施工隔离措施调整情况、阀门状态调整）	10	无此项操作扣10分				
8		首次投用的注意事项（流量、速度、阀门开度控制、浮盘安全起浮等等）	10	无此项操作扣10分				
9		首次进油后的质量管理内容（取样、分析等）	10	无此项操作扣10分				
10		首次投用后的静态观察（液位稳定情况、人工计量比对液位计运行准确性）	10	无此项操作扣10分				
11		启动油罐伴热系统，测试伴热系统运行情况	5	无此项操作扣5分				

续表

序号	考核内容	考核要点	配分	评分标准	检测结果	扣分	得分	备注
12	使用工具	使用工具	2	工具使用不正确扣2分				
13		维护工具	3	工具乱摆乱放扣3分				
合计			100					

试题2:油库自动发油系统调试

考核时间：15min

序号	考核内容	考核要点	配分	评分标准	检测结果	扣分	得分	备注
1	准备工作	穿戴劳保用品	3	未穿戴整齐扣3分				
2		工具、用具准备	2	工具选择不正确扣2分				
3	操作程序	接到油库自动发油系统调试通知后，相关人员赴现场进行调试前的准备工作	10	无此项扣10分				
4		检查确认机泵是否具备启泵条件，盘泵无卡涩后启泵，油泵保持自动回流；检查机泵运行正常（流量、压力）	10	无此项扣10分				
5		检查自动发油系统流量计是否运行平稳、充盈充分（先开前阀、后缓慢开后阀）	10	无此项扣10分				
6		流量计调零：关闭流量计前、后阀。使无物料通过流量计，仪表人员进行调零	15	无此项扣15分				
7		调零完成后，给定一个发油累计流量值，开流量计前后阀进行“充装”作业。测试到达充装量时，付油切断阀自动关闭与否	15	无此项扣15分				
8		核实计划充装量后进行槽车充装作业。关注发油机到量时自动发油系统能否“关闭”充装切断阀	10	无此项扣10分				
9		过衡比对自动发油系统控制的误差是否在计量允许范围内；如比对结果没有超出计量允许范围（千分之二）则无须进行流量计校验；如比对结果超出计量允许范围（千分之二），则进行流量计校验	15	无此项扣15分				
10		回电中控	5	未回电中控扣5分				

续表

序号	考核内容	考核要点	配分	评分标准	检测结果	扣分	得分	备注
11	使用工具	使用工具	2	工具使用不正确扣2分				
12		维护工具	3	工具乱摆乱放扣3分				
合计			100					

试题3:油库自动计量系统调试

考核时间：15min

序号	考核内容	考核要点	配分	评分标准	检测结果	扣分	得分	备注
1	准备工作	穿戴劳保用品	3	未穿戴整齐扣3分				
2		工具、用具准备	2	工具选择不正确扣2分				
3	操作程序	接到油库自动计量系统调试通知后，相关人员赴现场进行调试前的准备工作	10	无此项扣10分				
4		油库安装自动计量系统后，计量管理部门要组织油库进行3个月以上的测试运行	10	无此项扣10分				
5		测试运行以手工计量和校准测试验证计量交接的各参数的准确性和稳定性是否能够达到计量的技术要求	10	无此项扣10分				
6		计量管理部门要设置自动计量系统基础技术参数调整权限，确保数据调整密码处于封闭运行状态	10	无此项扣10分				
7		油库对自动计量系统调试，必须通过计量管理部门的审批，方可进行调试作业	10	无此项扣10分				
8		计量管理部门对油库自动计量调试包含液位、密度、流量、温度、压力等相关内容	15	无此项扣15分				
9		油库液位测量的最大允许误差是±3mm；温度测量最大允许误差为±0.5℃；压力测量零点误差为≤±50Pa、线性误差为≤±50Pa读数的0.5‰；流量计的误差为2‰；密度测量最大允许误差为≤±1.0kg/m³	15	无此项扣15分				
10		仪表负责工艺人员及仪表人员负责协同调试、调试过程中严禁油库相关参数超指标运行	5	无此项扣5分				

续表

序号	考核内容	考核要点	配分	评分标准	检测结果	扣分	得分	备注
11	相关规定	调试过程中，调试单元能够从系统中独立出来	5	无此项扣5分				
12	使用工具	使用工具	2	工具使用不正确扣2分				
13		维护工具	3	工具乱摆乱放扣3分				
合 计			100					

试题4:油库自动监控系统调试

考核时间：15min

序号	考核内容	考核要点	配分	评分标准	检测结果	扣分	得分	备注
1	准备工作	穿戴劳保用品	3	未穿戴整齐扣3分				
2		工具、用具准备	2	工具选择不正确扣2分				
3	操作程序	接到对油库自动监控系统调试的指令后，现场确认指定调试系统是否具备条件	15	无此项扣15分				
4		自动监控系统包括安全类监控、自动化操作监控（自动开、停泵；自动开关阀、监控计量以及计量数据的采集与计算	15	无此项扣15分				
5		检查调试系统是否独立于其他控制系统之外	15	无此项扣10分； 缺一项扣5分				
6		流程调整设定完成后汇报中控，调试条件具备	15	无此项扣15分				
7		根据调试结果，查找“误差”原因，若误差在允许范围之内，可以视为合格	15	无此项扣15分				
8		根据调试结果，查找“误差”原因，若误差超出允许范围，则视为不合格，要进一步查找原因，必要时对系统进行会诊	10	无此项扣10分				
9		做好相关记录	5	无此项扣5分				
10	使用工具	使用工具	2	工具使用不正确扣2分				
11		维护工具	3	工具乱摆乱放扣3分				
合 计			100					

试题5：检修管道清洗吹扫操作

考核时间：15min

序号	考核内容	考核要点	配分	评分标准	检测结果	扣分	得分	备注
1	准备工作	穿戴劳保用品	3	未穿戴整齐扣3分				
2		工具、用具准备	2	工具选择不正确扣2分				
3	操作程序	接到指令，回电中控确认设备是否作业	10	未落实扣10分				
4		清洗前应打开管路上的所有阀门，管道上应有的灵敏可靠的压力表，控制阀应当拆除隔离	20	未落实扣20分				
5		吹洗时应按照主流程进行吹洗，关闭支路阀门，支管从介质前进方向的第一支管开始进行	15	未落实扣15分				
6		吹洗介质应保证有足够的流量和压力，不得超过管道设计压力，也不得低于工作流速	15	未落实扣15分				
7		对难以吹扫的弯管应设置放空阀，吹扫介质不得污染环境	25	未落实扣25分				
8		回电中控，操作结束	5	未回电中控，扣5分				
9	使用工具	使用工具	2	工具使用不正确扣2分				
10		维护工具	3	工具乱摆乱放扣3分				
合 计			100					

试题6：泵大修方案制订

考核时间：15min

序号	考核内容	考核要点	配分	评分标准	检测结果	扣分	得分	备注
1	准备工作	穿戴劳保用品	3	未穿戴整齐扣3分				
2		工具、用具准备	2	工具选择不正确扣2分				
3	操作程序	接到指令，回电中控确认设备是否作业	15	未落实扣15分				
4		准备检修设备资料，检修规程	15	未落实扣15分				
5		确认泵大修的检修质量标准	15	未落实扣15分				
6		确认检修的内容，必要时制订探伤计划	15	未落实扣15分				
7		检修材料的准备与检查	15	未落实扣15分				
8		检修过程控制	10	未落实扣10分				
9		回电中控，操作结束	5	未回电中控扣5分				

续表

序号	考核内容	考核要点	配分	评分标准	检测结果	扣分	得分	备注
10	使用工具	使用工具	2	工具使用不正确扣2分				
11		维护工具	3	工具乱摆乱放扣3分				
合 计			100					

试题7:油罐大修方案制订

考核时间：15min

序号	考核内容	考核要点	配分	评分标准	检测结果	扣分	得分	备注
1	准备工作	穿戴劳保用品	3	未穿戴整齐扣3分				
2		工具、用具准备	2	工具选择不正确扣2分				
3	操作程序	接到指令，回电中控确认设备是否作业	10	未落实扣10分				
4		准备检修设备资料，检修规程	15	未落实扣15分				
5		制定油罐大修的检修质量标准	10	未落实扣10分				
6		制定检修的内容，确认储罐外观是否完好，检查储罐安全附件，采用阴极保护的储罐应检查其保护效果，有外加电流的应定期检查其保护电流	15	未落实扣15分				
7		检测计划	10	未落实扣10分				
8		检修过程监控	10	未落实扣10分				
9		检修质量验收	15	未落实扣15分				
10		回电中控，操作结束	5	未回电中控扣5分				
11	使用工具	使用工具	2	工具使用不正确扣2分				
12		维护工具	3	工具乱摆乱放扣3分				
合 计			100					

试题8:油库自动发油系统维护

考核时间：15min

序号	考核内容	考核要点	配分	评分标准	检测结果	扣分	得分	备注
1	准备工作	穿戴劳保用品	3	未穿戴整齐扣3分				
2		工具、用具准备	2	工具选择不正确扣2分				

续表

序号	考核内容	考核要点	配分	评分标准	检测结果	扣分	得分	备注
3	操作程序	接到指令，回电中控确认设备是否作业	10	未落实扣10分				
4		检查发油系统管道及其附件是否完好	10	未落实扣10分				
5		检查发油系统回讯	10	未落实扣10分				
6		检查维护发油系统电控阀门是否正常	10	未落实扣10分				
7		流量计充填	10	未落实扣10分				
8		检查核对发油系统流量计运行是否平稳、准确	15	未落实扣15分				
9		调零（必要时管线预冷后进行）	10	未落实扣10分				
10		检查维护发油系统电控阀门是否正常	10	未落实扣10分				
11		回电中控，维护结束	5	未回电中控扣5分				
12	使用工具	使用工具	2	工具使用不正确扣2分				
13		维护工具	3	工具乱摆乱放扣3分				
合 计			100					

试题9:油库自动计量系统维护

考核时间：15min

序号	考核内容	考核要点	配分	评分标准	检测结果	扣分	得分	备注
1	准备工作	穿戴劳保用品	3	未穿戴整齐扣3分				
2		工具、用具准备	2	工具选择不正确扣2分				
3	操作程序	接到指令，回电中控确认设备是否作业	10	未落实扣10分				
4		液位最大误差3mm，温度最大允许误差0.5℃，压力最大允许误差50Pa，密度最大允许误差1kg/m³	10	未落实扣10分				
5		通过系统硬件自检确定工况良好，通过手工计算符合系统是否完好	15	未落实扣15分				
6		检查自动计量系统所在单元的工艺控制指标是否在合格范围之内	15	未落实扣15分				
7		检查计量设备外观是否正常，是否超期未检验	10	未落实扣10分				
8		待维护自动计量系统所在单元隔离后进行维护检验	10	未落实扣10分				
9		技术数据需进行调整的应上报有关部门	15	未落实扣15分				
10		回电中控，操作结束	5	未回电中控扣5分				
11	使用工具	使用工具	2	工具使用不正确扣2分				
12		维护工具	3	工具乱摆乱放扣3分				
合 计			100					

试题10：油品质量事故原因分析

考核时间：15min

序号	考核内容	考核要点	配分	评分标准	检测结果	扣分	得分	备注
1	准备工作	穿戴劳保用品	3	未穿戴整齐扣3分				
2		工具、用具准备	2	工具选择不正确扣2分				
3	原因检查	相关人员在接到油库区发生质量事故通知后，立即组织相关人员进行事故原因分析	15	无此项扣15分； 未检查过滤器，扣5分； 未检查阀门状态扣10分				
4	概念理解	质量事故的定义：物体不能满足使用要求和使用程度造成的经济损失和人员伤亡	10	无此项扣10分				
5	事故分级	质量事故根据严重程度分为特别重大质量事故、重大质量事故、较大质量事故、一般质量事故	10	无此项扣10分				
6	原因分析	造成质量事故的原因主要包括管理不当或技术不行、相关技术方案落实不到位、监控系统完全失效或部分失效、过程监管存在盲点、人员疲劳等因素	15	无此项扣15分				
7	操作程序	检查储罐液位，液位过低易导致螺杆泵不上量	10	无此项扣10分				
8		油库质量事故一般包含付料带水、超指标控制（计量系统）、混料事故、管线冻凝事故、系统憋压事故等等	10	无此项扣10分				
9		未按规定进行物料切水或切水彻底是造成付料带水的根本原因，技术方案或操作要点理解有误是方案执行偏离的原因，监控系统不完善或监控人员监控不力是一个常见原因，指标控制超正常值是造成系统憋压、计量误差的潜在原因	10	无此项扣10分				
10		通过流程设置双人确认可以预防流程设置错误造成混料时间，不断完善自动监控系统可以促使监控系统的本质安全	5	无此项扣5分				
11		加强对过程控制的监控可以大大减少质量事故的发生频率	5	无此项扣5分				
12	使用工具	使用工具	2	工具使用不正确扣2分				
13		维护工具	3	工具乱摆乱放扣3分				
合计			100					

试题11：罐区隐患点查找

考核时间：15min

序号	考核内容	考核要点	配分	评分标准	检测结果	扣分	得分	备注
1	准备工作	穿戴劳保用品	3	未穿戴整齐扣3分				
2		工具、用具准备	2	工具选择不正确扣2分				
3	工作计划	罐区隐患查找主要从工艺、设备、安全、仪表控制系统四个方面进行查找	10	无此项扣10分				
4	操作程序	接到罐区隐患点查找通知后，相关人员赴罐区进行隐患查找	10	无此项扣10分				
5		工艺查找，即检查现有工艺流程方面，是否存在窜料、憋压等隐患	10	无此项扣10分				
6		设备查找，主要从设备本身查找是否存在影响设备平稳运行的“瓶颈”问题，诸如阀门设置、阀门/机泵选型、机泵能力等等	15	无此项扣15分				
7		安全隐患查找，主要工作是检查安全设施是否能够满足罐区安全运行、是否与相关安全规范相吻合	15	无此项扣15分				
8		仪表控制系统隐患排查，主要从控制系统的平稳性和调节系统的准确性以及控制系统是否存在“盲区”等方面进行排查	15	无此项扣15分				
9		根据隐患排查的结果制订相应的整改计划	10	无此项扣10分				
10		督促隐患的治理与治理后的效果验证	5	未回电中控扣5分				
11	使用工具	使用工具	2	工具使用不正确扣2分				
12		维护工具	3	工具乱摆乱放扣3分				
合计			100					

试题12：油泵站隐患点查找

考核时间：15min

序号	考核内容	考核要点	配分	评分标准	检测结果	扣分	得分	备注
1	准备工作	穿戴劳保用品	3	未穿戴整齐扣3分				
2		工具、用具准备	2	工具选择不正确扣2分				
3	工作计划	油泵站隐患查找主要从工艺、设备、安全、仪表控制系统四个方面进行查找	10	无此项扣10分				
4	操作程序	接到油泵站隐患点查找通知后，相关人员赴油泵站进行隐患查找	10	无此项扣10分				
5		工艺查找，即检查现有工艺流程，是否存在窜料、憋压等隐患	10	无此项扣10分				
6		设备查找，主要从设备本身查找是否存在影响设备平稳运行的“瓶颈”问题，诸如阀门设置、阀门/机泵选型、机泵能力等	15	无此项扣15分				
7		安全隐患查找，主要工作是检查安全设施是否能够满足油泵站安全运行、是否与相关安全规范相吻合	15	无此项扣15分				
8		仪表控制系统隐患排查，主要从控制系统的平稳性和调节系统的准确性以及控制系统是否存在“盲区”等方面进行排查	15	无此项扣15分				
9		根据隐患排查的结果制订相应的整改计划	10	无此项扣10分				
10		督促隐患的治理与治理后的效果验证	5	未回电中控扣5分				
11	使用工具	使用工具	2	工具使用不正确扣2分				
12		维护工具	3	工具乱摆乱放扣3分				
合 计			100					

试题13:油品质量事故处理

考核时间：15min

序号	考核内容	考核要点	配分	评分标准	检测结果	扣分	得分	备注
1	准备工作	穿戴劳保用品	3	未穿戴整齐扣3分				
2		工具、用具准备	2	工具选择不正确扣2分				
3	概念理解	质量事故处理的一般程序为事故调查、事故原因分析、制订事故处理方案	10	无此项扣10分				
4		质量事故的调查：项目负责人员及时按法定的时间和程序报告事故，并根据调查结果写成事故调查报告	10	无此项扣10分				
5		事故原因分析：找出造成事故的主要原因	15	无此项扣15分				
6		制订事故处理方案，确定该事故是否进行处理及怎样处理	10	无此项扣10分				
7		事故处理包括事故的技术处理和事故的责任处理	10	无此项扣10分				
8	操作程序	相关人员在接到油库区发生质量事故通知之后，相关部门要进行事故处理	15	无此项扣15分				
9		事故处理的鉴定、验收，处理是否达到预期目的	10	无此项扣10分				
10		提交事故报告	10	无此项扣10分				
11	使用工具	使用工具	2	工具使用不正确扣2分				
12		维护工具	3	工具乱摆乱放扣3分				
合计			100					

试题14:油库自动计量系统故障处理

考核时间：15min

序号	考核内容	考核要点	配分	评分标准	检测结果	扣分	得分	备注
1	准备工作	穿戴劳保用品	3	未穿戴整齐扣3分				
2		工具、用具准备	2	工具选择不正确扣2分				
3	操作程序	接到油库自动计量系统出现故障的通知后，相关人员立即进行故障处理	10	无此项扣10分				
4	诊断范围	自动计量系统故障多为仪表故障，其次是工艺原因导致自动计量系统发生故障	10	无此项扣10分				
5	诊断方向	仪表故障常见为相关测量变送器故障（包括回讯通道受阻、变送器坏损等）	10	无此项扣10分				
6		工艺原因主要体现在工艺指标超限导致测量不准、流量计充盈度不够	10	无此项扣10分				
7	故障处理	针对仪表故障，需要仪表人员根据实际情况进行对应处理，包括更换测量元件、测量转换器、信号变送器、更换仪表卡键	10	无此项扣10分				
8		工艺方面的操作不当造成的计量故障，则要求工艺操作严格控制操作指标，控制好相关操作的液位、温度、压力；杜绝超指标情况出现	15	无此项扣15分				
9		计量系统故障处理多需要工艺配合，在进行故障处理阶段暂停故障点一切作业	10	无此项扣10分				
10		待故障处理完毕，则要进行验收并鉴定处理效果	10	无此项扣10分				
11		做好相关记录	5	无此项扣5分				
12	使用工具	使用工具	2	工具使用不正确扣2分				
13		维护工具	3	工具乱摆乱放扣3分				
合计			100					

试题15：库区混油应急预案制定

考核时间：15min

序号	考核内容	考核要点	配分	评分标准	检测结果	扣分	得分	备注
1	准备工作	穿戴劳保用品	3	未穿戴整齐扣3分				
2		工具、用具准备	2	工具选择不正确扣2分				
3	操作程序	相关人员在接到制定库区混油应急预案的通知后，立即组织相关人员进行编写工作	15	无此项扣15分				
4		混油事故发生后，立即执行重大事项汇报制度，向相关部门、人员汇报混油事故的具体情节	15	无此项扣15分				
5		如果是低品质油向高品质油混油，则立即进行取样分析视混油影响进行对应的处理，经调和后油品品质仍无改善则可将混油后的储罐油进行降级处理	10	无此项扣10分				
6		如果混油造成冒罐则要做好防溢出油的回收、围堵工作。防止溢油进入雨排、明沟，进而造成环保事故	15	无此项扣15分				
7		如果是高品质油油罐因混油而冒罐，必要时要申请清罐处理	10	无此项扣10分				
8		混油隐患环节的治理、整顿	10	无此项扣10分				
9		混油处理后系统恢复注意事项（包括混油罐清洁度检查确认、流程梳理、控制测试等）	10	无此项扣10分				
10		混油隐患环节的治理效果验证	5	无此项扣5分				
11	使用工具	使用工具	2	工具使用不正确扣2分				
12		维护工具	3	工具乱摆乱放扣3分				
合计			100					

试题16：新油罐投用方案制订并实施

考核时间：15min

序号	考核内容	考核要点	配分	评分标准	检测结果	扣分	得分	备注
1	准备工作	穿戴劳保用品	3	未穿戴整齐扣3分				
2		工具、用具准备	2	工具选择不正确扣2分				
3	操作程序	确定储油品种、输转泵、管线号、罐号、入泵线、进油线、装车线和所属罐区	16	每少一项扣2分； 未确定直接进油不得分				
4		索取油罐容积计量表，叙述储罐的有关参数：储罐全高、罐直径、安全高度、容积	8	每少一项扣2分； 参数不全扣8分				
5		进行管线耐压试验，清除管线内杂物，进行打压试验，确保管线、法兰接头处无渗漏	10	未进行打压试验扣5分； 未清除管线内杂物（吹扫）扣3分； 未检查管线、法兰接头处无渗漏扣2分				
6		说明投用前储罐、管线处理，进行清罐，管线吹扫、泡线、顶线，注意泡线时间、顶线量	16	管线、油罐未清理扣8分； 泡线时间短扣4分； 顶线量不足扣4分				
7		检查储罐、管线是否合格	10	未经检查合格，进油不得分				
8		第一次进油时，检查新罐各连接处是否正常，有无泄漏，检查管线、接头、法兰等处是否完好	15	每少检查一项扣3分				
9		掌握进油、输转、装车动态，发现问题及时采取措施，并通知车间和调度	10	每少一项扣3分				
10		做好记录	5	未做好记录扣5分				
11	使用工具	使用工具	2	工具使用不正确扣2分				
12		维护工具	3	工具乱摆乱放扣3分				
合计			100					

试题17：气动阀门失灵处理

考核时间：15min

序号	考核内容	考核要点	配分	评分标准	检测结果	扣分	得分	备注
1	准备工作	穿戴劳保用品	3	未穿戴整齐扣3分				
2		工具、用具准备	2	工具选择不正确扣2分				
3	故障处理	阀门机械故障处理	30	拆下阀门执行机构错误扣5分； 未检查阀门是否存在机械杂质扣5分； 驱动器拆下错误扣5分； 未清理驱动器转动机构杂物、进行润滑处理扣5分； 驱动器润滑处理、试验错误扣5分； 未通压缩空气试验驱动器是否正常扣5分				
4	操作程序	阀门电器故障处理	30	检查供电、控制回路错误扣10分； 检查驱动线圈错误扣10分； 更换模块或输入输出卡错误扣10分				
			20	更换阀门时未注意防止油品泄漏扣20分				
			10	重新安装时将连接的电线接混扣5分； 未经过检查确认就开始供电扣5分				
5	使用工具	使用工具	2	工具使用不正确扣2分				
6		维护工具	3	工具乱摆乱放扣3分				
合 计			100					

铁路（模块）操作技能试题

试题1：潜油泵拆装

考核时间：15min

序号	考核内容	考核要点	配分	评分标准	检测结果	扣分	得分	备注
1	准备工作	穿戴劳保用品	3	未穿戴整齐扣3分				

续表

序号	考核内容	考核要点	配分	评分标准	检测结果	扣分	得分	备注
2	准备工作	工具、用具准备	2	工具选择不正确扣2分				
3	操作程序	接到指令，回电中控确认设备是否作业	10	未落实扣10分				
4		进水管路安装应略有倾斜，往水源方向	10	未落实扣10分				
5		进水管路上弯头不能过多	15	未落实扣15分				
6		进水口位置保持正确，一般与池底和池壁距离小于进水口直径。如池底有泥沙等污物距离池底应大于直径1.5倍	15	未落实扣15分				
7		进水口不能与弯头直接相连	15	未落实扣15分				
8		拆卸时，吹扫泵体后将泵体隔离	10	无此项扣10分				
9		拆卸时，先将泵体转动部分拆除、吊离	10	无此项扣10分				
10		回电中控，操作结束	5	未回电中控扣5分				
11	使用工具	使用工具	2	工具使用不正确扣2分				
12		维护工具	3	工具乱摆乱放扣3分				
	合 计		100					

公路(模块)操作技能试题

试题1:油气回收系统使用

考核时间：15min

序号	考核内容	考核要点	配分	评分标准	检测结果	扣分	得分	备注
1	准备工作	穿戴劳保用品	3	未穿戴整齐扣3分				
2		工具、用具准备	2	工具选择不正确扣2分				
3	操作程序	检查确认	10	没有对现场所有的阀门状态进行检查扣2分； 未观察仪表风压力扣4分； 未观察蒸汽压力扣4分				
4		开车步骤	5	没有打开仪表风控制阀门，向电气控制柜和气动系统供气扣5分				
5			5	没有开启冷凝器冷却水扣5分				

续表

序号	考核内容	考核要点	配分	评分标准	检测结果	扣分	得分	备注
6	操作程序	开车步骤	10	没有打开蒸汽控制阀门扣5分； 没有说明蒸汽压力控制在0.15～0.2MPa，扣5分				
7			5	没有打开装车鹤位的尾气控制阀门扣5分				
8			15	没有扳动电源开关至开启位置扣5分； 没有说明上、下挡板阀所处的状态扣5分； 没有说明电源指示灯、吸附器指示灯、风机指示灯已显示扣5分				
9			10	没有按给出程序进行启动，扣10分				
10		运行监控	10	没有说明在运行过程中对工艺参数、设备和控制系统的检查扣10分				
11		停车步骤	10	没有将开关由“自动”扳至“循环停”扣10分				
12		系统恢复	10	没有说明停车后半小时停冷却水扣10分； 没有说明关闭相应的阀门扣10分				
13	使用工具	使用工具	2	工具使用不正确扣2分				
14		维护工具	3	工具乱摆乱放扣3分				
合计			100					

试题2:油气回收系统维护

考核时间：15min

序号	考核内容	考核要点	配分	评分标准	检测结果	扣分	得分	备注
1	准备工作	穿戴劳保用品	3	未穿戴整齐扣3分				
2		工具、用具准备	2	工具选择不正确扣2分				
3	操作程序	检查解吸蒸汽压力情况	10	未检查蒸汽压力扣10分				
4		检查冷凝器冷却水流量及测试水温	20	未通过水表查冷却水流量扣10分； 未测水温扣10分				

续表

序号	考核内容	考核要点	配分	评分标准	检测结果	扣分	得分	备注
5	操作程序	检查吸附、解析设定时间是否在有效设定值范围	10	未检查吸附、解析时间的设定扣10分				
6		检查尾气后系统是否有凝液堵塞	10	未检查有无凝液扣10分				
7		检查入口过滤器是否堵塞	10	过滤器未拆除检查扣10分				
8		检查风机的运行是否正常	10	未检查风机运行扣10分				
9		检查挡板阀密封圈是否失效	10	未检查挡板阀密封圈扣10分				
10		检查活性炭纤维的吸附能力	10	未考虑活性炭纤维的活性降低扣10分				
11	使用工具	使用工具	2	工具使用不正确扣2分				
12		维护工具	3	工具乱摆乱放扣3分				
合 计			100					

试题3：防溢油设备故障判断

考核时间：15min

序号	考核内容	考核要点	配分	评分标准	检测结果	扣分	得分	备注
1	准备工作	穿戴劳保用品	3	未穿戴整齐扣3分				
2		工具、用具准备	2	工具选择不正确扣2分				
3	操作程序	确认要检查的高位报警鹤位无作业	10	未确认扣10分				
4		检查装车手动阀关闭情况	20	未确认扣20分				
5		准备检查介质，可以是一桶清水，容量以可浸没高位报警为宜	10	水量不足扣10分				
6		通过发油机开启气缸阀	10	开启气缸阀错误扣10分				
7		将高位报警器逐步浸入桶中，观察气缸阀动作时的浸没高度	10	未记录高位报警器位置扣10分				
8		调整高位报警器位置	20	高报位置调整错误扣15分； 调整完的高报固定不牢扣5分				
9		恢复系统	10	试完高报后打开的气缸阀未及时恢复关闭扣10分				
10	使用工具	使用工具	2	工具使用不正确扣2分				
11		维护工具	3	工具乱摆乱放扣3分				
合 计			100					

试题4:流量计故障判断

考核时间：15min

序号	考核内容	考核要点	配分	评分标准	检测结果	扣分	得分	备注
1	准备工作	穿戴劳保用品	3	未穿戴整齐扣3分				
2		工具、用具准备	2	工具选择不正确扣2分				
3	操作程序	流量计信号漂移	10	未确认扣10分				
4		流量计选型是否正确	20	未确认扣20分				
5		流量计本身故障	10	未确认扣10分				
6		汽、液两相混流	10	未确认扣10分				
7		管道堵塞	10	未确认扣10分				
8		安装位置不合理	20	未确认扣20分				
9		操作不平稳、生产波动大	10	未确认扣10分				
10	使用工具	使用工具	2	工具使用不正确扣2分				
11		维护工具	3	工具乱摆乱放扣3分				
合 计			100					

水路(模块)操作技能试题

试题1:船岸对接系统使用

考核时间：15min

序号	考核内容	考核要点	配分	评分标准	检测结果	扣分	得分	备注
1	准备工作	穿戴劳保用品	3	未穿戴整齐扣3分				
2		工具、用具准备	2	工具选择不正确扣2分				
3	操作程序	检查确认	10	没有对现场所有的阀门状态进行检查扣2分； 未观察仪表风压力扣4分； 未观察氮气压力扣4分				
4		开车步骤	5	没有打开仪表风、氮气控制阀门，向系统供气扣5分				
5			10	没有检查和排放输油臂、管道、过滤器内残液扣10分				
6			10	没有检查、确定氧含量分析仪处于投用状态扣10分				

续表

序号	考核内容	考核要点	配分	评分标准	检测结果	扣分	得分	备注
7	操作程序	开车步骤	10	没有打开船岸对接的尾气控制阀门扣10分				
8			15	没有进行气密检查扣10分； 没有将管线内氮气泄压至船方，脱开氮气软管扣5分				
9		运行监控	10	没有说明在运行过程中对工艺参数、设备和控制系统的检查扣10分				
10		停车步骤	10	没有用氮气吹扫尾气回收输油臂扣10分				
11		系统恢复	10	没有说明关闭相应的阀门扣10分				
12	使用工具	使用工具	2	工具使用不正确扣2分				
13		维护工具	3	工具乱摆乱放扣3分				
合 计			100					

试题2：船岸对接系统维护

考核时间：15min

序号	考核内容	考核要点	配分	评分标准	检测结果	扣分	得分	备注
1	准备工作	穿戴劳保用品	3	未穿戴整齐扣3分				
2		工具、用具准备	2	工具选择不正确扣2分				
3	操作程序	检查和排放输油臂、管道、过滤器内残液情况	20	未检查扣20分				
4		检查氧含量分析仪处于完好状态	20	未检查扣20分				
5		检查船岸对接的尾气控制阀门处于完好状态	10	未检查扣10分				
6		检查入口过滤器是否堵塞	20	未检查扣20分				
7		检查真空释放阀处于完好状态	10	未检查扣10分				
8		检查现场声光报警处于完好状态	10	未检查扣10分				
9	使用工具	使用工具	2	工具使用不正确扣2分				
10		维护工具	3	工具乱摆乱放扣3分				
合 计			100					

试题3：船岸对接系统故障处理

考核时间：15min

序号	考核内容	考核要点	配分	评分标准	检测结果	扣分	得分	备注
1	准备工作	穿戴劳保用品	3	未穿戴整齐扣3分				
2		工具、用具准备	2	工具选择不正确扣2分				
3	操作程序	接到码头船岸对接系统出现故障的通知后，相关人员立即进行故障处理	10	无此项扣10分				
4	诊断范围	码头船岸对接系统故障多为仪表故障，其次是工艺原因	10	无此项扣10分				
5		仪表故障常见为相关变送器故障（包括回讯通道受阻、变送器坏损等）	10	无此项扣10分				
6		工艺原因主要体现在指标超限、管线流程不通等	10	无此项扣10分				
7	故障处理	针对仪表故障，需要仪表人员根据实际情况进行对应处理，包括更换测量元件、测量转换器、信号变送器、更换仪表卡键	10	无此项扣10分				
8		工艺方面的操作不当造成的故障，则要求工艺操作严格控制操作指标，确认作业流程，排尽管内残液，防止液堵	15	无此项扣15分				
9		码头船岸对接故障处理多需要工艺配合，在进行故障处理阶段暂停故障点一切作业	10	无此项扣10分				
10		待故障处理完毕，则要进行验收、鉴定处理效果	10	无此项扣10分				
11		做好相关记录	5	无此项扣5分				
12	使用工具	使用工具	2	工具使用不正确扣2分				
13		维护工具	3	工具乱摆乱放扣3分				
合 计			100					